12.20　电影感场景合成

4.6　选区实例：城市里的鲨鱼

2.7　变换实例：制作魔幻空间

12.19 制作碎片特效

9.4 点文字实例：制作创意海报

2.5 渐变实例：制作石膏几何体

7.8 应用案例：制作纪念币

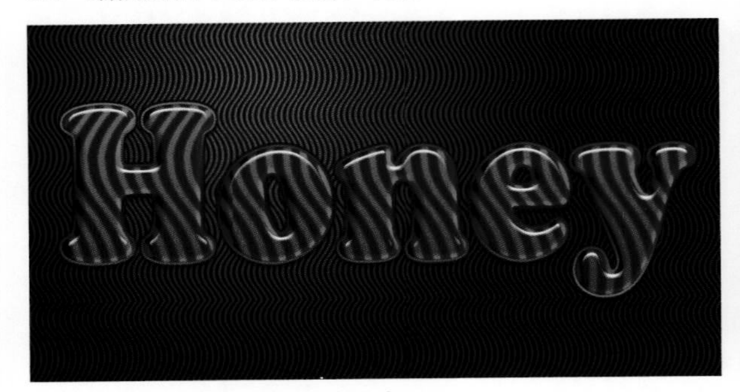

9.6 特效字实例：制作糖果字

12.5 制作金属特效字

12.17 制作隐形人特效

3.11 应用案例：制作多重曝光效果海报

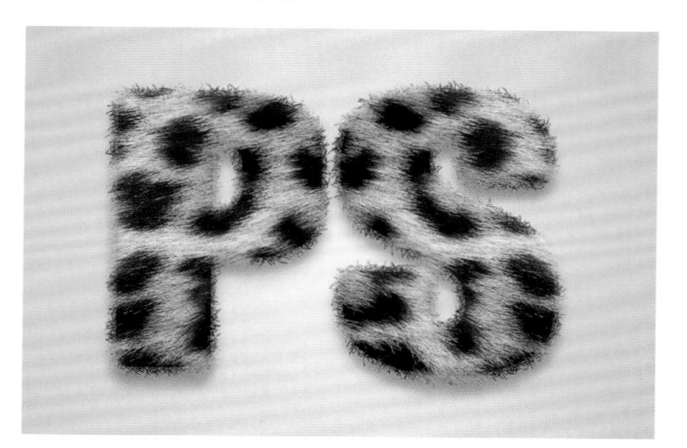

12.4 制作毛皮特效字

12.3 制作超炫气球字

12.6 制作玻璃字

4.8 通道实例：制作时尚印刷效果

9.7 特效字实例：制作饮料杯立体字

12.16 产品精修

12.8 动画形象设计

11.4 3D 实例：制作玩具模型

6.15 应用案例：草莓季欢迎模块设计

12.1 制作3D西游记角色

8.7 UI 实例：制作液体容器图标

12.7 制作镂空立体字

5.15 应用案例：照片变平面广告

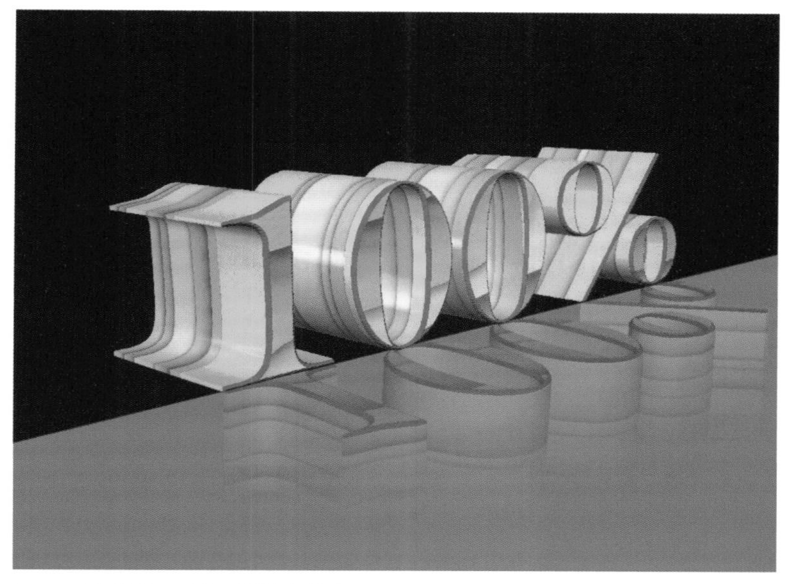

11.5 3D 实例：制作时尚立体字

12.13 环保海报设计

5.13 应用案例：用调整图层调出清朗夏日

6.13 抠图实例：用选择并遮住功能抠人像

4.4 选区实例：制作图书封面

3.9 剪贴蒙版实例：沙漠变绿洲

10.3 应用案例：制作蝴蝶飞舞动画

10.5 课后作业：制作文字变色动画

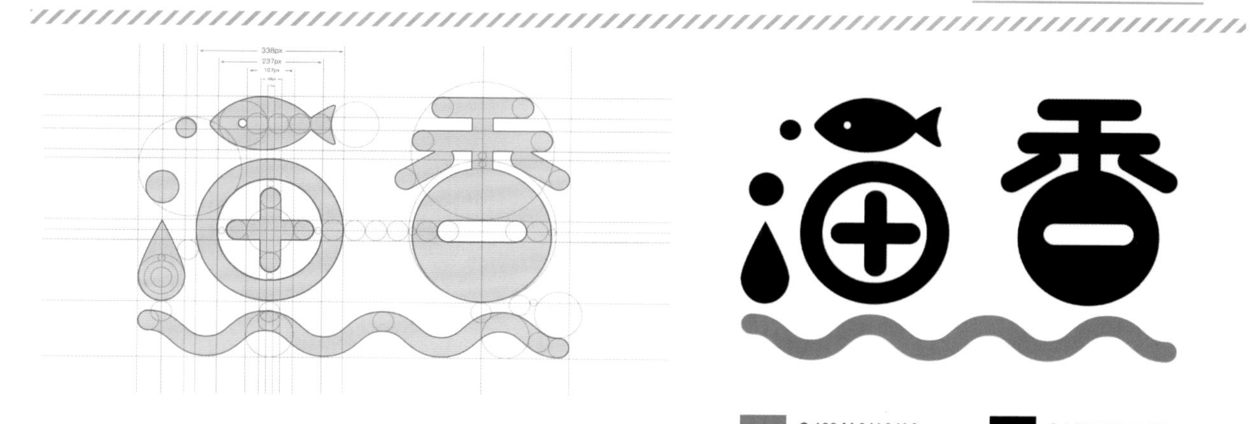

12.10 标志设计

上午 11:00 - 下午 22:00
北京市朝阳区蓝色港湾商区1F层
010-5900000X 1390000000X

12.11 名片设计

12.12 应用系统设计

8.9 应用案例：制作手机主屏图标

2.12 应用案例：分形艺术

10.4 应用案例：将照片制作成视频

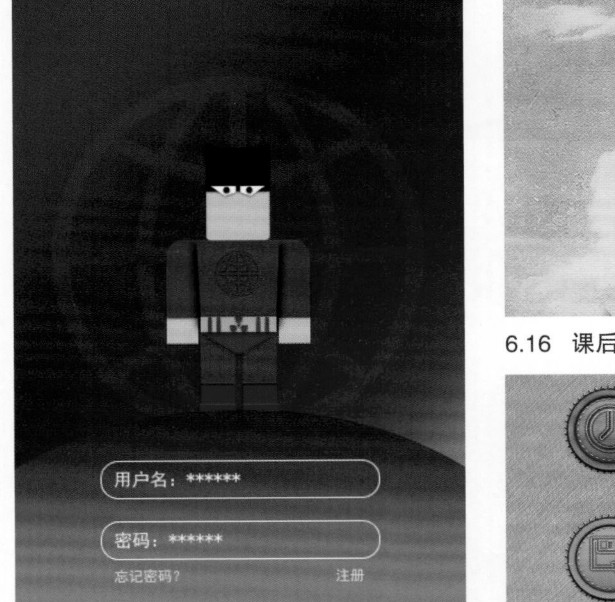

9.12 应用案例：制作游戏登录界面

6.16 课后作业：图像合成习作

12.9 UI 设计——纽扣图标

3.4　智能对象实例：制作咖啡店海报

8.5　UI 实例：制作创意巧克力

9.13　课后作业：制作变形字

8.4　特效实例：制作果酱

12.2　制作搞怪表情涂鸦

4.9　课后作业：愤怒的小鸟

3.3 图层实例：制作故障风格海报

3.6 矢量蒙版实例：给照片添加唯美相框

7.5 特效实例：制作钢笔淡彩效果

3.12 课后作业：练瑜伽的汪星人

12.14 艺术海报设计

4.5 选区实例：春天的色彩

7.7 特效实例：制作流彩凤凰

12.15 平面广告设计

6.7　照片处理实例：制作星空人像

12.18　制作冰手特效

3.7　剪贴蒙版实例：制作电影海报

11.6 应用案例：易拉罐包装设计

6.10　抠图实例：用混合颜色带抠大树

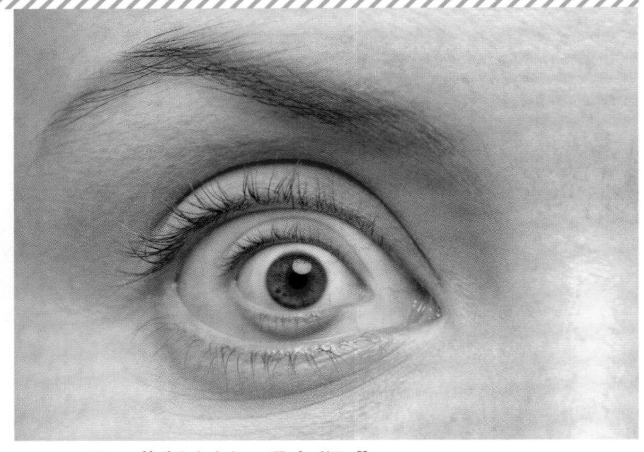

3.10　图层蒙版实例：眼中“盯”

7.6　特效实例：在气泡中奔跑

7.10　课后作业：制作两种球面全景图

6.6　照片处理实例：通过批处理为照片加 Logo

7.4　特效实例：制作网点效果

5.10　调色实例：用 Lab 模式调出唯美蓝调与橙调

3.8 剪贴蒙版实例：制作公益海报

6.12 抠图实例：用钢笔工具抠陶瓷工艺品

9.5 路径文字实例：手提袋设计

6.11 抠图实例：用对象选择工具抠化妆品

2.13 课后作业：制作水中倒影

2.4 填充实例：为海报填色

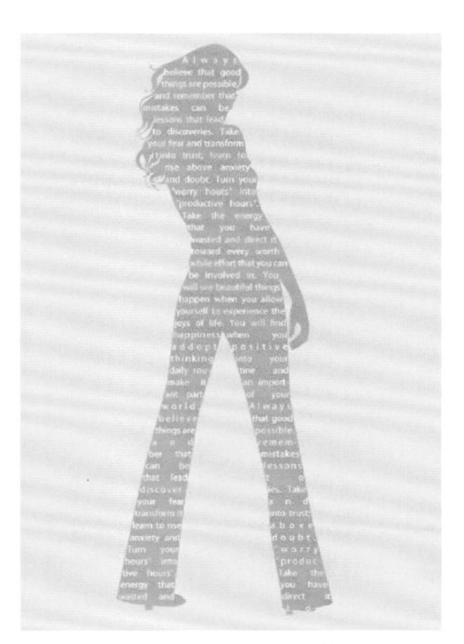

9.11 路径与文字实例：创意版面编排

2.9 变形实例：制作人物投影 5.6 修图实例：瘦身

6.14 抠图实例：用通道抠婚纱

5.14 应用案例：用 CameraRaw 调出浪漫樱花季

2.11 变形实例：内容识别缩放

5.12 调色实例：为黑白照片上色

5.7 修图实例：美白肌肤

5.8 磨皮实例：缔造完美肌肤

5.4 修图实例：用液化滤镜修出精致美人

附赠

- 500个超酷渐变
- 一击即现的真实质感和特效
- 可媲美影楼效果的照片处理动作库

"渐变库"文件夹中提供了500个超酷渐变颜色。

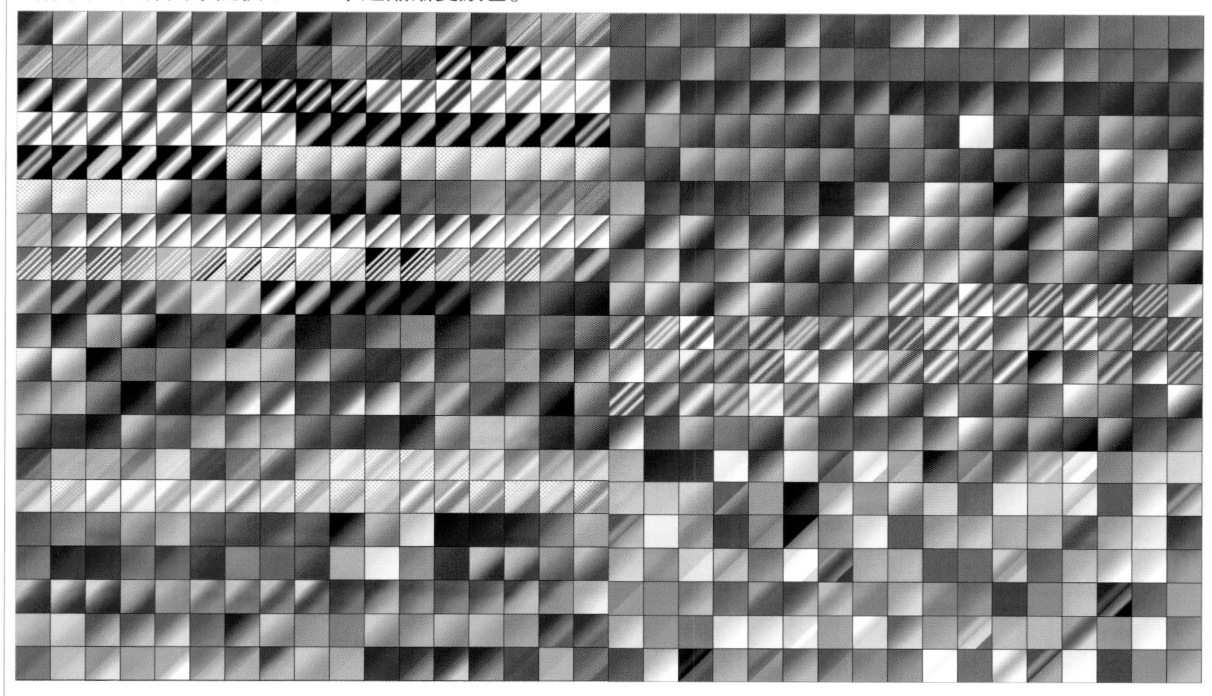

使用"样式库"文件夹中的各种样式，只需单击鼠标，就可以为对象添加金属、水晶、纹理、浮雕等特效。

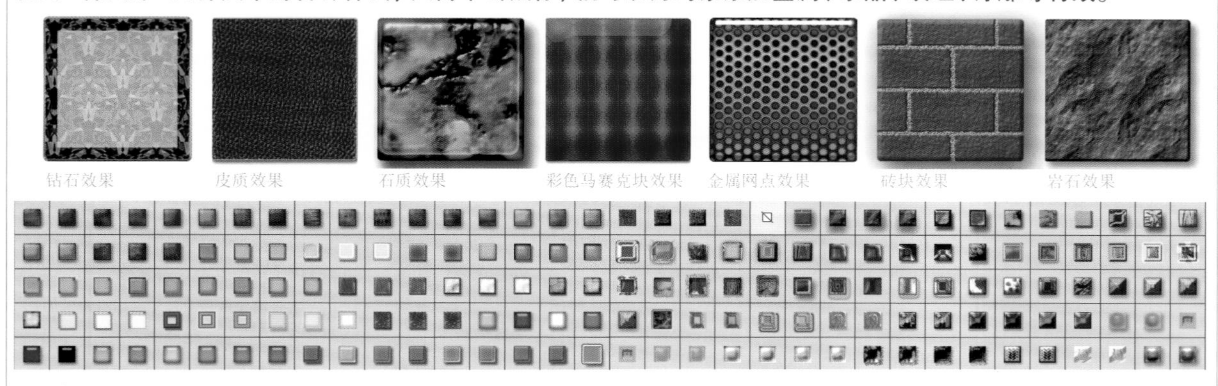

钻石效果　皮质效果　石质效果　彩色马赛克块效果　金属网点效果　砖块效果　岩石效果

"照片处理动作库"文件夹中提供了Lomo效果、宝丽来照片效果、反转负冲效果等动作，可以自动将照片处理为影楼后期的各种效果。

Lomo效果

宝丽来照片效果

反转负冲效果

特殊色彩效果

柔光照效果

灰色淡彩效果

非主流效果

附赠

- 矢量形状库
- 高清画笔库
- 《Photoshop外挂滤镜使用手册》《UI设计配色方案》《网店装修设计配色方案》等10本电子书

"形状库"文件夹中提供了几百种样式的矢量图形。

"画笔库"文件夹中提供了几百种样式的高清画笔。

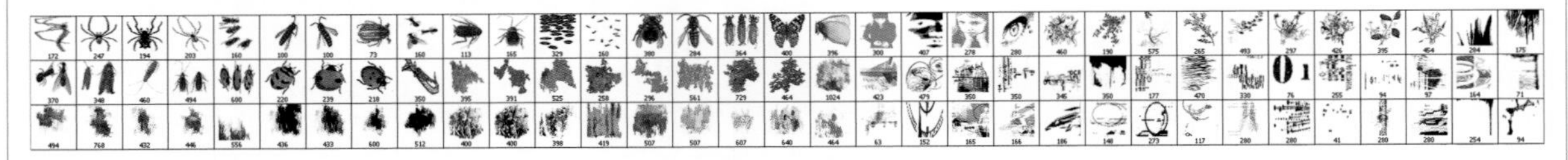

附赠《Photoshop内置滤镜使用手册》《Photoshop外挂滤镜使用手册》《UI设计配色方案》《网店装修设计配色方案》《常用颜色色谱表》《色彩设计》《图形设计》《创意法则》《CMYK色谱手册》《色谱表》10本电子书。

《Photoshop外挂滤镜使用手册》电子书包含KPT7、Eye Candy 4000、Xenofex等经典外挂滤镜。

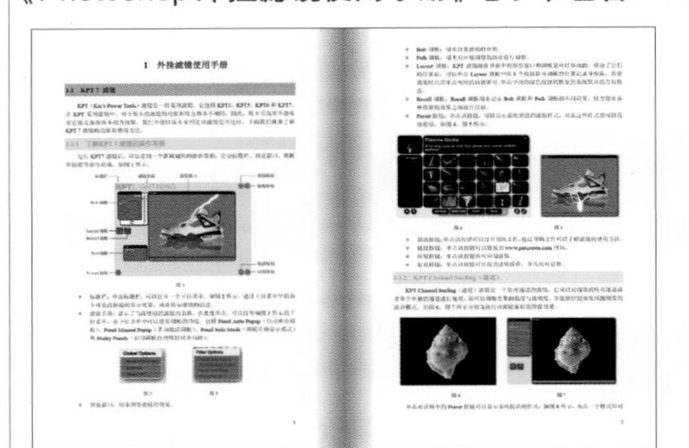

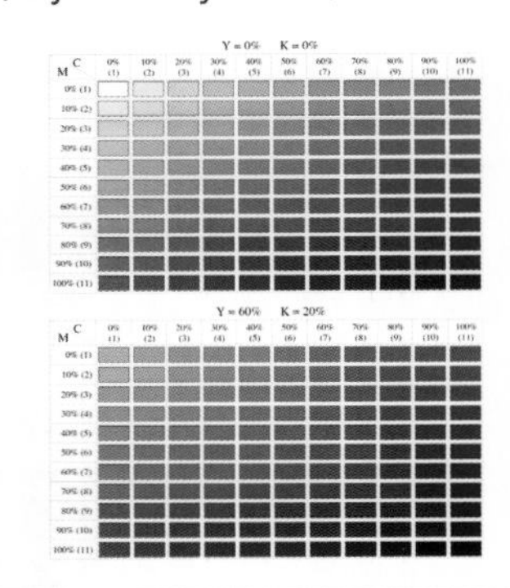

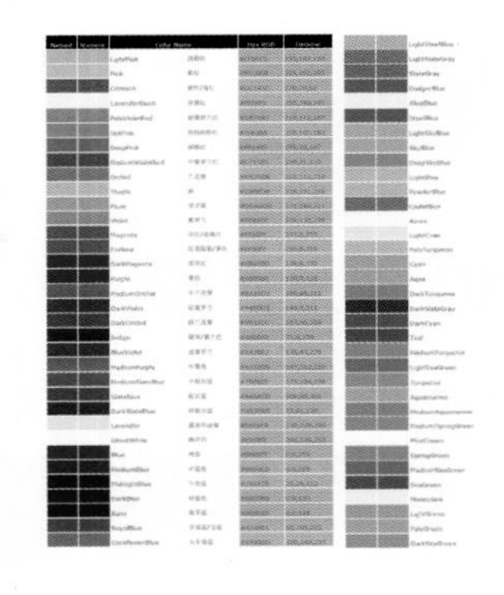

以上电子书为PDF格式，需要使用Adobe Reader观看。登录 http://get.adobe.com/cn/reader/ 可以下载免费的Adobe Reader。

平面设计与制作

突破平面

Photoshop 2021设计与制作剖析

李金蓉 / 编著

清华大学出版社
北京

内容简介

本书是初学者快速学习Photoshop的经典实战教程，书中采用从设计理论到软件讲解，再到实例制作的渐进方式，将Photoshop各项功能与平面设计工作紧密结合。全书实例数量多达104个，其中既有抠图、蒙版、绘画、修图、照片处理、文字、滤镜、动作、3D等Photoshop功能学习型实例；也有VI、UI、封面、海报、包装、插画、动漫、动画、CG等设计项目实战型实例。本书技法全面、实例经典，具有较强的针对性和实用性。读者在动手实践的过程中可以轻松地掌握软件使用技巧，了解设计项目的制作流程，充分体验学习和使用Photoshop的乐趣，真正做到学以致用。

本书适合广大Photoshop爱好者，以及从事广告设计、平面创意、包装设计、插画设计、UI设计、网页设计和动画设计的人员学习参考，也可作为相关院校和培训机构的教材。

图书在版编目（CIP）数据

突破平面Photoshop 2021设计与制作剖析/李金蓉编著. -- 北京：清华大学出版社，2021.7（2023.1重印）
（平面设计与制作）

ISBN 978-7-302-58473-5

Ⅰ. ①突… Ⅱ. ①李… Ⅲ. ①图像处理软件－教材 Ⅳ. ①TP391.413

中国版本图书馆CIP数据核字(2021)第121705号

责任编辑：陈绿春
封面设计：潘国文
责任校对：胡伟民
责任印制：宋 林

出版发行：清华大学出版社
网 址：http://www.tup.com.cn，http://www.wqbook.com
地 址：北京清华大学学研大厦A座　　邮 编：100084
社 总 机：010-83470000　　邮 购：010-62786544
投稿与读者服务：010-62776969，c-service@tup.tsinghua.edu.cn
质 量 反 馈：010-62772015，zhiliang@tup.tsinghua.edu.cn
印 装 者：小森印刷霸州有限公司
经 销：全国新华书店
开 本：188mm×260mm　　印 张：13.75　　插 页：8　　字 数：505千字
版 次：2021年9月第1版　　印 次：2023年1月第2次印刷
定 价：69.00元

产品编号：087355-01

PREFACE 前言

笔者非常乐于钻研Photoshop。它就像阿拉丁神灯，可以帮助我们实现自己的设计梦想，因而学习和使用Photoshop是令人愉快的事。

任何一个软件，要想学会并不难，而想要精通，却不容易。对于Photoshop也是如此。最有效率的学习方法，一是培养兴趣，二是多多实践。没有兴趣，就无法体验学习的乐趣；没有实践，则不能将所学知识应用于设计工作。

本书力求在一种轻松、快乐的学习氛围中，带领读者逐步深入地了解Photoshop软件的功能，通过实践掌握其在平面设计领域的应用。在内容的安排上，侧重于实用性强的功能；在技术的安排上，深入挖掘Photoshop使用技巧，并突出软件功能之间的横向联系，即综合使用多种功能进行平面设计创作的具体方法；在实例的安排上，确保每一个实例不仅有技术含量，有趣味性，还能够与软件功能完美结合，以便使读者的学习过程轻松、愉快、有收获。

本书的基础部分，首先介绍设计理论，并提供作品欣赏，然后讲解软件功能和实例，章节的结尾布置了课后作业和复习题。本书的实例都是针对软件功能的应用设计实例，读者在动手实践的过程中，可以轻松掌握软件使用技巧，了解设计项目的制作流程。104个不同类型的设计实例和82个视频教学，能够让读者充分体验Photoshop学习和使用乐趣，真正做到学以致用。相信通过本书的学习，大家也能够爱上Photoshop！

案例资源

本书的配套资源包含案例资源和附赠资源。案例资源包括案例的素材文件、最终效果文件、课后作业的视频教学；附赠资源包括动作库、画笔库、形状库、渐变库和样式库，以及大量学习资料，包括《Photoshop内置滤镜使用手册》《Photoshop外挂滤镜使用手册》《UI设计配色方案》《网店装修设计配色方案》《常用颜色色谱表》等10本电子书和“多媒体课堂——Photoshop视频教学65例”。

附赠资源

本书的配套资源请用微信扫描右侧的二维码进行下载，如果在下载过程中碰到问题，请联系陈老师，联系邮箱：chenlch@tup.tsinghua.edu.cn。

希望本书能帮助您更快地学会使用Photoshop，同时了解相关平面设计知识。由于作者水平有限，书中难免有疏漏之处。如果您有中肯的意见或者在学习中遇到问题，请扫描右侧的二维码，联系相关技术人员解决。

技术支持

作者

2021年5月

目 录 CONTENTS

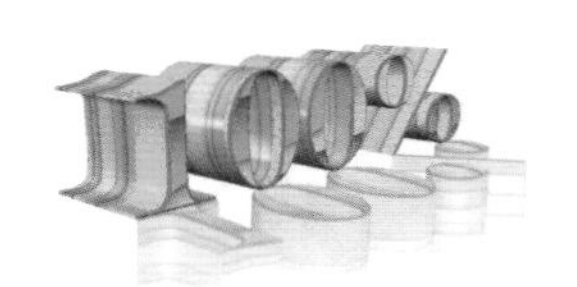

第6章 网店美工必修课：照片处理与抠图 ... 80

第7章 插画设计：滤镜与特效 98

第8章 UI设计：图层样式与特效 114

第 12 章 跨界设计：综合实例 166

附录 206

LOVE

PS

随时间之乐起舞
DANCE TO THE MUSIC OF TIME

DANCE
TO·THE
MUSIC
OF
TIME

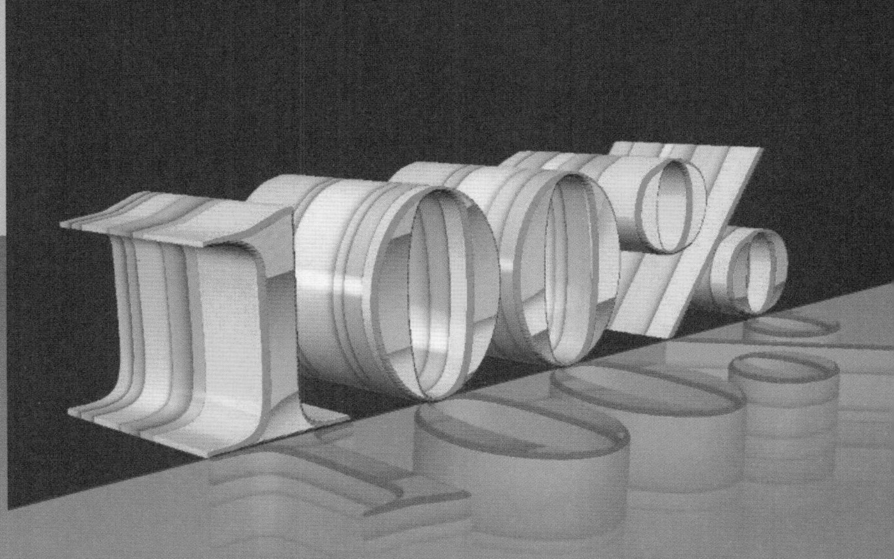
100%

第1章

初识Photoshop 创意设计

Photoshop的第一个版本于1990年2月正式推出，至今已30年。Photoshop最初由一个叫作Display程序改进而来。1987年秋，美国密歇根大学博士研究生托马斯·洛尔（Thomes Knoll）编写了Display程序，用于在黑白位图显示器上显示灰阶图像。托马斯的哥哥约翰·洛尔（John Knoll）让弟弟编写一个处理数字图像的程序，于是托马斯修改了Display的代码，并改名为Photoshop。后来Adobe公司购买了Photoshop的发行权，Photoshop便正式成为Adobe软件大家族的成员。

1.1 创造性思维

思维是人脑对客观事物本质属性和内在联系的概括和间接反映。以新颖、独特的思维活动揭示事物的本质及内在联系，并指引人去获得新的答案，从而产生前所未有的想法，这就是创造性思维。它包含以下几种形式。

1. 多向思维

多向思维也叫发散思维，它表现为思维不受点、线和面的限制，不局限于一种模式。

2. 侧向思维

侧向思维又称旁通思维，它是沿着正向思维旁侧开拓出新思路的一种创造性思维。正向思维遇到问题时从正面去想，而侧向思维则会避开问题的锋芒，在次要的地方做文章。如图1-1所示为运用了侧向思维的广告创意（大众原装配件广告）。狐狸积木刚好可以填充在鸡形的凹槽里，但狐狸遇到鸡，必定会将其吃掉。所以，为避免潜在的危险，还是应该用原装配件，毕竟安全第一。

3. 逆向思维

日常生活中，人们往往有一种习惯性思维，即只看事物的一方面，而忽视另一方面。如果逆转正常的思路，从反面想问题，便能有创新性的设想。如图1-2所示为Stena Lines客运公司广告——父母跟随孩子出游可享受免费待遇。广告运用了逆向思维，将孩子和父母的身份调换，创造出生动、新奇的视觉效果，让人眼前一亮。

图1-1

图1-2

4. 联想思维

联想思维是指由某一事物联想到与之相关的其他事物的思维过程。图1-3所示为wonderbra内衣广告——专用吸管，超长的吸管让人联想到特制的大号胸衣。如图1-4所示为BIMBO Mizup方便面广告，顾客看到龙虾自然会联想到方便面的口味。

学习重点
- 位图与矢量图
- 像素与分辨率
- 文件格式
- 文档窗口
- 工具面板
- 面板

图 1-3

图 1-4

1.2　数字化图像基础

在计算机世界里，图像和图形等都是以数字方式记录、处理和存储的。它们分为两大类，一类是位图，另一类是矢量图。

1.2.1　位图与矢量图

位图是由像素组成的，数码相机拍摄的照片、扫描仪扫描的图像等都属于位图。位图的优点是可以精确地表现颜色的细微过渡，也比较容易在各种软件之间交换。缺点是受分辨率的制约，只包含固定数量的像素，在对其缩放或旋转时，Photoshop 无法生成新的像素，它只能将原有的像素变大以填充扩展的空间，结果往往会使清晰的图像变得模糊。如图 1–5 所示为一张照片及放大后的局部细节，可以看到，图像已经有些模糊了。此外，位图占用的存储空间也比较大。

图 1-5

矢量图由数学对象定义的直线和曲线构成，占的存储空间较小。矢量图与分辨率无关，任意旋转和缩放后都会保持清晰、光滑，如图 1–6 所示。矢量图的这种特点非常适合制作图标、Logo 等需要按照不同尺寸使用的对象。

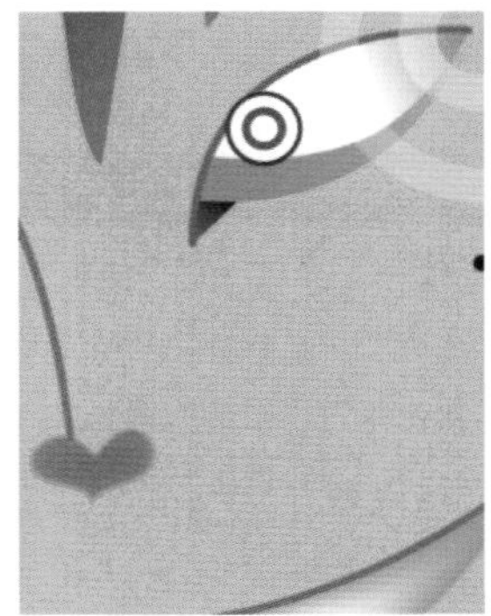
图 1-6

tip 位图编辑软件主要有Photoshop和Painter；矢量图编辑软件主要有Illustrator、CorelDraw和Auto CAD等。

tip Adobe公司由乔恩·沃诺克和查理斯·格什克于1982年创建，总部位于美国加州的圣何塞市。其产品遍及图形设计、图像制作、数码视频、电子文档和网页制作等领域。除了大名鼎鼎的Photoshop外，矢量图编辑软件Illustrator、动画编辑软件Flash、专业排版软件InDesign、影视编辑及特效制作软件Premiere和After Effects等均出自该公司。

1.2.2 像素与分辨率

像素是组成位图图像最基本的元素。每一个像素都有自己的位置，并记载着图像的颜色信息，一个图像包含的像素越多，颜色信息就越丰富，图像效果也会越好，不过文件也会越大。

分辨率是指单位长度内包含的像素点的数量，它的单位通常为像素/英寸(ppi)，如72ppi表示每英寸包含72个像素点，300ppi表示每英寸包含300个像素点。分辨率决定了位图细节的精细程度，通常情况下，分辨率越高，包含的像素就越多，图像就越清晰。如图1-7~图1-9所示为打印尺寸相同但分辨率不同的3个图像，可以看到，低分辨率的图像有些模糊，高分辨率的图像十分清晰。

分辨率为72像素/英寸

图1-7

分辨率为100像素/英寸

图1-8

分辨率为300像素/英寸

图1-9

tip 在新建文件时，可以设置分辨率。对于一个现有的文件，可执行"图像"|"图像大小"命令修改它的分辨率。虽然分辨率越高，图像的质量越好，但这也会增加其占用的存储空间，只有根据图像的用途设置合适的分辨率，才能取得最佳的使用效果。如果图像用于屏幕显示或网络传输，可以将分辨率设置为72像素/英寸，这样可以减小文件的大小，提高传输和下载速度；如果图像用于喷墨打印机打印，可以将分辨率设置为100～150像素/英寸；如果用于印刷，则应设置为300像素/英寸。

1.2.3 颜色模式

颜色模式决定了用于显示和打印所处理图像的颜色的方法。在Photoshop中打开一个文件，文档窗口的标题栏中会显示图像的颜色模式，如图1-10所示。如果要转换为其他模式，可以执行"图像"|"模式"命令，在级联菜单中选择一种模式，如图1-11所示。

图1-10

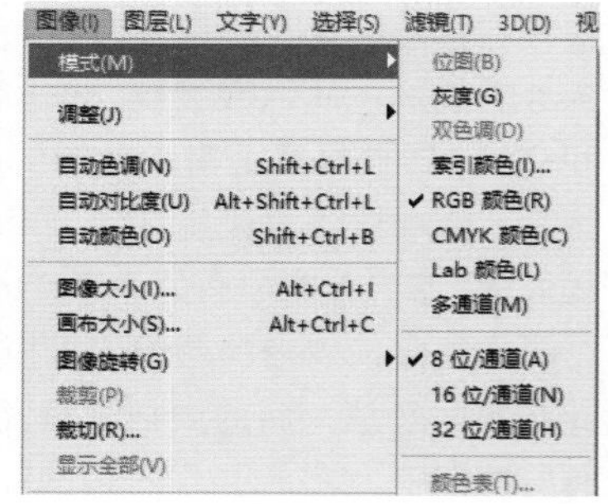

图1-11

颜色模式	具体描述
位图	只有纯黑和纯白两种颜色，适合制作艺术样式或创作单色图形
灰度	只有256级灰度颜色，没有彩色信息
双色调	利用一组曲线来设置各种颜色的油墨，可以得到比单一通道更多的色调层次，在打印中能表现更多的细节
索引颜色	使用256种或更少的颜色替代全彩图像中上百万种颜色的过程叫作索引。Photoshop会构建一个颜色查找表(CLUT)，存放图像中的颜色。如果原图像中的某种颜色没有出现在该表中，则程序会选取最接近的一种来模拟该颜色
RGB颜色	由红(Red)、绿(Green)和蓝(Blue)3个基本颜色组成，每种颜色都有256种亮度值，因此可以产生1670余万种颜色(256×256×256)。RGB模式主要用于屏幕显示，如电视机、计算机的显示器等都采用该模式
CMYK颜色	由青(Cyan)、品红(Magenta)、黄(Yellow)和黑(Black)4种基本颜色组成，是一种印刷用模式，广泛应用于印刷的分色处理
Lab颜色	Lab模式是Photoshop进行颜色模式转换时使用的中间模式。例如，将RGB图像转换为CMYK模式时，Photoshop会先将其转换为Lab模式，再由Lab模式转换为CMYK模式
多通道	一种减色模式，将RGB模式的图像转换为该模式后，可以得到青色、洋红和黄色通道

1.2.4　文件格式

文件格式决定了图像数据的存储方式（作为像素还是矢量）、压缩方法、支持什么样的Photoshop功能，以及文件是否与一些应用程序兼容。执行"文件"|"存储"命令或"文件"|"存储为"命令保存图像时，可以在打开的"存储为"对话框中选择文件格式，如图1-12所示。

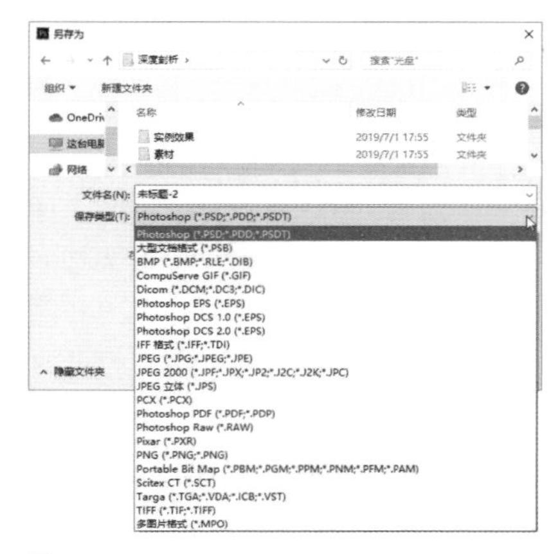

图1-12

编辑完成后，可以将文件存储为两份，一份是PSD格式，便于以后修改；另一份的格式可以根据用途来定。如果图像用于打印、网络发布，或者通过E-mail传送，以及用于手机、平板电脑等设备，为方便浏览和网络传输在不同的设备上使用，可以保存为JPEG格式。如果图像用于网络传输，可以选择JPEG格式或者GIF格式。如果要为那些没有Photoshop的用户选择一种文件格式，不妨使用PDF格式，利用免费的Adobe Reader软件即可显示图像，还可以向文件中添加注释。

PSD格式是Photoshop默认的文件格式，它可以保留文档中的图层、蒙版、文字和通道等所有内容。编辑图像之后，如果尚未完成工作或有待修改，则应保存为PSD格式，以便以后随时修改。此外，矢量图编辑软件Illustrator和排版软件InDesign也支持PSD格式的文件，这意味着背景透明的PSD文档置入这两个程序之后，背景仍然是透明的。

JPEG格式是数码相机默认的文件格式（扩展名为.jpg或.jpeg），绝大多数图形图像程序都支持它。这种格式可以对图像进行压缩，占用的存储空间比较小。但它采用的是有损压缩，会丢弃一些不重要的原始数据。保存文件时，需要在弹出的"JPEG选项"对话框中设置压缩率，如图1-13所示。从0~12，压缩率越高，图像的品质越差。"品质"设置为10或者12比较好。10以上都属于"最佳"品质，图像细节的损耗非常小，画质的变化小到人的眼睛几乎察觉不到。另外，JPEG图像最好不要多次存储，因为每保存一次都要进行压缩处理，这会导致图像的品质越来越差。JPEG格式可用于存储路径，但不支持图层和其他Photoshop内容，在保存时会合并图层。

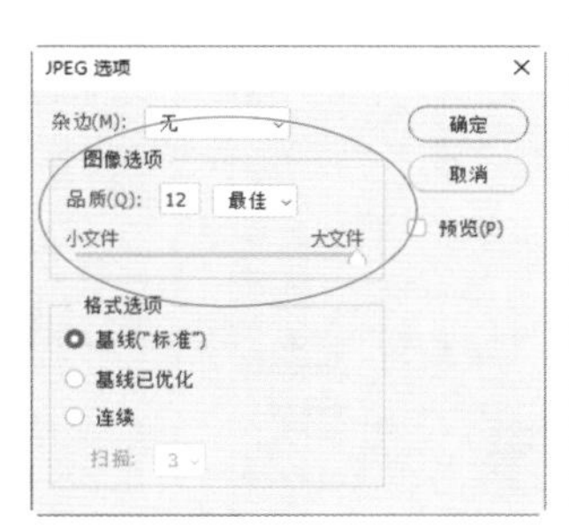

图1-13

tip 保存文件有两个要点。第一是把握好时间，可以在编辑图像的初始阶段就保存文件，文件格式可选择PSD格式；编辑过程中，还应适时地按快捷键（Ctrl+S）将图像的最新效果存储起来。最好不要等到完成所有编辑以后再存储，以防死机造成文件丢失。

1.3　Photoshop 2021新增功能

Photoshop 2021的图标由矩形变成了圆角矩形，命名方式变为Adobe Photoshop 2021。Photoshop 2021的功能更智能化，将之前版本中需要许多烦琐操作才能实现的效果，通过快捷动作来完成，极大地提高了工作效率。

1.3.1　天空替换

执行"天空替换"命令，可以快速选择和替换图像中的天空，并自动调整图像的颜色，使之与天空相协调。打开一个图像，如图1-14所示。执行"编辑"|"天空替换"命令，打开"天空替换"对话框，单击⌄按钮，在弹出的下拉列表中可以选择天空预设，如图1-15和图1-16所示。还可以通过调整滑块来修改天空的大小、亮度和色温，使图像之间完美融合。

图1-14

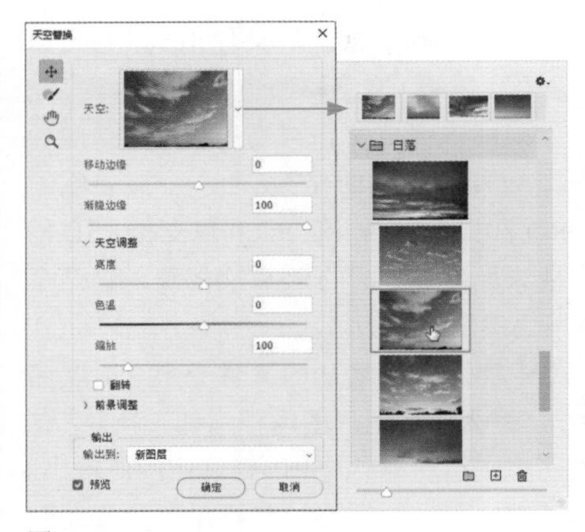

图 1-15

图 1-16

替换天空后，原始图像中的天空区域会自动被选取并遮住，以新的天空图像进行替换，如图1–17所示。也可以添加自己的天空素材。单击下拉列表右上角的 ⚙. 按钮，在菜单中执行“导入天空”命令，如图1–18所示。

图 1-17　图 1-18

1.3.2　Neural Filters

Neural Filters也称AI滤镜或神经网络滤镜，是Photoshop的一个新工作区，实现了人工智能与Neural Filters相结合，使图像编辑功能变得更加强大。不仅可用于改变人物的表情、年龄和面部朝向，还可以调整光照方向。Neural Filters的编辑是非破坏性的，不会在本质上改变原始图像。某些滤镜（如智能肖像）是在云端处理一些操作，需要连接到互联网才能完成滤镜效果。关于该滤镜的使用方法，会在本书第7章中详细讲解。

1.3.3　快捷操作

快捷操作包括移除背景、模糊背景、制作黑白背景、增强图像，像一个操作任务的集合。使用时非常方便，只需选择任务，然后单击操作按钮即可。打开图像，如图1–19所示。执行“帮助”|“Photoshop帮助”命令，打开“发现”面板，单击“快捷操作”选项卡，如图1–20所示，切换到“快速操作”界面，如图1–21所示。单击“移除背景”选项卡，再单击“套用”按钮，便可实现自动抠图，如图1–22所示。图像会转换为智能对象，并以蒙版方式对背景进行遮罩，如图1–23和图1–24所示。单击图层缩览图上的图标，可以打开原图像。

图 1-19

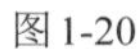

图 1-20　图 1-21　图 1-22

图 1-23　图 1-24

1.4　Photoshop 2021 工作界面

Photoshop 工作界面设计得非常合理，也很人性化，初学者能够轻松上手。Adobe 公司大部分软件都采用这样的界面，因此，会用 Photoshop，操作其他软件也就不在话下了。

打开 Photoshop 2021 以后，最先看到的是主页，如图 1–25 所示。在这里可以创建和打开文件，了解 Photoshop 新增功能，搜索 Adobe 资源。

图 1-25

单击“学习”选项卡，则可切换主页，如图 1–26 所示。这里有很多练习教程，选择其中的一个，可以在 Photoshop 中打开相关素材和“学习”面板，按照“学习”面板中的提示操作，可以学习 Photoshop 入门知识，完成一些简单的实例，如图 1–27 所示。单击视频，则可链接到 Adobe 网站，在线观看视频。

图 1-26

图 1-27

在主页中打开或新建文件，以及关闭主页之后，就进入 Photoshop 工作界面了。它由菜单、工具面板、图像编辑区（文档窗口）、选项卡和各种面板组成，如图 1–28 所示。

图 1-28

tip 界面颜色切换的快捷键是Alt+Shift+F2（由深到浅）和Alt+Shift+F1（由浅到深），从黑到浅灰分为4级，每个快捷键可按3次。要进行颜色处理，最好使用灰色界面，因为灰色对图像色彩的干扰最小，不会影响判断，这样才能更加准确地观察色彩和进行调色操作。

1.4.1　文档窗口

文档窗口是编辑图像的区域。在 Photoshop 中打开图像时，会创建文档窗口。如果打开多个图像，则会停放到选项卡中，单击一个文档的名称，即可将其设置为当前操作的窗口，如图 1–29 所示。按 Ctrl+Tab 快捷键可按照顺序切换各个窗口。如果觉得文档窗口固定在选项卡中不方便操作，可以将光标放在窗口的标题栏上，单击并将其从选项卡中拖出，相应的文档窗口就会成为浮动窗口，如图 1–30 所示。浮动窗口可以最大化、最小化或移动到任何位置，还可以重新固定到选项卡中。单击窗口右上角的 X 按钮，可以关闭该窗口。如果要关闭所有窗口，可在其中一个文档的标题栏上单击鼠标右键，在弹出的快捷菜单中执行“关闭全部”命令。

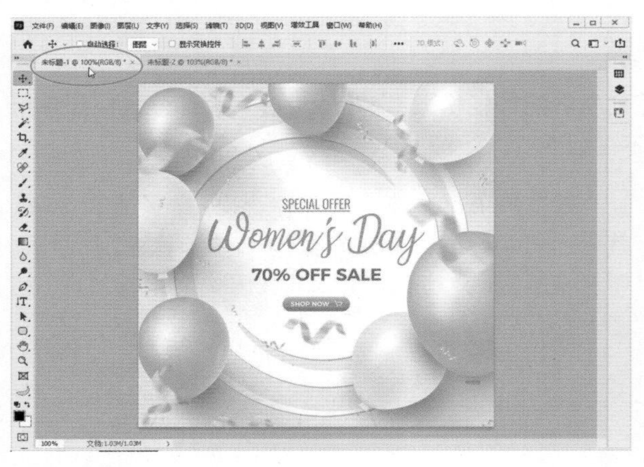

图 1-29

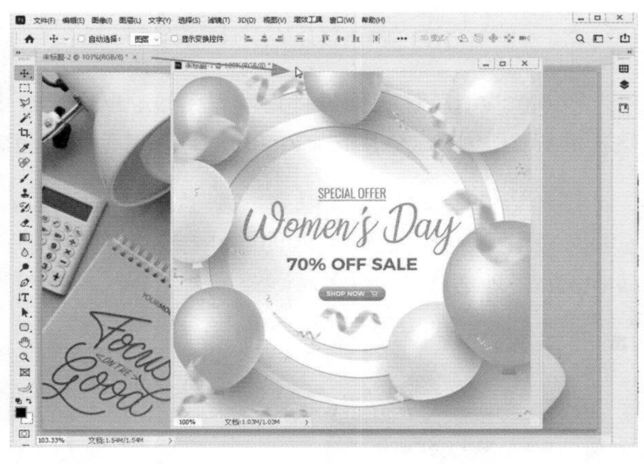

图 1-30

1.4.2 工具面板

Photoshop 的工具面板中包含用于创建和编辑图像、图稿、页面元素的工具和按钮，如图 1–31 所示。这些工具分为 7 组，如图 1–32 所示。单击工具面板顶部的 ▸▸ 按钮，可以将工具面板切换为单排（或双排）显示。单排工具面板可以为文档窗口让出更多的空间。

单击工具面板中的工具，即可选择该工具，如图 1–33 所示。部分工具的右下角带有三角形图标，在这样的工具上单击并按住鼠标左键会显示隐藏的工具，如图 1–34 所示，将光标移至隐藏的工具上并释放鼠标，即可选择该工具，如图 1–35 所示。将光标移动到工具上并停放片刻，可显示工具名称、快捷键、工具的描述和简短视频，如图 1–36 所示。

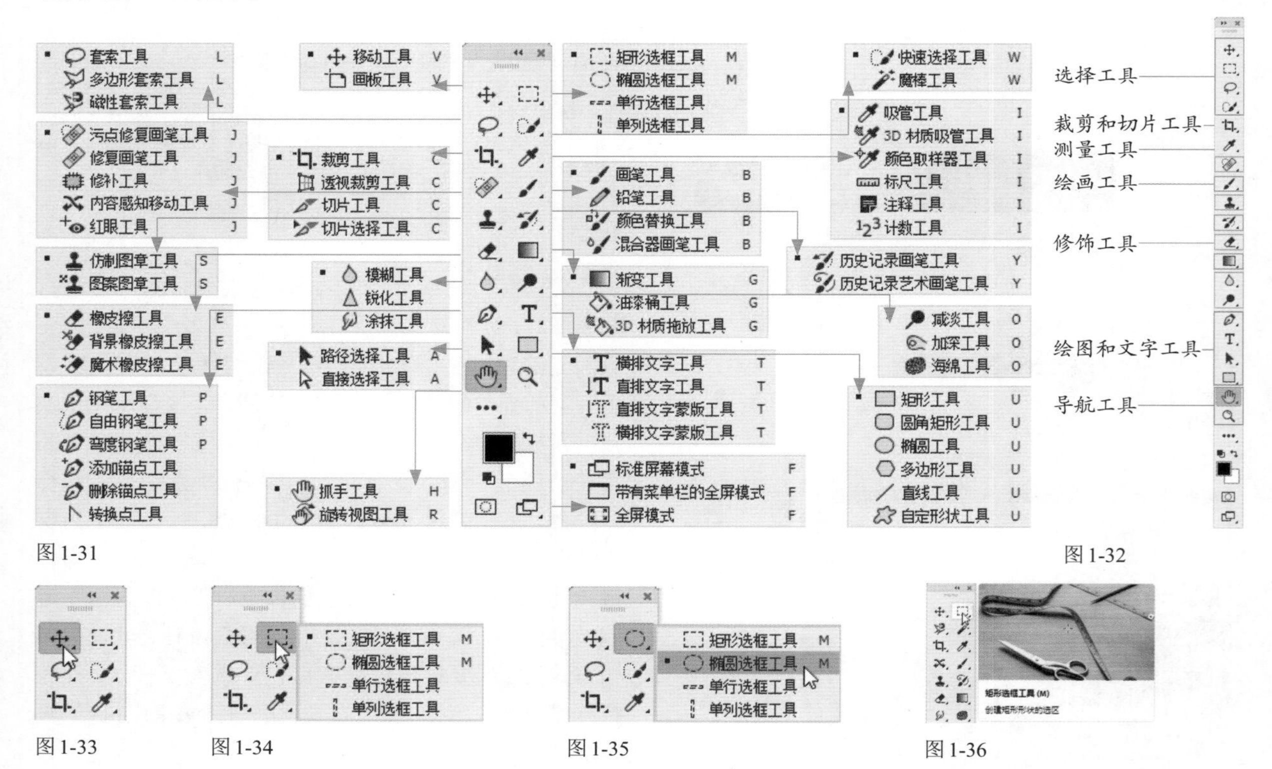

图 1-31

图 1-32

图 1-33

图 1-34

图 1-35

图 1-36

1.4.3　工具选项栏

选择工具后，可以在工具选项栏中设置各种属性。如图1-37所示为渐变工具列表的选项栏。单击按钮，可以打开一个下拉列表，如图1-38所示。在文本框中单击，然后输入数值并按Enter键，即可调整数值；如果文本框旁边有按钮，则单击该按钮，可以显示滑块，拖动滑块也可以调整数值，如图1-39所示。

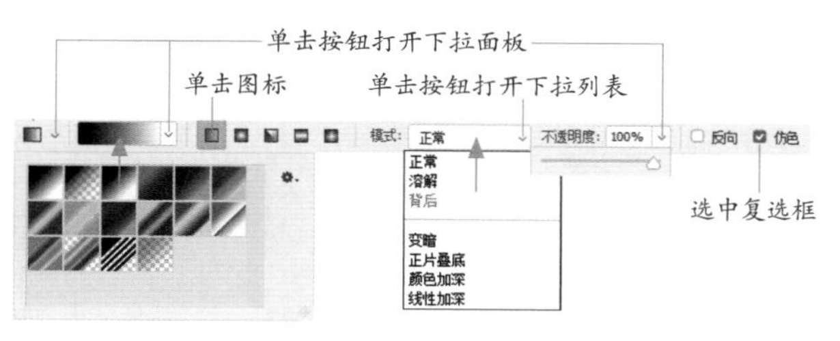

图1-37

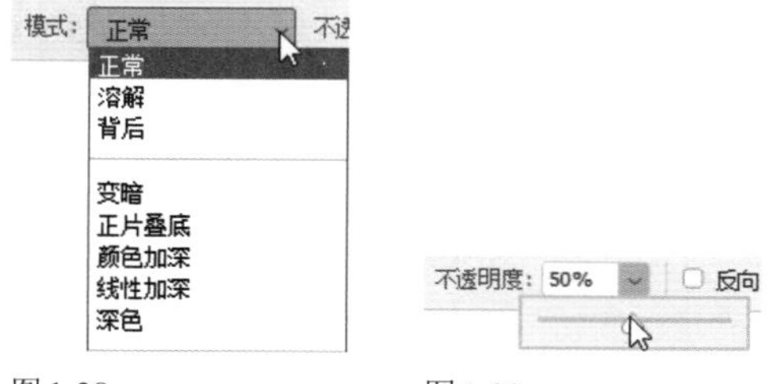

图1-38　图1-39

tip 按Tab键，可以隐藏工具面板、工具选项栏和所有面板；按Shift+Tab快捷键可以隐藏面板，但保留工具面板和工具选项栏。再次按相应的键，可以重新显示隐藏的内容。按Shift+工具快捷键，可在一组隐藏的工具中循环选择各个工具。如果要查看快捷键，可以将光标停放在工具上，就会显示提示信息。

1.4.4　菜单栏

Photoshop用11个菜单将各种命令分为11类。例如，“文件”菜单包含与设置文件有关的各种命令，“滤镜”菜单包含各种滤镜。单击菜单的名称，即可打开该菜单。带有黑色三角标记的命令包含级联菜单，如图1-40所示。如果命令显示为灰色，表示在当前状态下不能使用。例如，没有创建选区时，“选择”菜单中的多数命令不能使用。如果命令右侧有“…”符号，表示执行该命令后会弹出对话框。

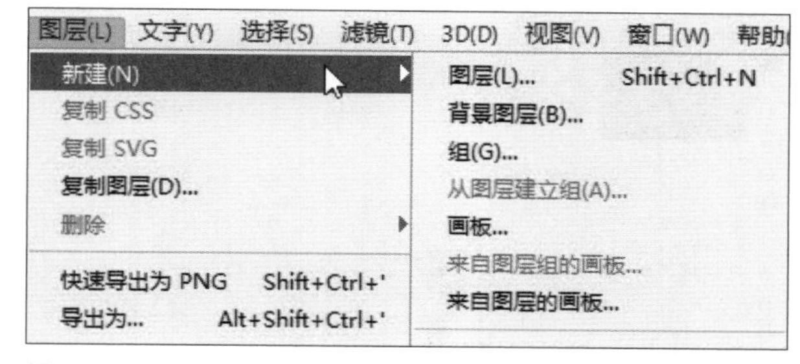

图1-40

选择命令即可执行该命令。如果命令有快捷键，则可以通过按快捷键的方式来执行命令。例如，按Ctrl+A快捷键可以执行“选择”|“全部”命令，如图1-41所示。有些命令只提供了字母，要通过快捷方式执行这样的命令，可按快捷键Alt+主菜单的字母+命令后面的字母，执行该命令。例如，按Alt+L+D快捷键可以执行“图层”|“复制图层”命令，如图1-42所示。

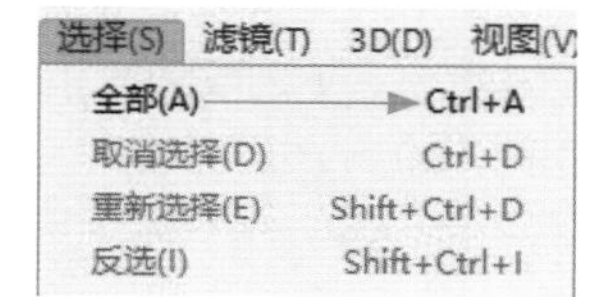

图1-41

图1-42

在文档窗口的空白处、对象上或在面板上单击鼠标右键，可以显示快捷菜单，如图1-43和图1-44所示。

图1-43

图1-44

1.4.5　面板

面板用于配合编辑图像、设置工具参数和选项。Photoshop提供了20多个面板，在“窗口”菜单中可以选择需要的面板并将其打开。默认情况下，面板以选项卡的形式成组出现，并停靠在窗口右侧，如图1-45所示。可根据需要打开、关闭或是自由组合面板。例如，单击面板的名称，即可显示面板中的选项，如图1-46所示。单击面板组右上角的按钮，可以将面板折叠为图标状，如图1-47所示。单击图标可以展开相应的面板，再次单击，可将其关闭。

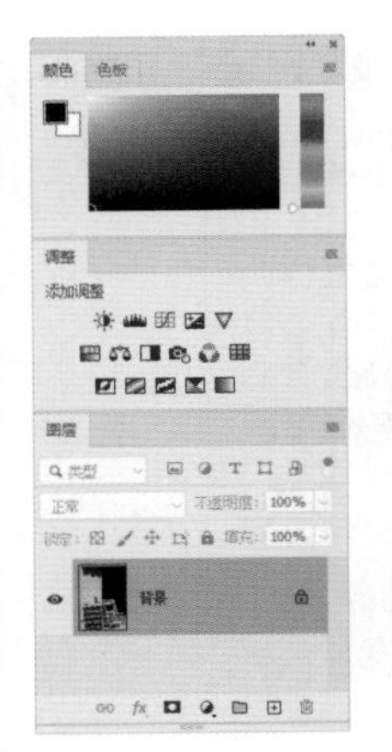
图 1-45

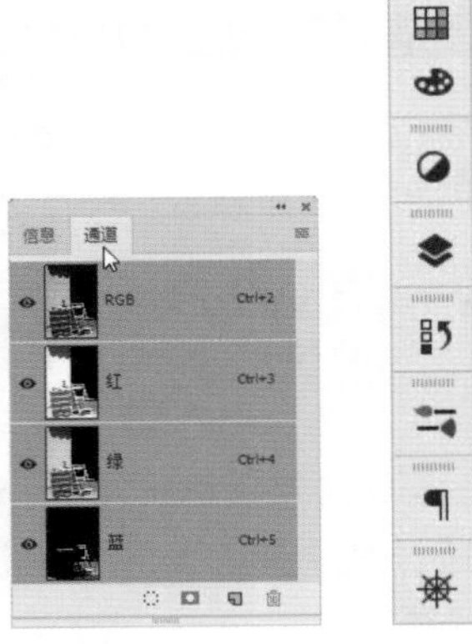
图 1-46　　图 1-47

拖动面板左侧边界可以调整面板组的宽度，让面板的名称显示出来，如图 1–48 所示。将光标放在面板的标题栏上，单击并向上或向下拖动，可重新排列面板的组合顺序，如图 1–49 所示。如果向文档窗口中拖动，则可以将其从面板组中分离出来，使之成为可以放在任意位置的浮动面板，如图 1–50 所示。

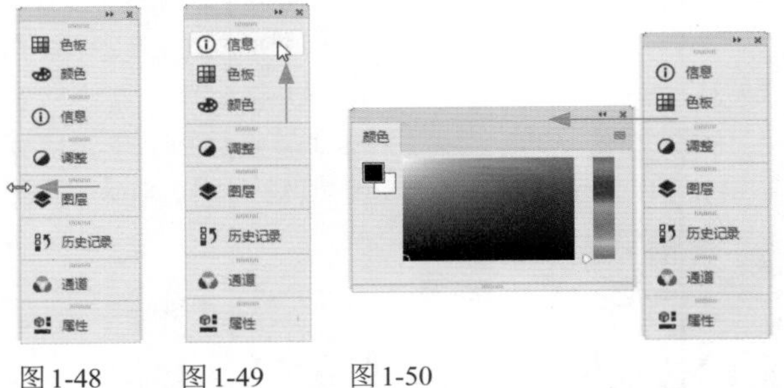
图 1-48　　图 1-49　　图 1-50

单击面板右上角的 ≡ 按钮，可以打开面板菜单，如图 1–51 所示。菜单中包含与当前面板有关的各种命令。在面板的标题栏上单击鼠标右键，可以显示快捷菜单，如图 1–52 所示，执行"关闭"命令，可以关闭该面板。

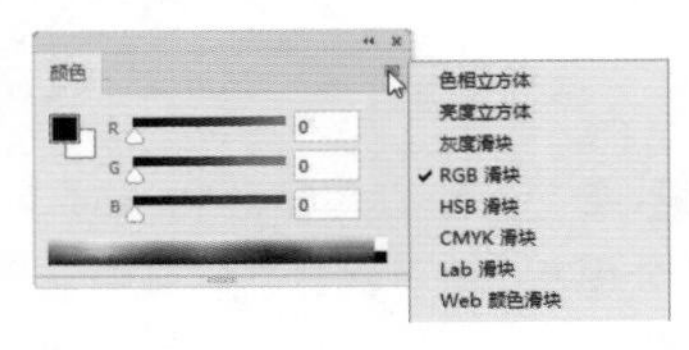

图 1-51

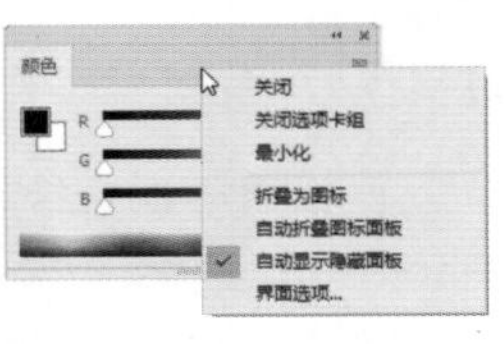

图 1-52

1.4.6　画板和画板工具

网页和 UI 设计人员需要设计适合多种设备的网站或应用程序。画板可用于简化设计过程，它提供了一个无限画布，该画布的布置适合不同设备和屏幕的设计。

进行网页设计、UI 设计或为移动设备设计用户界面时，往往需要提供多种方案，或者要为不同的显示器或移动设备提供不同尺寸的设计图稿。在 Photoshop 的文档窗口中，只有画布用于显示和编辑图像，如图 1–53 所示，位于画布之外暂存区域的图像，不仅不能显示和打印，将文件存储为不支持图层的格式（如 JPEG）时，还会被删除。这导致一个文件只适合制作和展示一个图稿。使用画板则可以轻松突破这种限制，如图 1–54 所示。

灰色是暂存区
图 1-53

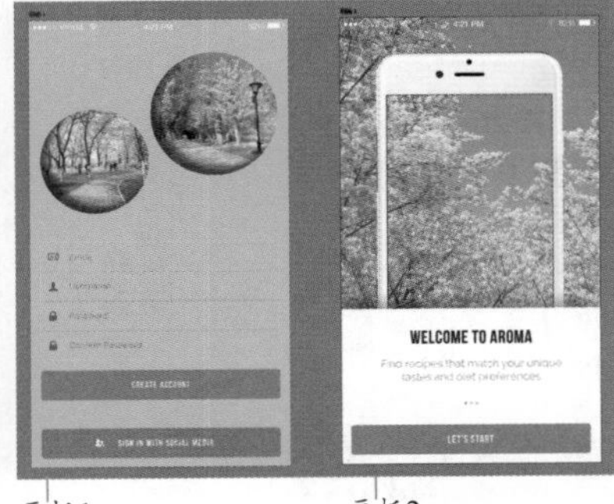

画板1　　画板2
图 1-54

如果要创建画板文档，可以执行"文件"|"新建"命令，打开"新建文档"对话框，设置文件大小后，选择"画板"选项，单击"创建"按钮，如图 1–55 和图 1–56 所示。画板是一种特殊类型的图层组。它可以将任何所含元素的内容剪切到其边界中。画板中元素的层次结构显示在"图层"面板中，其中包括图层和图层组，如图 1–57 所示。

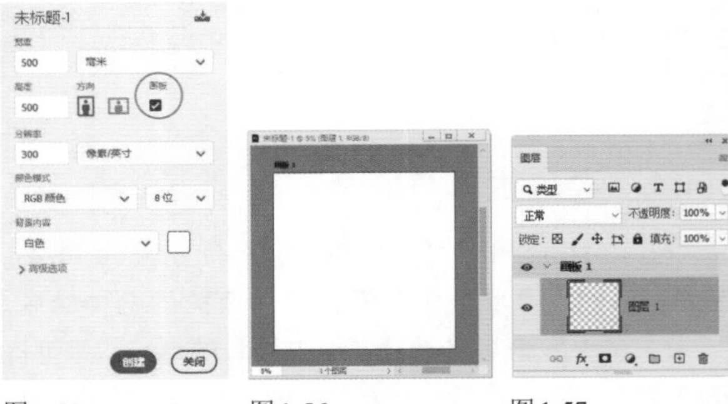
图 1-55　　图 1-56　　图 1-57

如果要创建多个画板，可以选择画板工具 ，在文档窗口单击并拖动鼠标绘制画板，如图 1–58 所示。拖动画板定界框上的控制点，可以调整画板大小，如图 1–59 所示。在工具选项栏中可以选择预设的画板尺寸，或输入数值自定义画板大小。

tip 要删除画板，可在"图层"面板中单击画板，然后按 Delete 键。双击"图层"面板中的画板名称，并输入新名称，可重命名画板。

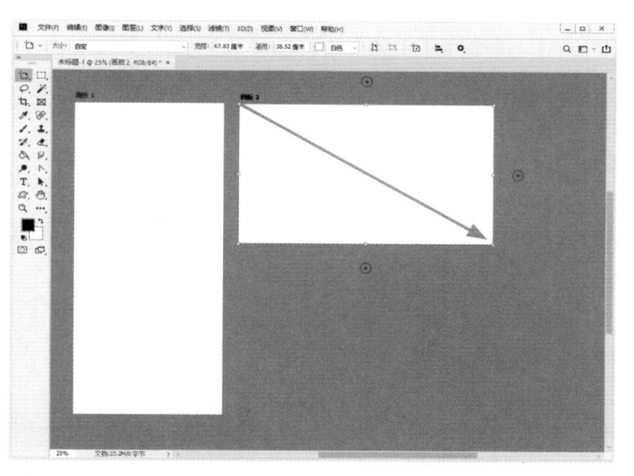

图 1-58

图 1-59

1.5　课后作业：自定义工作区

本章学习了Photoshop的基本使用方法。下面通过课后作业来强化学习效果。如果有不理解的地方，请看视频教学文件。

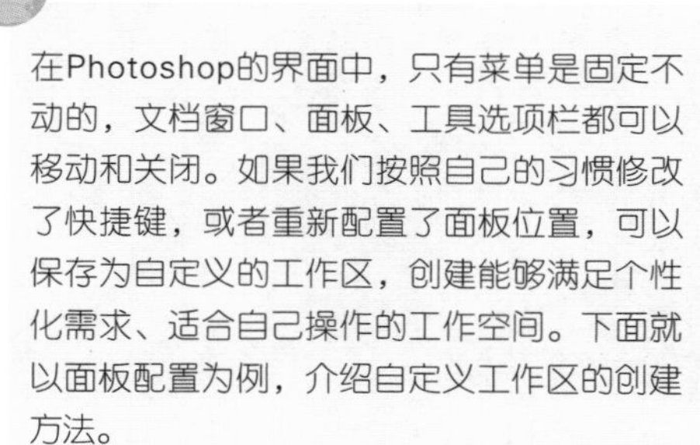

在Photoshop的界面中，只有菜单是固定不动的，文档窗口、面板、工具选项栏都可以移动和关闭。如果我们按照自己的习惯修改了快捷键，或者重新配置了面板位置，可以保存为自定义的工作区，创建能够满足个性化需求、适合自己操作的工作空间。下面就以面板配置为例，介绍自定义工作区的创建方法。

执行“窗口”|“工作区”|“新建工作区”命令，在打开的对话框中输入工作区的名称，单击“存储”按钮，关闭对话框，完成工作区的创建。执行“窗口”|“工作区”命令，在级联菜单中可以看到自定义工作区的名称，选择它，即可切换为相应的工作区。

如果要删除自定义的工作区，可以执行“窗口”|“工作区”命令，在级联菜单中执行“删除工作区”命令。如果要恢复为默认的工作区，可以执行“基本功能（默认）”命令。

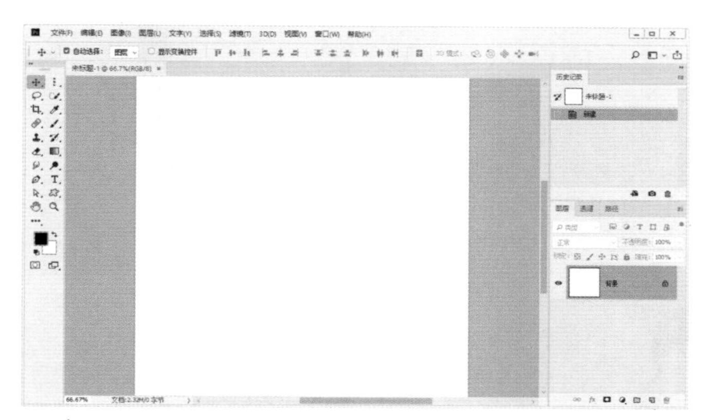

配置常用面板组

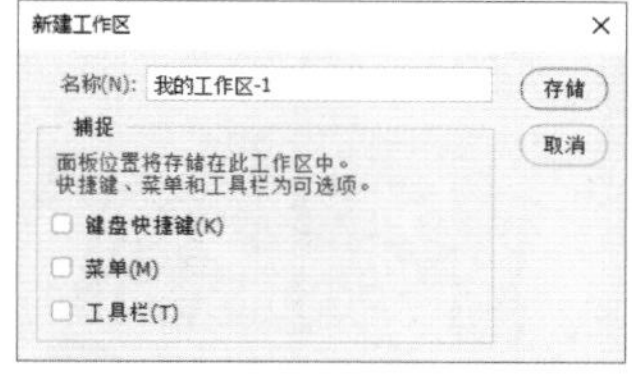

为工作区命名

在级联菜单中找到自定义工作区

1.6　复习题

1. 描述矢量图与位图的特点及主要用途。
2. 哪种颜色模式用于在手机、电视机和计算机中显示图像？哪种模式用于印刷？
3. Photoshop默认的文件格式是什么？

第2章

Photoshop基本操作 构成设计

本章介绍文档编辑、图稿查看、颜色设置和图像变换等基本操作方法。其中，颜色设置与很多操作有关，如使用画笔、渐变和文字等工具，以及进行填充、描边选区、修改蒙版和修饰图像等操作。通过变换和变形操作可以编辑很多对象，包括图像、图层、图层蒙版、选区、路径、矢量形状、矢量蒙版和Alpha通道等。

2.1 构成设计

构成是指将不同形态的两个以上的单元重新综合成为一个新的单元，并赋予其视觉化的概念。

2.1.1 平面构成

平面构成是视觉元素在二次元的平面上按照美的视觉效果和力学原理进行编排与组合。点、线、面是平面构成的主要元素。点是最小的形象组成元素，任何物体缩小到一定程度，都会变成不同形态的点，当画面中只有一个点时，这个点会成为视觉的中心，如图2–1所示；当画面有大小不同的点时，人们首先注意的是大的点，而后视线会移向小的点，从而产生视觉的流动，如图2–2所示。当多个点同时存在时，会产生连续的视觉效果。

宜家鞋柜广告：节省更多的空间

图2-1

Spoleto酒店：性感美女从天而降

图2-2

线是点移动的轨迹，如图2–3所示。线的连续移动形成面，如图2–4所示。不同的线和面具有不同的情感特征，如水平线给人以平和、安静的感觉，斜线代表了动力和惊险；规则的面给人以简洁、秩序的感觉，不规则的面会产生活泼、生动的感觉。

图2-3

图2-4

学习重点
- 用“历史记录”面板撤销操作
- 前景色与背景色
- 渐变颜色
- 移动与复制图像
- 定界框、中心点和控制点
- 分形艺术

2.1.2 色彩构成

色彩构成是从人对色彩的知觉和心理效果出发，用科学分析的方法，把复杂的色彩现象还原为基本要素，利用色彩在空间、量与质上的可变换性，按照一定的规律去组合各构成之间的相互关系，再创造出新的色彩效果的过程。

当两种或多种颜色并置时，因其性质不同而呈现的色彩差别现象称为色彩对比，包括明度对比、纯度对比、色相对比和面积对比。图2-5~图2-8所示为色相对比的具体表现。

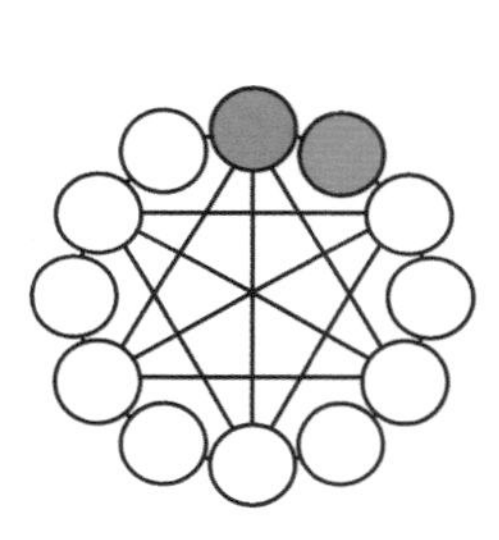

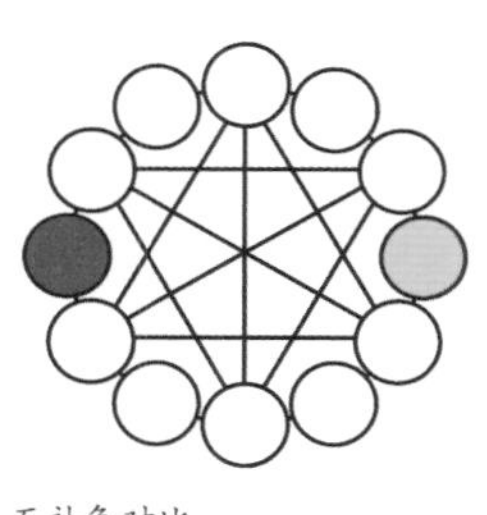

同类色对比

图2-5

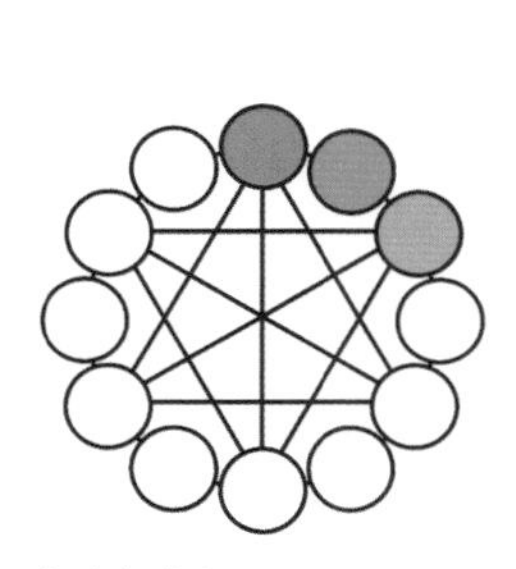

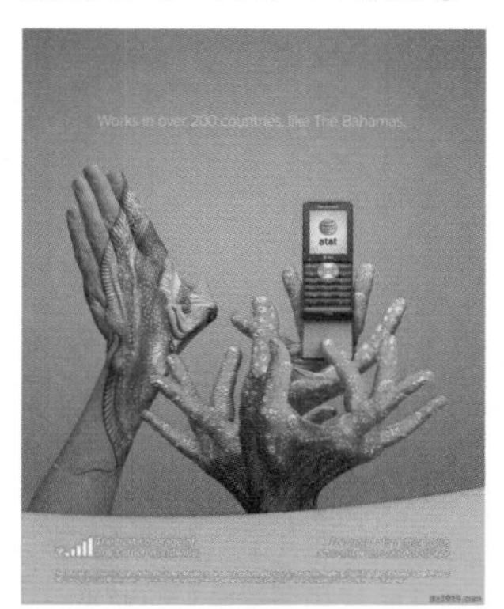

邻近色对比

图2-6

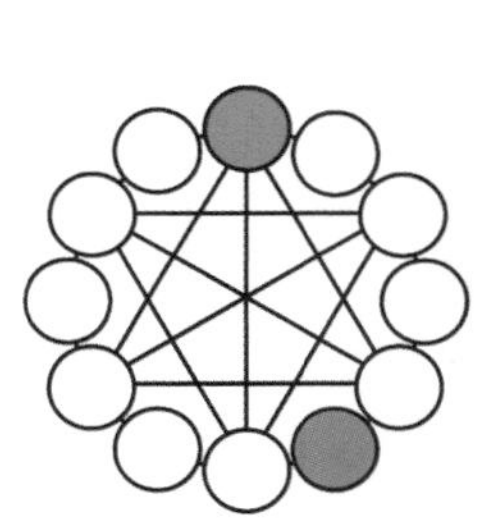

对比色对比

图2-7

互补色对比

图2-8

如果两种或多种颜色有序而协调地组合在一起，使人产生愉悦、舒适感觉，称为色彩调和。色彩调和的常见方法是选定一组邻近色或同类色，通过调整纯度和明度来协调色彩效果，保持画面的秩序感、条理性，如图2-9~图2-11所示。

AT&T广告（面积调和）

图2-9

维尔纽斯国际电影节海报（明度调和）

图2-10

马自达卡车广告（色相调和）

图2-11

2.2 文档的基本操作

Photoshop 文档的基本操作包括新建、打开、保存和恢复文档，以及查看文档窗口中的图像。

2.2.1 新建文件

执行“文件”|“新建”命令后或按Ctrl+N快捷键可创建空白文档。执行该命令后打开“新建文档”对话框，6个选项卡如图2–12所示，涵盖了各种设计工作所需要的文件项目。要创建文件时，单击相应的选项卡，然后在其下方选择预设（单击“查看全部预设信息+”，可以显示此类文件的所有预设），再单击“创建”按钮，即可基于预设创建文件。

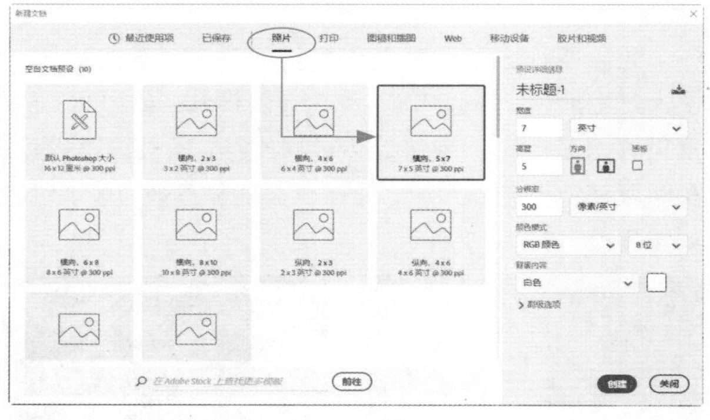

新建文档
最近使用项
已保存
照片
打印
图稿和插图
Web
移动设备
胶片和视频
未标题-1
创建
关闭
图2-12

2.2.2 打开文件

如果要打开现有的文件，对其进行编辑，可以执行“文件”|“打开”命令，或按Ctrl+O快捷键，在弹出的“打开”对话框中选择文件（按住Ctrl键单击，可选择多个文件），如图2–13所示，再单击“打开”按钮。此外，在没有运行Photoshop的情况下，只要将图像文件拖到桌面的Photoshop应用程序图标 Ps 上，即可运行Photoshop，并打开该文件。如果已经打开Photoshop，在Windows资源管理器中找到图像文件后，将它拖动到Photoshop窗口中，便可将文件打开。

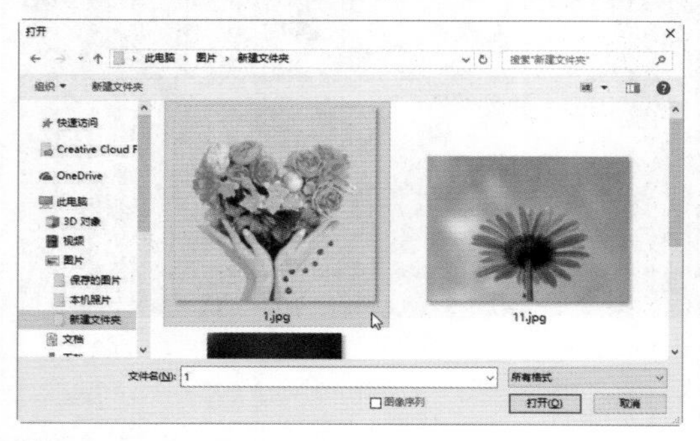

打开
1.jpg
11.jpg
打开(O)
取消
图2-13

2.2.3 保存文件

图像的编辑是一项颇费时间的工作，为了不因断电或计算机死机等造成劳动成果付之东流，就需要养成及时保存文件的习惯。如果是新建的文档，可以执行“文件”|“存储”命令，在弹出的“另存为”对话框中为文件输入名称，选择保存位置，如图2–14所示，在“保存类型”下拉列表中选择文件格式，如图2–15所示，然后单击“保存”按钮进行保存。如果已打开文件，则编辑过程中可以随时执行“文件”|“存储”命令（快捷键为Ctrl+S），保存当前所做的修改，文件会以原有的格式存储。

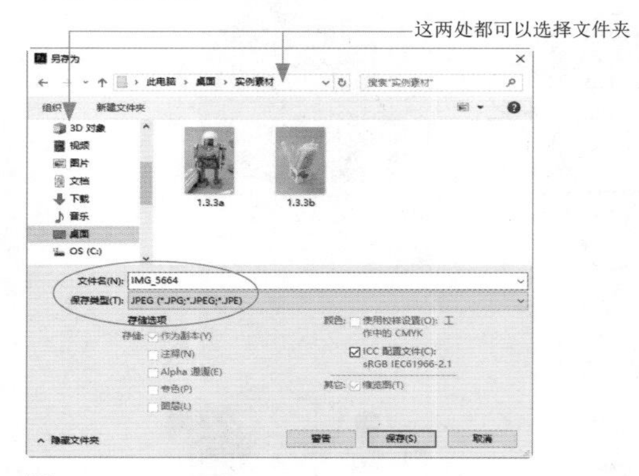

这两处都可以选择文件夹
另存为
文件名(N): IMG_5664
保存类型(T): JPEG (*.JPG;*.JPEG;*.JPE)
保存(S)
取消
图2-14

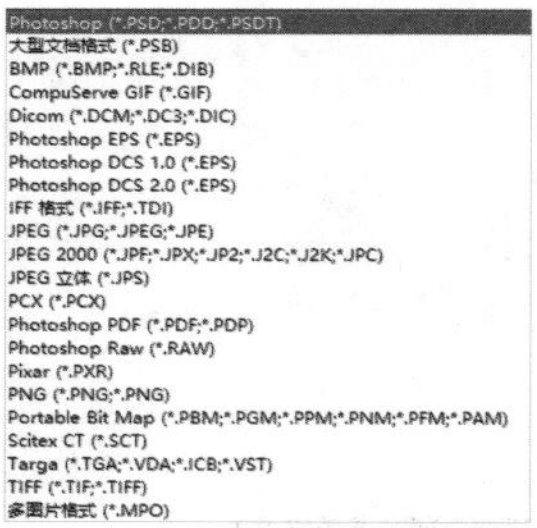

Photoshop (*.PSD;*.PDD;*.PSDT)
大型文档格式 (*.PSB)
BMP (*.BMP;*.RLE;*.DIB)
CompuServe GIF (*.GIF)
Dicom (*.DCM;*.DC3;*.DIC)
Photoshop EPS (*.EPS)
Photoshop DCS 1.0 (*.EPS)
Photoshop DCS 2.0 (*.EPS)
IFF 格式 (*.IFF;*.TDI)
JPEG (*.JPG;*.JPEG;*.JPE)
JPEG 2000 (*.JPF;*.JPX;*.JP2;*.J2C;*.J2K;*.JPC)
JPEG 立体 (*.JPS)
PCX (*.PCX)
Photoshop PDF (*.PDF;*.PDP)
Photoshop Raw (*.RAW)
Pixar (*.PXR)
PNG (*.PNG;*.PNG)
Portable Bit Map (*.PBM;*.PGM;*.PPM;*.PNM;*.PFM;*.PAM)
Scitex CT (*.SCT)
Targa (*.TGA;*.VDA;*.ICB;*.VST)
TIFF (*.TIF;*.TIFF)
多图片格式 (*.MPO)
图2-15

tip 如果要将当前文件保存为另外的名称和其他格式，或者存储在其他位置，可以执行“文件”|“存储为”命令，将文件另存。

2.2.4 用缩放工具查看图像

打开文件，如图2–16所示。选择缩放工具 ，将光标放在画面中（光标会变为 状），单击可以放大窗口的显示比例，如图2–17所示。按住Alt键（光标会变为 状）单击，可缩小窗口的显示比例，如图2–18所示。单击并按住鼠标左键向左、右滑动，可以快速缩放文档；在一个位置单击并按住鼠标左键，可以动态放大文档。

图2-16

图2-17

图2-18

2.2.5　用抓手工具查看图像

放大显示后，窗口中不能显示完整的图像，如图2-19所示。使用抓手工具在窗口单击并拖动鼠标，可以移动画面，让不同区域显示在画面的中心，如图2-20所示。使用抓手工具时，按住Ctrl键单击并向右侧拖动鼠标，可以放大窗口的显示比例，向左侧拖动鼠标则可缩小窗口的显示比例。

图2-19

图2-20

tip　按住Ctrl键，再连续按+键，可以放大显示比例；按住空格键（切换为抓手工具），拖动鼠标可以移动画面；按住Ctrl键，再连续按-键，可以缩小显示比例。如果想要让图像满屏显示，可以双击抓手工具（快捷键为Ctrl+0）；如果想要让图像以100%的比例显示，可以双击缩放工具（快捷键为Ctrl+1）。

2.2.6　用导航器面板查看图像

放大窗口的显示比例后，只能看到图像的细节。“导航器”面板提供了完整的图像缩览图，如图2-21所示。将光标放在缩览图上，单击并拖动鼠标，可以快速移动画面，将红色矩形框内的图像定位在文档窗口的中心，如图2-22所示。

图2-21

图2-22

2.2.7　撤销操作

在编辑图像的过程中，如果出现操作失误，或对当前效果不满意，需要返回到上一步编辑状态，可以执行“编辑”|“还原”命令，或按Ctrl+Z快捷键，连续按Alt+Ctrl+Z快捷键，可依次向前还原。如果要恢复被撤销的操作，可以执行“编辑”|“前进一步”命令，或者连续按Shift+Ctrl+Z快捷键。如果想要将图像恢复到最后一次保存时的状态，可以执行“文件”|“恢复”命令。

2.2.8　用历史记录面板撤销操作

编辑图像时，每进行一步操作，Photoshop都会将其记录到“历史记录”面板中，如图2-23所示。单击面板中操作步骤的名称，即可将图像还原到该步骤所记录的状态，如图2-24所示。该面板顶部有图像缩览图，那是打开图像时Photoshop为其创建的快照，单击缩览图可以撤销所有操作，图像会恢复到打开时的状态。

图2-23

图2-24

tip　如果要增加“历史记录”面板记录的数量，可以执行“编辑”|“首选项”|“性能”命令，打开“首选项”对话框，在“历史记录状态”选项中设定。需要注意的是，历史记录数量越多，占用的内存就越多。

2.3 颜色的设置方法

使用画笔、渐变和文字等工具，或者进行填充、描边选区、修改蒙版和修饰图像等操作时，需要指定颜色。Photoshop 提供了出色的颜色选择工具，可以帮助用户找到需要的任何颜色。

2.3.1 前景色与背景色

工具面板底部包含设置前景色和背景色的选项，如图 2–25 所示。前景色决定了使用绘画工具（画笔和铅笔）绘制线条，以及使用文字工具创建文字时的颜色。背景色决定了使用橡皮擦工具擦除背景时呈现的颜色。此外，在增加画布的大小时，新增的画布也以背景色填充。单击图标（或按 X 键）可以切换前景色和背景色，如图 2–26 所示。单击图标（或按 D 键），可将前景色和背景色恢复为默认颜色（前景色为黑色，背景色为白色）。

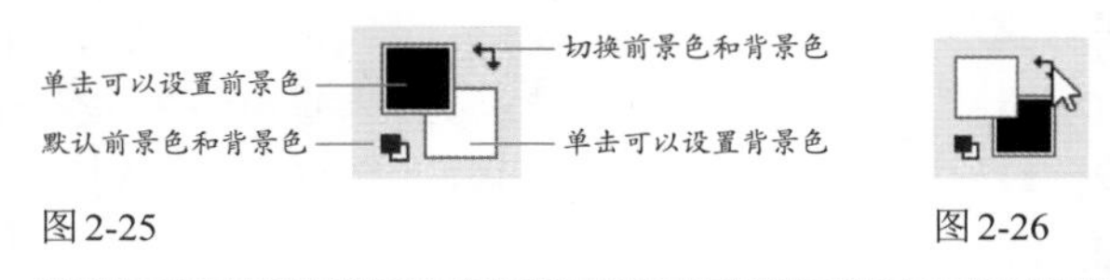

图 2-25　　图 2-26

2.3.2 拾色器

要调整前景色，可单击前景色图标，如图 2–27 所示；要调整背景色，则单击背景色图标，如图 2–28 所示。单击这两个图标以后，都会弹出“拾色器”对话框，如图 2–29 所示，在该对话框中可设置颜色。

图 2-27　　图 2-28

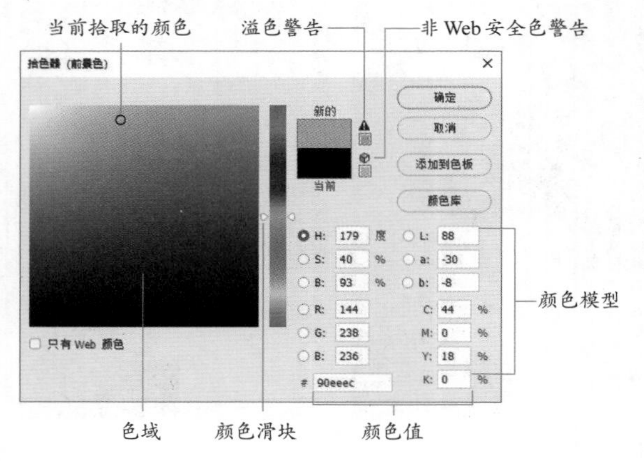

图 2-29

在渐变颜色条上单击，选择颜色范围，然后在色域中单击，可调整颜色的深浅（单击后可以拖动鼠标），如图 2–30 所示。如果要调整颜色的饱和度，可选择 S 单选按钮，然后进行调整，如图 2–31 所示；如果要调整颜色的亮度，可选择 B 单选按钮，然后进行调整，如图 2–32 所示。

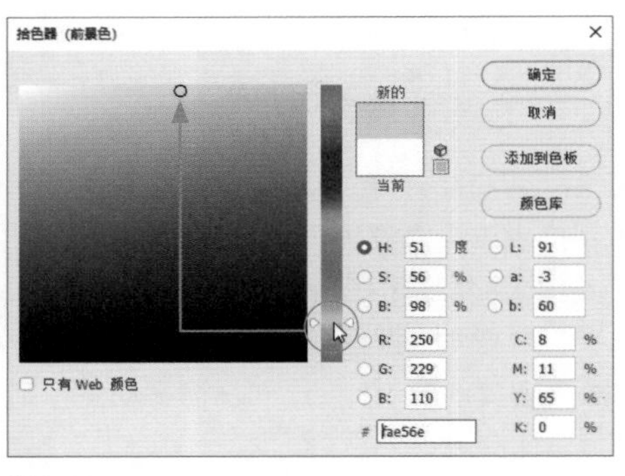

图 2-30

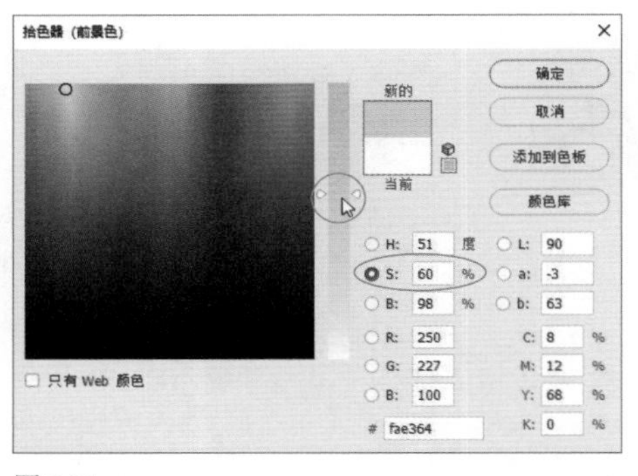

图 2-31

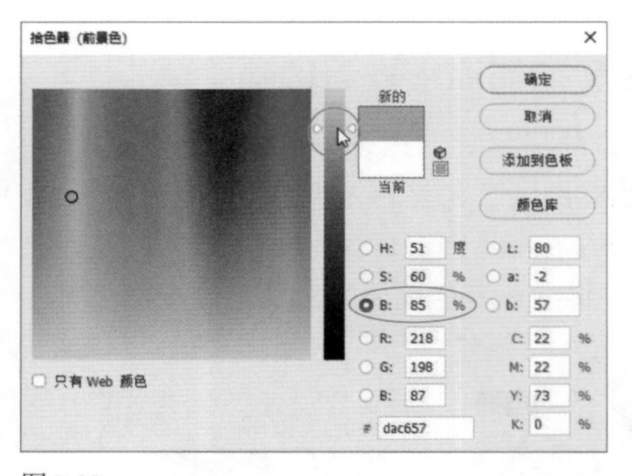

图 2-32

tip 当图像为RGB模式时，如果“拾色器”对话框或“颜色”面板中出现溢色警告图标，表示当前颜色超出了CMYK颜色范围，不能被准确打印。单击警告图标下面的颜色块，可将颜色替换为Photoshop给出的校正颜色（CMYK色域范围内的颜色）。如果出现非Web安全色警告图标，表示当前颜色超出了Web颜色范围，不能在网页中正确显示，单击它下面的颜色块，可将其替换为Photoshop给出的最为接近的Web安全颜色。

2.3.3　色板面板

“色板”面板提供了预先设置好的颜色样本，如图2–33所示。单击其中的颜色，即可将其设置为前景色，按住Ctrl键单击，则可将其设置为背景色。

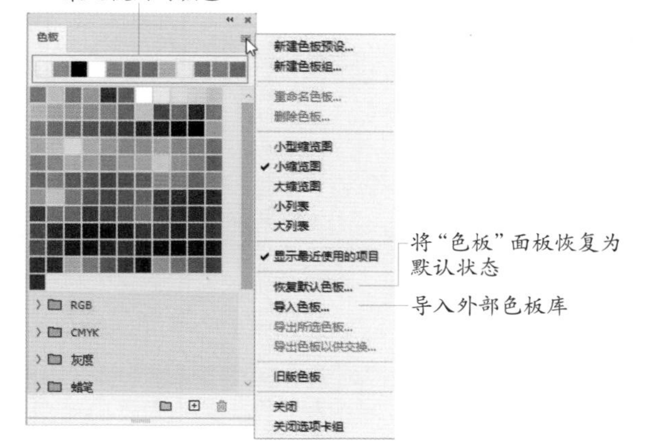

图2-33

tip 在“拾色器”对话框或“颜色”面板中调整前景色以后，单击“色板”面板中的“创建新色板”按钮，可以将颜色保存到“色板”面板中。将“色板”面板中的某一色样拖至“删除”按钮上，可将其删除。

2.3.4　颜色面板

在“颜色”面板中，可以利用不同的颜色模式编辑前景色和背景色。屏幕显示可以选择RGB滑块，如图2–34所示，用于印刷的图像可以选择CMYK滑块，用于网页设计的图像可以选择Web颜色滑块。默认情况下，前景色处于当前编辑状态，此时拖动滑块或输入颜色值，可调整前景色，如图2–35所示；如果要调整背景色，则单击背景色颜色框，将它设置为当前状态，然后进行操作，如图2–36所示。也可以从面板底部的四色曲线图色谱中拾取前景色或背景色。

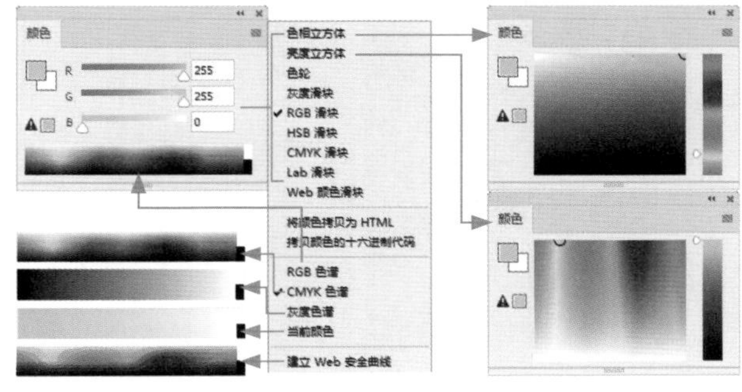

图2-34

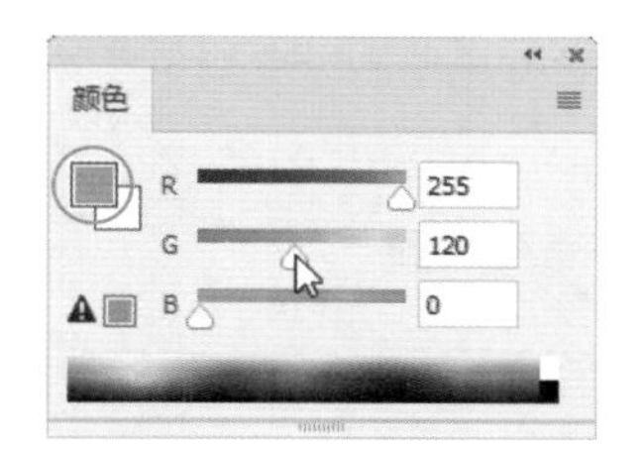

图2-35

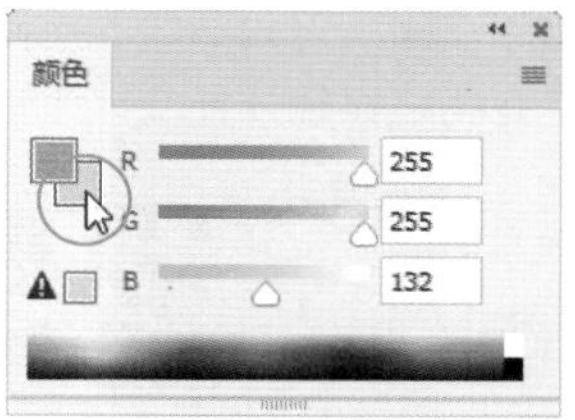

图2-36

2.3.5　渐变颜色

1. 渐变的类型

渐变是不同颜色之间逐渐混合的一种特殊的填色效果，可用于填充图像、蒙版和通道等。Photoshop提供了5种类型的渐变，如图2–37所示。

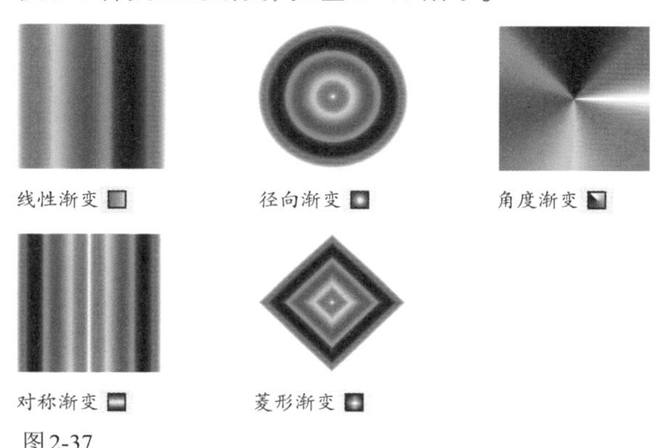

图2-37

2. 使用预设的渐变颜色

要创建渐变，可以选择渐变工具，在工具选项栏中选择渐变类型，然后在“渐变”下拉面板中选择预设的渐变样本，在画面中单击并拖动鼠标，即可填充渐变，如图2–38所示。

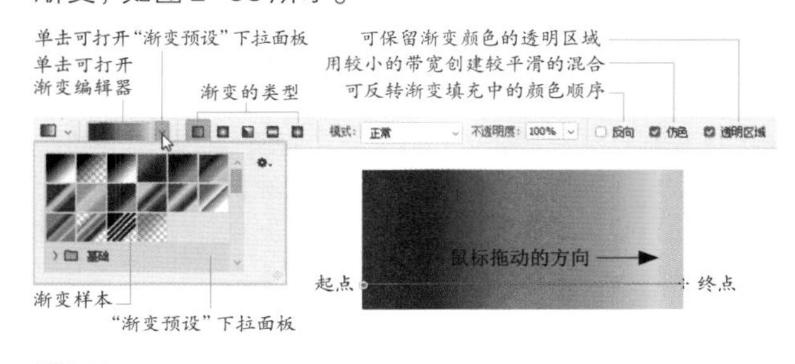

图2-38

3. 自定义渐变颜色

如果要自定义渐变颜色，可以单击工具选项栏中的渐变颜色条，打开“渐变编辑器”进行调整，如图2–39所示。单击色标可将其选择。选择色标后，单击“颜色”选项中的颜色块，可以打开“拾色器”调整颜色，如图2–40所示；单击并拖动色标，可将其移动，如图2–41所示；在渐变条下方单击，可以添加色标，如图2–42所示；将一个色标拖动到渐变颜色条外，可以删除该色标。

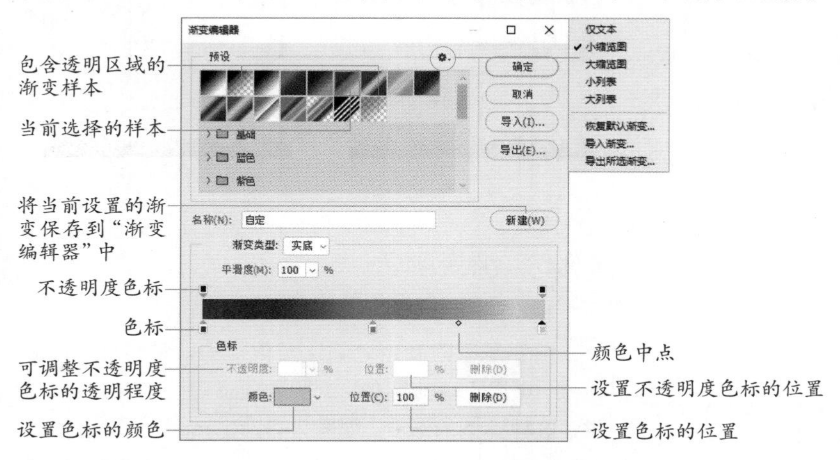

图2-39

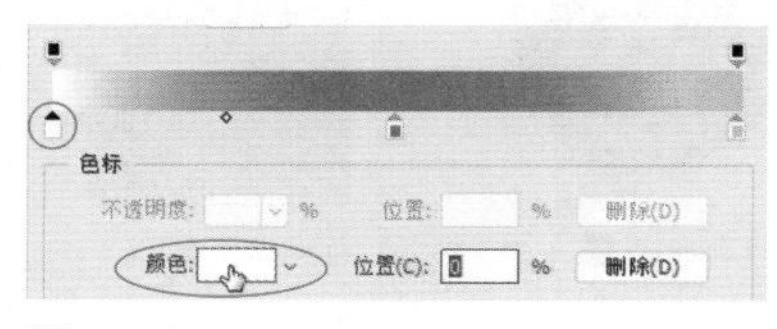

图2-40

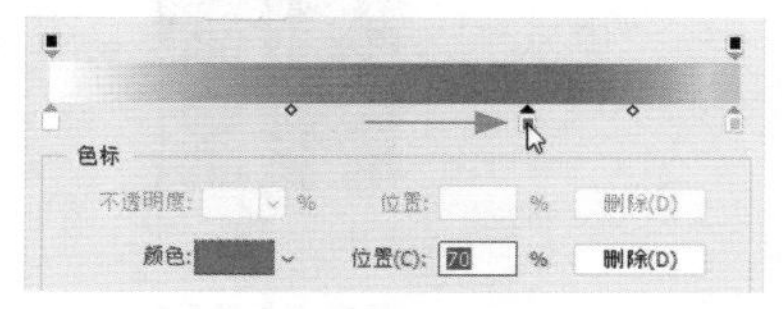

图2-41

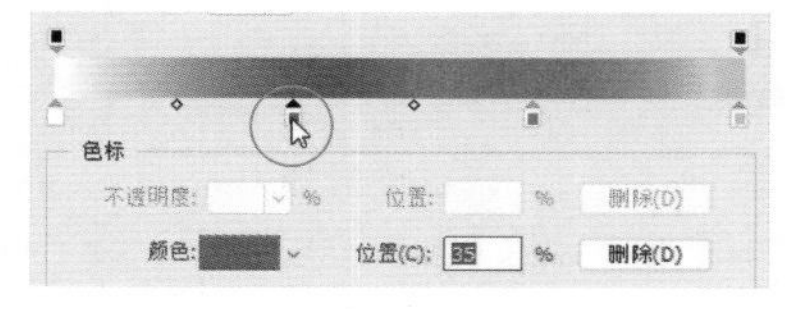

图2-42

选择渐变条上方的不透明度色标后，可以设置它的透明度，渐变色条中的棋盘格代表透明区域，如图2–43所示。如果在“渐变类型”下拉列表中选择“杂色”选项，然后增加“粗糙度”，则可生成杂色渐变，如图2–44所示。

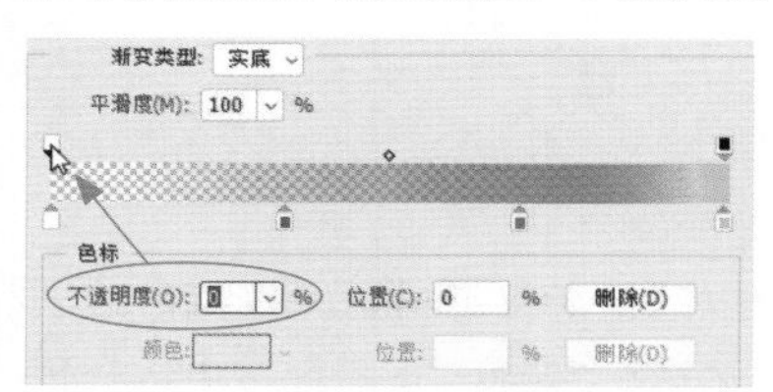

图2-43

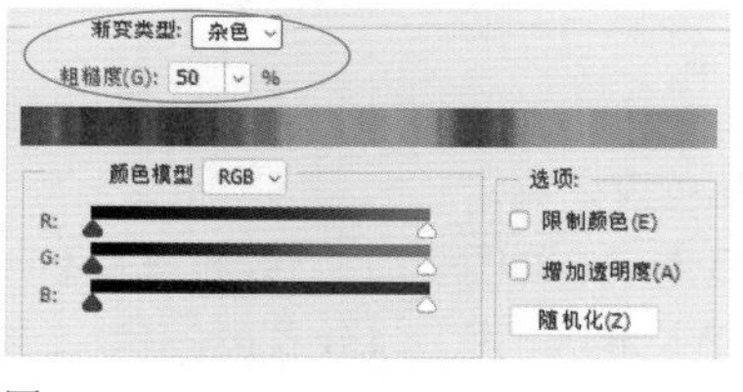

图2-44

tip 每两个色标中间都有一个菱形滑块，拖动滑块，可以控制该点两侧颜色的混合位置。

2.4 填充实例：为海报填色

01 打开海报素材，如图2-45所示，要调整文案部分的颜色，使海报的风格更加清新。按F7快捷键打开“图层”面板，如图2-46所示。对于这样合并图层的文件，在重新填色时可以使用油漆桶工具。

02 选择油漆桶工具，在工具选项栏中将“填充”设置为“前景”，“容差”设置为32，分别勾选“消除锯齿”“连续的”和“所有图层”复选框，如图2-47所示。

03 在“色板”面板中拾取“10%灰色”作为前景色，如图2-48所示。在柠檬黄背景色上单击，将其填充灰色，如图2-49所示。由于勾选了“连续的”复选框，在填色时只填充连续的像素，文字中间的黄色块为非连续像素，得以保留，也使文字更有设计感。

图2-45

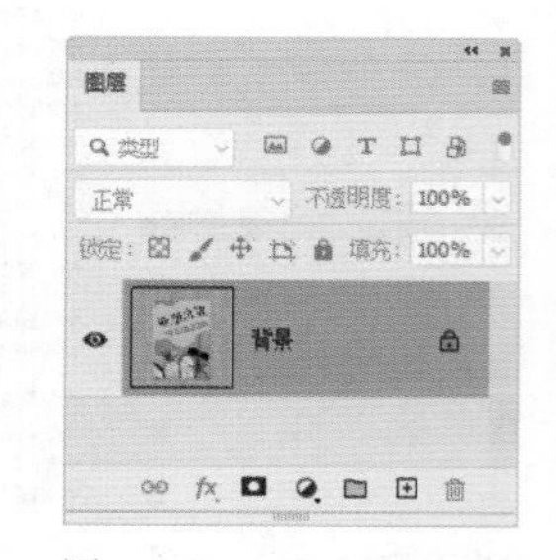

图2-46

前景 模式: 正常 不透明度: 100% 容差: 32 消除锯齿 连续的 所有图层

图2-47

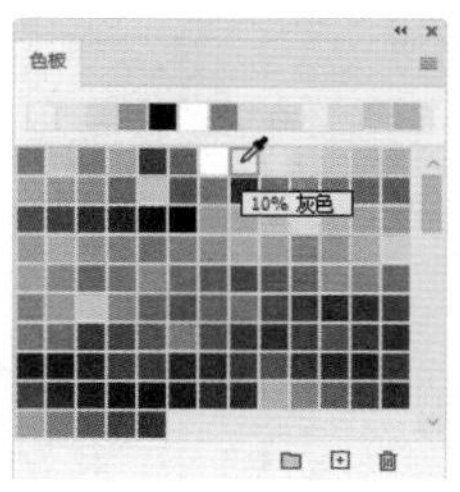

图2-48

图2-49

04 填充绿色背景时，可以取消“连续的”复选框的勾选状态，如图2-50所示，使文字中间的背景区域都能被填充新的颜色。

图2-50

05 在“颜色”面板中将前景色调整为粉色，如图2-51所示。在绿色背景上单击，填充粉色，如图2-52所示。同样，在文字“夏”上面单击，改变它的颜色，如图2-53所示。

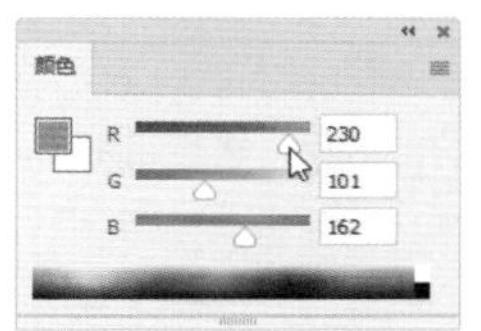

图2-51

图2-52

图2-53

06 还可以使用图案填充。在工具选项栏中选择“图案”选项，单击按钮，打开“图案”下拉面板，选择“裂痕”图案，如图2-54所示，在灰色背景上单击，效果如图2-55所示。选择水滴图案，能制作出水池波纹的效果，如图2-56和图2-57所示。

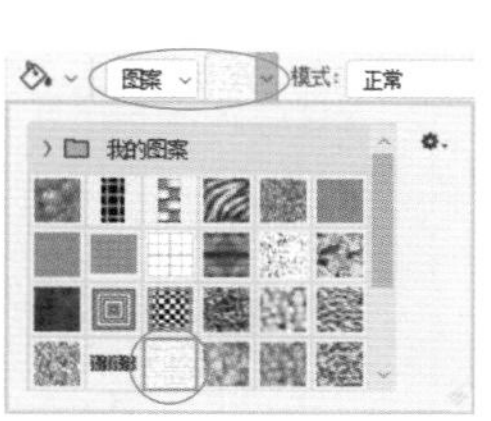

图2-54

图2-55

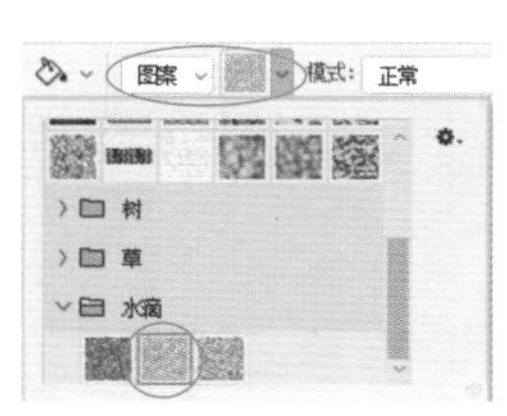

图2-56

图2-57

tip 按Alt+Delete快捷键可以填充前景色；按Ctrl+Delete快捷键可以填充背景色。

2.5　渐变实例：制作石膏几何体

01 按Ctrl+N快捷键，打开“新建文档”对话框，创建A4大小的文档，如图2-58所示。选择渐变工具，单击工具选项栏中的渐变颜色条，打开“渐变编辑器”，调出深灰到浅灰色渐变。在画面顶部单击，然后按住Shift键（可以锁定垂直方向）向下拖动鼠标，填充线性渐变，如图2-59所示。

图2-58

图2-59

02 单击“图层”面板底部的按钮，新建图层。选择椭圆选框工具，按住Shift键创建圆形选区，如图2-60所示。选择渐变工具，单击“径向渐变”按钮，在选区内单击并拖动鼠标填充渐变，制作出球体，如图2-61所示。

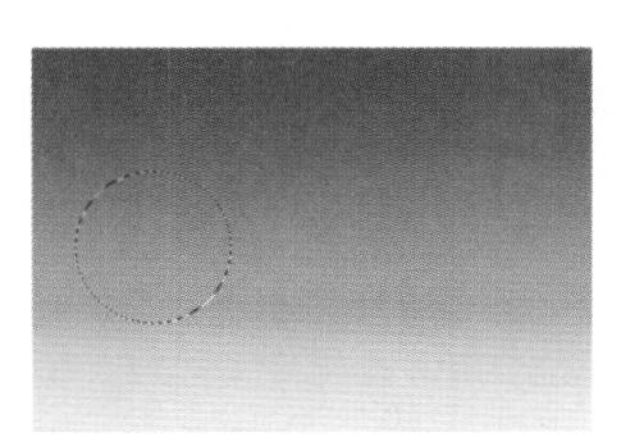

图2-60

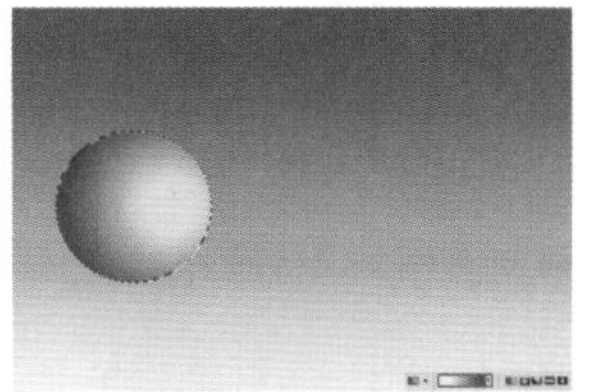

图2-61

03 按D键，恢复为默认的前景色和背景色。单击“线性渐变”按钮，选择前景到透明渐变，如图2-62所示。在选区外部右下方处单击，向选区内拖动鼠标，稍微进入选区内时释放鼠标，进行填充；将光标放在选区外部的右上角，向选区内拖动鼠标再填充渐变，增强球形的立体感，如图2-63所示。

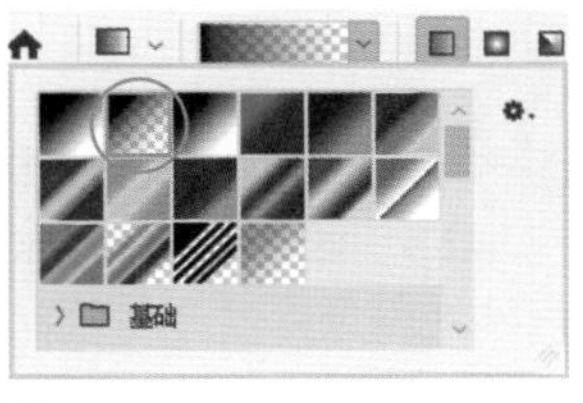

图2-62

图2-63

04 按Ctrl+D快捷键取消选择。下面制作圆锥。使用矩形选框工具创建选区，如图2-64所示。单击“图层”面板底部的按钮，新建图层，如图2-65所示。

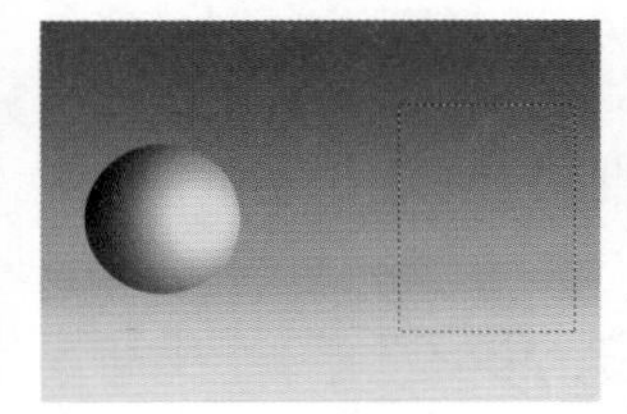

图2-64

图2-65

05 选择渐变工具，调整渐变颜色，按住Shift键，在选区内从左至右拖动鼠标填充渐变，如图2-66所示。按Ctrl+D快捷键取消选择。执行“编辑”|“变换”|“透视”命令，显示定界框，将右上角的控制点拖动到中央，如图2-67所示，然后按Enter键确认操作。

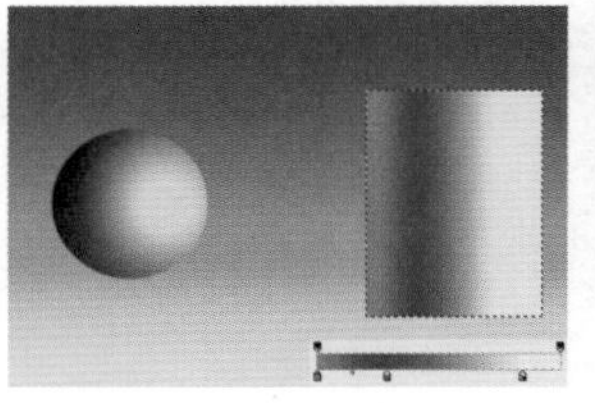

图2-66

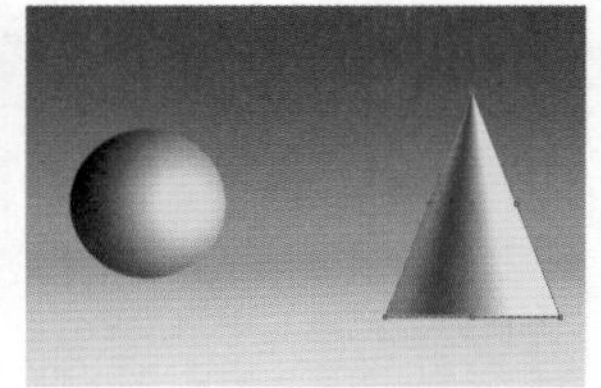

图2-67

06 使用椭圆选框工具创建选区，如图2-68所示；再使用矩形选框工具（按住Shift键）创建矩形选区，如图2-69所示；释放鼠标后两个选区会进行相加运算，得到如图2-70所示的选区。

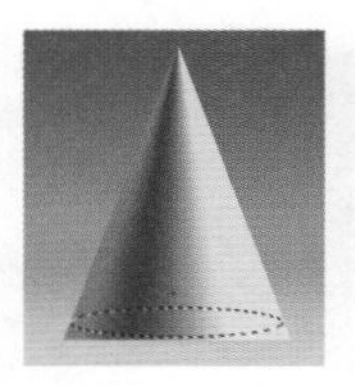

图2-68

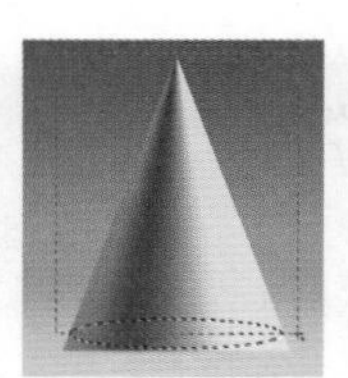

图2-69

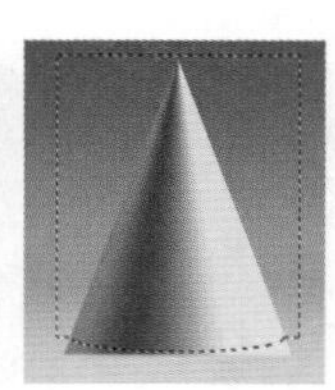

图2-70

07 按Shift+Ctrl+I快捷键反选，如图2-71所示。按Delete键删除多余的部分，按Ctrl+D快捷键取消选择，完成圆锥的制作，如图2-72所示。

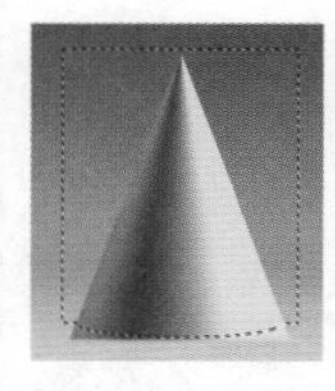

图2-71

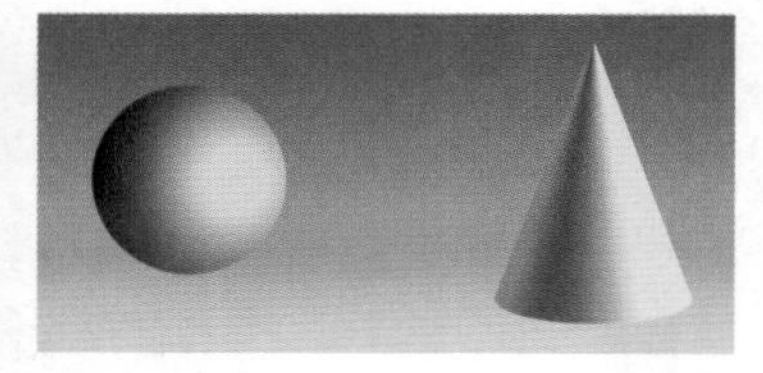

图2-72

08 下面制作斜面圆柱体。单击“图层”面板底部的按钮，新建图层。用矩形选框工具创建选区，并填充渐变，如图2-73所示。采用与处理圆锥底部相同的方法，对圆柱的底部进行修改，如图2-74所示。

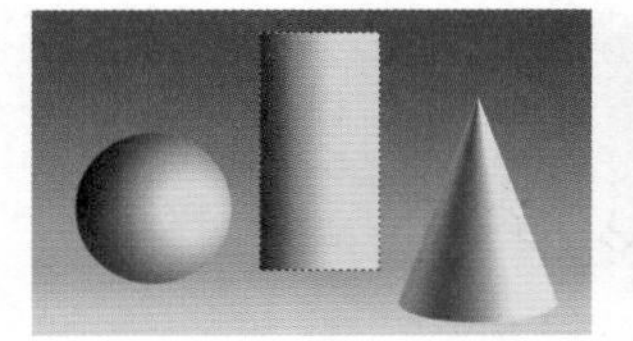

图2-73

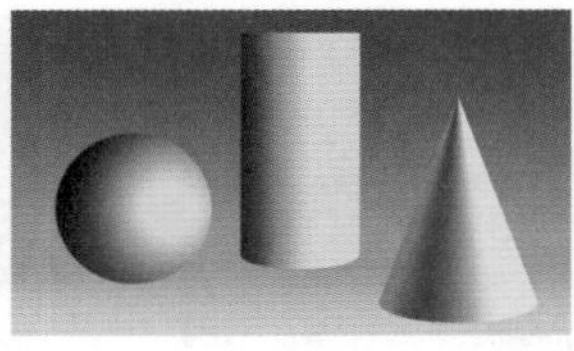

图2-74

09 使用椭圆选框工具创建选区，如图2-75所示。执行“选择”|“变换选区”命令，显示定界框，将选区旋转并移动到圆柱上半部，如图2-76所示。按Enter键确认操作。单击“图层”面板底部的按钮，新建图层。调整渐变颜色，如图2-77所示。

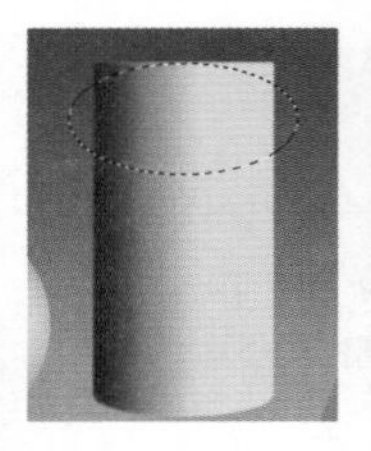

图2-75

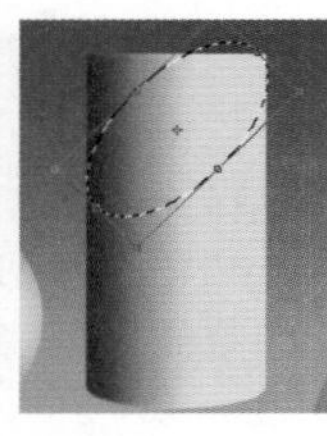

图2-76

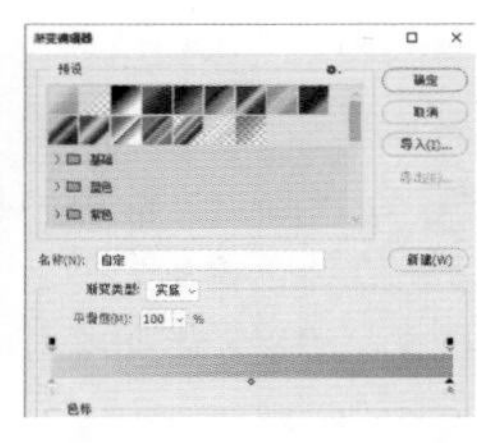

图2-77

10 先在选区内部填充渐变，如图2-78所示；然后选择前景到透明渐变样式，分别在右上角和左下角填充渐变，如图2-79和图2-80所示。

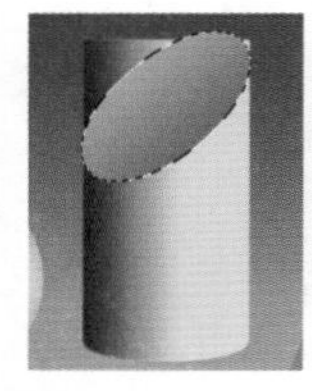

图2-78

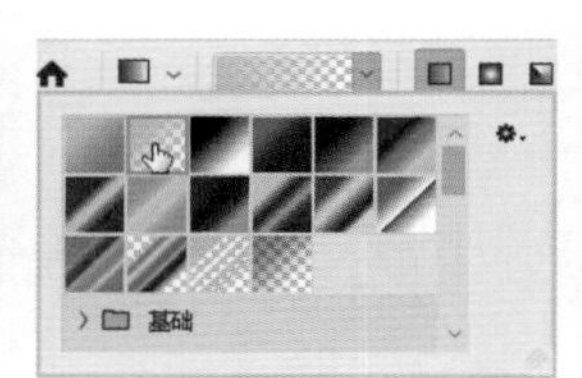

图2-79

图2-80

11 按Ctrl+D快捷键取消选择。选择圆柱体所在的图层，如图2-81所示。用多边形套索工具将顶部多余的图像选中，如图2-82所示，按Delete键删除，取消选择，斜面圆柱就制作好了，如图2-83所示。

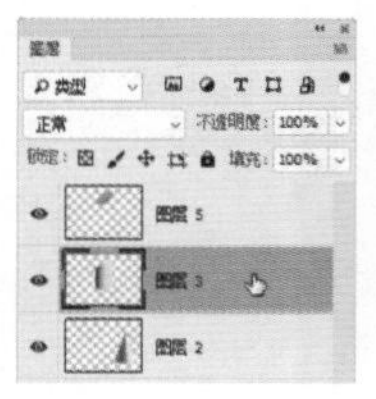

图2-81

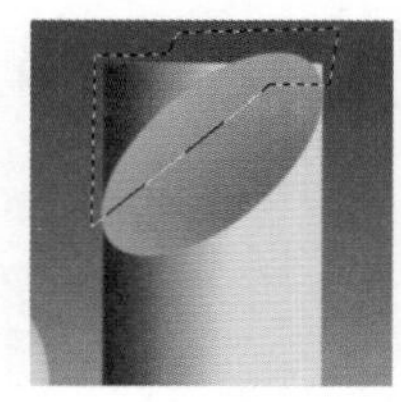

图2-82

图2-83

12 下面制作倒影。选择球体所在的图层，如图2-84所示，按Ctrl+J快捷键复制，如图2-85所示。

图2-84

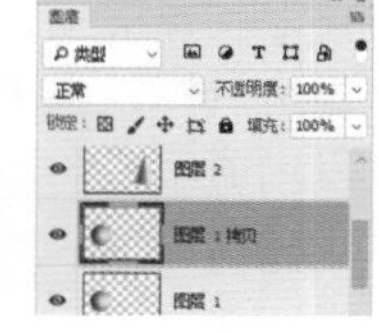

图2-85

⑬ 执行“编辑”|“变换”|“垂直翻转”命令，翻转图像，再使用移动工具 拖动到球体下方，如图2-86所示。单击“图层”面板底部的 按钮，添加图层蒙版。使用渐变工具 填充黑白线性渐变，将画面底部的球体隐藏，如图2-87和图2-88所示。

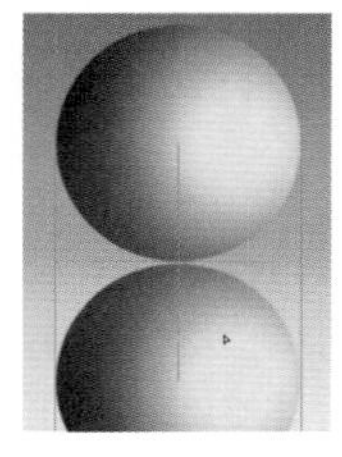
图2-86

图2-87

图2-88

⑭ 用相同的方法，为另外两个几何体添加倒影。需要注意的是，应将投影所在的图层放在几何体所在的图层的下方，不要让投影盖住几何体，效果如图2-89所示。

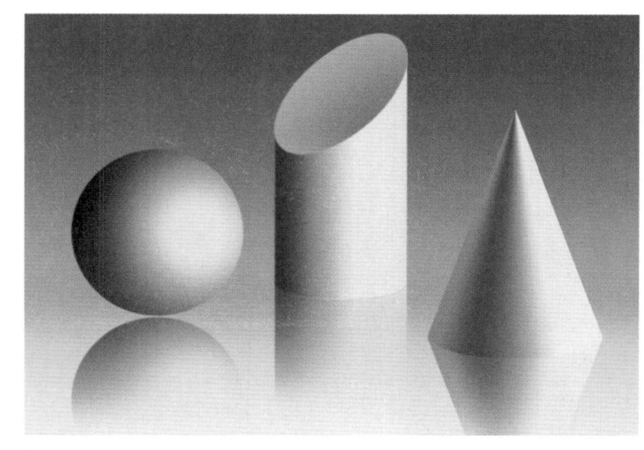
图2-89

2.6　图像的变换与变形操作

在Photoshop中，移动、旋转和缩放称为变换操作，扭曲和斜切则称为变形操作。在Photoshop中可以对整个图层、多个图层、图层蒙版、选区、路径、矢量形状、矢量蒙版和Alpha通道进行变换和变形处理。

2.6.1　移动与复制图像

在“图层”面板中单击要移动的对象所在的图层，如图2-90所示，使用移动工具 在画面中单击并拖动鼠标即可将其移动，如图2-91所示。按住Alt键拖动可以复制图像，如图2-92所示。

图2-90

图2-91

图2-92

如果创建了选区，如图2-93所示，则将光标放在选区内，单击并拖动鼠标，可以移动选中的图像，如图2-94所示。

图2-93

图2-94

2.6.2　在文档间移动图像

打开两个或多个文档，选择移动工具 ，将光标放在画面中，单击并拖动图像至另一个文档的标题栏，如图2-95所示，停留片刻切换到该文档，移动到画面中释放鼠标，可以将图像拖入该文档，如图2-96和图2-97所示。

图2-95

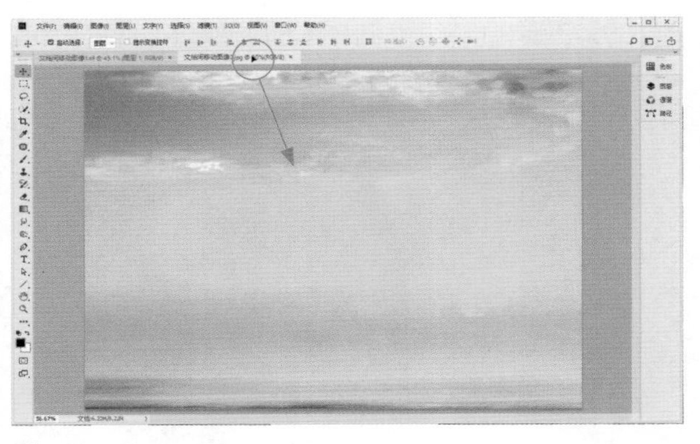

图2-96

图2-97

2.6.3 定界框、中心点和控制点

在Photoshop中对图像进行变换或变形操作时，对象周围会出现定界框，定界框中央有中心点，四周有控制点，如图2–98所示。默认情况下，中心点位于对象的中心，用于定义对象的变换中心，通过拖动可以改变它的位置。拖动控制点则可以进行变换操作。如图2–99和图2–100所示为中心点在不同位置时图像的旋转效果。

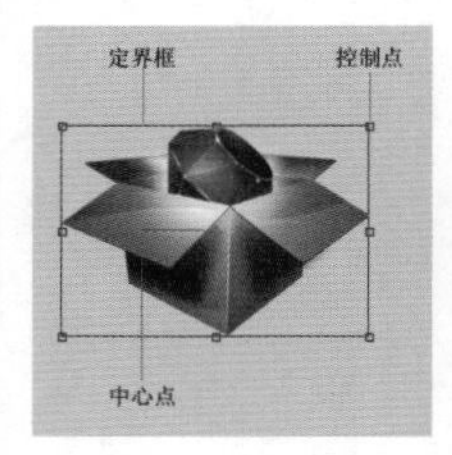

图2-98

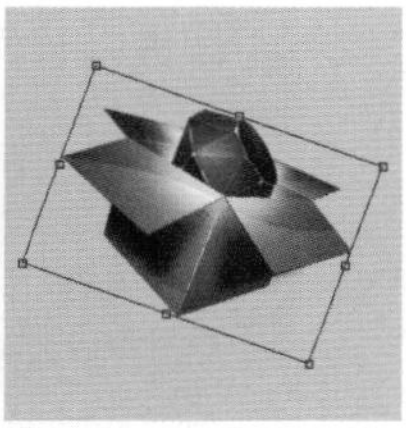

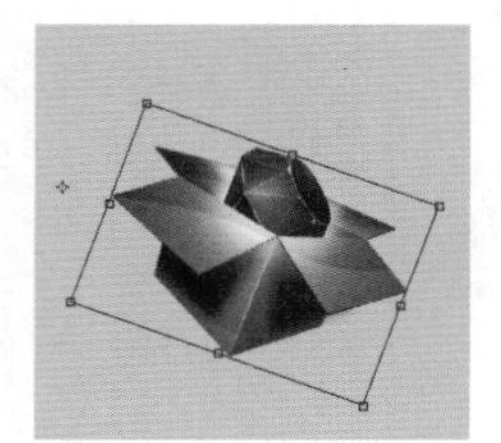

图2-99

图2-100

2.6.4 变换与变形

选择移动工具后，按Ctrl+T快捷键（相当于执行“编辑”|“自由变换”命令），当前对象上会显示用于变换的定界框。拖动定界框和定界框上的控制点，可以对图像进行成比例的变换操作，操作完成后，可按Enter键确认操作。如果对变换的结果不满意，则可按Esc键取消操作。在Photoshop 2021中，编辑位图图像和矢量图形时，都可以在不按Shift键的情况下，直接完成等比缩放。如果不习惯这种方式，可以恢复旧版方式。方法是执行“编辑”|“首选项”|“常规”|“使用旧版自由变换”命令。

- 缩放与旋转：将光标放在定界框四周的控制点上，当光标变为状时，单击并拖动鼠标，可以成比例拉伸对象，如图2-101所示，按住Shift键操作，可以进行自由缩放；当光标在定界框外变为状时拖动鼠标，可以旋转对象，如图2-102所示。

图2-101

图2-102

- 斜切：将光标放在定界框外，按住Alt+Ctrl快捷键，光标变为状时单击并拖动鼠标，可沿水平方向斜切对象，如图2-103所示；光标变为状时拖动鼠标，可沿垂直方向斜切，如图2-104所示。

图2-103

图2-104

- 扭曲与透视：将光标放在控制点上，按住Ctrl键，光标显示为状时，单击并拖动鼠标，可以扭曲对象，如图2-105所示；如果按住Shift+Ctrl+Alt快捷键操作，则可进行透视扭曲，如图2-106所示。

图2-105

图2-106

2.7　变换实例：制作魔幻空间

01 选择裁剪工具，按住Shift键拖动鼠标，创建正方形裁剪框，如图2-107所示。按Enter键裁剪图像。

02 按Ctrl+—快捷键，将视图比例调小。按Ctrl+R快捷键显示标尺。从标尺处拖动创建4条参考线，放在画面边界，如图2-108所示。

图2-107　　图2-108

03 用多边形套索工具创建选区，有了参考线，就可以将选区准确定位在图像边角，如图2-109所示。按Ctrl+J快捷键复制选中的图像。按Ctrl+T快捷键显示定界框，单击鼠标右键，在弹出的快捷菜单中执行“垂直翻转”命令，翻转图像，如图2-110所示。

图2-109　　图2-110

04 单击鼠标右键，在弹出的快捷菜单中执行“顺时针旋转90度”命令，如图2-111所示，或者按住Shift键拖动，以15°为增量进行旋转，到90°之后停下，按Enter键确认。将当前图层隐藏，选择“背景”图层，如图2-112所示。

图2-111　　图2-112

05 用多边形套索工具选取图像右下方，如图2-113所示，按Ctrl+J快捷键复制。按Ctrl+T快捷键显示定界框，单击鼠标右键，打开快捷菜单，执行“垂直翻转”和“逆时针旋转90度”命令，进行变换操作，如图2-114所示。

图2-113　　图2-114

06 选择隐藏的图层，单击右侧的眼睛图标显示该图层，如图2-115所示。单击按钮，添加图层蒙版。使用渐变工具填充黑白线性渐变，将左侧的天空隐藏，如图2-116和图2-117所示。

图2-115　　图2-116　　图2-117

07 按Alt+Shift+Ctrl+E快捷键，将当前效果盖印到新的图层中。执行“滤镜”|Camera Raw命令，打开Camera Raw对话框。在“效果”选项卡中添加暗角效果，如图2-118所示。

图2-118

2.8 变形实例：透视变形

01 打开素材，如图2-119所示。执行“编辑”|“透视变形”命令，图像上会出现提示信息，将其关闭。在画面中单击并拖动鼠标，沿图像结构的平面绘制四边形，如图2-120所示。

图2-119

图2-120

02 拖动四边形各边上的控制点，使其与结构中的直线平行。在画面左侧的建筑立面上单击并拖动鼠标，创建四边形，并调整结构线，如图2-121和图2-122所示。

03 单击工具选项栏中的“变形”按钮，切换到变形模式。单击并拖动画面底部的控制点，向画面中心移动，让倾斜的建筑立面恢复为水平状态，如图2-123所示。按Enter键确认操作。最后，使用裁剪工具将空白图像裁掉，如图2-124所示。

图2-121

图2-122

图2-123

图2-124

tip 透视变形功能可以调整图像的透视，特别适合出现透视扭曲的建筑图像和房屋图像。

2.9 变形实例：制作人物投影

01 打开素材，如图2-125所示。选择“背景”图层，如图2-126所示，单击“图层”面板底部的 ⊞ 按钮，在“背景”图层上方新建图层，双击图层名称，重新命名为“投影”，如图2-127所示。

图2-125

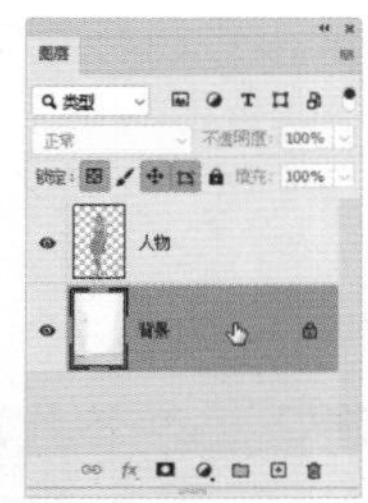

图2-126

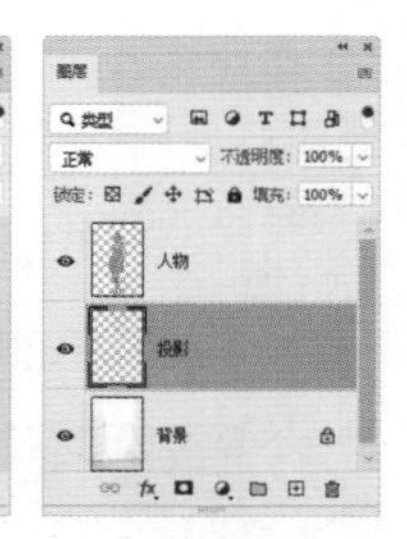

图2-127

02 按住Ctrl键单击“人物”图层的缩览图，如图2-128所示，将人物载入选区，如图2-129所示。按Alt+Delete快捷键，将选区填充黑色，如图2-130所示。按Ctrl+D快捷键取消选择。

03 执行“编辑”|“透视变形”命令，图像上会出现提示信息，将其关闭。在背景墙面上单击并拖动鼠标，绘制四边形，如图2-131所示。然后，在地面上绘制四边形，如图2-132所示。

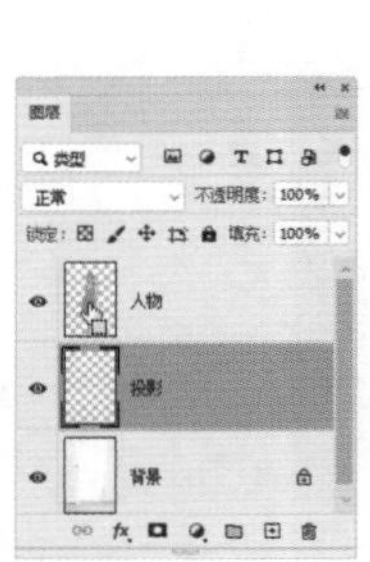

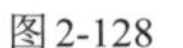

图2-128

图2-129

图2-130

图2-131 图2-132

04 单击工具选项栏中的“变形”按钮，切换到变形模式，如图2-133所示。向右拖动四边形的控制点，制作出投影效果，注意脚底的投影应与鞋尖对齐，如图2-134~图

2-137所示。按Enter键确认操作。

图 2-133

图 2-134　　图 2-135

图 2-136　　图 2-137

05 设置该图层的不透明度为20%，如图2-138和图2-139所示。

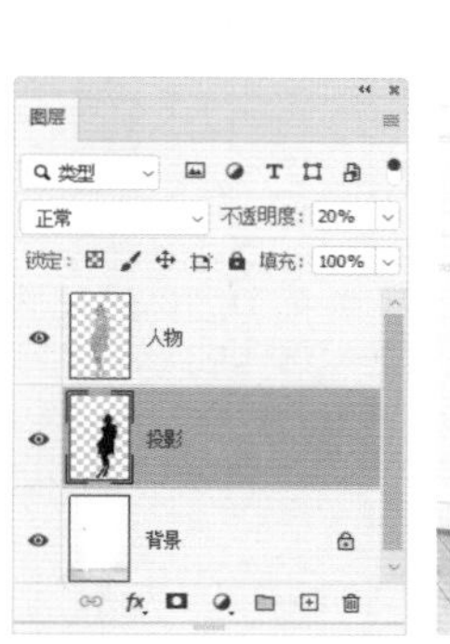

图 2-138　　图 2-139

06 执行“滤镜”|“模糊”|“高斯模糊”命令，设置半径为5像素，使投影边缘变得柔和，如图2-140和图2-141所示。

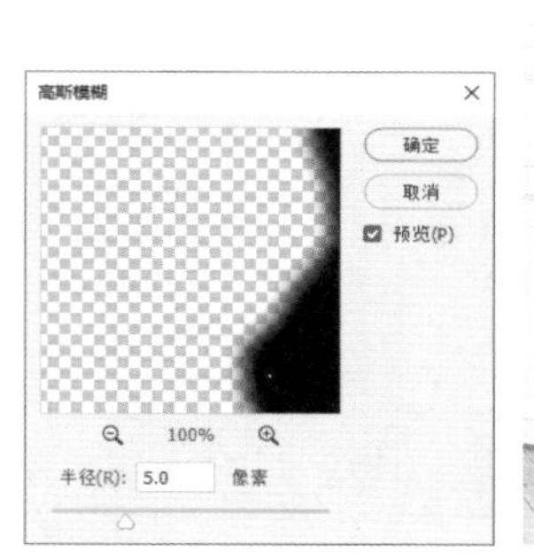

图 2-140　　图 2-141

2.10　变形实例：操控变形

01 打开PSD格式的素材，如图2-142所示。选择“长颈鹿”图层，如图2-143所示。

图 2-142　　图 2-143

02 执行“编辑”|“操控变形”命令，长颈鹿图像上会显示变形网格，如图2-144所示。在工具选项栏中将“模式”设置为“正常”，“浓度”设置为“较少点”。在长颈鹿身体的关键点上单击，添加几个图钉，如图2-145所示。

图 2-144　　图 2-145

03 在工具选项栏中取消勾选“显示网格”复选框，以便能够更清楚地观察图像的变化。单击图钉并拖动鼠标，即可改变长颈鹿的动作，如图2-146和图2-147所示。单击图钉后，在工具选项栏中会显示其旋转角度，此时可以直接输入数值进行调整。单击工具选项栏中的 ✓ 按钮，可结束操作。

tip 操控变形是一种十分灵活的变形功能。使用该功能，可以在图像的关键点放置图钉，然后通过拖动图钉对其进行变形操作。例如，可以轻松地让人的手臂弯曲、身体摆出不同的姿态。

图2-146

图2-147

2.11 变形实例：内容识别缩放

01 打开素材，如图2-148所示。这幅图像接近于方形构图，要将其调整为A4大小的横幅画面，需要扩展画布和填充内容。执行“内容识别缩放”命令可以自动补充图像内容，但是不能处理“背景”图层，需要先将“背景”图层转换为普通图层，操作方法是按住Alt键，双击“背景”图层，如图2-149所示。

图2-148

图2-149

02 执行“图像”|“画布大小”命令，在“当前大小”中可以看到图像的宽度为18.66厘米，在“新建大小”选项组中将“宽度”设置为29.7厘米，然后进行定位，使增加的画布位于图像右侧，如图2-150所示，单击“确定”按钮，如图12-151所示，扩展的画布呈现为透明效果。

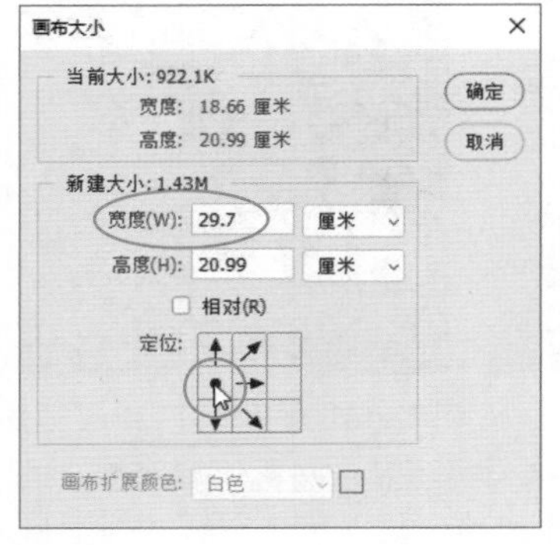

图2-150

tip 内容识别缩放是一个十分神奇的缩放功能，它主要影响没有重要可视内容区域中的像素。例如，缩放图像时，画面中的人物、建筑、动物等不会变形。

图2-151

03 使用快速选择工具选取女孩，如图12-152所示，执行“选择”|“存储选区”命令，为选区命名为“女孩”，如图12-153所示。按Ctrl+D快捷键取消选择。

图2-152

图2-153

04 执行“编辑”|“内容识别缩放”命令，显示定界框，在工具选项栏的“保护”下拉列表中选择“女孩”选项，对这个选区内容进行保护。拖动右侧控制点至画布边缘，使风景布满画面的透明区域，如图2-154所示，按Enter键确认操作，如图2-155所示。

图2-154

tip 工具选项栏中的保护肤色按钮的作用是自动分析图像，尽量避免包含皮肤颜色的区域产生变形，在处理肤色与背景对比明显的图像时，可单击该按钮。

图2-155

2.12　应用案例：分形艺术

01 打开素材，如图2-156所示。选择“人物”图层，按Ctrl+J快捷键复制，如图2-157所示。单击“人物”图层左侧的眼睛图标，将该图层隐藏，如图2-158所示。

02 按Ctrl+T快捷键显示定界框，先将中心点拖动到定界框外，如图2-159所示，然后在工具选项栏中输入数值，进行精确定位（X为561像素，Y为389像素），如图2-160所示。

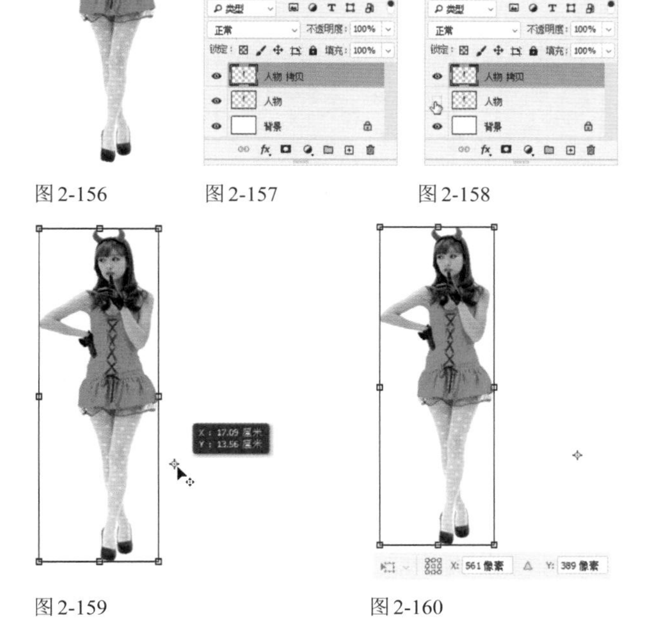

图2-156　图2-157　图2-158

图2-159　图2-160

03 在工具选项栏中输入旋转角度值（14°）和缩放比例值（94.1%），将图像旋转并等比缩小，如图2-161所示，按Enter键确认操作，如图2-162所示。

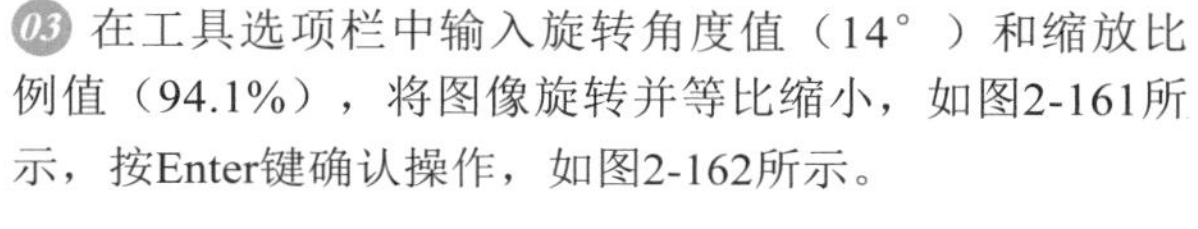

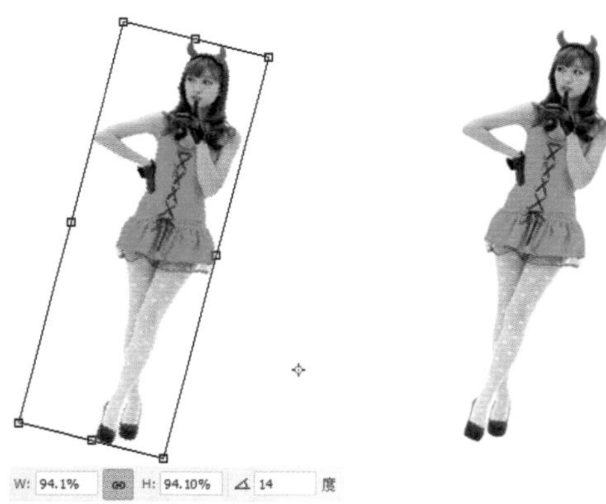

图2-161　图2-162

04 按住Alt+Shift+Ctrl快捷键，然后连续按T键38次，每按一次便生成一个新的人物图像，如图2-163所示。新对象位于单独的图层中，如图2-164所示。

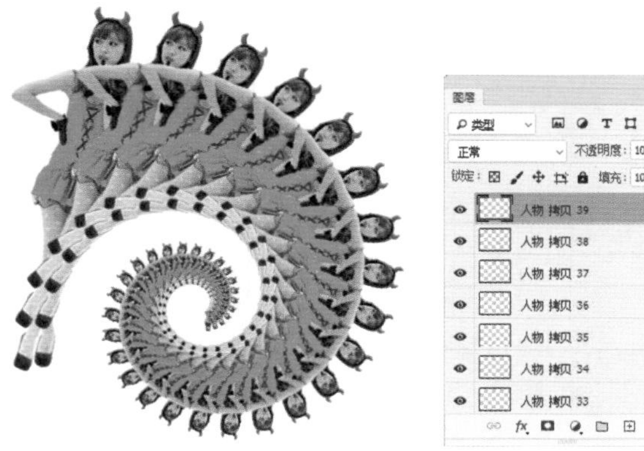

图2-163　图2-164

05 选择新生成的图层，按Ctrl+E快捷键合并，如图2-165所示。显示“人物”图层，如图2-166所示，将其拖动到最顶层，如图2-167所示。

图2-165

图2-166

图2-167

06 打开素材，如图2-168所示，使用移动工具 将其拖入人物文档中，放在“背景”图层上方，如图2-169和图2-170所示。

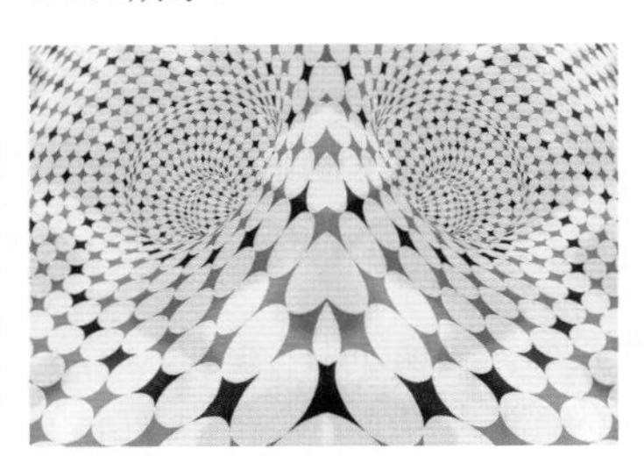
图2-168

图2-169

图2-170

07 选择“人物拷贝39”图层，如图2-171所示，按Ctrl+J快捷键复制图层，如图2-172所示。再选择“人物拷贝39”图层，如图2-173所示。

图2-171

图2-172

图2-173

08 按Ctrl+T快捷键显示定界框，拖动控制点将图像等比例缩小，再进行适当的旋转，如图2-174所示。按Enter键确认操作。

图2-174

09 按Ctrl+J快捷键复制当前图层。按Ctrl+T快捷键显示定界框，缩小并旋转图像，如图2-175所示。按Enter键确认操作。

图2-175

10 按住Ctrl键，单击如图2-176所示的3个图层，将它们同时选取，按Ctrl+J快捷键复制，如图2-177所示。

图2-176

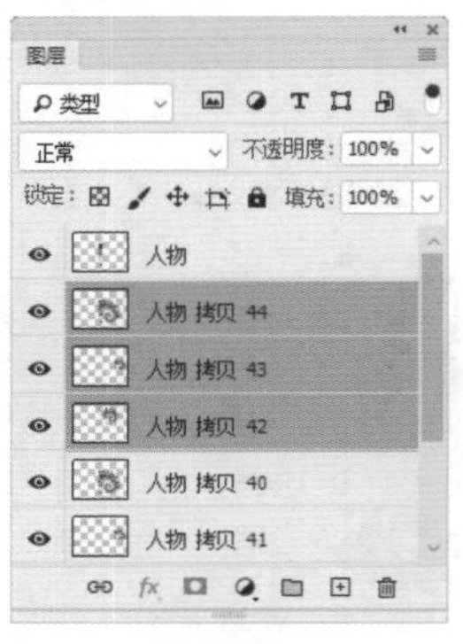

图2-177

11 执行“编辑”|“变换”|“水平翻转”命令，翻转图像。选择移动工具 ，按住Shift键锁定水平方向向右侧拖动，效果如图2-178所示。

图2-178

2.13　课后作业：制作水中倒影

本章学习了Photoshop的基本操作方法。下面通过课后作业来强化学习效果。如果有不清楚的地方，请看视频教学文件。

按Ctrl+J快捷键，复制“背景”图层，用来制作倒影。执行“编辑”|“变换”|“垂直翻转”命令，将图像翻转。选择移动工具 ，按住Shift键的同时向下拖曳图像。执行“图像”|“显示全部”命令，显示完整的图像效果。执行“滤镜”|“模糊”|“动感模糊”命令，对倒影进行模糊处理。按Ctrl+L快捷键，打开“色阶”对话框，将倒影调亮一些。

实例效果

素材

复制“背景”图层

调整动感模糊参数

调整色阶参数

2.14　复习题

1. 查看图像时，缩放工具 、抓手工具 和“导航器”面板分别适合在什么样的情况下使用?
2. 怎样使用“色板”面板加载Pantone颜色?
3. 在Photoshop中，哪些对象可以进行变换和变形操作?

第3章

图层与蒙版 海报设计

在Photoshop中编辑图像的基本流程是：先选择需要编辑的对象所在的图层，然后通过创建选区将其选中，再进行相应的操作。在Photoshop中，图层的操作比较简单，蒙版是一种遮盖图像的工具，可用于合成图像，控制填充图层、调整图层、智能滤镜的应用范围。

3.1 海报设计的常用表现手法

海报（Poster）即招贴，是指张贴在公共场所的告示和印刷广告。海报作为一种视觉传达艺术，最能体现平面设计的形式特征，它的设计理念、表现手法较其他广告媒介更具典型性。海报从用途上可以分为3类，即商业海报、艺术海报和公共海报。下面介绍海报设计的常用表现手法。

- 写实表现法：一种直接展示对象的表现方法，能够有效地传达产品的最佳利益点。如图3-1所示为芬达饮料海报。
- 联想表现法：一种婉转的艺术表现方法，是由一个事物联想到其他事物，或将事物某一点与其他事物的相似点或相反点自然地联系起来的思维过程。如图3-2所示为Covergirl睫毛刷产品宣传海报。

图3-1

图3-2

- 情感表现法："感人心者，莫先于情"，情感是一种最能引起人们心理共鸣的感受。美国心理学家马斯诺指出："爱的需要是人类需要层次中最重要的一个层次"。在海报中运用情感因素可以增强作品的感染力，达到以情动人的效果。如图3-3所示为李维斯牛仔裤海报——融合起来的爱，叫完美！
- 对比表现法：将性质不同的要素放在一起相互比较。如图3-4所示为Schick Razors舒适剃须刀海报，男子强壮的身体与婴儿般的脸蛋形成了强烈的对比，既新奇又幽默。
- 夸张表现法：海报中常用的表现手法之一，它通过一种夸张的、超出观众想象的画面吸引受众的眼球，具有极强的吸引力和戏剧性。如图3-5所示为生命阳光牛初乳婴幼儿食品海报——不可思议的力量。

图3-3

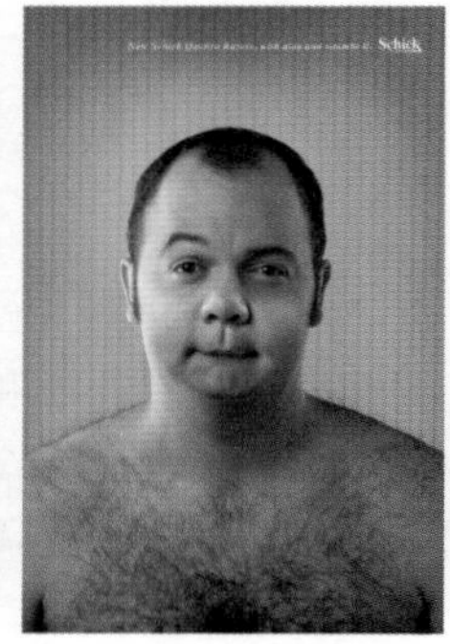

图3-4

图3-5

- 幽默表现法：广告大师波迪斯曾经说过："巧妙地运用幽默，就没有卖不出

学习重点
- 图层的原理
- “图层”面板
- 矢量蒙版
- 剪贴蒙版
- 图层蒙版
- 编辑图层蒙版

去的东西”。幽默的海报具有很强的戏剧性、故事性和趣味性，往往能够让人会心一笑，让人感觉到轻松愉快，并产生良好的说服效果。如图3-6所示为LG洗衣机广告：有些生活情趣是不方便让外人知道的，LG洗衣机可以帮你。不再使用晾衣绳，自然也不再为生活中的某些情趣感到不好意思了。

- 拟人表现法：将自然界的事物进行拟人化处理，赋予其人格和生命力，能让受众迅速产生心理共鸣。如图3-7所示为Kiss FM摇滚音乐电台海报——跟着Kiss FM的劲爆音乐跳舞。
- 名人表现法：巧妙地运用名人效应会增加产品的亲切感，产生良好的社会效益。如图3-8所示为猎头公司广告——幸运之箭即将射向你。这则海报暗示了猎头公司会像丘比特一样为用户制定专属的目标，帮用户找到心仪的工作。

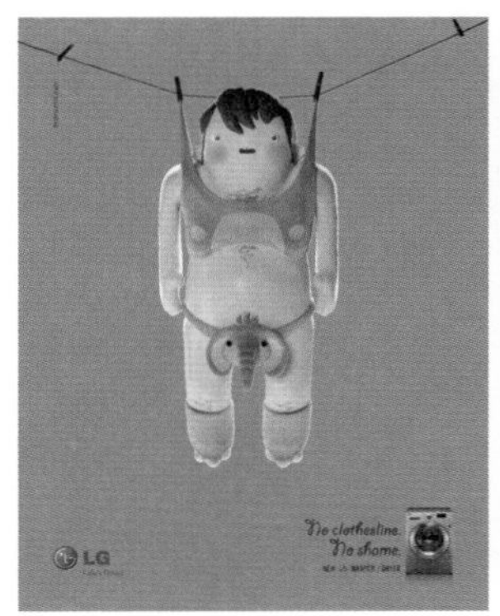

图3-6

图3-7

图3-8

3.2　图层

图层是Photoshop的核心功能，它承载了图像，而且图层样式、混合模式、蒙版、滤镜、文字、3D和调色命令等都依托于图层而存在。

3.2.1　图层的原理

图层如同堆叠在一起的透明纸，每一张纸（图层）上都保存着不同的图像，透过上面图层的透明区域，可以看到下面图层中的图像，如图3-9所示。

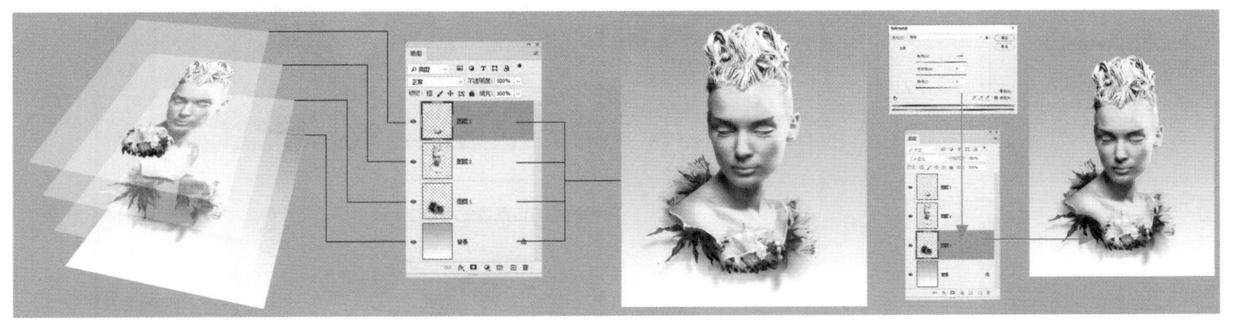

图3-9

如果没有图层，所有的图像将位于同一平面上，想要处理任何一部分图像内容，都必须先将它选择出来，否则操作将影响整个图像。有了图层，就可以将图像的不同部分放在不同的图层上，这样的话，就可以单独修改一个图层中的图像，而不会破坏其他图层中的图像。单击“图层”面板中的图层，即可选择相应的图层，所选图层称为当前图层。一般情况下，所有编辑只对当前图层有效，但是移动、旋转等变换操作可以同时应用于多个图层。要选择多个图层，可以按住 Ctrl 键，分别单击它们。

3.2.2 图层面板

“图层”面板用于创建、编辑和管理图层，以及为图层添加图层样式。面板中列出了文档包含的所有图层、图层组和图层效果，如图3–10所示。图层名称左侧的缩览图显示了图层中包含的图像，缩览图中的棋盘格代表了图像的透明区域。在图层缩览图上单击鼠标右键，可以执行快捷菜单中的命令调整缩览图的大小。在 Photoshop 中可以创建多种类型的图层，它们有各自的功能和用途，在“图层”面板中的显示状态也各不相同，如图3–11所示。

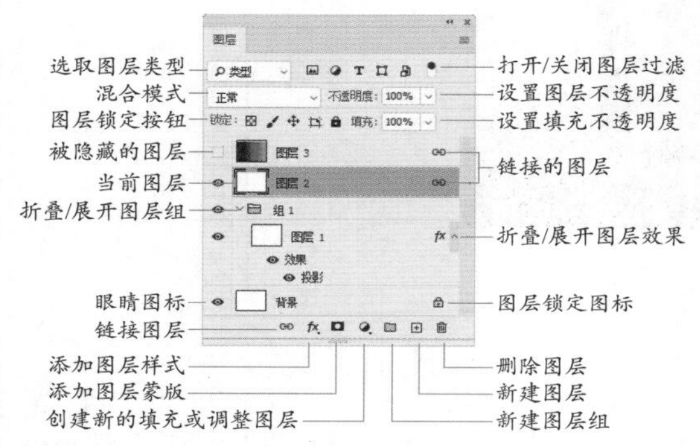

图 3-10

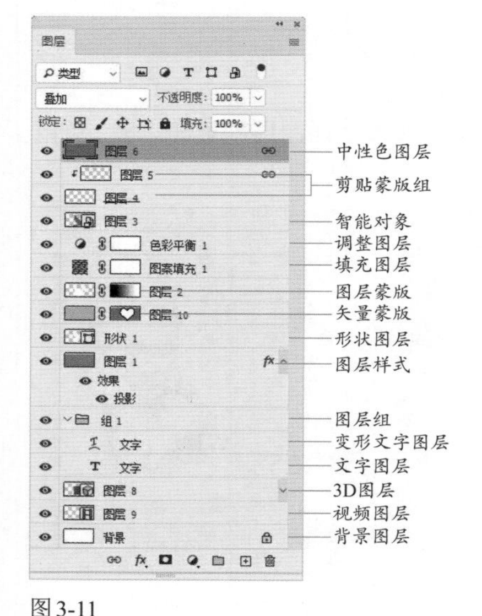

图 3-11

3.2.3 新建与复制图层

单击“图层”面板中的 ⊞ 按钮，即可在当前图层上面新建图层，新建的图层会自动成为当前图层，如图3–12和图3–13所示。如果要在当前图层的下面新建图层，可以按住 Ctrl 键单击 ⊞ 按钮。但“背景”图层下面不能创建图层。将一个图层拖曳至 ⊞ 按钮上，可复制该图层，如图3–14所示。按 Ctrl+J 快捷键，可复制当前图层。

图 3-12

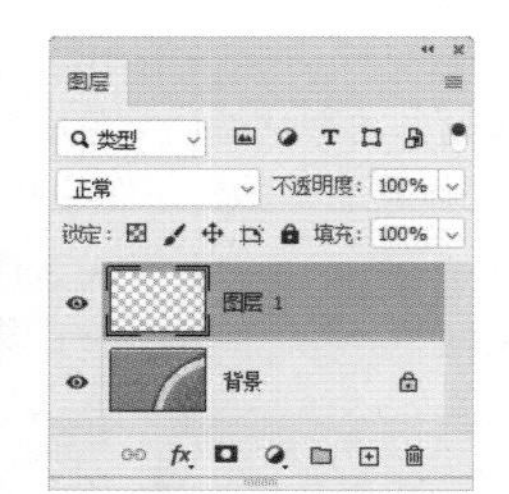

图 3-13

图 3-14

3.2.4 调整图层堆叠顺序

在“图层”面板中，图层是按照创建的先后顺序堆叠排列的。将一个图层拖动到另外一个图层的上面或下面，即可调整图层的堆叠顺序。改变图层顺序会影响图像的显示效果，如图3–15和图3–16所示。

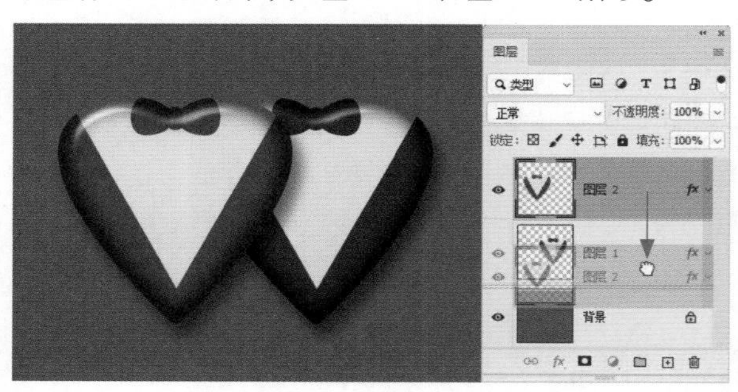

图 3-15

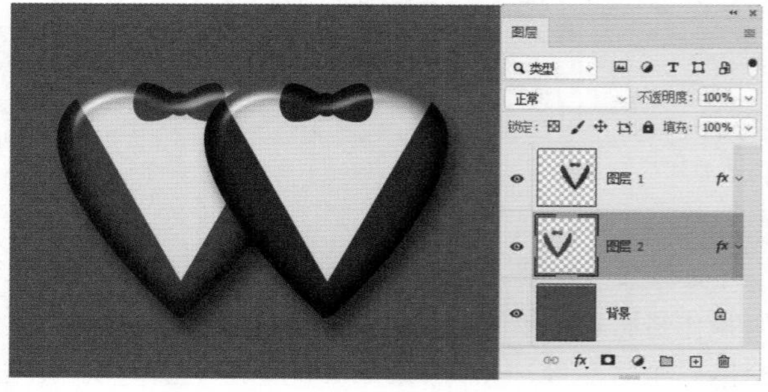

图 3-16

3.2.5　图层的命名与管理

在图层数量较多的文档中，可以为一些重要的图层设置容易识别的名称或区别于其他图层的颜色，以便在操作中快速定位图层。

- 修改图层的名称：双击图层的名称，如图3-17所示，在显示的文本框中输入新名称，按Enter键确认操作。
- 修改图层的颜色：选择一个图层，单击鼠标右键，在弹出的快捷菜单中可以选择颜色，如图3-18所示。
- 编组：如果要将多个图层编入图层组，可以选择这些图层，如图3-19所示，然后执行"图层"|"图层编组"命令，或按Ctrl+G快捷键，如图3-20所示。创建图层组后，可以将图层拖入组中或拖出组外。图层组类似于文件夹，单击按钮可关闭(或展开)组。

图3-17

图3-18

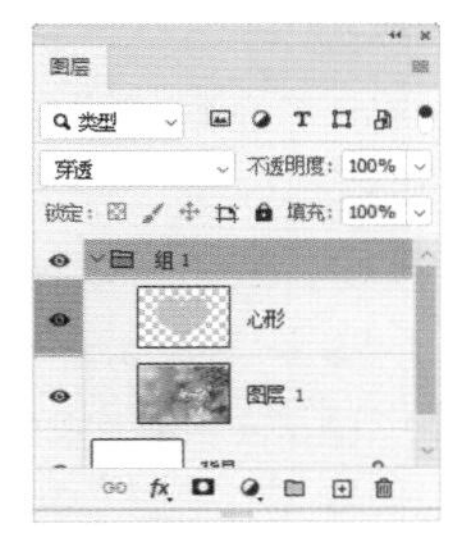

图3-19

图3-20

3.2.6　显示与隐藏图层

单击图层左侧的眼睛图标，可以隐藏该图层，如图3-21所示。如果要重新显示图层，可在原眼睛图标处再次单击，如图3-22所示。

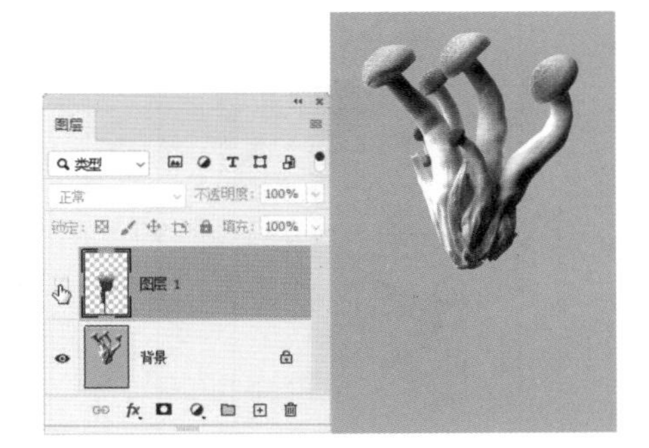

图3-21

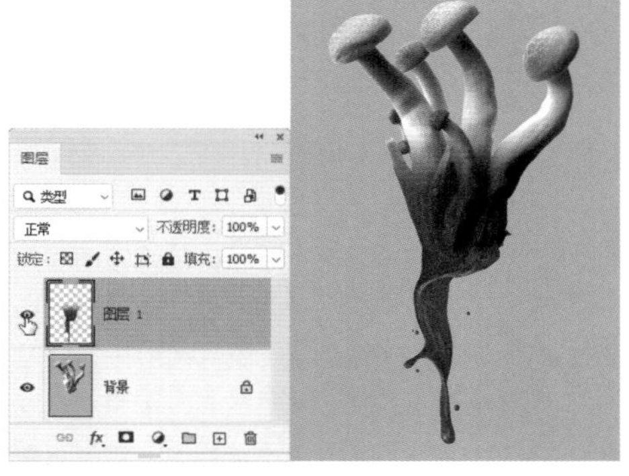

图3-22

tip 单击眼睛图标，并在眼睛图标列拖动鼠标，可以快速隐藏（或显示）多个相邻的图层。按住Alt键单击眼睛图标，则可将除该图层外的所有图层都隐藏；按住Alt键再次单击同一眼睛图标，可以恢复其他图层的可见状态。

3.2.7　合并与删除图层

如果图层、图层组和图层样式等过多，会导致计算机的运行速度变慢。将相同属性的图层合并，或者将没有用处的图层删除，可以减小文件的大小。

- 合并图层：如果要将两个或多个图层合并，可以先选择它们，然后执行"图层"|"合并图层"命令，或按Ctrl+E快捷键，如图3-23和图3-24所示。

图3-23

图3-24

- 合并所有可见的图层：执行"图层"|"合并可见图层"命令，或按Shift+Ctrl+E快捷键，所有可见图层会合并到"背景"图层中。
- 删除图层：将图层拖曳至"图层"面板底部的按钮上，可删除该图层。此外，选择一个或多个图层后，按Delete键也可将其删除。

3.2.8　锁定图层

"图层"面板提供了用于保护图层透明区域、图像像素和位置等属性的锁定功能，如图3-25所示，可避免因操作失误而修改图层。

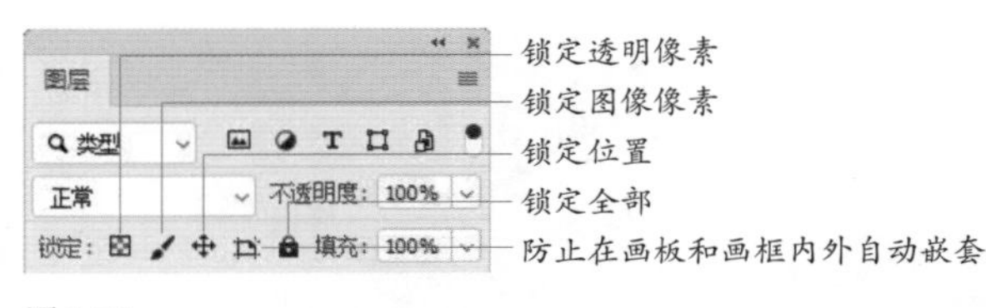

图 3-25

- 锁定透明像素 ：单击该按钮后，可以将编辑范围限定在图层的不透明区域，图层的透明区域受保护。
- 锁定图像像素 ：单击该按钮后，只能对图层进行移动和变换操作，不能在图层上绘画、擦除或应用滤镜。
- 锁定位置 ：单击该按钮后，图层不能移动。对于设置了精确位置的图像，锁定位置后，就不会被意外移动了。
- 锁定全部 ：单击该按钮，可以锁定以上全部项目。
- 防止在画板和画框内外自动嵌套 ：将图像移出画板边缘时，其所在的图层或组仍能保留在画板中。

tip 当图层只有部分属性被锁定时，图层名称右侧会出现空心的锁状图标 ，当所有属性都被锁定时，锁状图标 是实心的。

3.2.9 图层的不透明度

在“图层”面板中，有两个控制图层不透明度的选项，分别是“不透明度”和“填充”。在这两个选项中，100% 代表完全不透明，50% 代表半透明，0% 代表完全透明。“不透明度”选项用来控制图层及图层组中像素和形状的不透明度，如果对图层应用了图层样式，那么图层样式的不透明度也会受影响。“填充”选项只影响图层中像素和形状的不透明度，不会影响图层样式的不透明度。

如图3–26所示为添加了“斜面和浮雕”和“投影”图层样式的图像。当调整“不透明度”时，会对图像和图层样式都产生影响，如图3–27所示。调整“填充”时，仅影响图像，图层样式的不透明度不会改变，如图3–28所示。

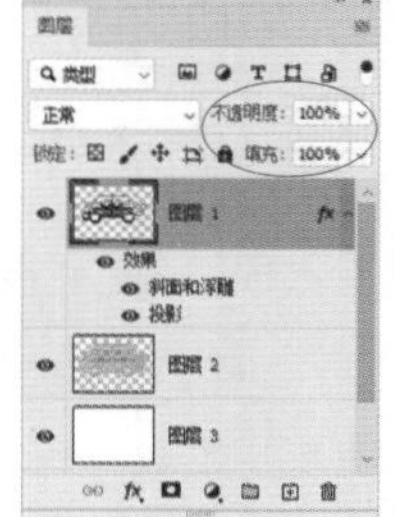

图 3-26

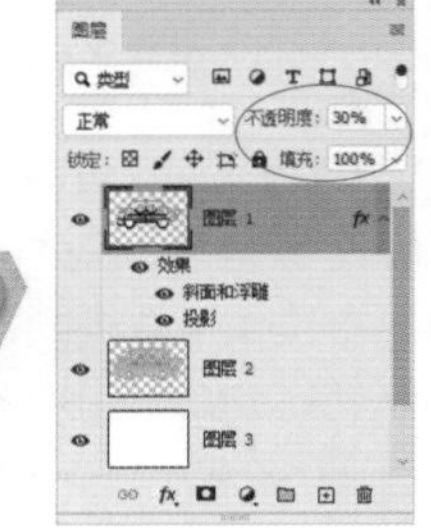

图 3-27

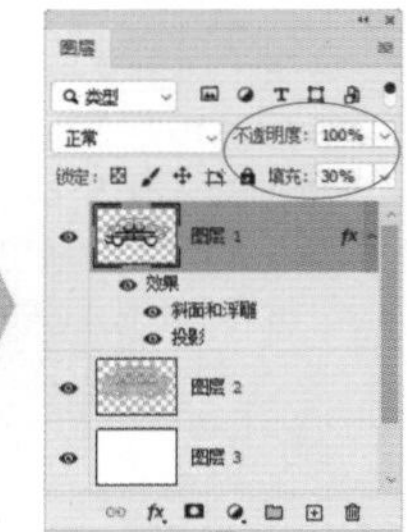

图 3-28

tip 使用除画笔、图章、橡皮擦等绘画和修饰工具之外的其他工具时，按键盘中的数字键，可快速修改图层的不透明度。例如，按5，不透明度会变为50%；按55，不透明度会变为55%；按0，不透明度会恢复为100%。

3.2.10 图层的混合模式

混合模式决定了像素的混合方式，可用于合成图像、制作选区和特殊效果。选择图层后，单击“图层”面板顶部的 按钮，在打开的下拉列表中可以选择混合模式，如图3–29所示。如图3–30所示为PSD格式的分层文件，为“图层1”图层设置不同的混合模式后，它与下面图层（“背景”图层）中的像素混合效果各不相同。

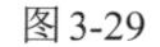

图 3-29

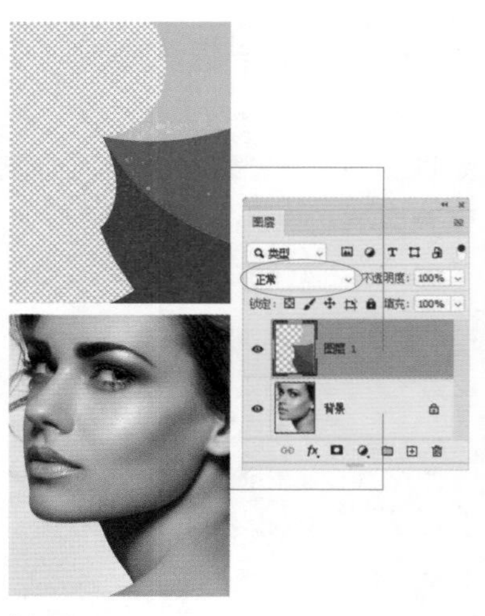

图 3-30

“正常”模式

默认的混合模式，图层的不透明度为100%时，完全遮盖下面的图像。降低不透明度，可以使其与下面的图层混合

“溶解”模式

设置为该模式，并降低图层的不透明度，可以使半透明区域中的像素离散，产生点状颗粒

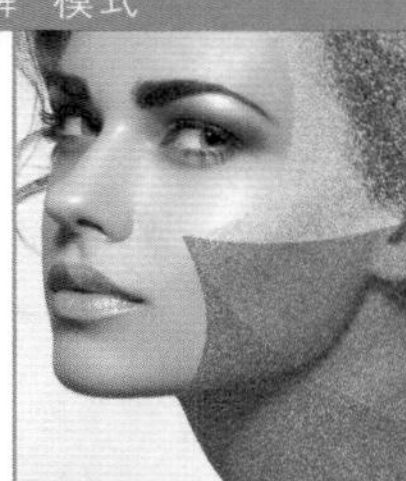

“变暗”模式

比较两个图层，如果当前图层中像素比底层像素亮，会被底层较暗的像素替换，反之如果比底层像素暗，则保持不变

“正片”叠底模式

当前图层中的像素与底层的白色混合时保持不变，与底层的黑色混合时，则被其替换，混合后通常会使图像变暗

“颜色”加深模式

通过增加对比度来加强深色区域，底层图像的白色保持不变

“线性加深”模式

通过降低亮度使像素变暗，它与“正片叠底”模式的效果相似，但可以保留下面图像更多的颜色信息

“深色”模式

比较两个图层所有通道值的总和，并显示值较小的颜色，不会生成第三种颜色

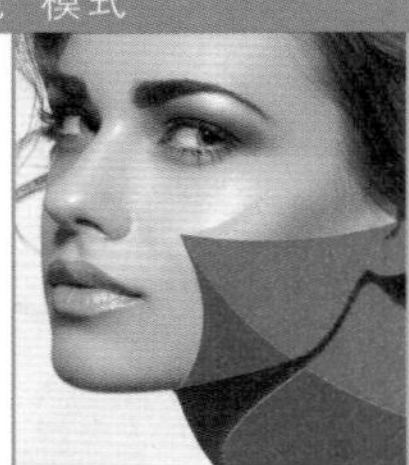

“变亮”模式

与“变暗”模式的效果相反，当前图层中较亮的像素会替换底层较暗的像素，而较暗的像素则被底层较亮的像素替换

“滤色”模式

与“正片叠底”模式的效果相反，可以使图像产生漂白效果，类似于多个摄影幻灯片在彼此之上投影

“颜色减淡”模式

与“颜色加深”模式的效果相反，它通过减小对比度来加亮底层的图像，并使颜色变得更加饱和

“线性减淡（添加）”模式

与“线性加深”模式的效果相反。通过增加亮度来减淡颜色，亮化效果比“滤色”和“颜色减淡”模式都强烈

“浅色”模式

比较两个图层所有通道值的总和，并显示值较大的颜色，不会生成第三种颜色

“叠加”模式

可增强图像的颜色，并保持底层图像的高光和暗调

“柔光”模式

当前图层的颜色决定图像变亮或是变暗。如果当前图层中的像素比 50% 灰色亮，图像变亮；如果像素比 50% 灰色暗，则图像变暗。产生的效果与发散的聚光灯的照射效果相似

“强光”模式

当前图层中比50%灰色亮的像素会使图像变亮；比50%灰色暗的像素会使图像变暗。产生的效果与耀眼的聚光灯的照射效果相似

“亮光”模式

如果当前图层中的像素比 50% 灰色亮，可通过减小对比度的方式使图像变亮；如果当前图层中的像素比 50% 灰色暗，则通过增加对比度的方式使图像变暗。可使混合后的颜色更加饱和

“线性光”模式

如果当前图层中的像素比 50% 灰色亮，可通过增加亮度使图像变亮；如果当前图层中的像素比 50% 灰色暗，则通过减小亮度使图像变暗。与“强光”模式相比，该模式可以使图像产生更大的对比度

“点光”模式

如果当前图层中的像素比 50% 灰色亮，可替换暗的像素；如果当前图层中的像素比 50% 灰色暗，则替换亮的像素，这对向图像中添加特殊效果时非常有用

续 表

“实色混合”模式		“差值”模式		“排除”模式	
如果当前图层中的像素比50%灰色亮，会使底层图像变亮；如果当前图层中的像素比50%灰色暗，则会使底层图像变暗。该模式通常会使图像产生色调分离效果		当前图层的白色区域会使底层图像产生反相效果，而黑色则不会对底层图像产生影响		与“差值”模式的原理基本相似，但该模式可以创建对比度更小的混合效果	
“减去”模式		**“划分”模式**		**“色相”模式**	
可以从目标通道中相应的像素上减去源通道中的像素值		查看每个通道中的颜色信息，从基色中划分混合色	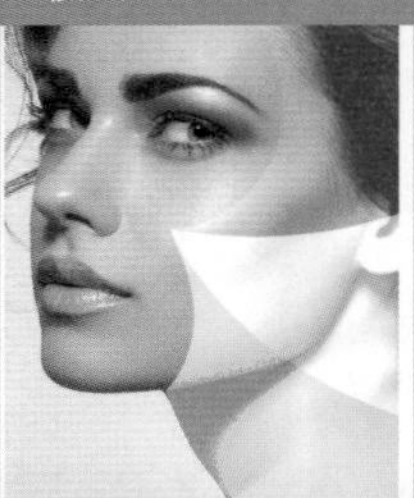	将当前图层的色相应用到底层图像的亮度和饱和度中，可以改变底层图像的色相，但不会影响其亮度和饱和度。对于黑色、白色和灰色区域，该模式不起作用	
“饱和度”模式		**“颜色”模式**		**“明度”模式**	
将当前图层的饱和度应用到底层图像的亮度和色相中，可以改变底层图像的饱和度，但不会影响其亮度和色相		将当前图层的色相与饱和度应用到底层图像中，但保持底层图像的亮度不变		将当前图层的亮度应用于底层图像的颜色中，可以改变底层图像的亮度，但不会对其色相与饱和度产生影响	

tip 在设置混合模式的下拉列表中双击，然后滚动鼠标中间的滚轮，可以在各个混合模式之间循环切换。

3.3 图层实例：制作故障风格海报

01 打开素材，如图3-31所示。按Ctrl+J快捷键复制“背景”图层，得到“图层1”，设置不透明度为32%，如图3-32所示。

图3-31 图3-32

02 选择“背景”图层，如图3-33所示。将前景色设置为蓝紫色（R95，G82，B160），按Alt+Delete快捷键进行填充，如图3-34和图3-35所示。

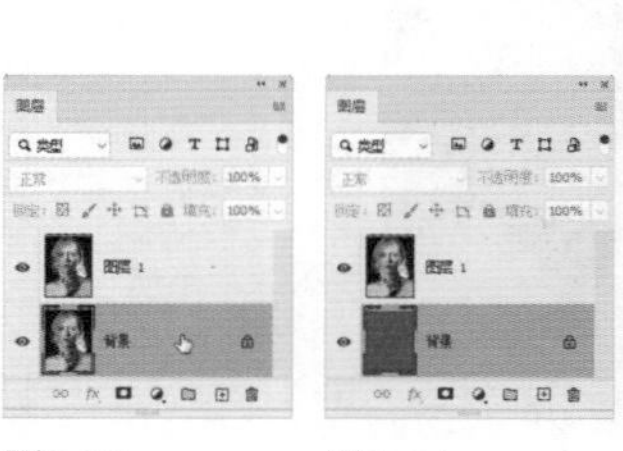

图3-33 图3-34 图3-35

03 拖动“图层1”到面板底部的 ⊞ 按钮上，进行复制，将“不透明度”设置为100%，如图3-36所示。在“图层”面板中双击该图层的空白处，打开“图层样式”对话框，在“高级混合”选项组中取消对B通道的勾选（默认情况下R、G、B通道都是选取状态），如图3-37和图3-38所示，然后关闭对话框。

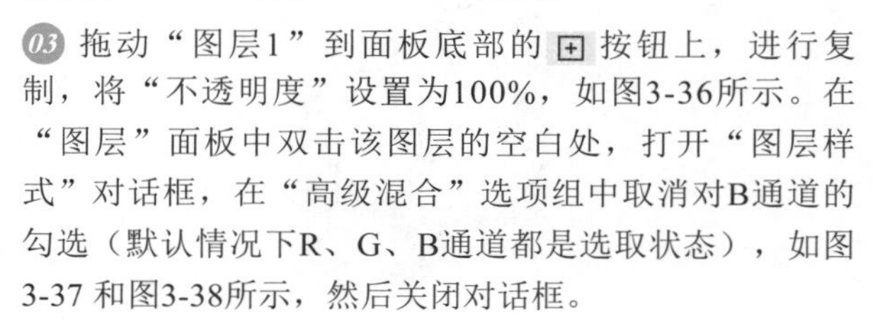

04 按Ctrl+J快捷键复制该图层，如图3-39所示。

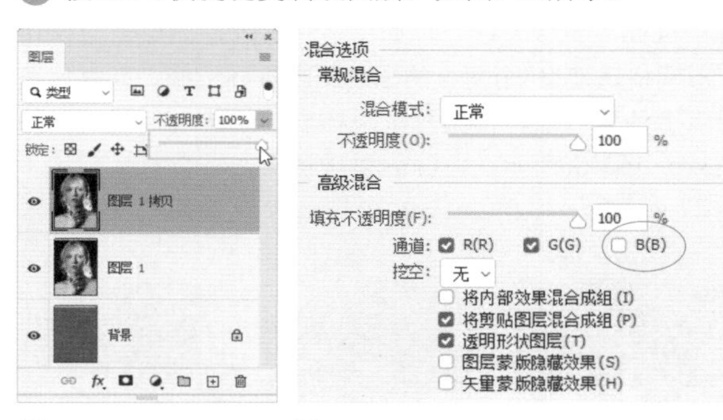

图3-36　　图3-37

图3-38　　图3-39

05 在“图层”面板中双击该图层的空白处，打开“图层样式”对话框，取消对G通道的勾选，如图3-40所示，关闭对话框后，使用移动工具✥将图像向右侧移动，使其与底层图像之间产生错位，形成重影效果，如图3-41所示。

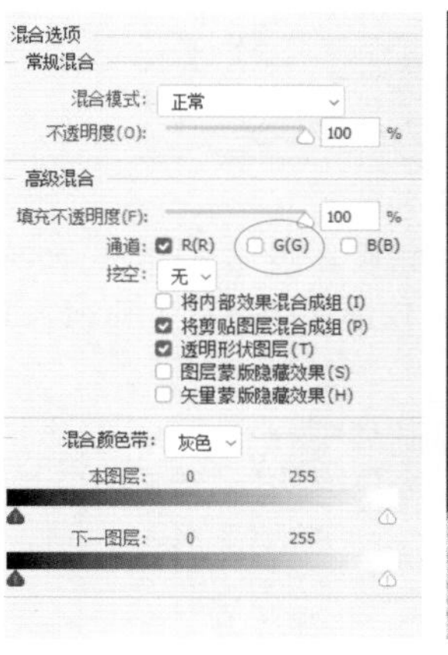

图3-40　　图3-41

tip 故障风格是利用事物形成的故障进行艺术加工，从而使这种故障具有一种特殊的美感。

3.4　智能对象实例：制作咖啡店海报

01 打开素材，如图3-42所示。按住Ctrl键单击“咖啡杯”和“阴影”图层，将它们选取，如图3-43所示。执行“图层”|“智能对象”|“转换为智能对象”命令，将这两个图层打包到一个智能对象中，如图3-44所示。

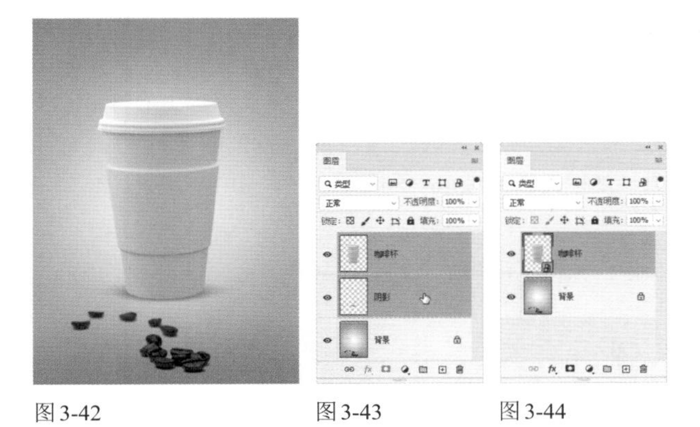

图3-42　　图3-43　　图3-44

02 按Ctrl+J快捷键复制“咖啡杯”图层，如图3-45所示。使用移动工具✥将咖啡杯拖到画面左侧，按Ctrl+T快捷键显示定界框，将光标放在定界框的一角，按住Shift键拖动鼠标，将咖啡杯成比例缩小，使画面符合近大远小的透视关系，如图3-46所示，按Enter键确认。

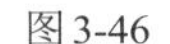

图3-45　　图3-46

03 执行“滤镜”|“模糊”|“高斯模糊”命令，使咖啡杯符合近实远虚的透视规律，如图3-47和图3-48所示。

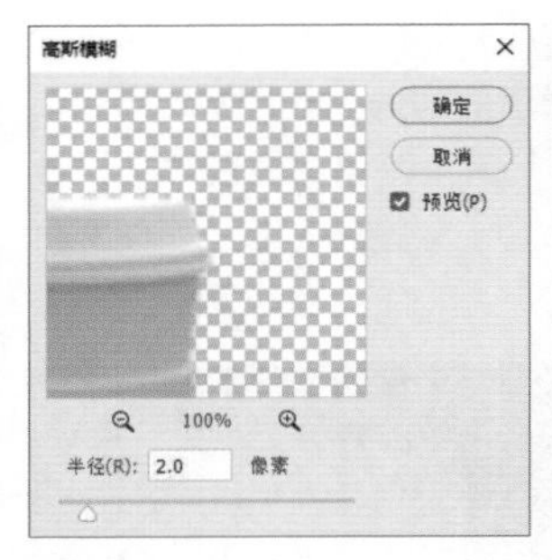

图3-47

图3-48

04 再次按Ctrl+J快捷键复制“咖啡杯 拷贝”图层，如图3-49所示，使用移动工具，按住Shift键将其拖至画面右侧，如图3-50所示。

图3-49

图3-50

05 双击“咖啡杯”图层的缩览图，或选择“咖啡杯”图层，执行“图层”|“智能对象”|“编辑内容”命令，在新的窗口中打开智能对象的原始文件，如图3-51所示。打开一个图案素材，如图3-52所示。

图3-51

图3-52

06 将图案拖到咖啡杯上，设置不透明度为50%，以便能看到咖啡杯的轮廓，如图3-53和图3-54所示。

图3-53

图3-54

07 按Ctrl+T快捷键显示定界框，在图像上单击鼠标右键，执行“变形”命令，如图3-55所示，图像上会显示变形网格，拖曳4个角上的锚点到咖啡杯边缘，同时调整锚点上的方向点，使图片依照杯子的结构进行扭曲，如图3-56~图3-60所示，按Enter键确认操作。

图3-55

图3-56

图3-57

图3-58

图3-59

图3-60

08 将不透明度设置为90%，如图3-61和图3-62所示。

图3-61

图3-62

09 单击“图层”面板底部的按钮，新建图层。按Alt+Ctrl+G快捷键创建剪贴蒙版。选择画笔工具，在工具选项栏中设置笔尖为柔角150像素，设置“不透明度”为15%，在图案两侧涂抹白色，表现咖啡杯的反光效果，如图3-63和图3-64所示。

图3-63

图3-64

⑩ 将LOGO素材放在咖啡杯上方，如图3-65所示。按Ctrl+S快捷键保存文件，然后将该文件关闭，文件中所有与之链接的智能对象实例都会同步更新，显示为修改后的效果，如图3-66所示。

tip 执行“图层”|“智能对象”|“替换内容”命令，可以用相应的素材，替换原有的智能对象，其他与之链接的智能对象也会被替换。执行“图层”|“智能对象”|“删格化”命令，可将智能对象删格化，转换为普通图层，作为图像存储在当前文档中。

图3-65

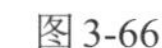

图3-66

3.5 蒙版

“蒙版”一词源于摄影，指的是控制照片不同区域曝光的传统暗房技术。Photoshop中的蒙版用来处理局部图像，可以隐藏图像，但不会将其删除。

3.5.1 矢量蒙版

矢量蒙版通过钢笔、自定形状等矢量工具创建的路径和矢量形状来控制图像的显示区域，它与分辨率无关，无论怎样缩放都能保持光滑的轮廓，因此常用于制作Logo、按钮或其他网页设计元素。

用自定形状工具 创建矢量图形，如图3-67所示，执行“图层”|“矢量蒙版”|“当前路径”命令，即可基于当前路径创建矢量蒙版，路径区域外的图像会被蒙版遮盖，如图3-68和图3-69所示。

图3-67

图3-68

tip 创建矢量蒙版后，单击矢量蒙版缩览图，进入蒙版编辑状态，此时可以使用自定形状工具 或钢笔工具 在画面中绘制新的矢量图形，并将其添加到矢量蒙版中。使用路径选择工具 单击并拖动矢量图形可将其移动，蒙版的遮盖区域也随之改变。如果要删除图形，可再将其选中并按Delete键。

图3-69

3.5.2 剪贴蒙版

剪贴蒙版可以用一个图层中包含像素的区域来限制它上层图像的显示范围。它最大的优点是可以通过一个图层来控制多个图层的可见内容，而图层蒙版和矢量蒙版都只能控制一个图层。选择图层，执行“图层”|“创建剪贴蒙版”命令，或按Alt+Ctrl+G快捷键，即可将该图层与下方图层创建为剪贴蒙版组。剪贴蒙版可以应用于多个图层，但这些图层必须上下相邻。

在剪贴蒙版组中，最下面的图层叫作“基底图层”，它的名称带有下画线，位于它上面的图层叫作“内容图层”，它们的缩览图是缩进的，并带有 状图标（指向基底图层），如图3-70所示。基底图层中的透明区域充当整个剪贴蒙版组的蒙版，也就是说，它的透明区域就像蒙版一样，可以将内容图层中的图像隐藏起来，因此只要移动基底图层，就会改变内容图层的显示区域。

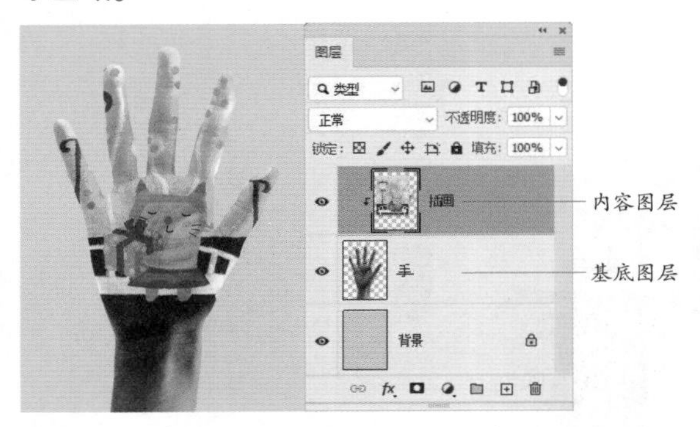

图 3-70

tip 将图层拖动到基底图层上，可将其加入剪贴蒙版组中。将内容图层移出剪贴蒙版组，则可以释放该图层。如果要释放全部剪贴蒙版，可选择基底图层正上方的内容图层，再执行“图层”|“释放剪贴蒙版”命令，或按Alt+Ctrl+G快捷键。

3.5.3　图层蒙版

图层蒙版是一个256级色阶的灰度图像，它蒙在图层上面，起遮盖图层的作用，然而其本身并不可见。图层蒙版主要用于合成图像。此外，创建调整图层、填充图层或应用智能滤镜时，Photoshop会自动添加图层蒙版，因此图层蒙版还可以控制颜色调整范围和滤镜的有效范围。

在图层蒙版中，纯白色对应的图像是可见的，纯黑色会遮盖图像，灰色区域会使图像呈现不同程度的透明效果（灰色越深，图像越透明），如图3–71所示。基于以上原理，如果想要隐藏图像的某些区域，可以添加图层蒙版，再将相应的区域涂黑；想让图像呈现出半透明效果，可以将蒙版涂灰。

图 3-71

选择图层，如图3–72所示，单击“图层”面板底部的 按钮，即可为其添加白色的图层蒙版，如图3–73所示。如果在画面中创建了选区，如图3–74所示，则单击 按钮可基于选区创建蒙版，将选区外的图像隐藏，如图3–75所示。

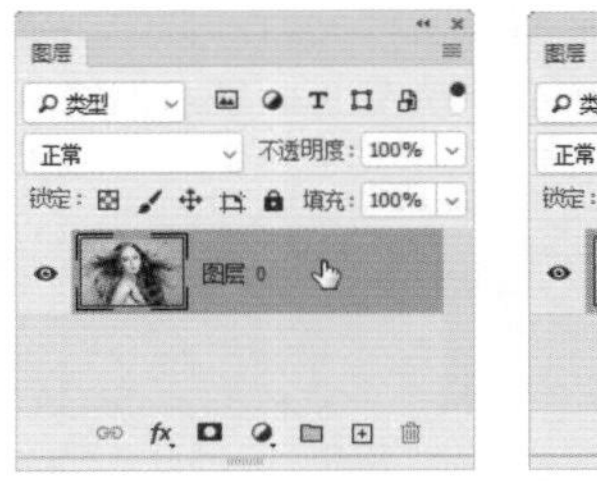

图 3-72

图 3-73

图 3-74

图 3-75

添加图层蒙版后，蒙版缩览图有一个白色边框，表示蒙版处于编辑状态，如图3–76所示，此时进行的所有操作将应用于蒙版。如果要编辑图像，应单击图像缩览图，此时图层缩览图有一个白色边框转，如图3–77所示。

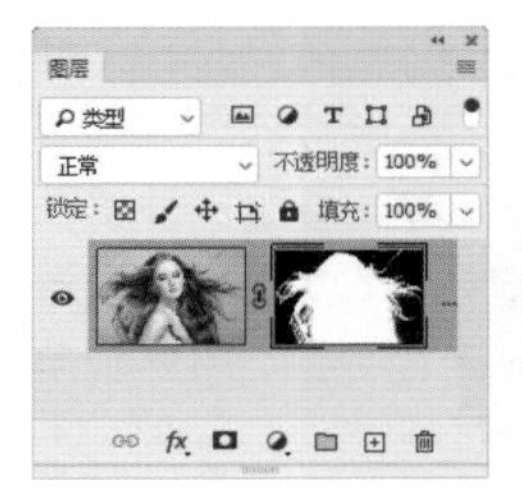

图 3-76

图 3-77

3.5.4　用画笔工具编辑图层蒙版

图层蒙版是位图图像，几乎可以使用所有的绘画工具来编辑它。例如，用柔角画笔工具 修改蒙版，可以使图像边缘产生逐渐淡出的过渡效果，如图3–78所示；用渐变工具 编辑蒙版，可以将当前图像逐渐融入另一个图像中，图像之间的融合效果自然、平滑，如图3–79所示。

图 3-78

图 3-79

选择画笔工具后，可以在工具选项栏中设置画笔的参数，如图3-80所示。

图 3-80

- 大小：拖动滑块或在文本框中输入数值，可以调整画笔的笔尖大小。
- 硬度：设置画笔笔尖的硬度。硬度值低于100%，可以得到柔角笔尖，如图3-81所示。

图 3-81

- 模式：在下拉列表中可以选择画笔笔迹颜色与下面像素的混合模式。
- 不透明度：设置画笔的不透明度，该值越低，线条的透明度越高。
- 绘图板压力按钮：激活这两个按钮后，使用数位板绘画时，光笔压力可覆盖“画笔”面板中的不透明度和大小设置。
- 流量：设置当光标移动到某个区域上方时应用颜色的速率。在某个区域上方涂抹时，如果一直按住鼠标左键，颜色将根据流动速率增加，直至达到设置的不透明度效果。
- 喷枪：激活该按钮，可以启用喷枪功能，单击后，按住鼠标左键的时间越长，颜色堆积得越多。“流量”设置越高，颜色堆积的速度越快，直至达到所设定的“不透明度”。在“流量”设置较低的情况下，会以缓慢的速度堆积颜色，直至达到设定的“不透明度”。再次单击该按钮，可以关闭喷枪功能。
- 平滑：数值越高，描边抖动越小，描边越平滑。单击按钮，可以在打开的下拉面板中设置平滑选项，使画笔带有智能平滑效果。
- 设置绘画的对称选项：在该选项列表中选择对称类型后，所绘描边将在对称线上实时反映出来，从而可以轻松地创建各种复杂的对称图案。对称类型包括垂直、水平、双轴、对角、波纹、圆形、螺旋线、平行线，径向、曼陀罗。

执行“窗口”|“画笔”命令，打开“画笔”面板，如图3-82所示。面板中提供了大量预设的笔尖，它们被归类到5个画笔组中，单击组左侧的按钮，可以展开组，选择其中的笔尖。

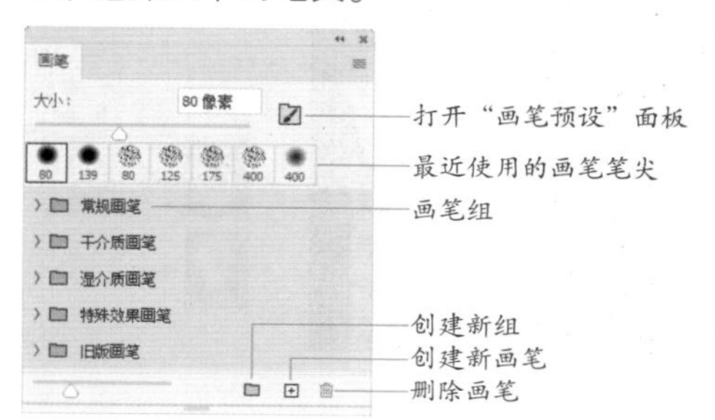

图 3-82

“画笔设置”面板是Photoshop中“体型”最大、选项最多的面板。在“画笔”面板中选择一个笔尖后，单击“画笔设置”面板左侧列表中的“画笔笔尖形状”选项，可在面板右侧显示的选项中调整笔尖的角度、圆度、硬度和距离等基本参数，如图3-83所示。

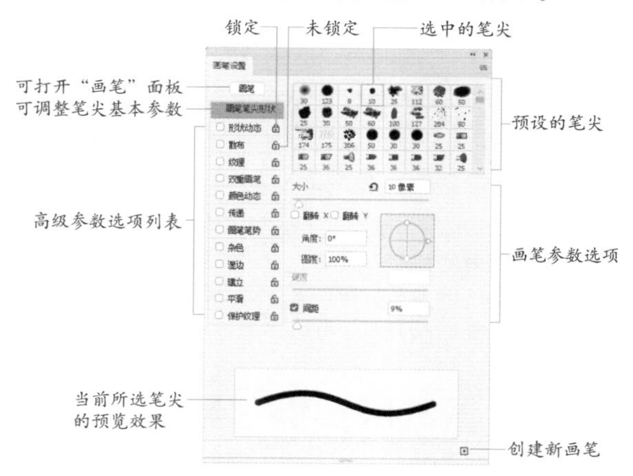

图 3-83

tip 使用画笔工具时，在画面中单击，然后按住Shift键单击画面中任意一点，两点之间会以直线连接。按住Shift键，还可以绘制水平、垂直或以45°角为增量的直线。按[键可将画笔调小，按]键则调大。对于实边圆、柔边圆和书法画笔，按Shift+[快捷键可减小画笔的硬度，按Shift+]快捷键则增加硬度。按键盘中的数字键可调整画笔工具的不透明度。例如，按1，画笔不透明度为10%；按75，不透明度为75%；按0，不透明度会恢复为100%。

3.5.5　混合颜色带

打开分层的PSD文件，如图3-84~图3-86所示。

在“图层”面板中，双击“图层 1”的空白处，打开“图层样式”对话框。在对话框底部是高级蒙版——混合颜色带，如图 3–87 所示。其独特之处体现在，既可以隐藏当前图层中的图像，也可以让下面层中的图像穿透当前图层显示出来，或者同时隐藏当前图层和下面图层中的部分图像，这是其他任何一种蒙版都无法实现的。混合颜色带用来抠火焰、烟花、云彩和闪电等深色背景中的对象，也可用于创建图像合成效果。

图 3-84

图 3-85

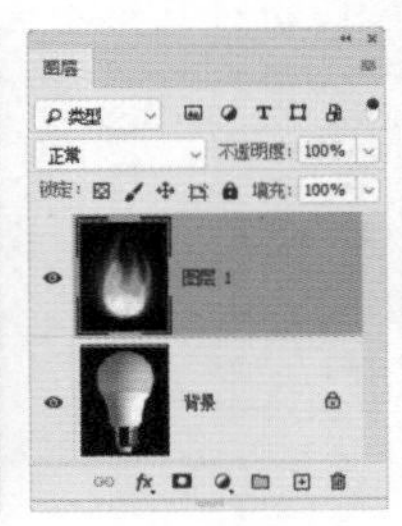

图 3-86

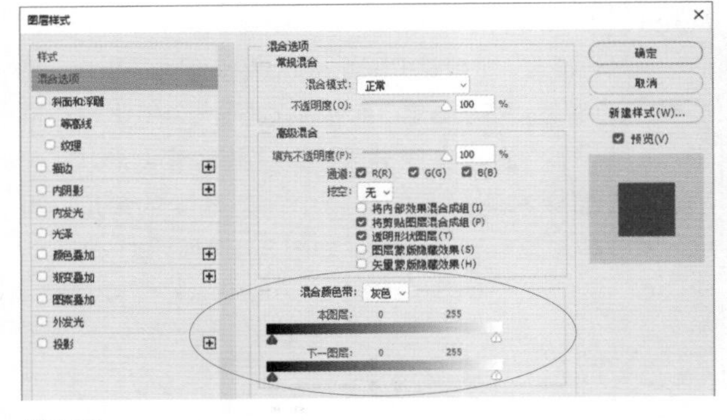

图 3-87

- 本图层：是指当前正在处理的图层，拖动滑块，可以隐藏当前图层中的像素，显示出下面图层中的图像。例如，将左侧的黑色滑块移向右侧时，当前图层中所有比该滑块所在位置暗的像素都会被隐藏，如图 3-88 所示；将右侧的白色滑块移向左侧时，当前图层中所有比该滑块所在位置亮的像素都会被隐藏，如图 3-89 所示。
- 下一图层：是指当前图层下面的图层。拖动滑块，可以使下面图层中的像素穿透当前图层显示出来。例如，将左侧的黑色滑块移向右侧时，可以显示下面图层中较暗的像素，如图 3-90 所示；将右侧的白色滑块移向左侧时，则可以显示下面图层中较亮的像素，如图 3-91 所示。

图 3-88

图 3-89

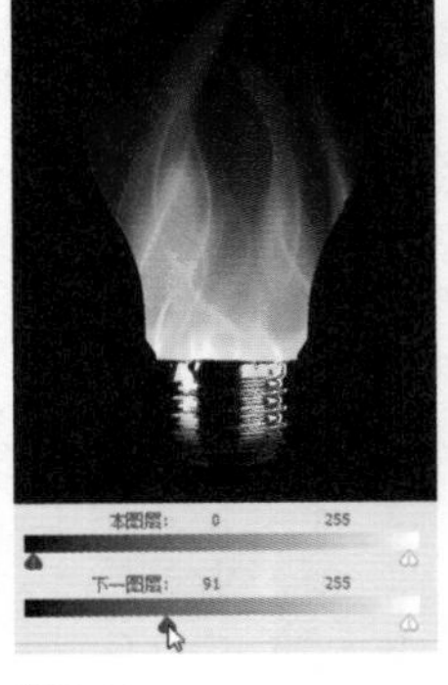

图 3-90

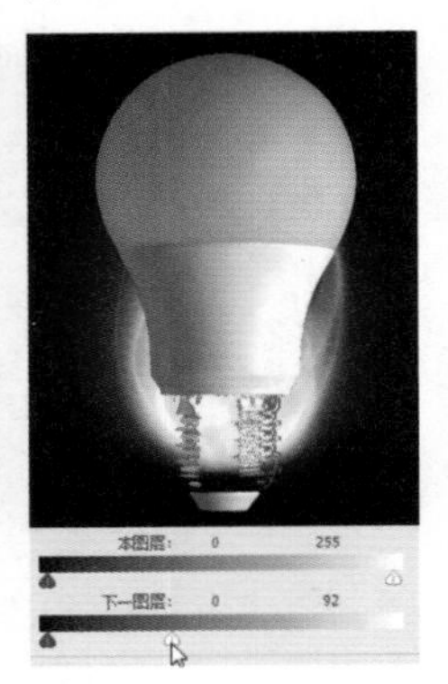

图 3-91

- 混合颜色带：在该下拉列表中可以选择控制混合效果的颜色通道。选择“灰色”，表示使用全部颜色通道控制混合效果，也可以选择一个颜色通道来控制混合效果。

3.6 矢量蒙版实例：给照片添加唯美相框

01 打开素材，如图3-92所示。选择“图层1”，如图3-93所示。

图 3-92

图 3-93

02 选择自定形状工具，在工具选项栏中选择“路径”选项，打开“形状”下拉面板，选择心形，如图3-94所示。在画面中单击并按住鼠标拖动，绘制心形路径，如图3-95所示。

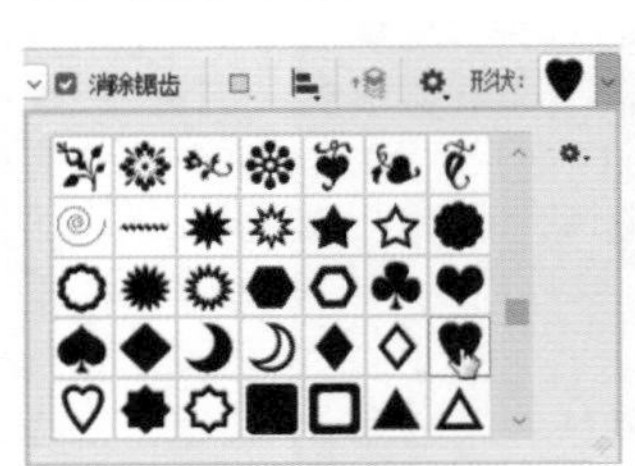

图 3-94

图 3-95

03 执行“图层”|“矢量蒙版”|“当前路径”命令，基于当前路径创建矢量蒙版，将路径以外的图像隐藏，如图3-96和图3-97所示。要调整心形路径的位置，可使用路径选择工具 选取它，然后进行移动。

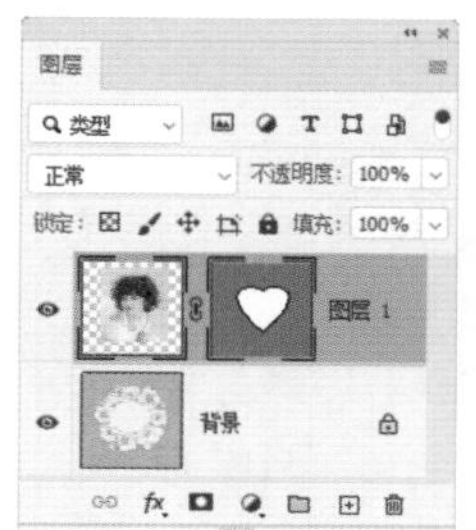

图 3-96

图 3-97

04 在“图层”面板中双击“图层1”，打开“图层样式”对话框，在左侧勾选“描边”复选框，设置“大小”为7像素，单击“颜色”按钮，打开“拾色器”，将光标放在花朵上单击，拾取花朵的颜色作为描边色，如图3-98和图3-99所示。再勾选“投影”复选框，将投影的颜色设置为图案的背景色，如图3-100和图3-101所示。

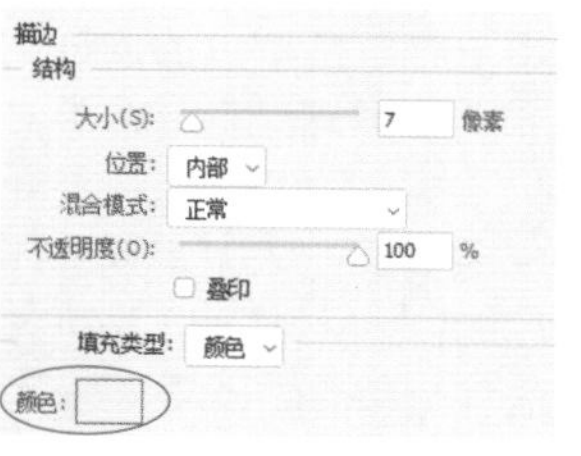

图 3-98

图 3-99

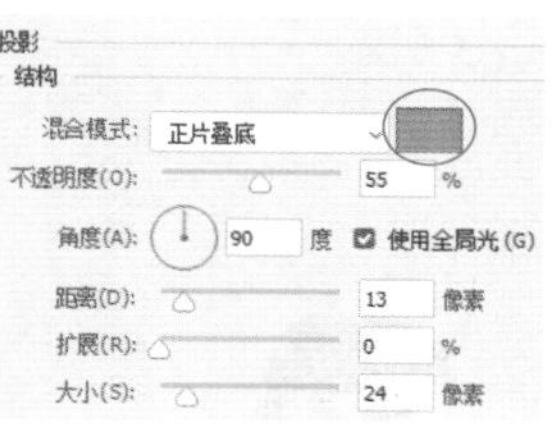

图 3-100

图 3-101

3.7　剪贴蒙版实例：制作电影海报

01 打开素材，如图3-102所示。执行“文件”|“置入嵌入智能对象”命令，在打开的对话框中选择本书提供的EPS格式素材，如图3-103所示，将其置入当前文档中。

图 3-102

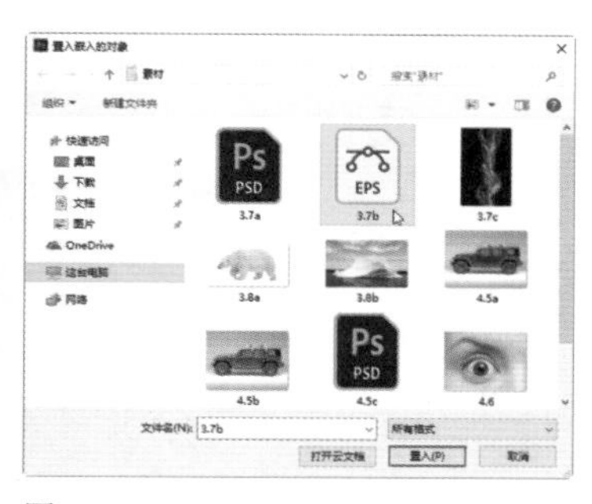

图 3-103

02 拖动控制点，适当调整人物的大小，如图3-104所示。按Enter键确认操作。打开火焰素材，使用移动工具 将其拖入人物文档，如图3-105所示。

图 3-104

图 3-105

03 执行“图层”|“创建剪贴蒙版”命令，或按Alt+Ctrl+G快捷键创建剪贴蒙版，将火焰的显示范围限定在下方的人像轮廓内，如图3-106所示。显示“组1”，如图3-107和图3-108所示。

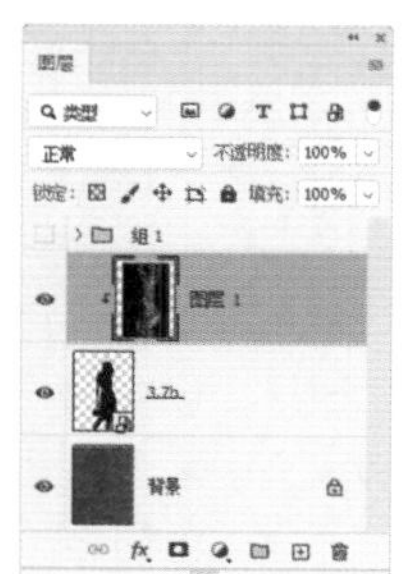

图 3-106

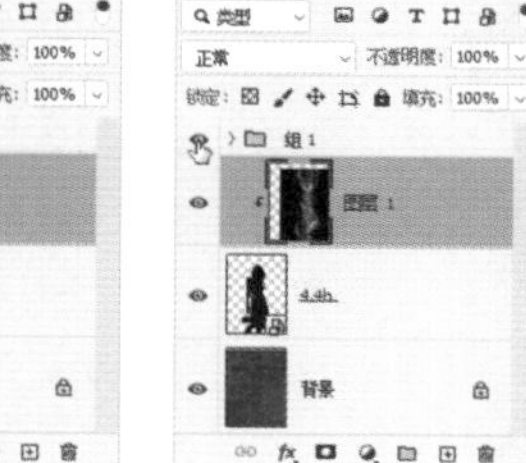

图 3-107

图 3-108

3.8 剪贴蒙版实例：制作公益海报

01 打开素材。选取北极熊，由于背景是单色的，可先选择背景，再通过反选将北极熊选取，这是选择此类对象的一个技巧。执行“选择”|“色彩范围”命令，打开“色彩范围”对话框。将光标放在背景上，单击鼠标，如图3-109所示，定义颜色选取范围，然后拖曳“颜色容差”滑块，当北极熊变为黑色时，如图3-110所示，表示背景被完全选取了，并且没有选择北极熊。

图3-109

图3-110

02 单击“确定”按钮，关闭对话框，创建选区。按Shift+Ctrl+I快捷键反选，选取北极熊，如图3-111所示。按Ctrl+J快捷键，将其复制到新的图层中，如图3-112所示。

图3-111

图3-112

03 打开冰山素材，并使用移动工具将其拖入北极熊文档中，如图3-113所示，单击“图层”面板底部的按钮，添加图层蒙版，如图3-114所示。

图3-113

图3-114

04 用渐变工具填充黑白线性渐变，如图3-115和图3-116所示。按Alt+Ctrl+G快捷键，将该图层与它下面的图层创建为剪贴蒙版组，如图3-117和图3-118所示。

图3-115

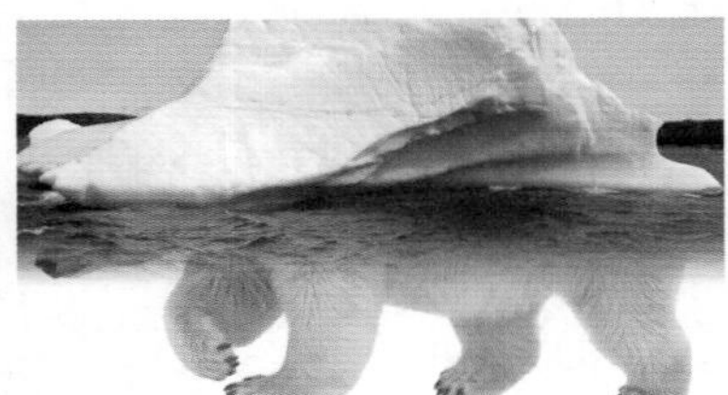

图3-116

图3-117

图3-118

3.9 剪贴蒙版实例：沙漠变绿洲

01 打开两幅素材，如图3-119和图3-120所示。选择移动工具，按住Shift键将树林拖入沙漠文档中，在“图层”面板中自动生成“图层1”，如图3-121所示。

图3-119

图3-120

图3-121

tip 将一个图像拖入另一个文档时，按Shift键操作，可以使拖入的图像位于该文档的中心。

02 打开放大镜素材，如图3-122所示。选择魔棒工具，在放大镜的镜片处单击，创建选区，如图3-123所示。

图 3-122

图 3-123

03 单击“图层”面板底部的 ⊞ 按钮，新建图层。按Ctrl+Delete快捷键在选区内填充背景色（白色），按Ctrl+D快捷键取消选择，如图3-124和图3-125所示。

图 3-124

图 3-125

04 按住Ctrl键，单击“图层0”和“图层1”，将它们选中，如图3-126所示，再使用移动工具 ✥ 拖曳到汽车文档中。单击 ⊖ 按钮，将两个图层链接在一起，如图3-127和图3-128所示。

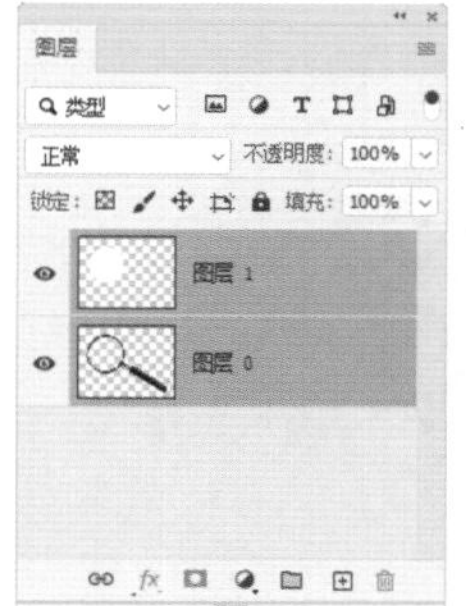

图 3-126

图 3-127

图 3-128

tip 链接图层后，对其中的一个图层进行移动、旋转等变换操作时，另外一个图层也同时变换，这将在后面的操作中发挥作用。

05 选择“图层3”，将其拖动到“图层1”的下面，如图3-129和图3-130所示。

图 3-129

图 3-130

06 按住Alt键，将光标移动到“图层3”和“图层1”的交际处，此时光标显示为↓□状，如图3-131所示，单击鼠标创建剪贴蒙版，如图3-132和图3-133所示。现在放大镜下面显示的是树林图像。

图 3-131

图 3-132

图 3-133

07 选择移动工具 ✥，在画面中单击并拖动鼠标，移动“图层3”，放大镜所到之处，显示的都是郁郁葱葱的树林，传达环保的心愿，希望沙漠变为绿洲，如图3-134和如图3-135所示。

图 3-134

图 3-135

3.10 图层蒙版实例：眼中“盯”

01 打开素材，如图3-136所示。按Ctrl+J快捷键复制“背景”图层，如图3-137所示。

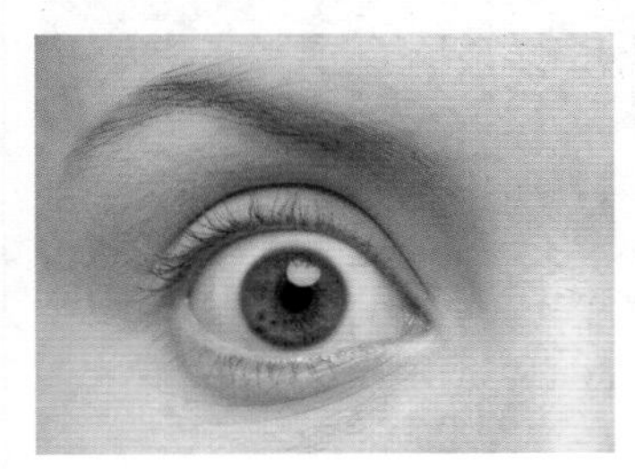

图 3-136

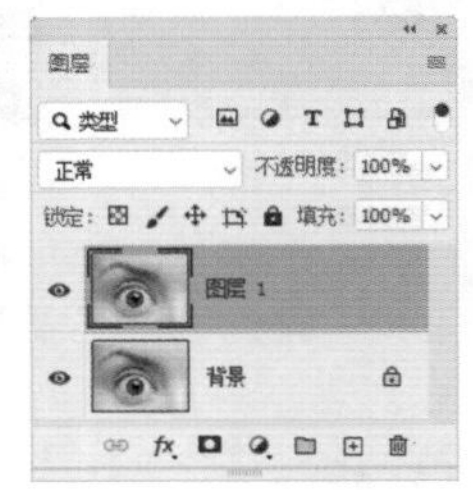

图 3-137

02 按Ctrl+T快捷键显示定界框，按住Alt键拖动控制点，将图像在保持中心点位置不变的基础上等比例缩小，如图3-138所示，按Enter键确认操作。单击“图层”面板底部的 按钮，为“图层1”添加蒙版，如图3-139所示。

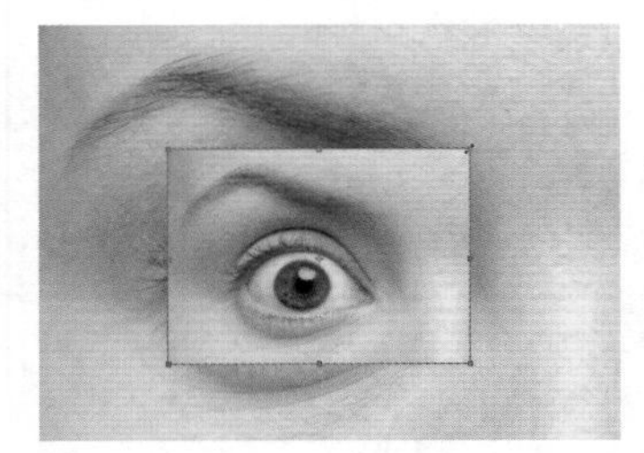

图 3-138

图 3-139

03 选择画笔工具，在工具选项栏中选择一个柔角笔尖，如图3-140所示，按D键将前景色设置为黑色，在第二个眼睛周围涂抹，如图3-141和图3-142所示。

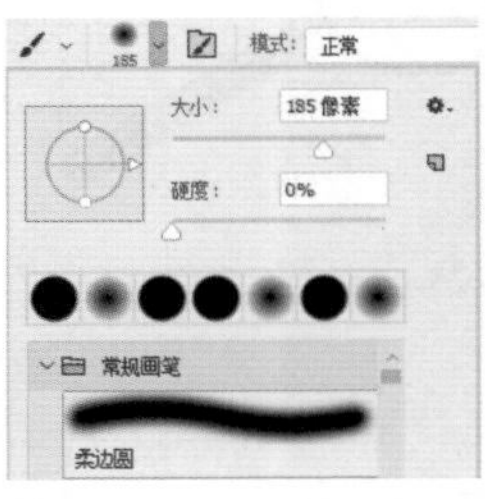

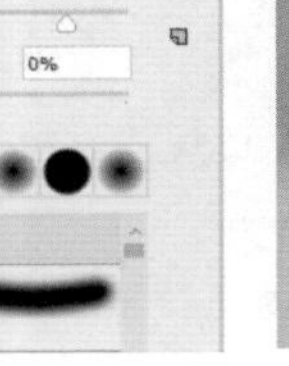

图 3-140

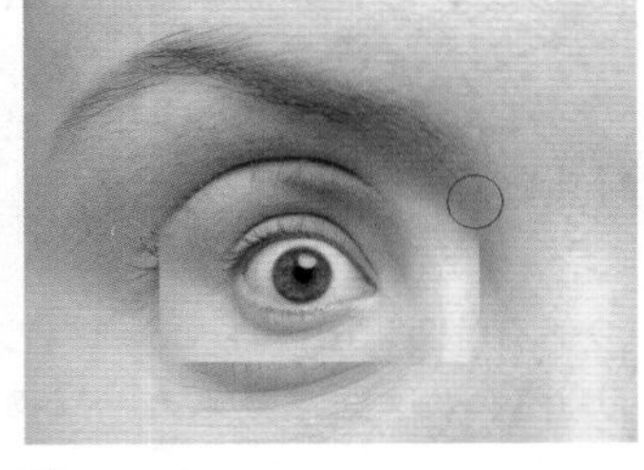

图 3-141

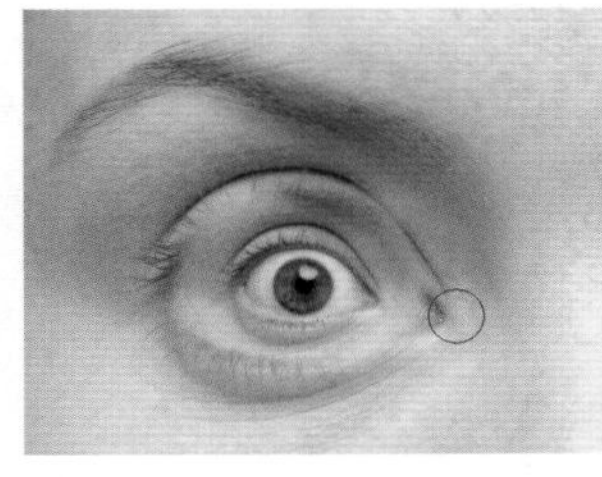

图 3-142

tip 在处理细节时，可以按［键将笔尖调小，仔细修改。如果有涂抹过头的区域，还可以按X键，将前景色切换为白色，用白色涂抹可以恢复图像。

04 仔细涂抹眼睛周边的图像。在图层蒙版中，黑色会遮盖图层中的图像，因此画笔涂抹过的区域会被隐藏，这样就得到了眼睛中还有眼睛的奇特图像，如图3-143和图3-144所示。

图 3-143

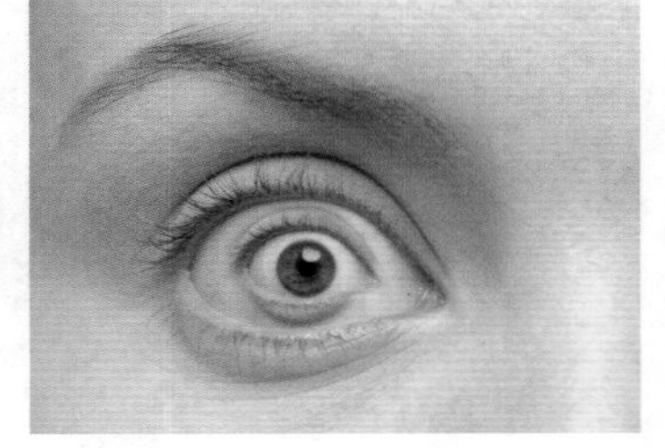

图 3-144

3.11 应用案例：制作多重曝光效果海报

01 打开素材，如图3-145和图3-146所示。使用移动工具将风景素材拖入人物文档中，按Alt+Ctrl+G快捷键，创建剪贴蒙版，如图3-147和图3-148所示。

图 3-145

图 3-146

图 3-147

图 3-148

tip 多重曝光是摄影中采用两次或者更多次独立曝光，然后将它们重叠起来，组成一张照片的技术。多重曝光可以展现双重或多重影像，具有独特的魅力。利用蒙版、混合模式与图像合成方法可以制作多重曝光效果。

02 单击“图层”面板底部的 按钮，创建蒙版。使用画笔工具 （柔角为100像素）在人物面部涂抹黑色，显示出人物的样子，如图3-149和图3-150所示。

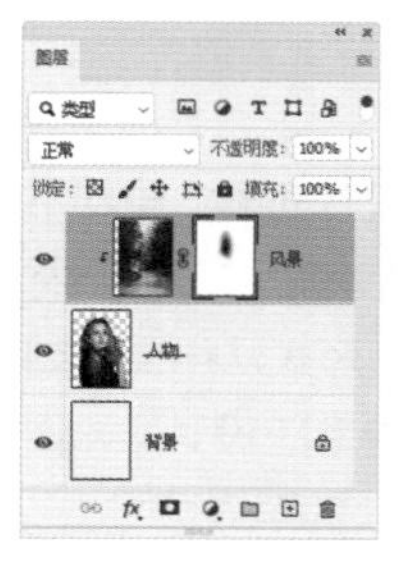
图3-149

图3-150

03 选择“人物”图层，如图3-151所示。按住Alt键拖至“风景”图层上方，复制该图层，如图3-152所示。设置混合模式为“浅色”，设置“不透明度”为30%，如图3-153所示。

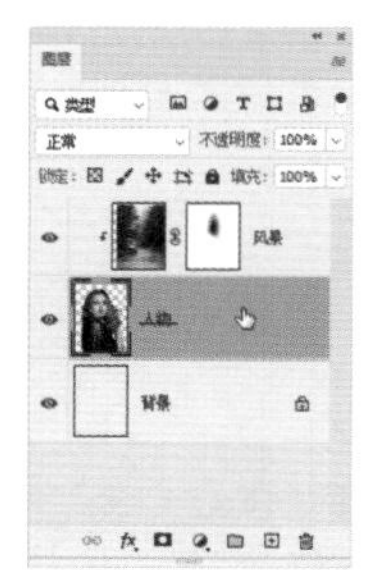
图3-151

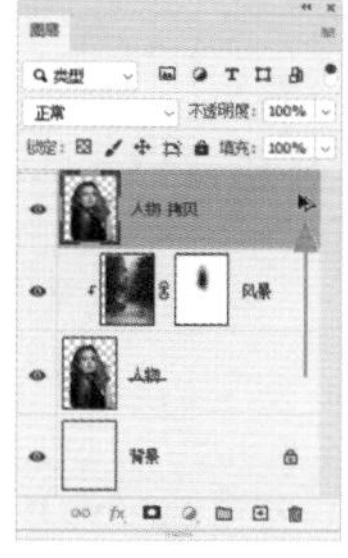
图3-152

图3-153

04 单击“调整”面板中的 按钮，创建“色彩平衡”调整图层，分别对“阴影”“中间调”和“高光”进行调整，如图3-154~图3-156所示，使画面色调变得温暖柔和，如图3-157所示。

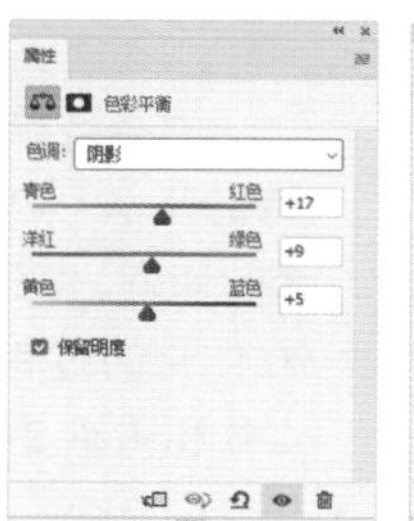
图3-154

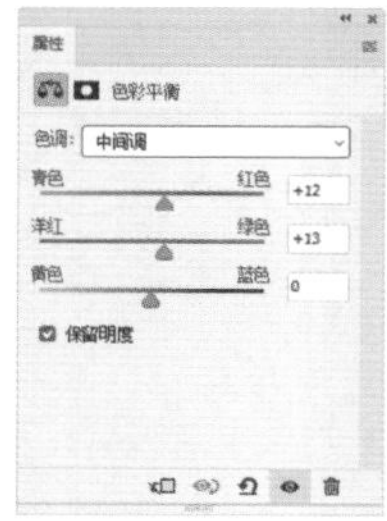
图3-155

图3-156

图3-157

3.12　课后作业：练瑜伽的汪星人

本章学习了图层与蒙版的操作方法。下面通过课后作业来强化学习效果。如果有不清楚的地方，请看视频教学文件。

本章的作业是制作一只练瑜伽的狗狗。素材是一只正常站立的狗狗。操作时首先通过图层蒙版，将小狗的后腿和尾巴隐藏，再复制“小狗”图层，按Ctrl+T快捷键显示定界框，将小狗旋转；创建图层蒙版，这个图层只保留小狗的一条后腿，其余部分全部隐藏。

实例效果

素材

最终的图层结构

3.13　复习题

1. 从图层原理的角度看，图层的重要性体现在哪几个方面？

2. “图层”面板、绘画和修饰工具的工具选项栏、“图层样式”对话框、“填充”命令、“描边”命令、“计算”和“应用图像”命令等都包含混合模式选项，请归类并加以分析。

3. 矢量蒙版、剪贴蒙版和图层蒙版有何不同？

4. 混合颜色带的哪种特性是其他蒙版都无法实现的？

第4章

选区与通道 书籍装帧设计

选区的运用有一定难度，这主要表现在两个方面：一是选区的用途很广，简单的操作如变换、变形、调色等，复杂的操作（如抠图、影像合成和特效等）都有可能使用选区；二是用于创建选区的工具比较多，如选框工具、套索工具、钢笔工具、路径、蒙版和通道等，由这些工具又会派生出很多种创建方法，因而需要具备一定的综合运用Photoshop各种工具的能力。通道是Photoshop最核心、也是最难的功能之一。它的重要性在于所有选区、修图、调色等操作都使通道发生了改变。通道有3个主要用途，分别是保存选区、色彩信息和图像信息。

4.1 关于书籍装帧设计

书籍装帧设计是指从书籍文稿到成书出版的整个设计过程，包括书籍的开本、装帧形式、封面、腰封、字体、版面、色彩和插图，以及纸张材料、印刷、装订及工艺等各个环节的艺术设计。它是书籍形式从平面化到立体化的过程，包含艺术思维、构思创意和技术手法的系统设计。如图4–1和图4–2所示为书籍各部分的名称。表4–1为各部分名称的说明。

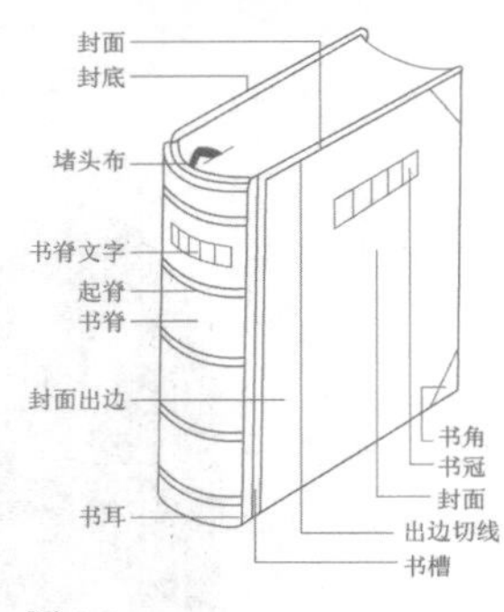

图4-1

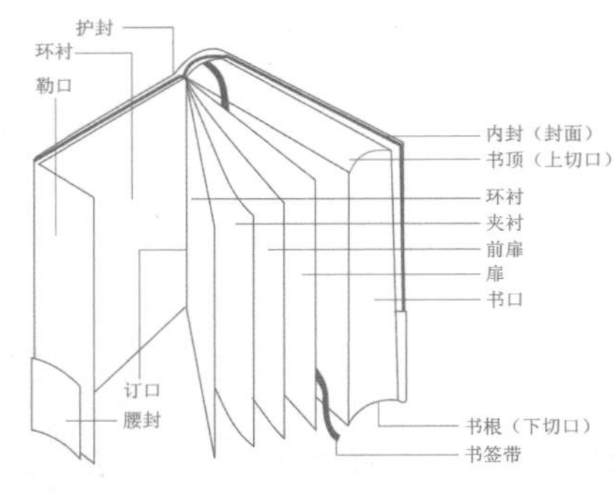

图4-2

表4–1 各部分名称的说明

名称	内容	名称	内容
封套	外包装，保护书册的作用	护封	装饰与保护封面
封面	书的面子，分封面和封底	书脊	封面和封底当中书的脊柱
环衬	连接封面与书心的衬页	空白页	签名页、装饰页
资料页	与书籍有关的图形资料、文字资料	扉页	书名页，正文从此开始
前言	包括序、编者的话、出版说明	后语	跋、编后记
目录页	具有索引功能，大多安排在前言之后正文之前的篇、章、节的标题和页码等文字	版权页	包括书名、出版单位、编著者、开本、印刷数量和价格等有关版权信息的页面
书芯	包括扉页、内页、插图页、目录页和版权页等		

4.2 创建选区

选区是指使用选择工具和命令创建的可以限定操作范围的区域。创建和编辑选区是图像处理的首要工作，无论是图像修复、色彩调整，还是影像合成，都与选区有着密切的关系。

4.2.1 认识选区

在Photoshop中处理局部图像时，首先要指定编辑操作的有效区域，即创建选区。如图4–3所示为一张玫瑰花照片，如果想要修改花的颜色，就要先通过选区将花选中，再调整颜色。选区可以将编辑限定在一定的区域内，这样就可以处理局部图像而不会影响其他内容了，如图4–4所示。如果没有创建选区，则会修改整张照片的颜色，如图4–5

所示。选区还有一种用途，就是可以分离图像。例如，如果要为玫瑰花换一个背景，就要用选区将它选中，再将其从背景中分离出来，然后置入新的背景，如图4-6所示。

图4-3

图4-4

图4-5

图4-6

在Photoshop中可以创建两种选区，分别是普通选区和羽化的选区。普通选区具有明确的边界，使用它选择的图像边界清晰、准确，如图4-7所示；使用羽化的选区选择的图像，其边界会呈现逐渐透明的效果，如图4-8所示。

图4-7

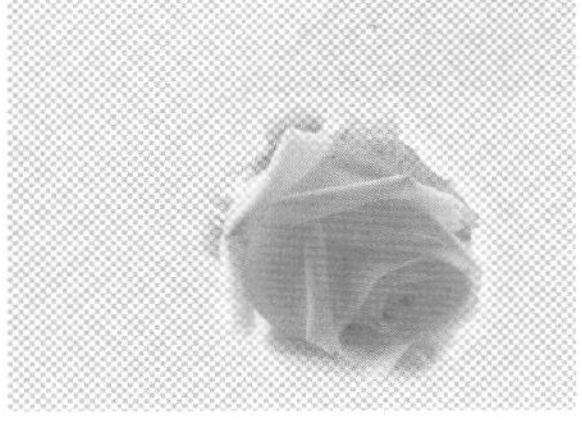

图4-8

4.2.2　创建几何形状选区

使用矩形选框工具可以创建矩形和正方形选区，使用椭圆选框工具可以创建椭圆形和圆形选区。这两个工具的使用方法都很简单，只需在画面中单击并拖动，然后释放鼠标即可，如图4-9和图4-10所示。

tip 在创建选区时，按住Shift键操作，可创建正方形或圆形选区；按住Alt键操作，将以单击位置为中心向外创建选区；按住Shift+Alt快捷键，可由单击位置为中心向外创建正方形或圆形选区。此外，在创建选区的过程中，按住空格键拖动鼠标，可以移动选区。

图4-9

图4-10

4.2.3　创建非几何形状选区

使用多边形套索工具可以创建由线段连接成的选区，如图4-11所示。选择该工具后，在画面中单击，然后移动鼠标至下一点上单击，连续执行以上操作，最后在起点处单击可封闭选区，也可以在任意的位置双击，Photoshop会在该点与起点处连接形成封闭选区。

使用套索工具可以创建比较随意的选区，如图4-12所示。使用该工具时，需要在画面中单击，并按住鼠标左键徒手绘制选区，在到达起点时释放鼠标，即可创建封闭的选区，如果在中途释放鼠标，则会用一条线段封闭选区。

图4-11

图4-12

tip 使用套索工具时，按住Alt键，释放鼠标左键，在其他区域单击，可切换为多边形套索工具绘制直线。如果要恢复为套索工具，可以单击并拖动鼠标，然后释放Alt键继续拖动鼠标。使用多边形套索工具时，按住Alt键单击并拖动鼠标，可切换为套索工具；释放Alt键，然后在其他区域单击，可恢复为多边形套索工具。

4.2.4　用磁性套索工具创建选区

磁性套索工具具有自动识别对象边缘的功能，使用它可以快速选取边缘复杂、但与背景对比清晰的图像。

选择该工具后，在需要选取的图像边缘单击，然后释放鼠标，沿着对象的边缘移动鼠标，Photoshop会在光标经过处放置一定数量的锚点来连接选区，如图4–13所示。如果想在某一位置放置一个锚点，可以在该处单击，如果锚点的位置不准确，则可以按Delete键将其删除，连续按Delete键，可依次删除前面的锚点，如图4–14所示。如果要封闭选区，只需将光标移至起点处单击即可，如图4–15所示。

图4-13

图4-14

图4-15

4.2.5 用魔棒工具创建选区

使用魔棒工具能够基于图像中色调的差异建立选区。它的使用方法非常简单，只需在图像上单击，Photoshop就会选择与单击处色调相似的像素。如图4–16和图4–17所示是使用魔棒工具选择背景，然后反转选区选择的人物。

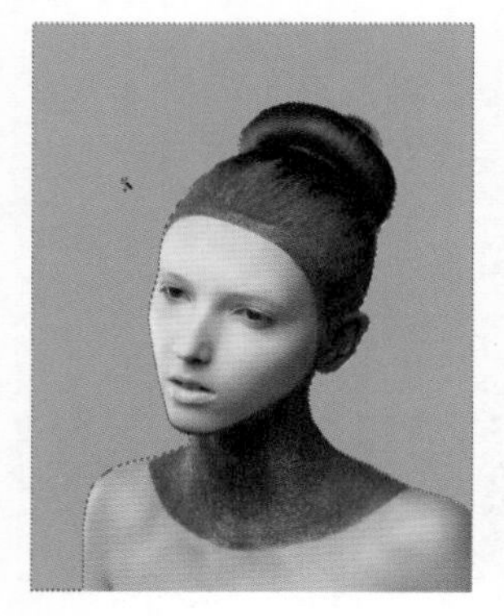
图4-16

图4-17

在魔棒工具的选项栏中，有控制工具性能的重要选项，如图4–18所示。

取样大小：取样点　容差：35　消除锯齿　连续　对所有图层取样　选择主体　选择并遮住...

图4-18

- 取样大小：设置魔棒工具的取样范围。选择“取样点”，可对光标所在位置的像素进行取样；选择“3×3平均”，可对光标所在位置3个像素区域内的平均颜色进行取样。其他选项以此类推。
- 容差：设置选取的颜色范围。该值越高，包含的颜色范围越广。如图4-19所示是设置“容差”为32时创建的选区，此时可选择到比单击处高32个灰度级别和低32个灰度级别的像素，如图4-20所示是设置该“容差”为10时创建的选区。

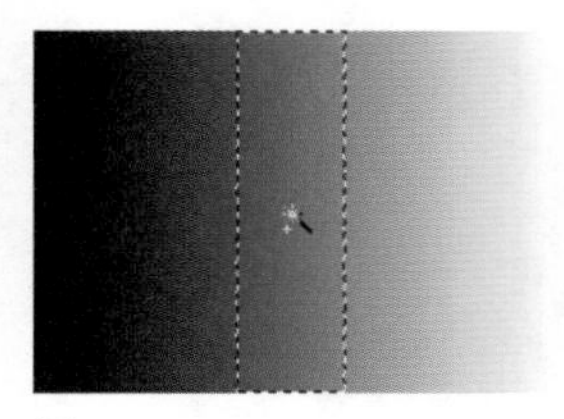
图4-19

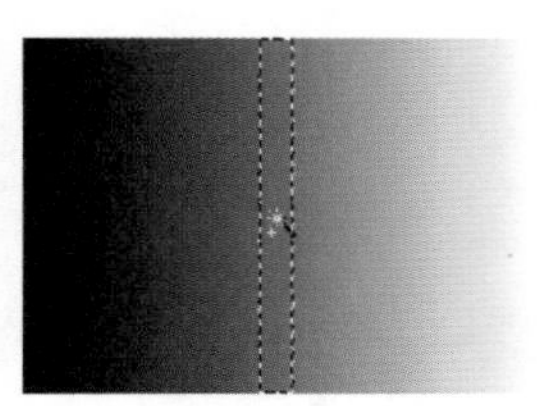
图4-20

- 消除锯齿：勾选该复选框后，可在选区边缘1个像素宽的范围内，添加与周围图像相近的颜色，使边缘颜色的过渡柔和，从而消除锯齿。如图4-21所示是在未消除锯齿的状态下选取的图像（局部的放大效果），如图4-22所示是消除锯齿后选取的图像。

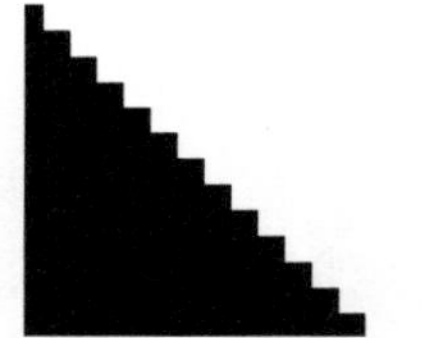
图4-21

图4-22

- 连续：勾选该复选框后，仅选择颜色连接的区域，如图4-23所示。取消勾选，则可以选择与单击处颜色相近的所有区域，包括没有连接的区域，如图4-24所示。

图4-23

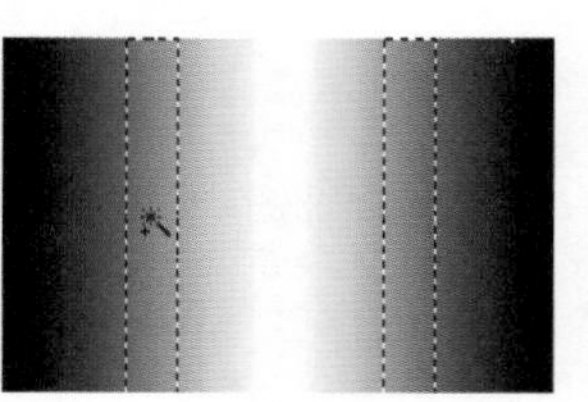
图4-24

- 对所有图层取样：勾选该复选框后，可以选择所有可见图层颜色相近的区域；取消勾选该复选框，则仅选取当前图层颜色相近的区域。
- 选择主体：可以选择图像中突出的主体。
- 选择并遮住：集选区编辑和抠图功能于一身，可以对选区进行羽化、扩展、收缩和平滑处理；还能有效识别透明区域、毛发等细微对象。

4.2.6　用快速选择工具创建选区

快速选择工具的使用方法与画笔工具类似。该工具能够利用可调整的圆形画笔笔尖快速“绘制”选区，也就是说，可以像绘画一样涂抹创建选区。在拖动鼠标时，选区还会向外扩展，并自动查找和跟随图像中定义的边缘，如图4–25和图4–26所示。

图4-25

图4-26

4.3　编辑选区

创建选区以后，往往要对其进行加工和编辑，才能使选区符合要求。

4.3.1　全选与反选

执行“选择”|“全部”命令，或按Ctrl+A快捷键，可以选择当前文档边界内的全部图像，如图4–27所示。选择咖啡杯之后，如图4–28所示，执行“选择”|“反向”命令，或按Shift+Ctrl+I快捷键，可以反转选区，选取背景，如图4–29所示。

图4-27

图4-28

图4-29

4.3.2　取消选择与重新选择

创建选区以后，执行“选择”|“取消选择”命令，或按Ctrl+D快捷键，可以取消选择。如果要恢复被取消的选区，可以执行“选择”|“重新选择”命令。

4.3.3　对选区进行运算

选区运算是指在画面中存在选区的情况下，使用选框工具、套索工具和魔棒工具等创建新选区时，在新选区与现有选区之间进行运算，生成新的选区。如图4–30所示为工具选项栏中的选区运算按钮。

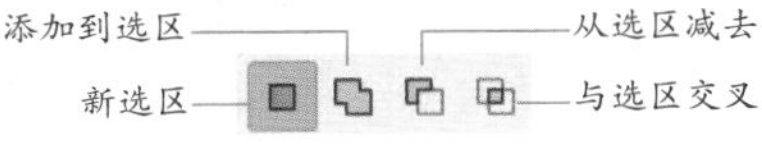

图4-30

- 新选区：单击该按钮后，如果图像中没有选区，可以创建选区，如图**4-31**所示为创建的矩形选区；如果图像中有选区存在，则新创建的选区会替换原有的选区。
- 添加到选区：单击该按钮后，可在原有选区的基础上添加新的选区，如图**4-32**所示为在现有矩形选区基础之上添加了圆形选区。
- 从选区减去：单击该按钮后，可在原有选区（矩形选区）中减去新创建的选区（圆形选区），如图**4-33**所示。
- 与选区交叉：单击该按钮后，画面中只保留原有选区（矩形选区）与新创建的选区（圆形选区）相交的部分，如图**4-34**所示。

图4-31

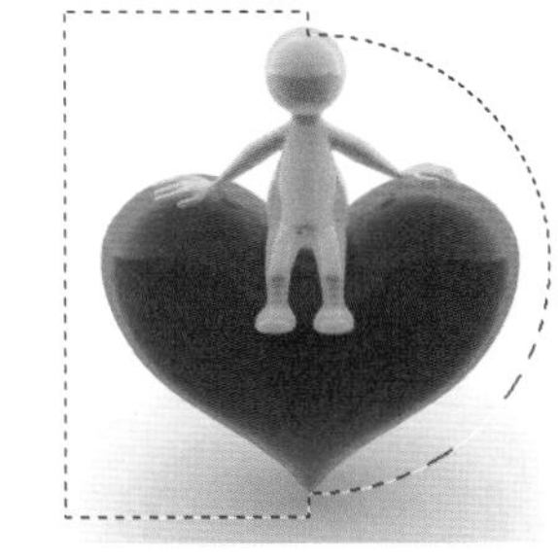

图4-32

图4-33

图4-34

tip　创建选区以后，如果“新选区”按钮为激活状态，则使用选框、套索和魔棒工具时，只要将光标放在选区内，单击并拖动鼠标，即可移动选区。如果要轻微移动选区，可以按键盘中的→、←、↑、↓键。

4.3.4 对选区进行羽化

创建选区以后，如图4-35所示，执行"选择"|"修改"|"羽化"命令，打开"羽化选区"对话框，通过"羽化半径"可以控制羽化范围的大小，如图4-36所示，如图4-37所示为使用羽化后的选区选取的图像。

图4-35

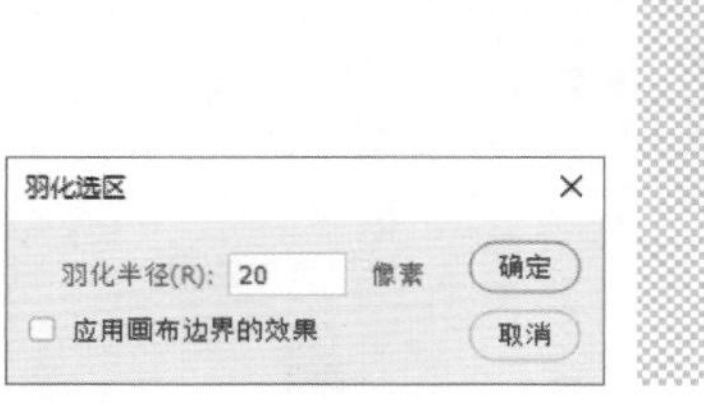

图4-36

图4-37

4.3.5 存储与载入选区

创建选区后，单击"通道"面板底部的"将选区存储为通道"按钮，Photoshop会将选区保存到Alpha通道中，如图4-38所示。如果要从通道中调出选区，可以按住Ctrl键，单击Alpha通道，如图4-39和图4-40所示。

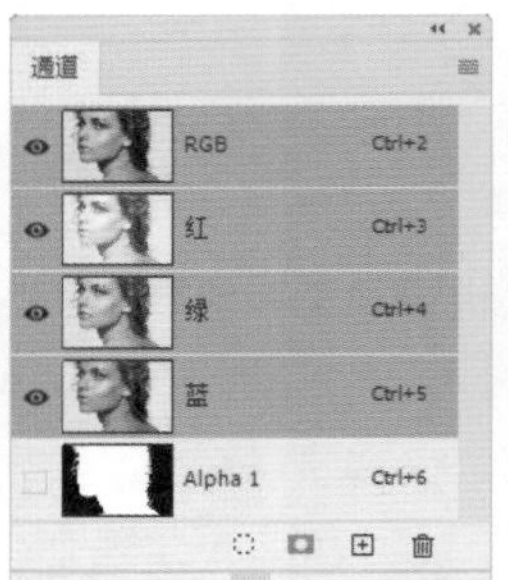

图4-38

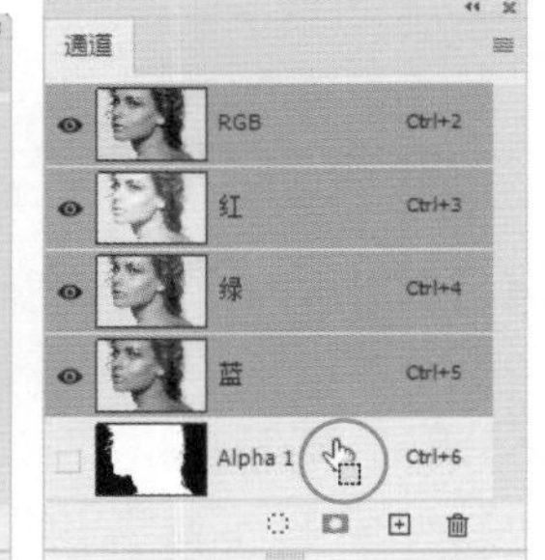

图4-39

图4-40

4.4 选区实例：制作图书封面

01 打开两个素材，如图4-41和图4-42所示。

图4-41

图4-42

02 使用快捷选择工具，在人物上单击并拖动鼠标，将人物选取，如图4-43所示。选择移动工具，将人物拖入火柴文档中，如图4-44所示。

图4-43

图4-44

03 按Ctrl+T快捷键显示定界框，如图4-45所示。将光标放在定界框的右上角，按住鼠标左键进行拖动，将图像成比例缩小，如图4-46所示。按Enter键确认。

图4-45

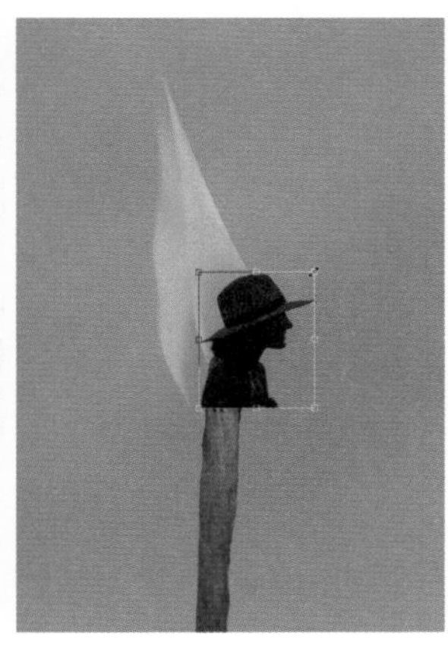

图4-46

04 选择画笔工具，设置“大小”为20像素，设置“硬度”为80%，如图4-47所示。单击“图层”面板底部的按钮，创建蒙版。在头像下方涂抹黑色，隐藏这部分图像，使其与火柴头能够合为一体，如图4-48和图4-49所示。

05 打开文字素材，使用移动工具将文字拖入封面文档中，效果如图4-50所示。

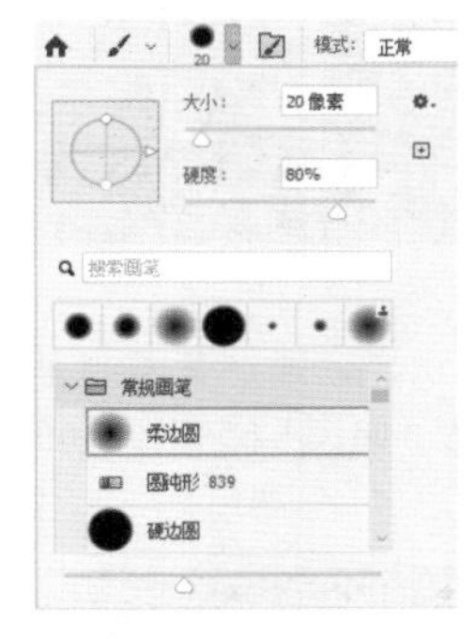

图4-47

图4-48

图4-49

图4-50

06 按Alt+Shift+Ctrl+E快捷键，将当前效果盖印到新的图层中，如图4-51所示。打开图书素材，使用移动工具将封面拖入图书文档中。按Ctrl+T快捷键显示定界框，按住Ctrl键并拖曳4个角的控制点，将它们对齐到图书边缘，按Enter键确认，效果如图4-52所示。

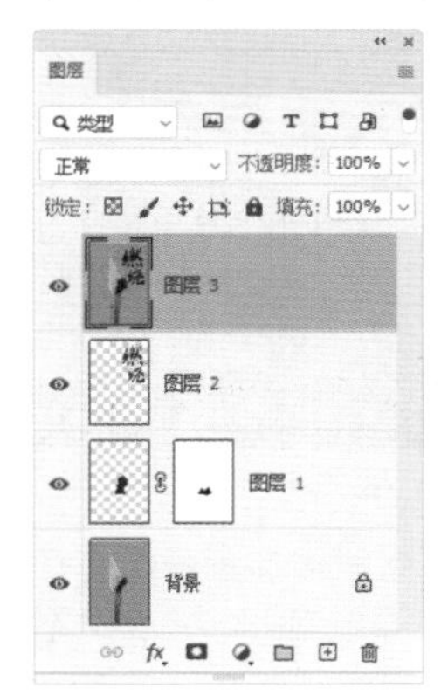

图4-51

图4-52

4.5　选区实例：春天的色彩

01 打开素材，如图4-53所示。选择魔棒工具，在工具选项栏中将“容差”设置为32，在白色背景上单击，选中背景，如图4-54所示。按住Shift键，在漏选的背景上单击，将其添加到选区中，如图4-55和图4-56所示。

图4-53

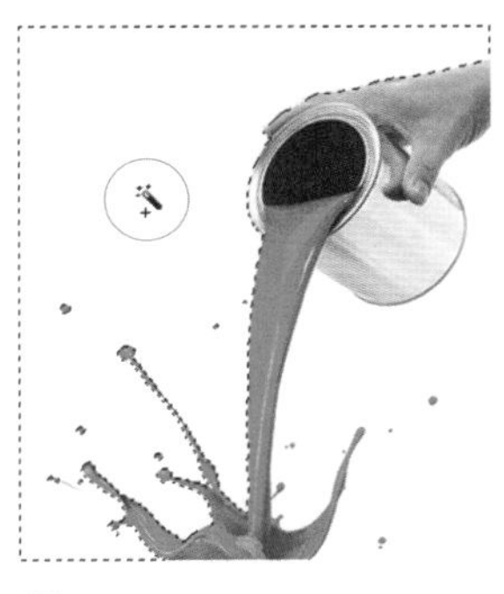

图4-54

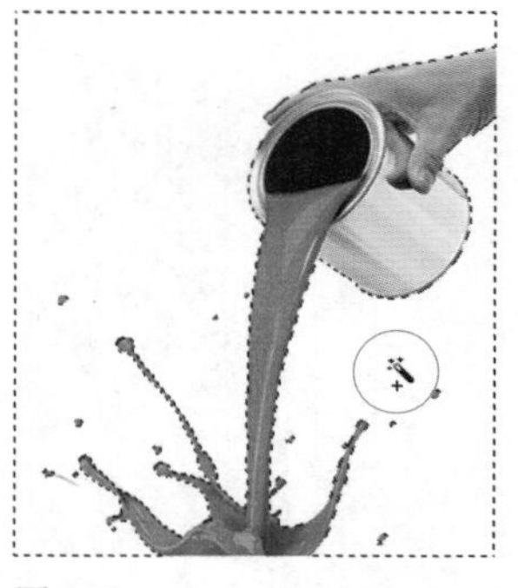

图4-55

图4-56

❷ 执行“选择”|“反向”命令，反转选区，选中手、油漆桶和油漆，如图4-57所示。按Ctrl+C快捷键复制图像。打开另一个文件，按Ctrl+V快捷键，将图像粘贴到该文档中，使用移动工具将其拖动到画面的右上角，如图4-58所示。

图4-57

图4-58

❸ 单击“图层”面板底部的按钮，添加蒙版。选择画笔工具，在工具选项栏中选择柔角笔尖，并设置不透明度为50%，在油漆底部涂抹，通过蒙版将其遮盖，如图4-59和图4-60所示。

图4-59

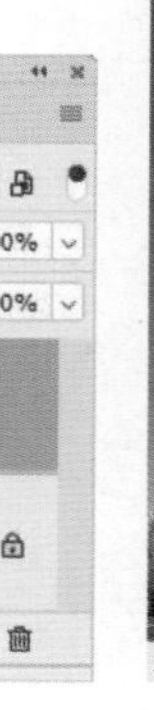

图4-60

❹ 选择“背景”图层，如图4-61所示。使用矩形选框工具创建选区，如图4-62所示。

图4-61

图4-62

❺ 单击“调整”面板中的按钮，创建“色相/饱和度”调整图层，在“属性”面板中选择“黄色”选项，将选中的树叶调整为红色，如图4-63和图4-64所示。

图4-63

图4-64

❻ 使用画笔工具在草地上涂抹黑色，通过蒙版遮盖调整效果，以便让草地恢复为黄色，如图4-65和图4-66所示。

图4-65

图4-66

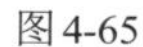

4.6 选区实例：城市里的鲨鱼

01 打开素材，如图4-67所示。使用快速选择工具在鲨鱼身上单击并拖动鼠标，将鲨鱼选取，如图4-68所示。

图4-67

图4-68

02 使用该工具可以轻松地检索鱼身的大面积区域，然后创建选区，但细小的鱼鳍容易被忽略，如图4-69所示。单击工具选项栏中的按钮，按 [键，将笔尖宽度调到与鱼鳍相近，如图4-70所示，沿鱼鳍单击并拖动鼠标，将其选取，如图4-71所示。

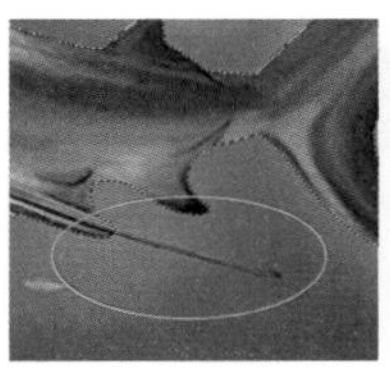
图4-69

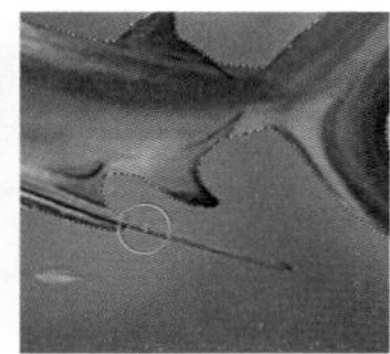
图4-70

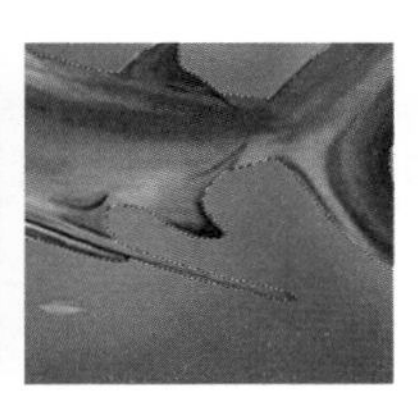
图4-71

03 单击“选择并遮住”按钮，在“属性”面板中将视图模式设置为“黑白”，勾选“智能半径”复选框，设置“半径”为8像素，如图4-72所示。设置“平滑”为2，以减少选区边缘的锯齿。设置“对比度”为23%，使选区更加清晰明确，如图4-73所示。鲨鱼内部靠近轮廓处还有些许灰色，如图4-74所示，表示没有完全选取，用快速选择工具在这些位置单击，将它们添加到选区中，如图4-75所示。

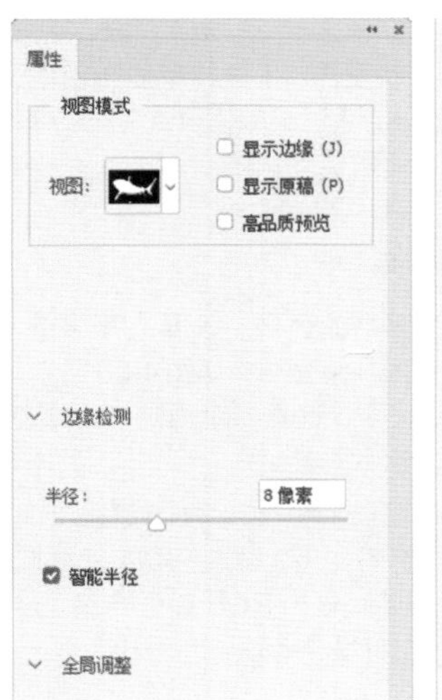

图4-72

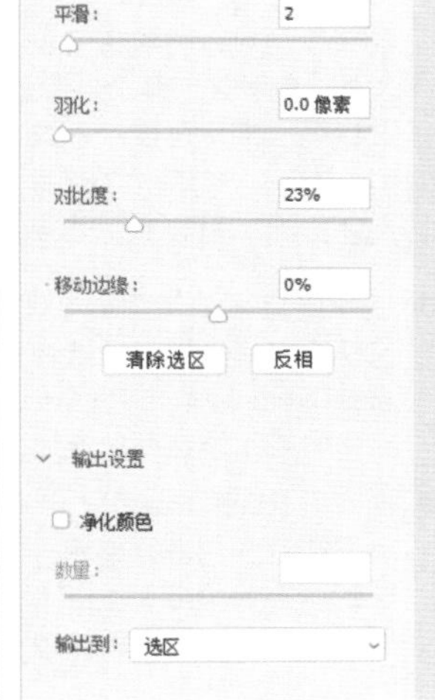

图4-73

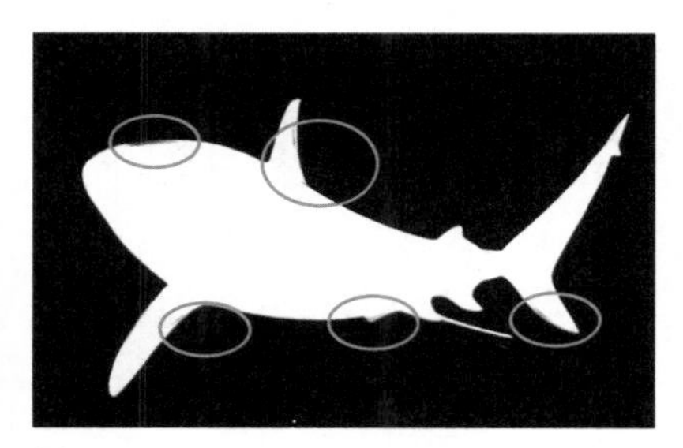
图4-74

图4-75

04 选择“图层蒙版”选项，如图4-76所示，按Enter键抠图，如图4-77和图4-78所示。

图4-76

图4-77

图4-78

05 打开素材，如图4-79所示。使用移动工具将鲨鱼拖入该文档中，如图4-80所示。

图4-79

图4-80

06 单击“调整”面板中的按钮，创建“亮度/对比度”调整图层，降低亮度，增加对比度，使鲨鱼的色调更加清晰，如图4-81和图4-82所示。

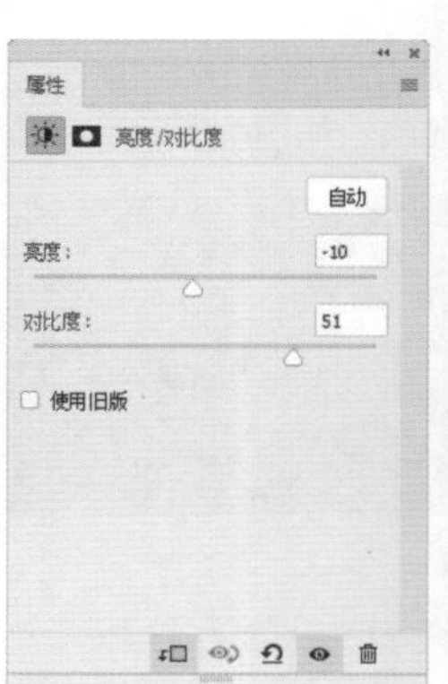

图4-81

图4-82

4.7 通道

通道用来保存图像的颜色信息和选区。相对于其他功能来说，通道的概念较为抽象，但在抠图、调色和特效制作方面，通道有特别的优势。

4.7.1 通道的种类

Photoshop 中包含3种类型的通道，即颜色通道、专色通道和Alpha通道。打开图像时，Photoshop会自动创建颜色信息通道，如图4–83和图4–84所示。

图4-83

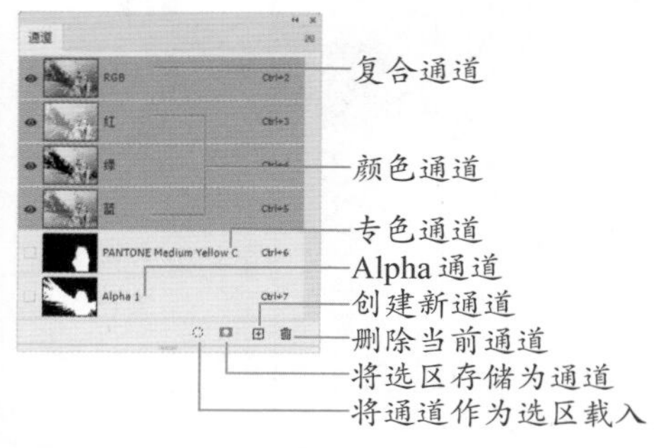

图4-84

- 复合通道：复合通道是红、绿和蓝色通道组合的结果。编辑复合通道时，会影响所有颜色通道。
- 颜色通道：颜色通道就像摄影胶片，它们记录了图像内容和颜色信息。图像的颜色模式不同，颜色通道的数量也不相同。例如，RGB图像包含红、绿、蓝和一个复合通道；CMYK图像包含青色、洋红、黄色、黑色和一个复合通道。
- 专色通道：专色通道用来存储专色。专色是特殊的预混油墨，如金属质感的油墨、荧光油墨等，它们用于替代和补充普通的印刷油墨。专色通道的名称直接显示为油墨的名称，如图4-84所示的“通道”面板中就有专色通道。
- Alpha 通道：Alpha 通道有3种用途，一是用于保存选区；二是可以将选区存储为灰度图像，这样就能用画笔、加深、减淡等工具及各种滤镜，通过编辑Alpha 通道来修改选区；三是可以从Alpha 通道载入选区。

4.7.2 通道的基本操作

- 选择通道：单击“通道”面板中的通道，即可选择通道，文档窗口中会显示所选通道的灰度图像，如图4-85所示。按住 Shift 键单击其他通道，可以选择多个通道，此时窗口中会显示所选颜色通道的复合信息。
- 返回到RGB复合通道：选择通道后，可以使用绘画工具和滤镜对它们进行编辑。当编辑完后，如果想要返回到默认的状态来查看彩色图像，可以单击RGB复合通道，这时所有颜色通道重新被激活，如图4-86所示。

图4-85

图4-86

- 复制与删除通道：将通道拖动到“通道”面板底部的 ⊞ 按钮上，可以复制该通道。将通道拖动到 🗑 按钮上，可以删除该通道。复合通道不能复制，也不能删除。颜色通道可以复制，但如果删除了，图像就会自动转换为多通道模式。

4.7.3　通道与选区的关系

Alpha通道可以保存选区。选区在Alpha通道中是一种与图层蒙版类似的灰度图像，因此可以像编辑蒙版或其他图像那样，使用绘画工具、滤镜、选框和套索工具，甚至钢笔工具来编辑选区，而不仅局限于选区编辑工具。也就是说，有了Alpha通道，几乎所有的抠图工具、选区编辑命令、图像编辑工具都能用于编辑选区。

在Alpha通道中，白色代表可以被完全选中的区域；灰色代表可以被部分选中的区域，即羽化的区域；黑色代表位于选区之外的区域。如图4-87所示为使用Alpha通道中的选区抠出的图像。如果要扩展选区范围，可以用画笔等工具在通道中涂抹白色；如果要增加羽化范围，可以涂抹灰色；如果要收缩选区范围，则涂抹黑色。

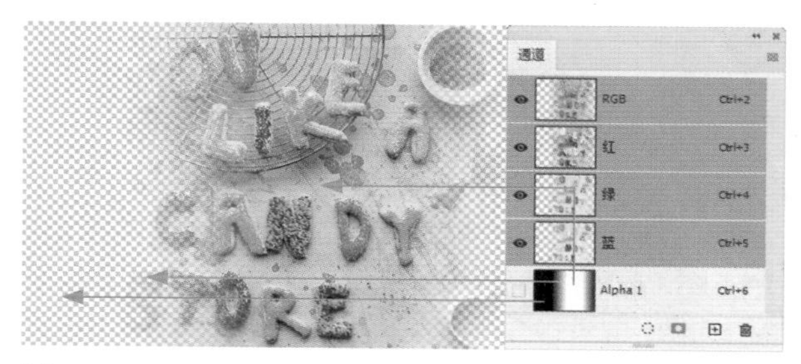

图4-87

再来看一个用通道抠冰雕的范例，如图4-88所示。观察它的通道，如图4-89~图4-91所示，可以看到，绿通道中冰雕的轮廓最明显。

RGB 图像

图4-88

红通道

图4-89

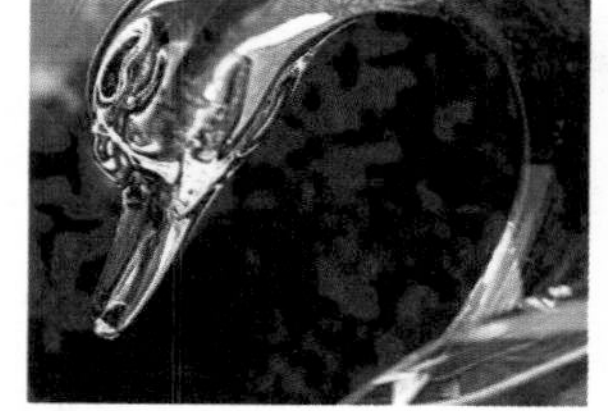

绿通道

图4-90

蓝通道

图4-91

对该通道应用“计算”命令，混合模式设置为“正片叠底”，如图4-92所示。可以看到，绿通道经过混合之后，冰雕的细节更加丰富了，与背景的色调对比更加清晰了，如图4-93所示。如图4-94和图4-95所示为抠出后的冰雕。

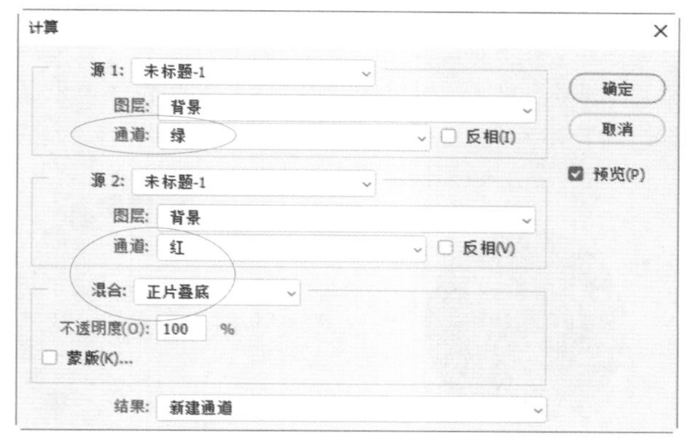

图4-92

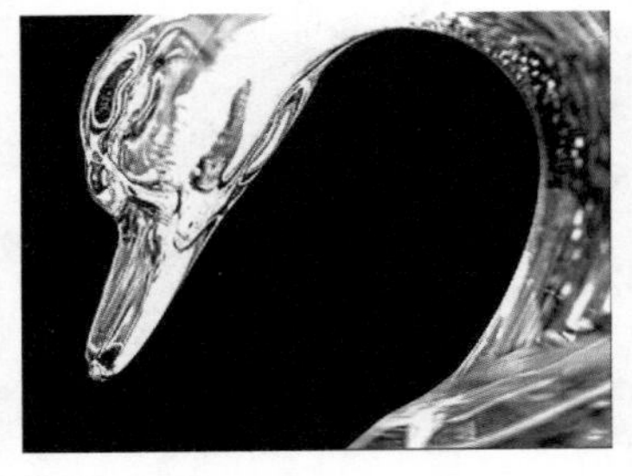

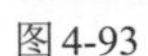

图 4-93

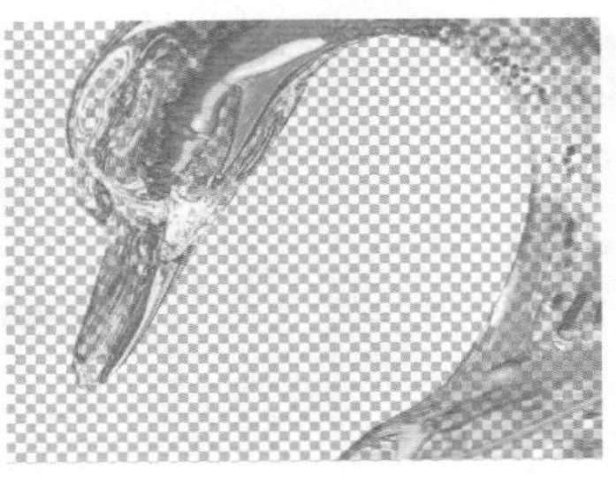

图 4-94

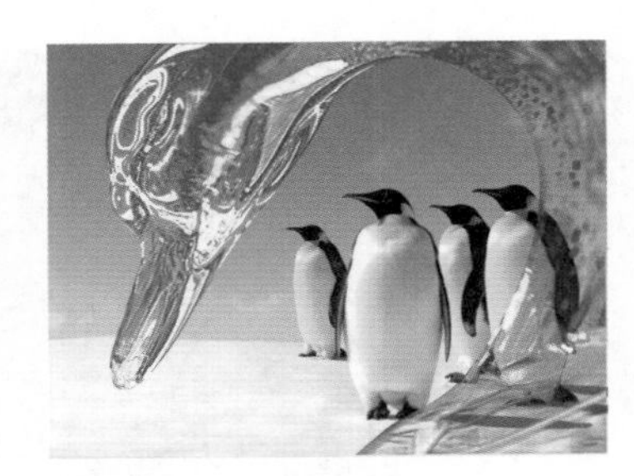

图 4-95

4.7.4 通道与色彩的关系

图像的颜色信息保存在通道中，使用任何调色命令调整颜色时，都是通过通道来影响色彩的。在颜色通道中，灰色代表了一种颜色的含量，明亮的区域表示包含大量对应的颜色，暗的区域表示对应的颜色较少，如图 4–96 所示。如果要在图像中增加某种颜色，可以将相应的通道调亮；要减少某种颜色，可以将相应的通道调暗。在“色阶”和“曲线”对话框中都可以选择通道，调整它的明度，从而影响颜色。例如，将红通道调亮，可以增加红色，如图 4–97 所示；将“红”通道调暗，则减少红色，如图 4–98 所示。将“绿”通道调亮，可以增加绿色；调暗则减少绿色。将“蓝”通道调亮，可以增加蓝色；调暗则减少蓝色。

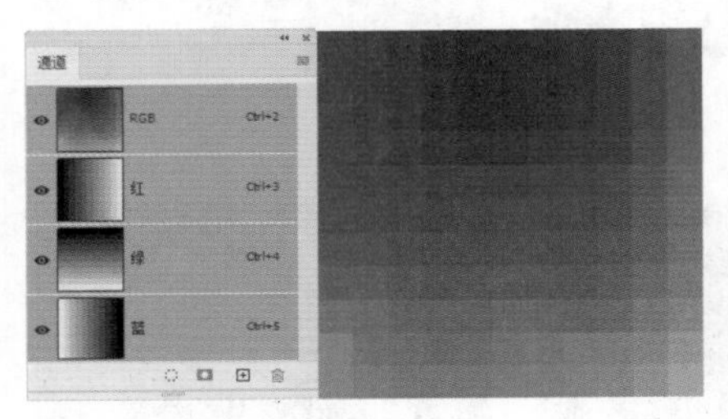

通道
RGB Ctrl+2
红 Ctrl+3
绿 Ctrl+4
蓝 Ctrl+5
图 4-96

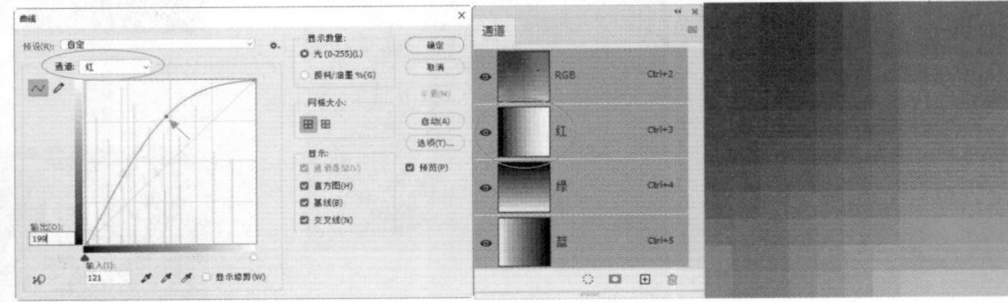

图 4-97

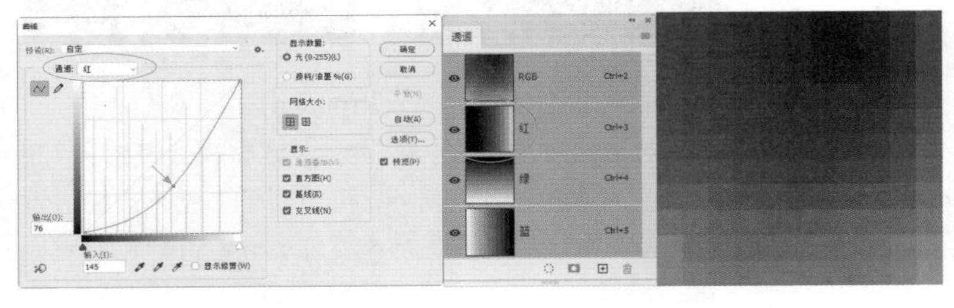

图 4-98

在颜色通道中，色彩是互相影响的。增加一种颜色含量的同时，会减少它的补色的含量；反之，减少一种颜色的含量，会增加它的补色的含量。例如，将“红”通道调亮，可增加红色，并减少它的补色青色；将“红”通道调暗，则减少红色，同时增加青色。其他颜色通道也是如此。如图 4–99 和图 4–100 所示的色轮和色相环显示了颜色的互补关系，处于相对位置的颜色互为补色，如洋红与绿、黄与蓝。

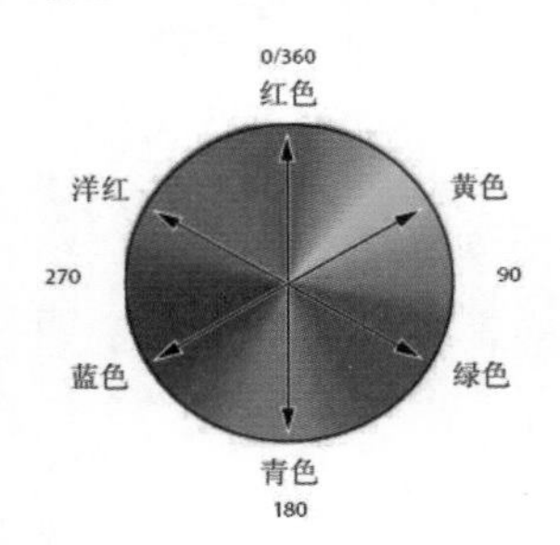

0/360
红色
洋红
黄色
270
90
蓝色
绿色
青色
180
图 4-99

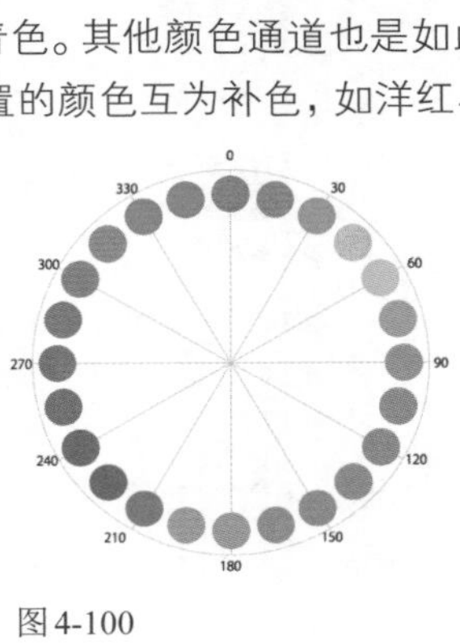

0
30
60
90
120
150
180
210
240
270
300
330
图 4-100

4.8　通道实例：制作时尚印刷效果

01 打开素材，如图4-101所示。单击“绿”通道，如图4-102所示，选取该通道，单击“通道”面板底部的 🗑 按钮，在弹出的对话框中单击“是”按钮，将该通道删除。图像会自动转换为多通道模式，如图4-103所示。不仅通道数量减少，颜色也会发生改变，如图4-104所示。

图4-101

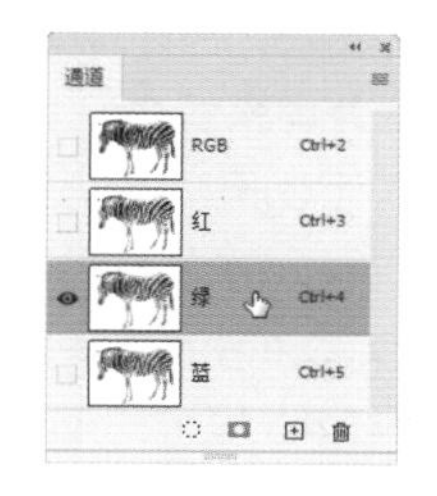

图4-102

图4-103

图4-104

02 选择移动工具 ✥，此时“青”通道处于当前选取状态，在窗口中单击并向右下方拖动，使它与后方的“黄”通道中的图像形成错位效果，如图4-105所示。

图4-105

03 执行“滤镜”|“锐化”|“USM锐化”命令，对通道中的图像进行锐化处理，使细节更加清晰，如图4-106和图4-107所示。

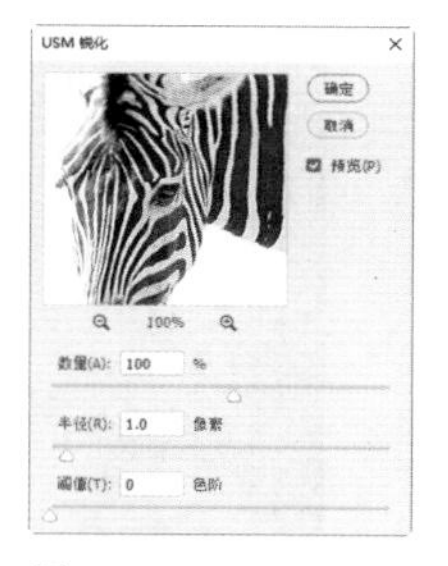

图4-106

图4-107

4.9　课后作业：愤怒的小鸟

本章学习了选区与通道的操作方法。下面通过课后作业来强化学习效果。如果有不清楚的地方，请看视频教学文件。

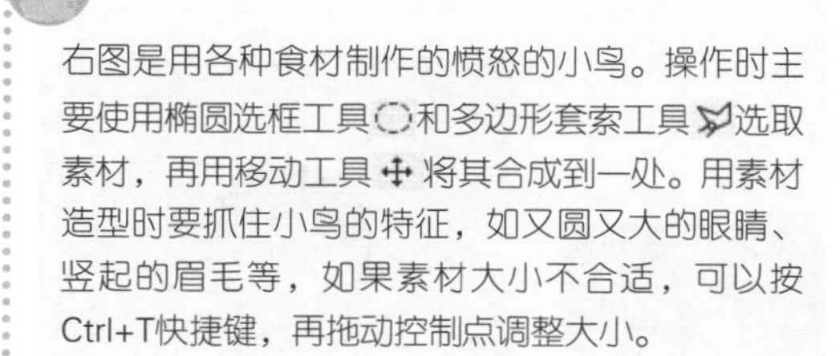

右图是用各种食材制作的愤怒的小鸟。操作时主要使用椭圆选框工具 和多边形套索工具 选取素材，再用移动工具 ✥ 将其合成到一处。用素材造型时要抓住小鸟的特征，如又圆又大的眼睛、竖起的眉毛等，如果素材大小不合适，可以按Ctrl+T快捷键，再拖动控制点调整大小。

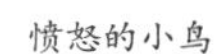

愤怒的小鸟

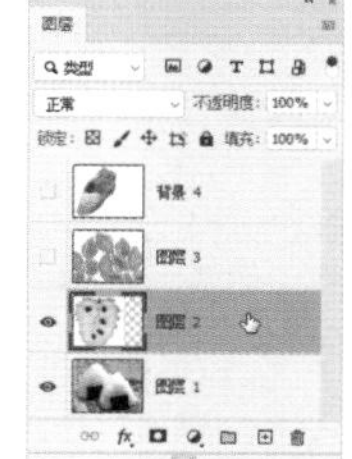

分层的素材

4.10　复习题

1. 选区分为几种？
2. 通道的主要用途有几种？
3. 怎样将选区保存为Alpha通道？

第5章

摄影后期必修课 修图与调色

摄影是充满创造和灵感的艺术。数码相机由于本身原理和构造的特殊性，而且如果不精通拍摄技术的话，拍摄的照片往往存在曝光不准、画面黯淡、偏色等问题。这些问题都可以通过在Photoshop中进行后期处理来解决。数码照片的处理流程大致分为6个阶段：在Photoshop（或CameraRaw）中调整曝光和色彩、校正镜头缺陷（如镜头畸变和晕影）、修图（如去除多余内容和人像磨皮）、裁剪照片调整构图、轻微的锐化（夜景照片需降噪）、存储修改结果。

5.1 关于摄影后期处理

使用数码相机完成拍摄以后，总会有一些遗憾，如照片曝光不准，色调缺少层次，画面出现杂色，美丽的风景中有多余的人物，照片颜色灰暗，人物脸上有痘痘和雀斑等；专业的摄影师或影楼工作人员对照片的影调，人物的皮肤，色彩的风格，氛围的营造有更高的要求，这一切都可以通过后期处理来解决。

后期处理不仅可以解决数码照片中出现的各种问题，也为摄影师和摄影爱好者提供了二次创作的机会和发挥创造力的舞台。传统的暗房会受许多摄影技术条件的限制和影响，无法制作出完美的影像。计算机的出现给摄影技术带来了革命性的突破，通过计算机可以完成过去无法用摄影技法实现的创意。如图5–1和图5–2所示为巴西艺术家Marcela Rezo的摄影后期作品。

图5-1

图5-2

如图5–3所示为瑞典杰出视觉艺术家埃里克•约翰松的摄影后期作品。如图5–4所示为法国天才摄影师Romain Laurent的作品，他的广告创意摄影与时装编辑工作非常出色，润饰技巧让人叹为观止。

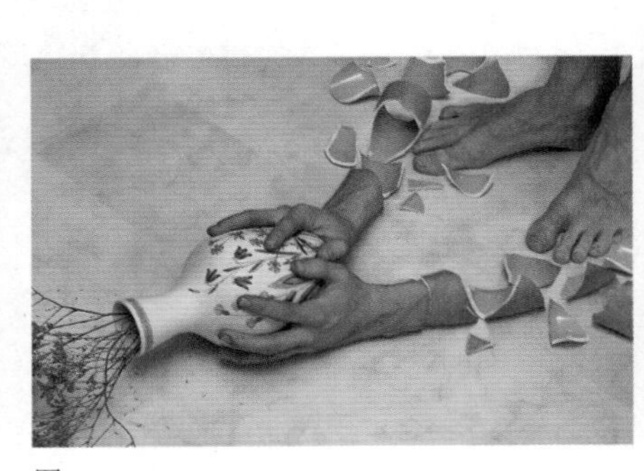

图5-3

图5-4

学习重点	● 照片修饰工具 ● 用“液化”滤镜修出精致美人	● 缔造完美肌肤 ● 调色命令与调整图层	● 曲线 ● 用 CameraRaw 调整照片

5.2　照片修图工具

Photoshop提供的仿制图章、修复画笔、污点修复画笔、修补和加深等工具，可用于完成复制图像、消除瑕疵、调整曝光，以及进行局部的锐化和模糊等操作。

5.2.1　照片修饰工具

● 仿制图章工具：可以从图像中拷贝信息，将其应用到其他区域或其他图像中，常用于复制图像，或去除照片中的缺陷。选择该工具后，在要拷贝的图像区域按住Alt键单击进行取样，然后释放Alt键，在需要修复的区域涂抹即可。如图5-5和图5-6所示为使用该工具去除了女孩身后多余的人物。

图5-5

图5-6

● 修复画笔工具：与仿制图章工具类似，也可以利用图像样本来绘画。但该工具可以从被修饰区域的周围取样，并将样本的纹理、光照、透明度和阴影等，与所修复的像素匹配，在去除照片中的污点和划痕时，人工痕迹不明显。如图5-7所示为一张人像照片的局部，将光标放在眼角附近没有皱纹的皮肤上，按住Alt 键单击进行取样，释放Alt 键后，在眼角的皱纹处单击并拖动鼠标，即可将皱纹抹除，如图5-8所示。

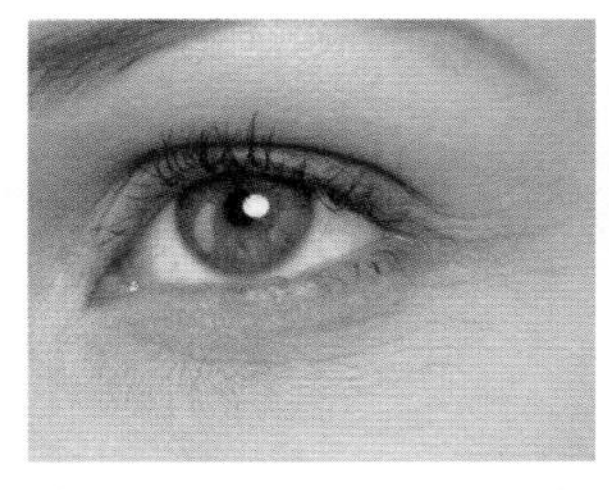

图5-7

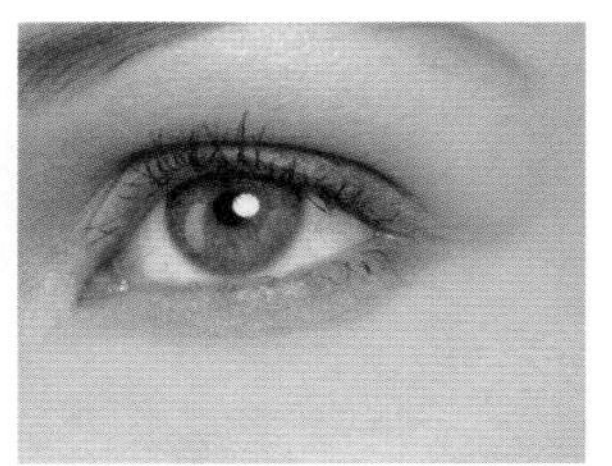

图5-8

● 污点修复画笔工具：在照片中的污点、划痕等处单击，即可快速去除不理想的部分，如图5-9和图5-10所示。它与修复画笔工具的工作方式类似，也是使用图像样本进行绘画，并将样本像素的纹理、光照、透明度和阴影与所修复的像素相匹配。

图5-9

图5-10

● 修补工具：与修复画笔工具类似，该工具可以用其他区域中的像素修复选中的区域，并将样本像素的纹理、光照和阴影与源像素进行匹配。它的特别之处是需要用选区来定位修补范围。在工具选项栏中将“修补”设置为“正常”后，选择“目标”选项，在图像上建立选区，如图5-11所示，在选区内单击并拖动，可复制新的人物，如图5-12所示。选择“源”选项，移动选区到指定位置后，会对原图像进行覆盖，如图5-13所示。

图5-11

图5-12

图5-13

● 内容感知移动工具：用该工具将选中的对象移动或扩展到其他区域后，可以重组和混合对象，得到出色的视觉效果。如图5-14所示为使用该工具选取的图像，在工具选项栏中将“模式”设置为“移动”后，在选区内单击，并将人物移动到新位置，Photoshop会自动填充空缺的部分，如图5-15所示；如果将“模式”设置为“扩展”，则可复制得到新的人物，如图5-16所示。

图5-14

图5-15

图5-16

- 红眼工具 ：在红眼区域单击即可校正红眼。使用该工具可以去除用闪光灯拍摄的人物照片中的红眼，以及动物照片中出现的白色或绿色反光。

5.2.2 照片曝光调整工具

在传统摄影技术中，摄影师通过增加曝光度使照片的某个区域变亮（减淡），或减弱光线使照片的某个区域变暗（加深）。减淡工具 和加深工具 正是基于这种技术，可用于处理照片的局部曝光。如图5–17所示为照片原片，如图5–18所示为使用减淡工具 处理后的效果，如图5–19所示为使用加深工具 处理后的效果。

图5-17

图5-18

图5-19

5.2.3 照片模糊和锐化工具

模糊工具 可以柔化图像，减少细节，创建景深效果，如图5–20、图5–21所示分别为原图和用该工具处理后的效果。锐化工具 可以增强相邻像素之间的对比，提高图像的清晰度，如图5–22所示。这两个工具适合处理小范围内的图像细节，如果要对整幅图像进行处理，可以使用“模糊”和“锐化”滤镜。

图5-20

图5-21

图5-22

5.3 修图实例：用标尺工具修正倾斜照片

01 打开照片素材，如图5-23所示。选择标尺工具 ，沿着女孩的胳膊单击并拖动鼠标，拉出一条直线，如图5-24所示。

图5-23

图5-24

02 单击工具选项栏中的“拉直图层”按钮，对照片的角度进行校正，如图5-25所示。选择魔棒工具 ，取消“连续”复选框的勾选状态，在照片的空白处单击，将其全部选取，如图5-26所示。

图5-25

图5-26

03 执行“选择”|“修改”|“扩展”命令，设置“扩展量”为2像素，如图5-27所示。单击“确定”按钮，关闭对话框。

04 执行“编辑”|“内容识别填充”命令，切换到内容识别填充工作区，如图5-28所示。Photoshop会从选区周围复制图像，再对选区进行自动填充，在“预览”面板中可以看到填充效果，如图5-29所示。按Enter键确认，按Ctrl+D快捷键取消选择，如图5-30所示。

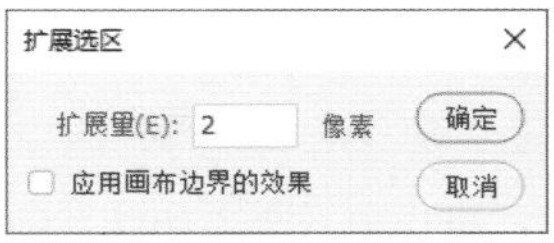

扩展选区
扩展量(E): 2 像素　确定
应用画布边界的效果　取消

图5-27

图5-28

图5-29

图5-30

5.4　修图实例：用液化滤镜修出精致美人

01 打开素材，按Ctrl+J快捷键复制“背景”图层。执行“滤镜”|“液化”命令，打开“液化”对话框，选择膨胀工具，设置大小、密度和速率，如图5-31所示。

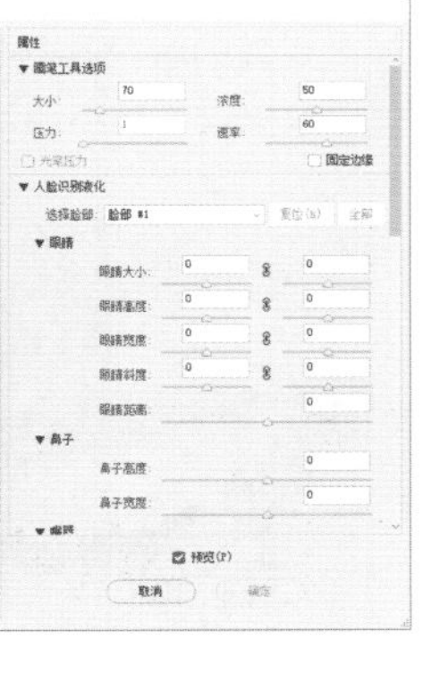

图5-31

02 将光标放在左眼上，光标的十字中心对齐眼球的位置，如图5-32所示，单击两次鼠标，将眼睛放大，如图5-33所示。

图5-32

图5-33

03 用同样的方法放大右眼，如图5-34所示。选择褶皱工具，在鼻尖位置单击，如图5-35所示，缩小鼻子，如图5-36所示，在嘴唇上单击，降低嘴唇的厚度，如图5-37所示。

图5-34

图5-35

图5-36

图5-37

04 选择向前变形工具，将光标放在脸颊上，如图5-38所示，单击并向斜上方拖动，提拉面部肌肉，如图5-39所示，使脸型的轮廓更完美，如图5-40所示。

图 5-38　图 5-39

图 5-40

05 按 [键将画笔调小，修饰一下眼角、鼻翼和嘴角的形状，如图5-41和图5-42所示。

原图

图 5-41

修饰后的效果

图 5-42

5.5 修图实例：牙齿美白与整形

01 打开素材，单击“调整”面板中的 按钮，创建“色相/饱和度”调整图层。激活“属性”面板中的 按钮，找一处最黄的牙齿（光标会变成吸管工具 ），在它上方单击，进行取样，如图5-43所示，“调整”面板的渐变颜色条上会出现滑块，取样的颜色就在这个区间，如图5-44所示。

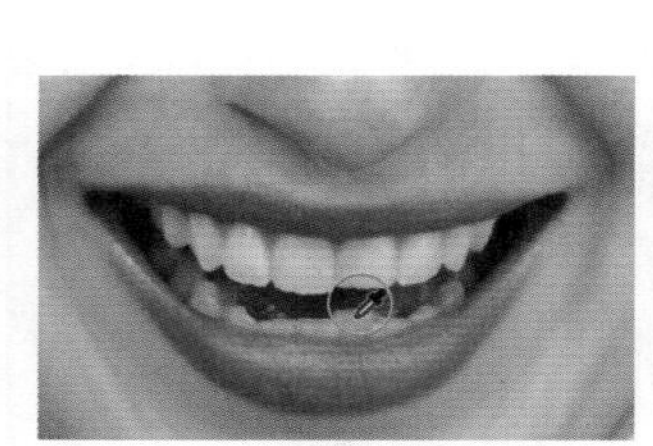

图 5-43　图 5-44

02 将“饱和度”调低，黄色会变白。注意不能调到最低值，否则牙齿会变成黑白效果，像黑白照片一样。将“明度”提高，让牙齿颜色明亮一些，有一点晶莹剔透的感觉才好，如图5-45和图5-46所示。

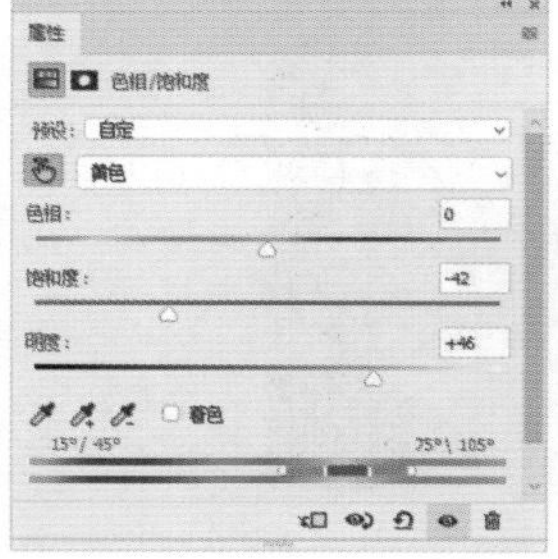

图 5-45

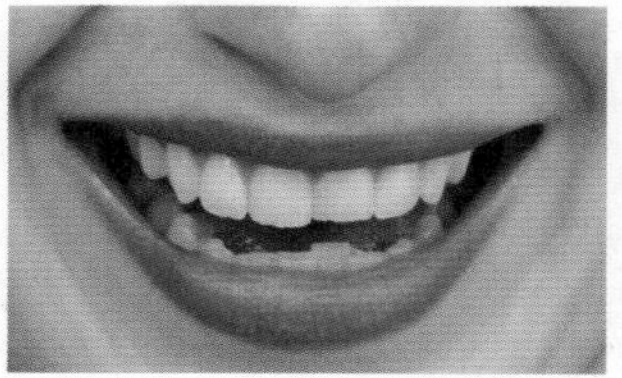

图 5-46

03 按Alt+Shift+Ctrl+E快捷键，将当前效果盖印到新的图层中。用它修复牙齿。

04 执行“滤镜”|“液化”命令，打开“液化”对话框。默认会选取向前变形工具 ，用 [键和] 键调整工具大小，通过单击并拖动的方法，将缺口上方的图像向下“推”，把缺口补上，如图5-47~图5-49所示。“推”过头的地方，可以从下往上“推”，把牙齿找平。上面牙齿的缺口比较小，把工具调到比缺口大一点再处理；下面牙齿的问题主要是参差不齐，工具应调大一些。另外，处理的时候，尽量不要反复修改一处缺口，否则会使图像变得模糊不清。这种情况要尽量避免。

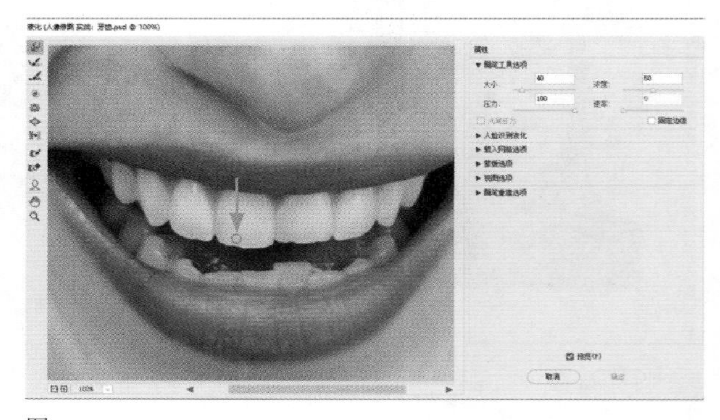

图 5-47

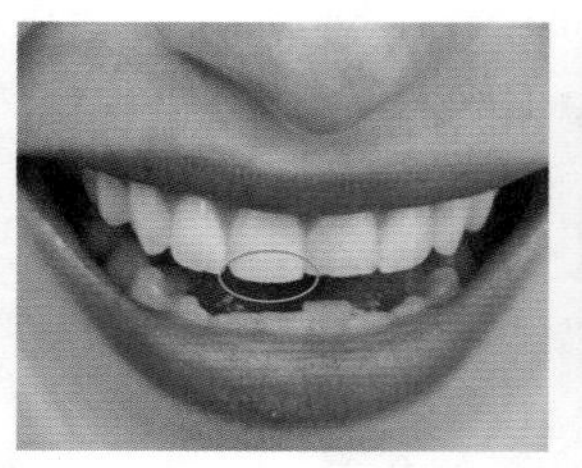

图 5-48

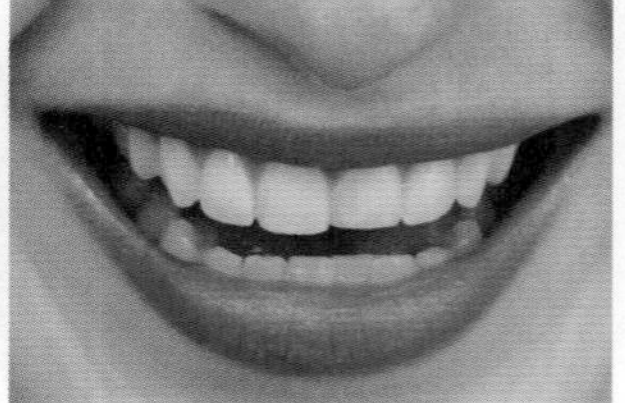

图 5-49

5.6　修图实例：瘦身

01 打开素材，选择矩形选框工具⬚，选取人物的身体部分，如图5-50所示，按Ctrl+J快捷键，将选区内的图像复制到新的图层中，如图5-51所示。

图5-50

图5-51

02 按Ctrl+T快捷键显示定界框，在选区内单击鼠标右键，打开快捷菜单，执行“变形”命令，如图5-52所示，将光标放在定界框左侧的方向点上，如图5-53所示，按住鼠标向右拖曳，使衣袖和腰身变细，如图5-54和图5-55所示。将右侧的方向点向左拖曳，使人物看起来更加苗条，如图5-56所示。再来调整定界框下方的控制点，将其向下拖曳，以拉长人物的腿部线条，如图5-57所示。

图5-52

图5-53

tip 显示变形网格以后，执行“编辑”|“变换”菜单中的命令，或单击工具选项栏中的“拆分”按钮，之后在图像上单击，可以拆分网格，增加网格线和控制点。在“网格”下拉列表中，有几种预设网格。除此之外，“变形”下拉列表中还提供15种预设，可以直接创建各种扭曲。单击新添加的网格线，按Delete键，或执行“移去变形拆分”命令，可将其删除。

图5-54

图5-55

图5-56

图5-57

03 单击“图层”面板底部的 ◘ 按钮，创建蒙版。选择画笔工具🖌，设置“大小”为40像素，在图像的边缘涂抹黑色，使其与底层图像自然融合，如图5-58和图5-59所示。

图5-58

图5-59

5.7 修图实例：美白肌肤

01 打开素材，如图5-60所示。按Ctrl+J快捷键复制“背景”图层，得到“图层1”，如图5-61所示。

图 5-60

图 5-61

02 设置混合模式为“滤色”，设置“不透明度”为50%，如图5-62和图5-63所示。

图 5-62

图 5-63

03 按Alt+Shift+Ctrl+E快捷键盖印图层，得到“图层2”，如图5-64所示。

04 执行“图像”|“调整”|“替换颜色”命令，打开“替换颜色”对话框，如图5-65所示。将光标放在人物的皮肤上，单击鼠标进行取样，如图5-66所示。设置“颜色容差”为110，设置“明度”为30，如图5-67和图5-68所示，人物皮肤虽然明显变白，但是暗部的肤色依然太深，肤色显得不均匀。选择添加到取样工具，将光标放在深色皮肤上，如图5-69所示，单击鼠标，将这部分颜色也添加到取样范围内，皮肤就彻底变白了，如图5-70和图5-71所示。

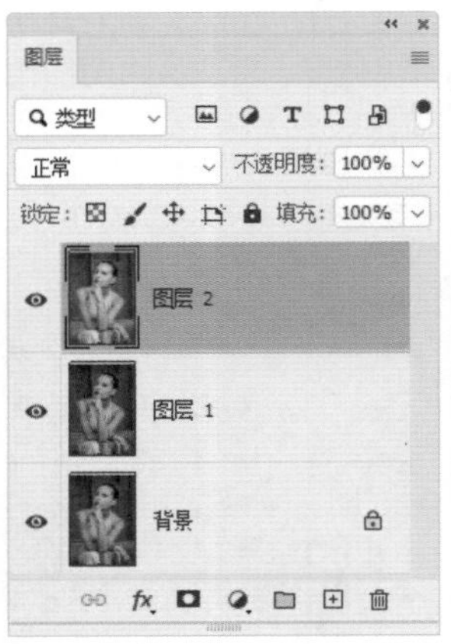

图 5-64

图 5-65

图 5-66

图 5-67

图 5-68

图 5-69

tip “替换颜色”命令是用一种颜色替换另一种颜色。它其实是“色彩范围”命令与“色相/饱和度”命令的结合体。在使用该命令时，采用与“色彩范围”命令相同的方式选取颜色，之后采用与“色相/饱和度”命令相同的方法修改所选颜色。

图5-70

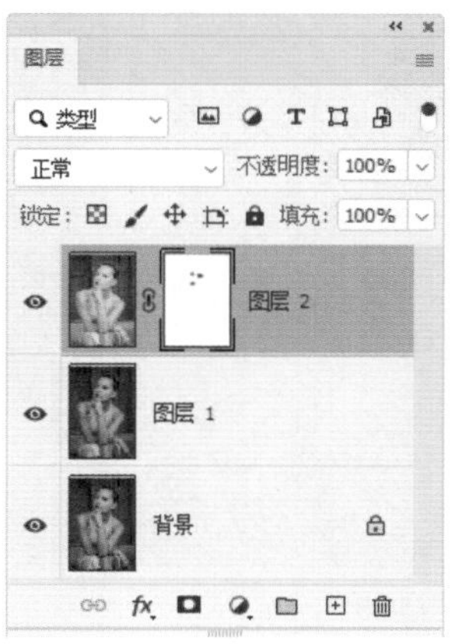

图5-71

05 选择画笔工具，设置“大小”为40像素，设置“不透明度”为30%，如图5-72所示。单击“图层”面板底部的按钮，创建蒙版。在人物的眉眼和嘴唇上涂抹黑色，恢复这些区域的色调，使人物看起来更有精神，如图5-73和图5-74所示。

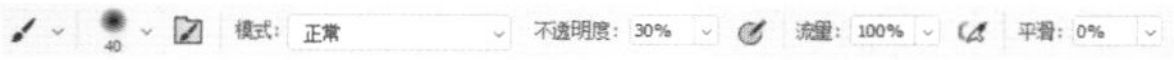

图5-72

图5-73

图5-74

5.8 磨皮实例：缔造完美肌肤

01 打开素材，如图5-75所示。打开“通道”面板，将“绿”通道拖动到面板底部的按钮上进行复制，得到“绿 拷贝”通道，文档窗口中显示“绿 拷贝”通道中的图像，如图5-76所示。

图5-75

图5-76

02 执行“滤镜”|“其他”|“高反差保留”命令，设置半径为20像素，如图5-77和图5-78所示。

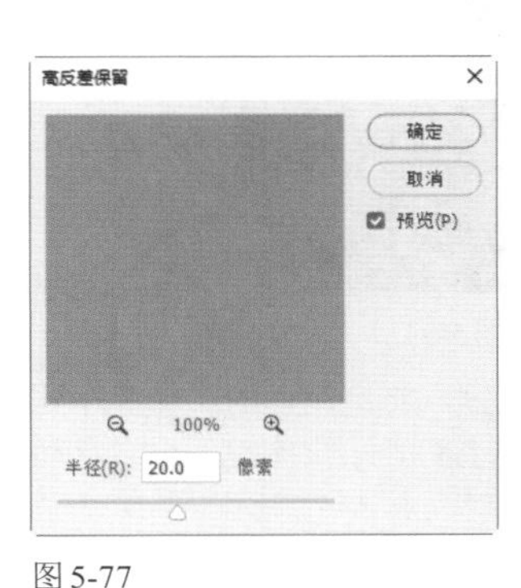

图5-77

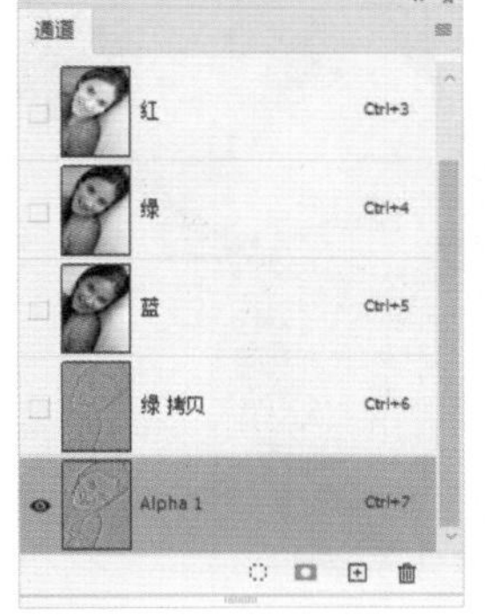

图5-78

03 执行“图像”|“计算”命令，打开“计算”对话框，设置“混合”为“强光”，设置“结果”为“新建通道”，如图5-79所示，计算以后会生成名称为Alpha 1的通道，如图5-80和图5-81所示。

图5-79

图5-80

图5-81

04 再次执行“计算”命令，得到Alpha 2通道，如图5-82所示。单击“通道”面板底部的 按钮，载入通道中的选区，如图5-83所示。

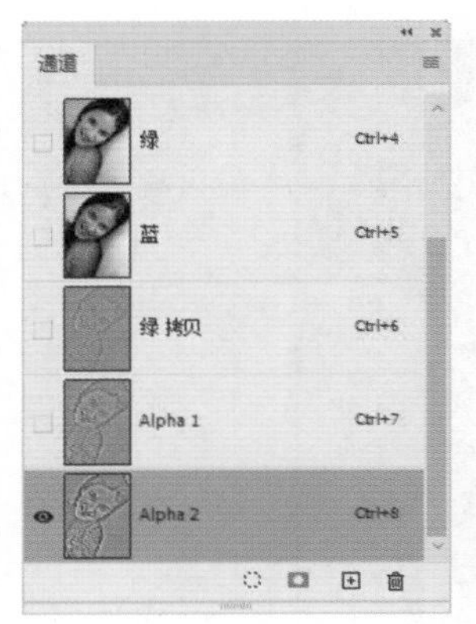

图 5-82

图 5-83

05 按Ctrl+2快捷键返回彩色图像编辑状态，如图5-84所示。按Shift+Ctrl+I快捷键进行反选，如图5-85所示。

图 5-84

图 5-85

06 单击“调整”面板中的 按钮，创建“曲线”调整图层。在曲线上单击，添加两个控制点，并向上移动曲线，如图5-86所示，人物的皮肤会变得非常光滑、细腻，如图5-87所示。

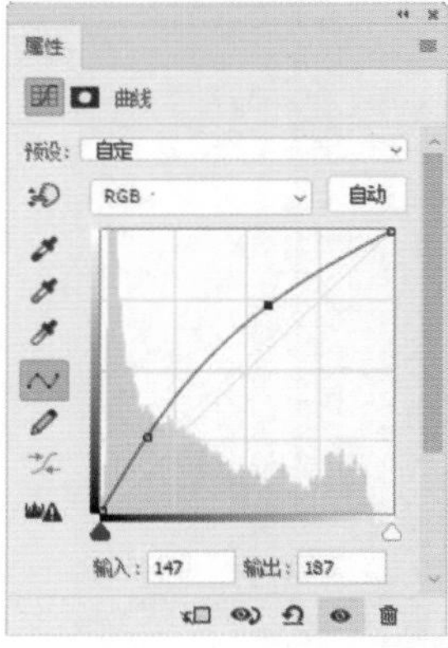

图 5-86

图 5-87

07 人物的眼睛、头发、嘴唇和牙齿等部位有些过于模糊，需要恢复为清晰效果。选择一个柔角画笔工具 ，在工具选项栏中将“不透明度”设置为30%，在眼睛、头发等部位涂抹黑色，用蒙版遮盖图像，显示“背景”图层中清晰的图像。如图5-88所示为修改蒙版以前的图像，如图5-89所示为修改后的蒙版及图像效果。

图 5-88

图 5-89

08 下面处理眼睛中的血丝。选择“背景”图层，如图5-90所示。选择修复画笔工具 ，按住Alt键在靠近血丝处单击，拾取颜色（白色），如图5-91所示，然后释放Alt键，在血丝上涂抹，将其覆盖，如图5-92所示。

图 5-90

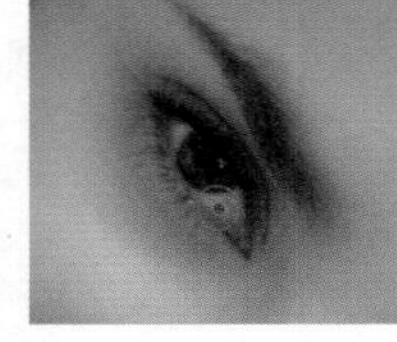

图 5-91

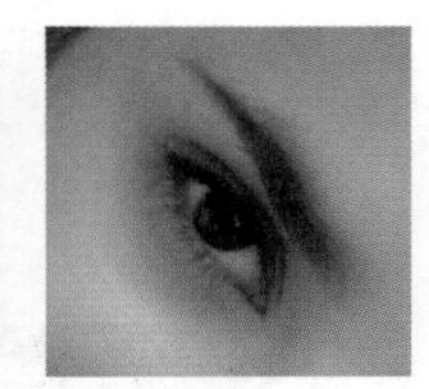

图 5-92

09 单击“调整”面板中的 按钮，创建“可选颜色”调整图层，单击“颜色”选项右侧的 按钮，选择“黄色”，通过减少画面中的黄色，使人物的皮肤颜色变得粉嫩，如图5-93和图5-94所示。

图 5-93

图 5-94

10 按 Alt+Shift+Ctrl+E快捷键，将磨皮后的图像盖印到新的图层中，如图5-95所示，按Ctrl+] 快捷键，将它移动到最顶层，如图5-96所示。

⑪ 执行“滤镜”|“锐化”|“USM锐化”命令，对图像进行锐化，使图像效果更加清晰，如图5-97所示。如图5-98所示为原图像，如图5-99所示为磨皮后的效果。

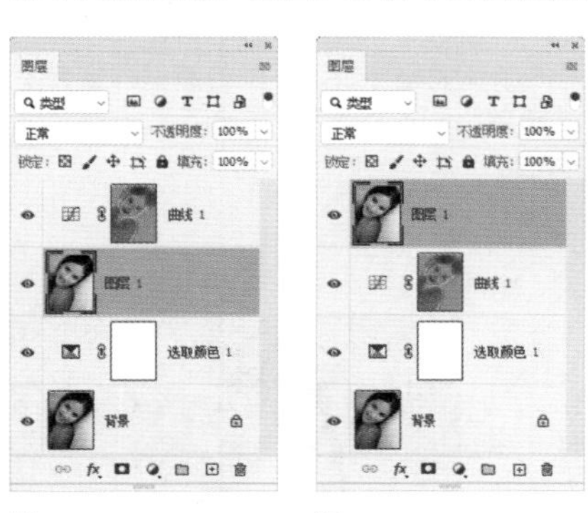

图5-95　图5-96

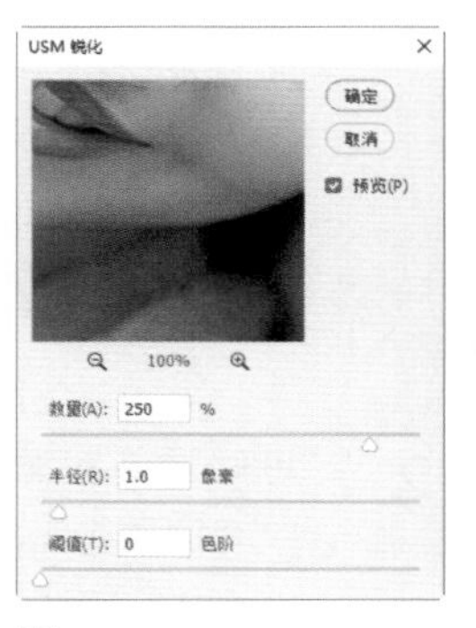

图5-97

图5-98

图5-99

5.9　照片色调和色彩调整工具

Photoshop提供了大量色彩和色调调整工具，不仅可以对色彩的组成要素（色相、饱和度、明度和色调）等进行精确调整，还能对色彩进行创造性的改变。

5.9.1　调色命令与调整图层

Photoshop的“图像”菜单中包含用于调整色调和颜色的各种命令，如图5-100所示。部分常用命令的功能通过“调整”面板也可以实现，如图5-101所示。因此，可以通过两种方式来调整图像，第一种是直接用“图像”菜单中的命令，第二种是使用调整图层。这两种方式可以达到相同的调整结果。它们的不同之处在于，“图像”菜单中的命令会修改图像的像素数据；而调整图层则不会修改像素，是一种非破坏性的调整。

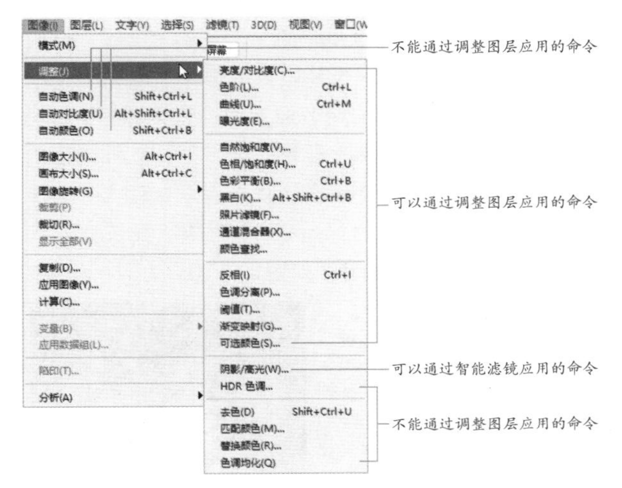

图5-100

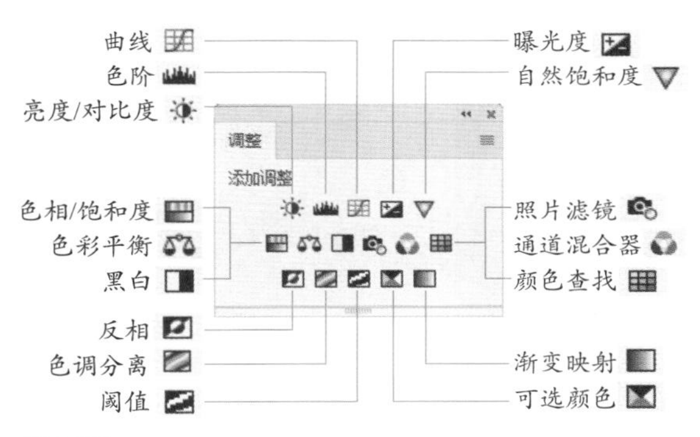

图5-101

如图5-102所示为原图像，要通过调整饱和度调整它的颜色。如果使用“图像”|“调整”|“色相/饱和度”命令，“背景”图层中的像素就会被修改，如图5-103所示。如果使用调整图层，则可在当前图层的上面创建调整图层，通过该图层对下面的图像产生影响，调整结果与使用“图像”菜单中的“色相/饱和度”命令完全相同，但下面图层的像素没有任何变化，如图5-104所示。

图5-102

图 5-103

图 5-104

使用“调整”命令调整图像后，效果就不能改变了。而调整图层则不然，只需单击它，便可以在“调整”面板中修改参数，如图 5-105 所示。隐藏或删除调整图层，可以使图像恢复为原来的状态，如图 5-106 所示。

图 5-105

图 5-106

5.9.2 Photoshop 调色命令分类

- 调整颜色和色调：“色阶”和“曲线”命令可以调整颜色和色调，它们是最重要、最强大的调整命令；“色相/饱和度”和“自然饱和度”命令用于调整色彩；“阴影/高光”和“曝光度”命令只能调整色调。
- 匹配、替换和混合颜色：“匹配颜色”“替换颜色”“通道混合器”和“可选颜色”命令可以匹配多个图像之间的颜色，替换指定的颜色，或者对颜色通道进行调整。
- 快速调整图像：“自动色调”“自动对比度”和“自动颜色”命令能自动调整图像的颜色和色调，适合初学者使用；“照片滤镜”“色彩平衡”和“变化”用于调整色彩，使用方法简单；“亮度/对比度”和“色调均化”命令用于调整色调。
- 应用特殊颜色调整：“反相”“阈值”“色调分离”和“渐变映射”命令是特殊的颜色调整命令，可以将图像转换为负片效果、简化为黑白效果、分离色彩，或者用渐变颜色转换图像中原有的颜色。

5.9.3 色阶

使用“色阶”命令可以调整图像的阴影、中间调和高光的强度级别，校正色调范围和色彩平衡。打开照片，如图 5-107 所示，执行“图像”|“调整”|“色阶”命令，打开“色阶”对话框，如图 5-108 所示。

图 5-107

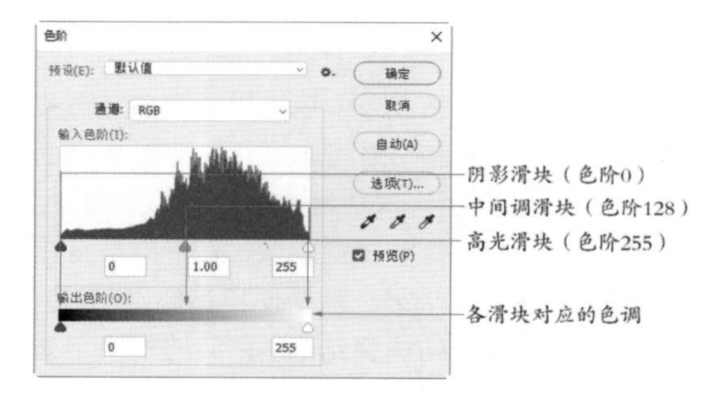

图 5-108

在“输入色阶”选项组中，阴影滑块位于色阶 0 处，它所对应的像素是纯黑的。如果向右移动阴影滑块，Photoshop 就会将滑块当前位置的像素值映射为色阶 0。滑块所在位置左侧的所有像素都会变为黑色，如图 5-109 所示。高光滑块位于色阶 255 处，它所对应的像素是纯白的。如果向左移动高光滑块，滑块当前位置的像素值就会映射为色阶 255，滑块所在位置右侧的所有像素都会变为白色，如图 5-110 所示。

图 5-109

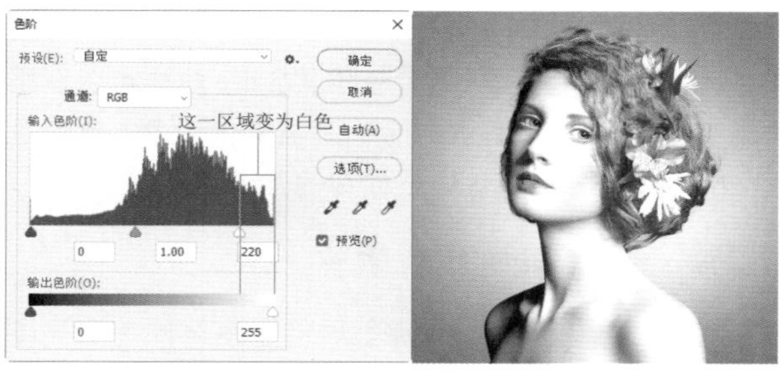

图 5-110

中间调滑块位于色阶128处，用于调整图像中的灰度系数。将该滑块向左侧拖动，可以将中间调调亮，如图5-111所示；向右侧拖动，则可将中间调调暗，如图5-112所示。

"输出色阶"选项组中的两个滑块用来限定图像的亮度范围。向右拖动暗部滑块时，它左侧的色调都会映射为滑块当前位置的灰色，图像中最暗的色调也就不再是黑色了，色调就会变灰；如果向左移动白色滑块，它右侧的色调都会映射为滑块当前位置的灰色，图像中最亮的色调就不再是白色了，色调就会变暗。

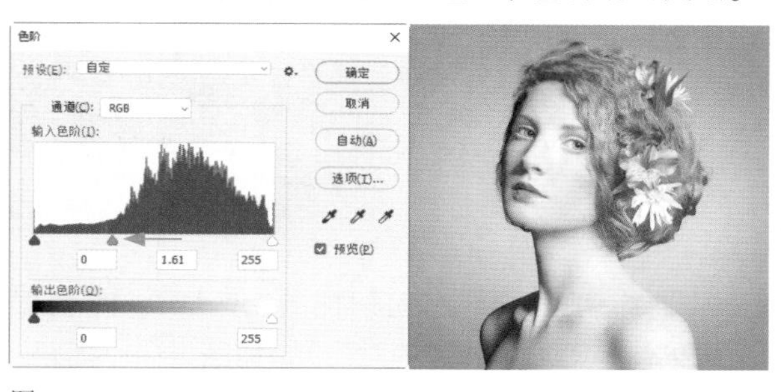

图 5-111

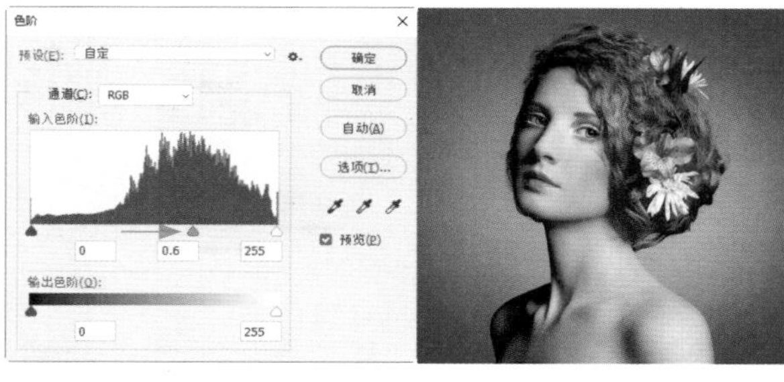

图 5-112

5.9.4　曲线

"曲线"是Photoshop中最强大的调整工具，集"色阶""阈值"和"亮度/对比度"等多个命令的功能于一身。打开照片，如图5-113所示，执行"图像"|"调整"|"曲线"命令，打开"曲线"对话框，如图5-114所示。在曲线上单击可以添加控制点，拖动控制点改变曲线的形状，便可以调整图像的色调和颜色。单击可选择控制点，按住Shift键单击，可以选择多个控制点。选择控制点后，按Delete键可将其删除。

图 5-113

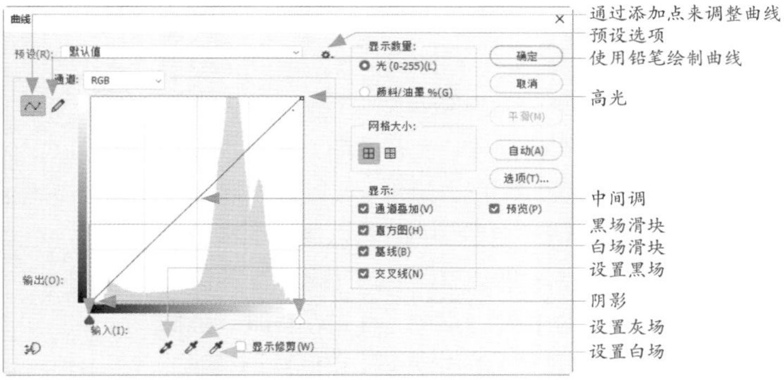

通过添加点来调整曲线
预设选项
使用铅笔绘制曲线
高光
中间调
黑场滑块
白场滑块
设置黑场
阴影
设置灰场
设置白场

图 5-114

水平的渐变颜色条为输入色阶，它代表了像素的原始强度值；垂直的渐变颜色条为输出色阶，它代表了调整曲线后像素的强度值。调整曲线以前，这两个数值是相同的。在曲线上单击，添加控制点，向上拖动该点时，在输入色阶中可以看到图像中正在被调整的色调（色阶128），在输出色阶中可以看到它被Photoshop映射为更浅的色调（色阶168），图像就会变亮，如图5-115所示。

图 5-115

如果向下移动控制点，则Photoshop会将所调整的色调映射为更深的色调（将色阶128映射为色阶65），图像也会变暗，如图5-116所示。

图5-116

将曲线调整为S形，可以使高光区域变亮、阴影区域变暗，从而增强色调的对比度，如图5–117所示；反S形曲线会降低对比度，如图5–118所示。

图5-117

图5-118

tip 色阶范围为0～255，0代表全黑，255代表全白。色阶数值越高，色调越亮。选择控制点后，按键盘中的方向键（→、←、↑、↓）可轻移控制点。如果要选择多个控制点，可以按住Shift键单击它们（选中的控制点为实心黑色）。通常情况下，编辑图像时，只需对曲线进行小幅度的调整，曲线的变形幅度越大，越容易破坏图像。

曲线与色阶既有相同点，也有不同之处。曲线上有两个预设的控制点，其中，“阴影”可以调整照片中的阴影区域，它相当于“色阶”中的阴影滑块；“高光”可以调整照片的高光区域，它相当于“色阶”中的高光滑块。如果在曲线的中央（1/2处）单击，添加一个控制点，该点就可以调整照片的中间调，它相当于“色阶”的中间调滑块，如图5–119所示。

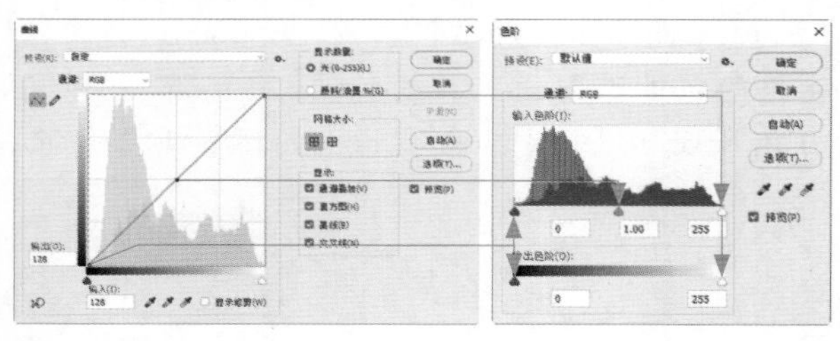

图5-119

曲线上最多可以有16个控制点，也就是说，它能够把整个色调范围（0～255）分成15段来调整，对色调的控制非常精确。色阶只有3个滑块，它只能分3段（阴影、中间调、高光）调整色阶。因此，曲线可以调整一定色调区域内的像素，而不影响其他像素，色阶是无法做到这一点的，这便是曲线的强大之处。

5.9.5 直方图与照片曝光

直方图是一种统计图形，显示了图像的每个亮度级别的像素数量，展现了像素在图像中的分布情况。调整照片时，可以打开“直方图”面板，通过观察直方图判断照片阴影、中间调和高光中包含的细节是否足，以便对其做出调整。

在直方图中，左侧代表图像的阴影区域，中间代表中间调，右侧代表高光区域，从阴影（黑色，色阶0）到高光（白色，色阶255）共有256级色调，如图5–120所示。直方图中的山脉代表图像的数据，山峰代表数据的分布方式，较高的山峰表示该区域所包含的像素较多，较低的山峰表示该区域所包含的像素较少。

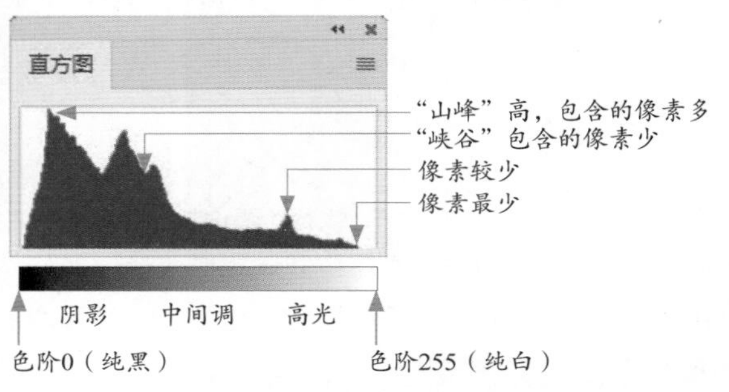

图5-120

- 曝光准确的照片：色调均匀，明暗层次丰富，亮部不会丢失细节，暗部也不会漆黑一片，如图5-121所示。从直方图中可看到，山峰基本在中心，并且从左（色阶0）到右（色阶255）每个色阶都有像素分布。

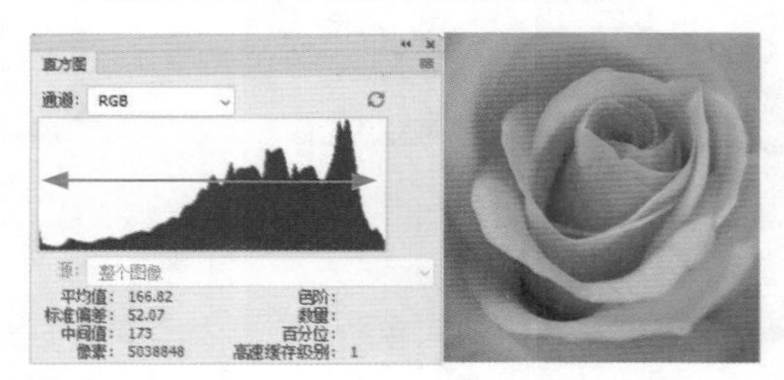

图5-121

- 曝光不足的照片：如图5-122所示为曝光不足的照片，画面色调非常暗。在它的直方图中，山峰分布在直方图左侧，中间调和高光区域都缺少像素。
- 曝光过度的照片：如图5-123所示为曝光过度的照片，画面色调较亮，高光区域失去了层次。在它的直方图中，山峰整体都向右偏移，阴影区域缺少像素。

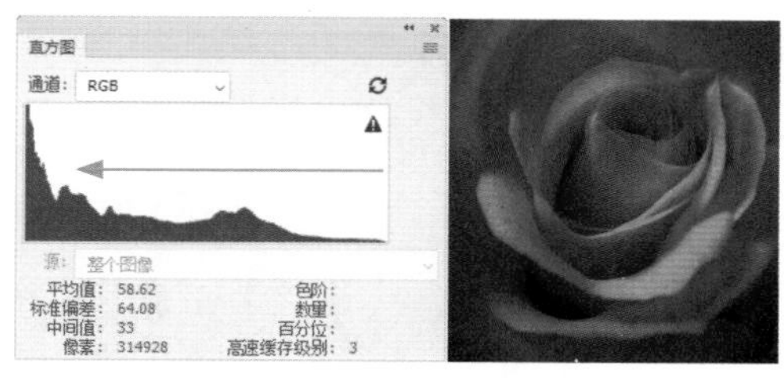

图5-122

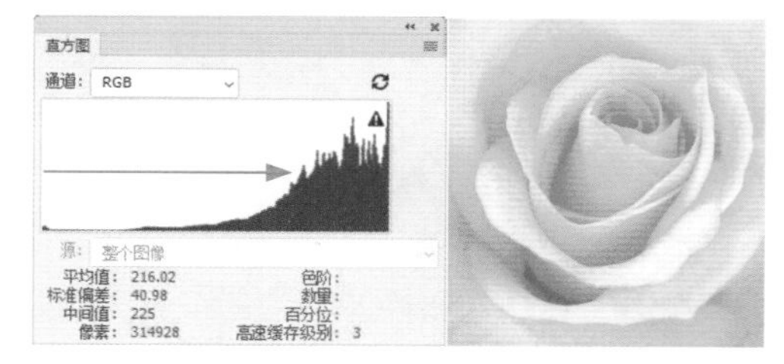

图5-123

● 反差过小的照片：如图5-124所示为反差过小的照片，照片是灰蒙蒙的。在它的直方图中，两个端点出现空缺，说明阴影和高光区域缺少必要的像素，图像中最暗的色调不是黑色，最亮的色调不是白色，该暗的地方没有暗下去，该亮的地方也没有亮起来，所以照片是灰蒙蒙的。

图5-124

● 暗部缺失的照片：如图5-125所示为暗部缺失的照片，头发的暗部漆黑一片，没有层次，也看不到细节。在它的直方图中，一部分山峰紧贴直方图左端，它们就是全黑的部分（色阶为0）。

图5-125

● 高光溢出的照片：如图5-126所示为高光溢出的照片，高光区域完全变成了白色，没有任何层次。在它的直方图中，一部分山峰紧贴直方图右端，它们就是全白的部分（色阶为255）。

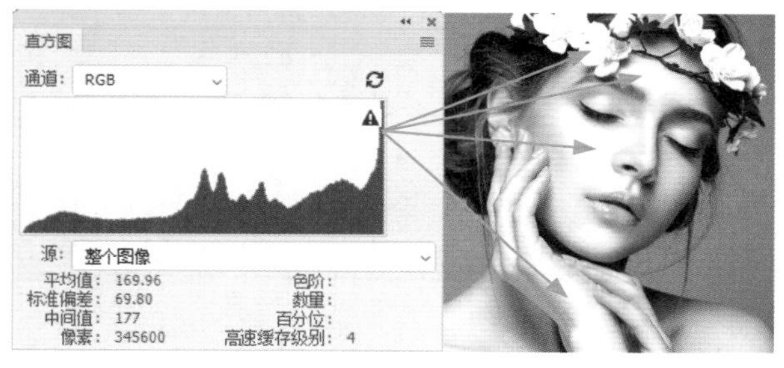

图5-126

5.10 调色实例：用Lab模式调出唯美蓝调与橙调

01 打开照片，如图5-127所示。执行"图像"|"模式"|"Lab颜色"命令，将图像转换为Lab模式。执行"图像"|"复制"命令，复制一个图像备用。

图5-127

02 单击a通道，将它选中，如图5-128所示，按Ctrl+A快捷键全选，如图5-129所示，按Ctrl+C快捷键复制。

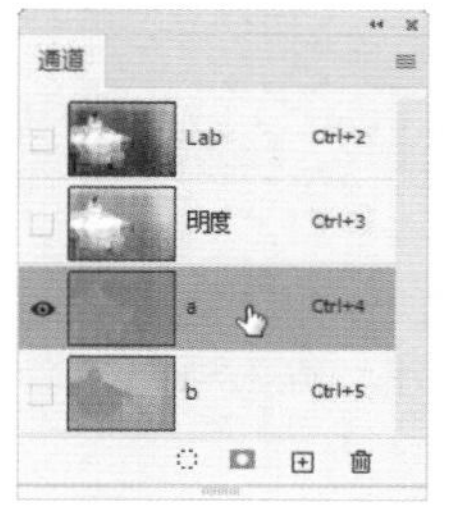

图5-128

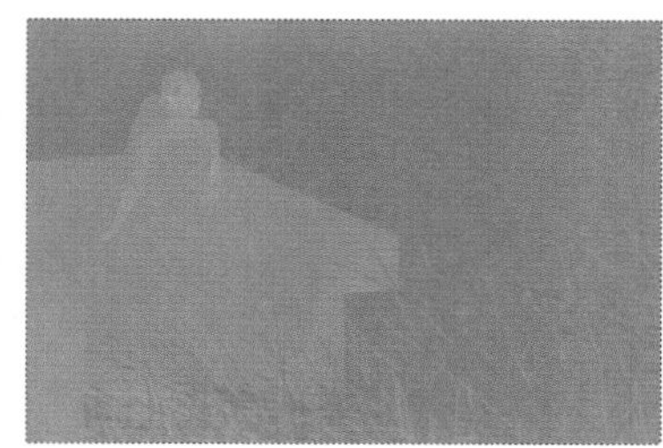

图5-129

tip Lab模式是色域最宽的颜色模式，RGB模式和CMYK模式的色域都在它的色域范围之内。调整RGB模式和CMYK模式图像的通道时，不仅会影响色彩，还会改变颜色的明度。Lab模式则完全不同，它可以将亮度信息与颜色信息分离开来，在不改变颜色亮度的情况下调整颜色的色相。许多高级技术都是通过将图像转换为Lab模式，再处理图像，以实现RGB图像调整达不到的效果。

03 单击b通道，如图5-130所示，窗口中会显示b通道中的图像，如图5-131所示。按Ctrl+V快捷键，将复制的图像粘贴到通道中，按Ctrl+D快捷键取消选择，按Ctrl+2快捷键显示彩色图像，蓝调效果就实现了，如图5-132所示。

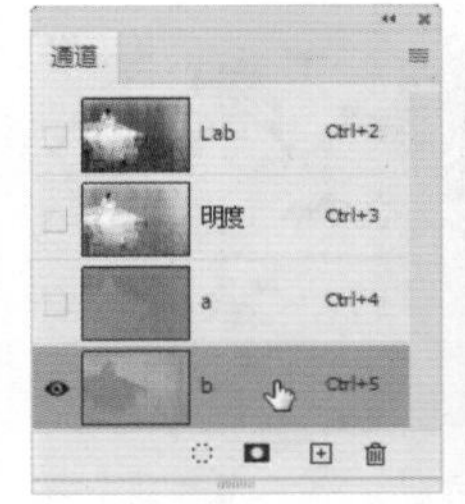

图 5-130

图 5-131

图 5-132

04 按Ctrl+U快捷键，打开“色相/饱和度”对话框，增加画面中青色的饱和度，如图5-133和图5-134所示。

05 橙调与蓝调的制作方法正好相反。按Ctrl+F6快捷键切换到另一个文档，选择b通道，如图5-135所示，按Ctrl+A快捷键全选，复制后选择a通道，如图5-136所示，将其粘贴到a通道中，效果如图5-137所示。

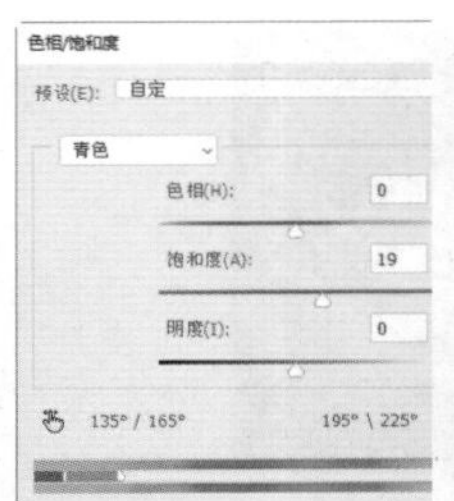

图 5-133

图 5-134

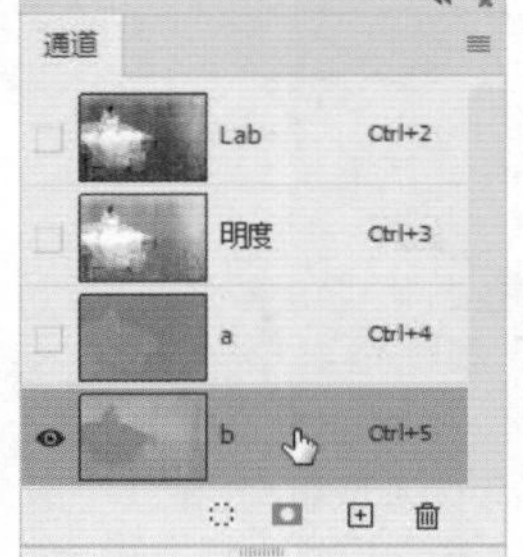

图 5-135

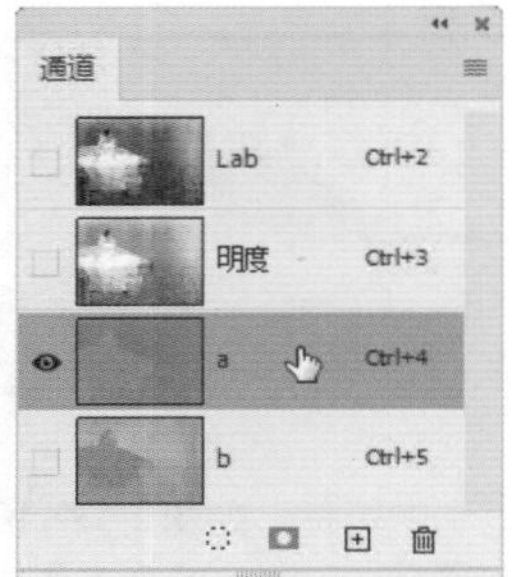

图 5-136

图 5-137

5.11 调色实例：用动作自动处理照片

01 打开素材，如图5-138所示。单击“动作”面板右上角的 ≡ 按钮，打开面板菜单，执行“载入动作”命令，如图5-139所示。

02 在弹出的对话框中选择“资源库”|“照片处理动作库”中的“Lomo风格1”动作，如图5-140所示，单击“载入”按钮，将其加载到“动作”面板中，如图5-141所示。

tip 在Photoshop中，动作可以将图像的处理过程记录下来，以后对其他图像进行相同的处理时，通过已记录的动作，便可自动完成操作任务。

图 5-138

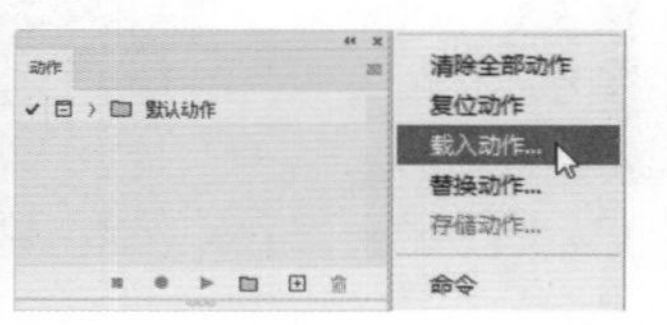

图 5-139

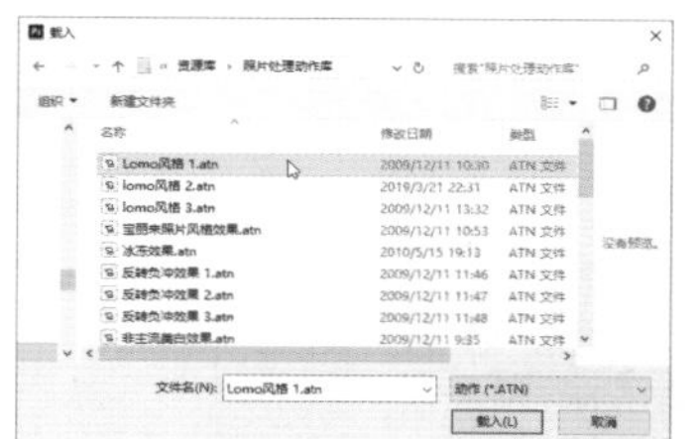

图 5-140

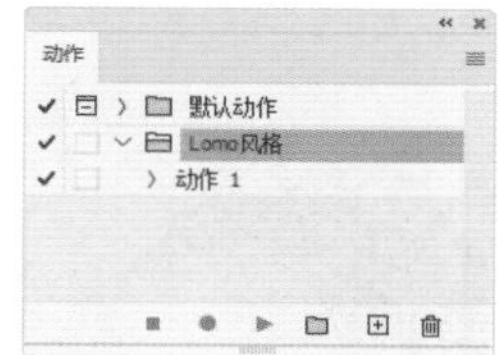

图 5-141

03 单击动作组左侧的 › 按钮，展开列表，然后单击其中的动作，如图5-142所示。单击面板底部的“播放选定的动作”按钮 ▶，播放该动作，即可自动将照片处理为Lomo效果，如图5-143所示。动作库中包含很多流行的调色效果，用它们处理照片，既省时又省力。

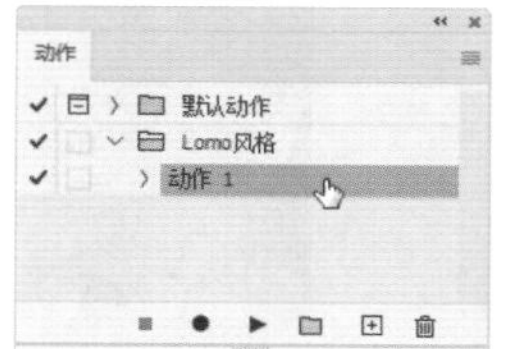

图 5-142

图 5-143

tip 如果要录制动作，可以单击“动作”面板中的“创建新组”按钮 ▭，创建动作组，再单击“创建新动作”按钮 ⊞，新建动作，此时“开始记录”按钮 ● 会变为红色，接下来便可进行图像处理操作，所有的操作过程都会被记录下来。操作完成后，单击“停止播放/记录”按钮 ■ 即可。

5.12　调色实例：为黑白照片上色

01 打开照片素材，如图5-144所示。执行“滤镜”|Neural Filters命令，打开对话框，单击 ⚗ 按钮，显示滤镜列表，打开“着色”滤镜，如图5-145所示。Photoshop会自动为黑白照片上色，如图5-146所示。

02 单击缩览图下方的颜色按钮 ▱，打开“拾色器”对话框，设置焦点颜色为粉红色，如图5-147所示，单击“确定”按钮，关闭“拾色器”对话框。在嘴唇上单击添加焦点，为嘴唇上色，如图5-148和图5-149所示。

图 5-146

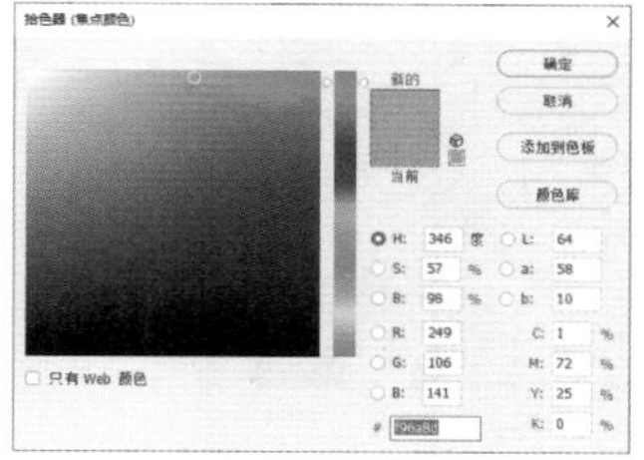

图 5-147

图 5-144

图 5-145

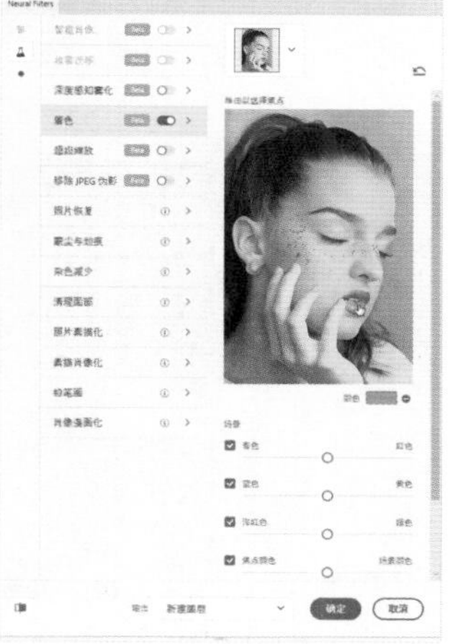

图 5-148

图 5-149

03 人物颜色基本完成，接下来为背景上色。在缩览图的背景上单击，添加一个焦点，如图5-150所示。单击颜色按钮，打开“拾色器”对话框，设置焦点颜色为蓝色，如图5-151所示，效果如图5-152所示。由于背景没有完全被识别，还需要手动添加焦点。

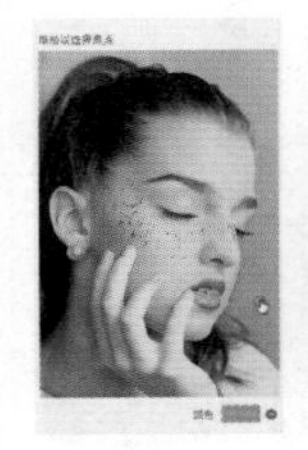
图5-150

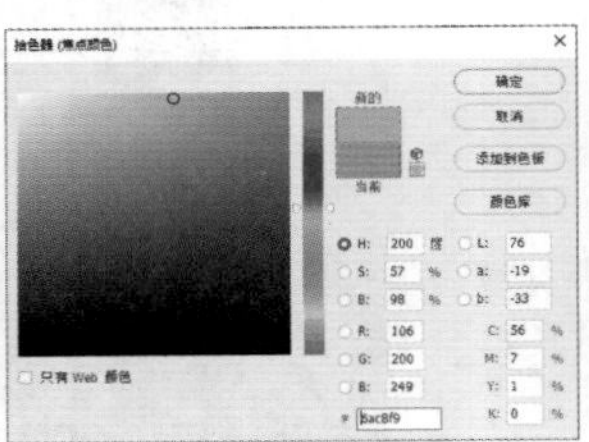

图5-151

图5-152

04 在背景的灰色区域再添加两个焦点，使背景全部呈现蓝色。在额头和下巴位置添加焦点，设置颜色为皮肤色，如图5-153和图5-154所示。

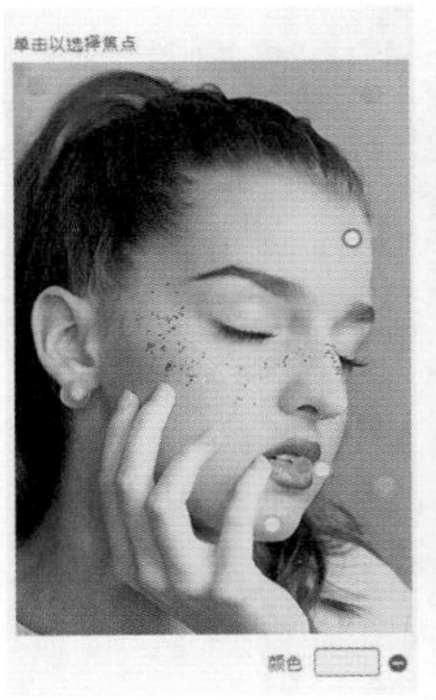

图5-153

图5-154

5.13 应用案例：用调整图层调出清朗夏日

01 打开照片素材，如图5-155所示。单击“调整”面板中的按钮，创建“曲线”调整图层。在曲线上单击，添加两个控制点，并向上拖曳曲线，如图5-156所示，将照片调亮，如图5-157所示。

图5-155

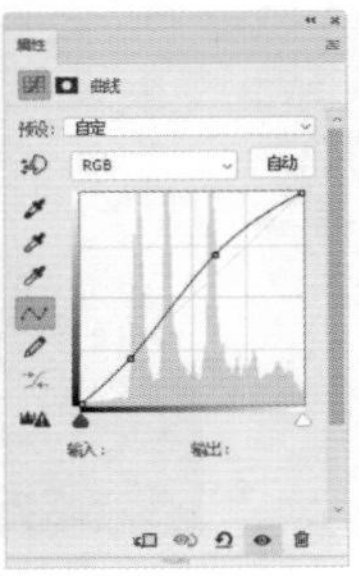

图5-156

图5-157

02 单击“调整”面板中的按钮，创建“可选颜色”调整图层，分别对照片中的“青色”和“蓝色”进行调整，使天空的颜色更加纯粹、通透，如图5-158~图5-160所示。

图5-158

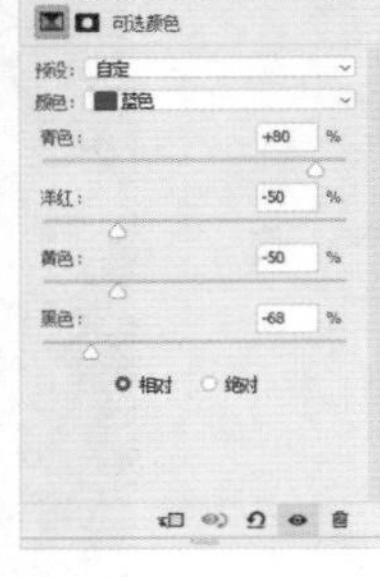

图5-159

图5-160

03 单击“调整”面板中的按钮，创建“自然饱和度”调整图层，修改“自然饱和度”，如图5-161所示。单击按钮，创建“色阶”调整图层，向左侧拖动中间调滑块，使色调更加明亮，如图5-162和图5-163所示。

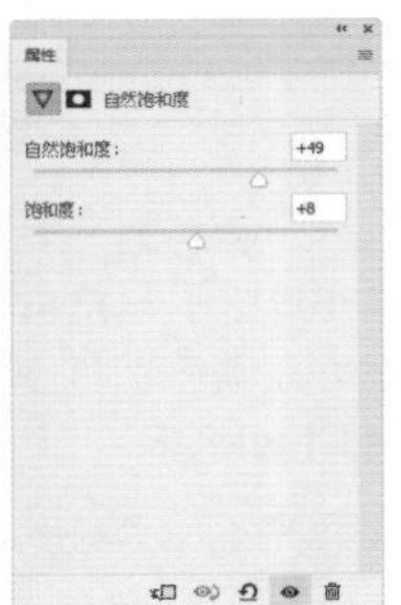

图5-161

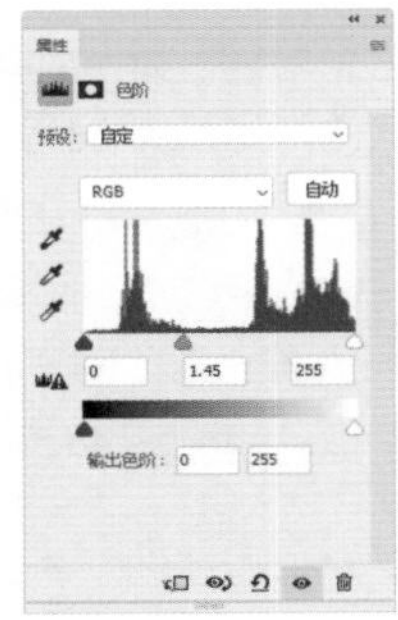

图5-162

图5-163

5.14　应用案例：用CameraRaw调出浪漫樱花季

01 打开照片，执行“滤镜”|“Camera Raw滤镜”命令，打开Camera Raw对话框，单击“混色器”选项卡，如图5-164所示。

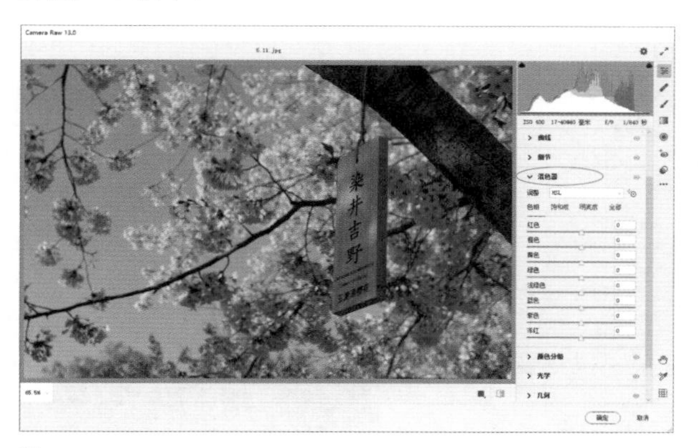

图5-164

02 选择目标调整工具，将光标放在蓝色天空上，单击并向左侧拖曳鼠标，改变天空的颜色，同时观察“蓝色”参数，当它变为-51时，停止移动，如图5-165所示。

图5-165

03 再来调整一下樱花和树干的颜色，设置“橙色”为-18，设置“黄色”为-78，如图5-166所示。

图5-166

04 切换至“饱和度”选项卡，增加“橙色”和“黄色”的饱和度，如图5-167所示。

图5-167

05 切换至“明亮度”选项卡，然后将“橙色”和“黄色”的明度都设置为100，如图5-168所示。

图5-168

06 为使照片更加通透，切换至“基本”选项卡，设置“曝光”为0.5，“阴影”为100，“白色”为21，使照片的整体色调变亮，设置“自然饱和度”为50，如图5-169所示。

图5-169

5.15 应用案例：照片变平面广告

01 打开照片素材，如图5-170所示。单击“调整”面板中的⚖按钮，创建“色彩平衡”调整图层，分别调整中间调、阴影和高光的参数，使图像色调更加鲜亮，如图5-171~图5-174所示。

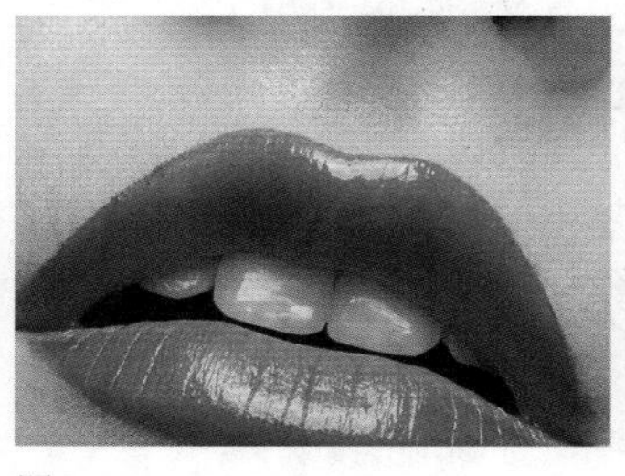

图 5-170

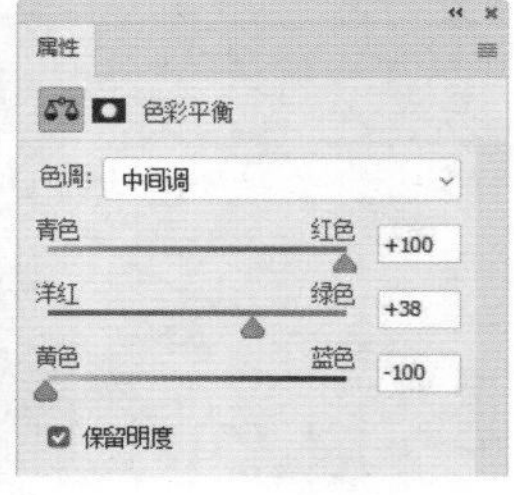

图 5-171

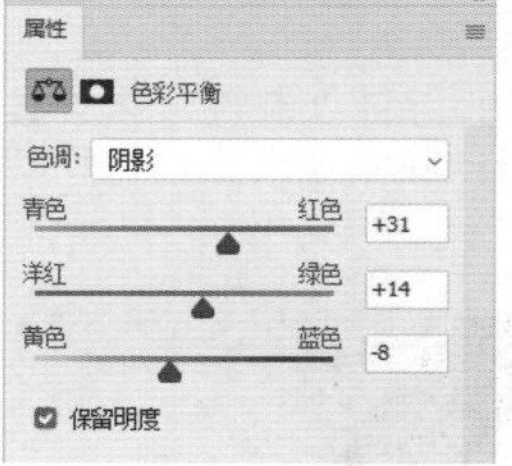

图 5-172

图 5-173

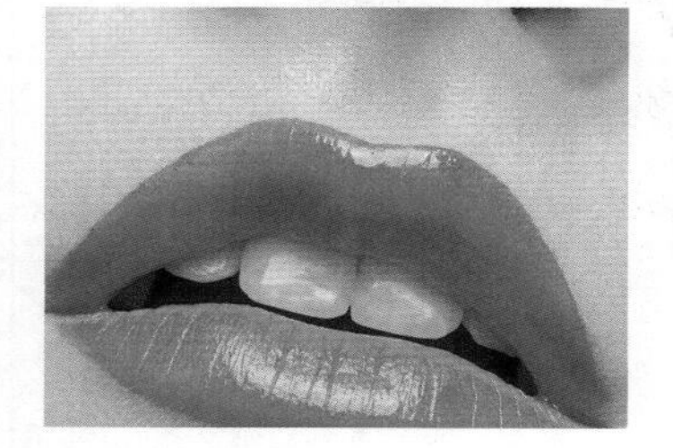

图 5-174

02 选择“背景”图层，再单击“调整”面板中的▦按钮，在该图层上方创建“色相/饱和度”调整图层，改变图像颜色，如图5-175和图5-176所示。

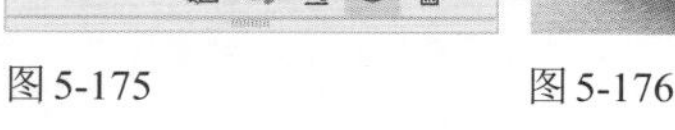

图 5-175

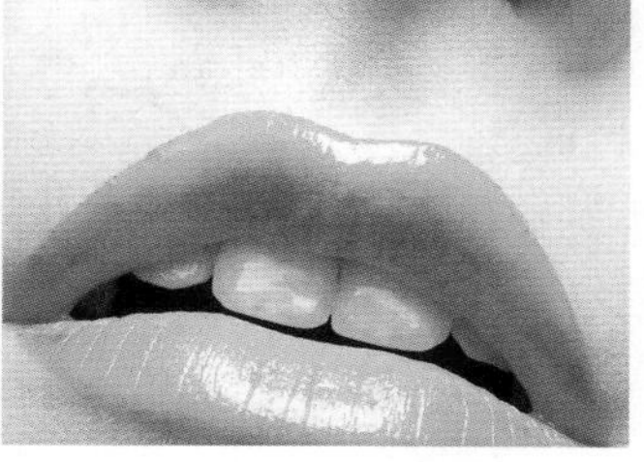

图 5-176

03 选择“色彩平衡”调整图层，单击▦按钮，在其上方再创建一个“色相/饱和度”调整图层，勾选“着色”复选框，并将图像调为紫色，如图5-177和图5-178所示。

图 5-177

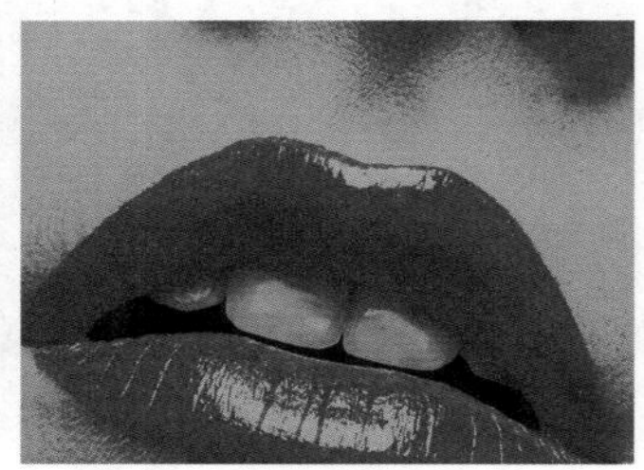

图 5-178

04 在“图层”面板中单击蒙版缩览图，按Ctrl+I快捷键反相，使蒙版成为黑色。使用画笔工具🖌（柔角）在画面右上方涂抹白色，将这部分图像显示出来，如图5-179和图5-180所示。单击“组1”左侧的眼睛图标，显示组中的人物及文字，如图5-181和图5-182所示。

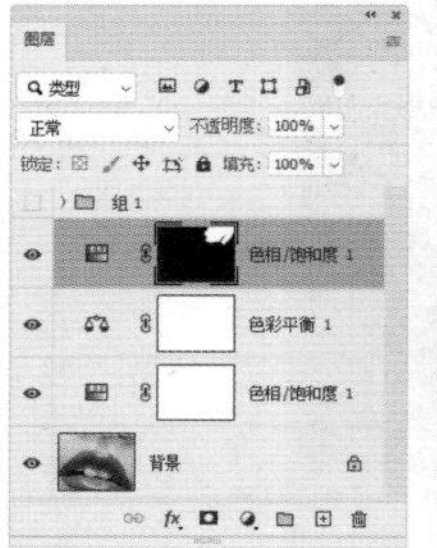

图 5-179

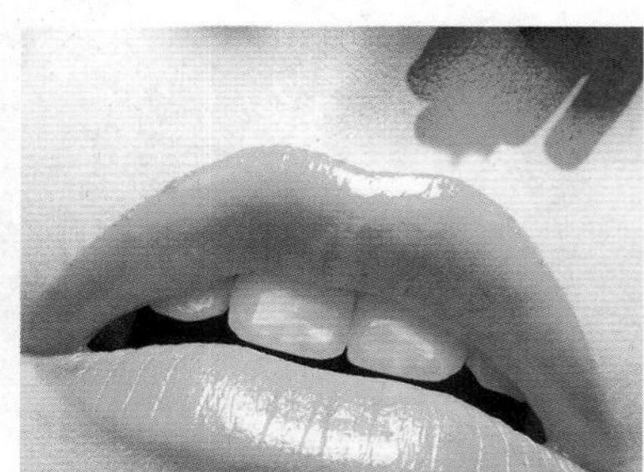

图 5-180

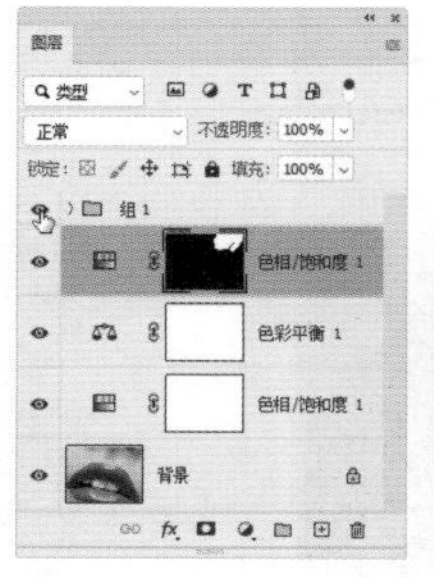

图 5-181

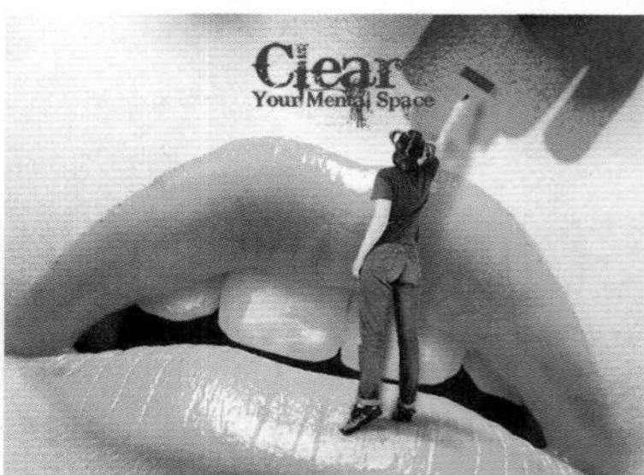

图 5-182

5.16　课后作业：用消失点滤镜修图

本章学习了修图与调色。下面通过课后作业强化学习效果。如果有不清楚的地方，请看视频教学文件。

使用Photoshop的“消失点”滤镜可以在包含透视平面（如建筑物侧面或任何矩形对象）的图像中进行透视校正。在绘画、仿制、拷贝或粘贴及变换等编辑操作中，Photoshop可以正确确定这些操作的方向，并将它们缩放到透视平面，使结果更加逼真。

打开照片素材，执行“滤镜”|“消失点”命令，打开“消失点”对话框。用创建平面工具 定义透视平面4个角的节点；用对话框中的仿制图章工具 复制地板（按住Alt键单击地板进行取样），然后将地面的杂物覆盖。

用创建平面工具定义节点

用仿制图章工具复制

修复地板

5.17　课后作业：通过灰点校正色偏

使用数码相机拍摄时，需要设置正确的白平衡，才能使照片准确地还原色彩，否则会导致颜色出现偏差。此外，室内人工照明会对拍摄对象产生影响，照片由于年代久远会褪色，扫描或冲印过程中也会产生色偏。使用“色阶”和“曲线”对话框中的设置灰点工具 可以快速校正色偏。选择该工具后，在照片中原本应该是灰色或白色区域（如灰色的墙壁、道路和白衬衫等）上单击，Photoshop会根据单击处像素的亮度，调整其他中间色调的平均亮度，从而校正色偏。

照片颜色偏蓝

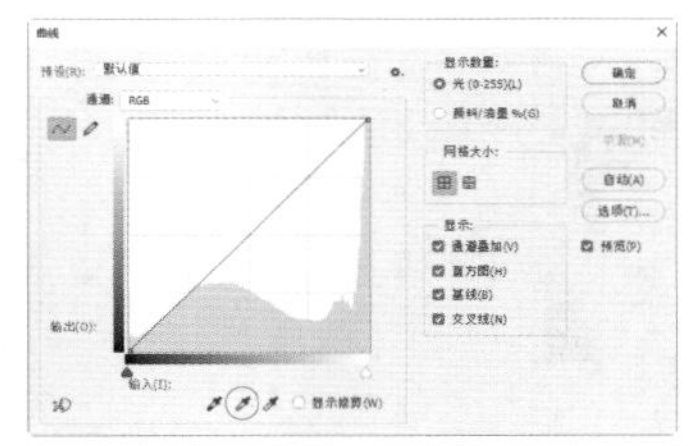

选择设置灰点工具

在灰色墙壁上单击鼠标

校正后的照片

5.18　复习题

1. 使用“色阶”调整照片时，如果要增加对比度，该怎样调整？如果要降低对比度，该怎样调整？

2. “曲线”对话框中曲线上的3个预设控制点，分别对应“色阶”对话框中色阶的哪个滑块？

3. 在直方图中，山峰整体向右偏移时，照片的曝光是什么情况？如果有山峰紧贴直方图右端，照片的曝光是什么情况？

第6章

照片处理与抠图

网店美工必修课

照片处理的难点之一是抠图。抠图的核心在于选择，与选择相关的技术几乎可以调动Photoshop所有重要的工具和命令，各种工具、命令的组合运用，可以演变出几十种不同的抠图方法。从简单的选择工具，到智能工具，再到复杂的蒙版、通道以及插件等，每种方法只适合处理特定类型的图像，只有根据图像的特点选择正确的抠图方法，才能有的放矢，取得事半功倍的效果。

6.1 关于广告摄影

广告行业与摄影技术的不断发展促成了二者的结合，并诞生了由它们整合而成的边缘学科——广告摄影。摄影是广告行业最好的技术手段之一，它能够真实、生动地再现宣传对象，完美地传达信息，具有很高的适应性和灵活性。

广告摄影主要的服务对象用于商品广告，商品广告的创意方法主要包括主体表现法、环境陪衬式表现法、情节式表现法、组合式表现法、反常态表现法和间接表现法。

主体表现法着重刻画商品的主体形象，一般不附带陪衬物和复杂的背景，如图6-1所示为CK手表广告。环境陪衬式表现法把商品放置在一定的环境中，或采用适当的陪衬物来烘托主体对象。情节式表现法通过故事情节突出商品的主体，如图6-2所示为Sauber 丝袜广告：“我们的产品超薄透明，而且有超强的弹性。这些都是一款优质丝袜必备的，但是如果被绑匪们用就是另外一个场景了。”组合式表现法是将同一商品或一组商品在画面上按照一定的组合形式展现出来。反常态表现法通过令人震惊的奇妙形象，使人们产生对广告的关注，如图6-3所示为Vögele鞋广告。间接表现法会间接、含蓄地表现商品的功能和优点。

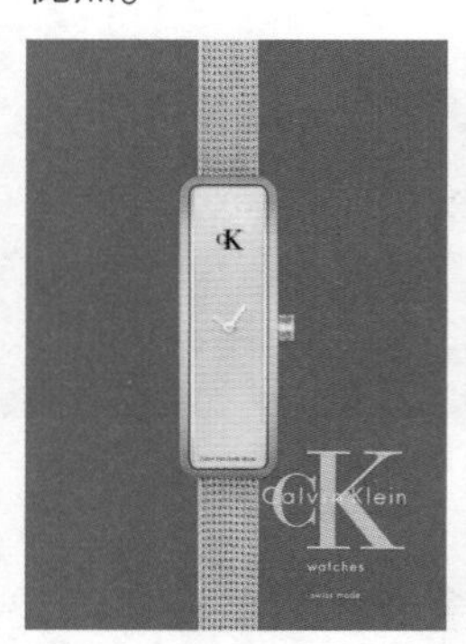

图6-1

图6-2

图6-3

6.2 照片处理

数码照片的处理流程可分为6个阶段，分别是在Photoshop（或Camera Raw）中调整曝光和色彩、校正镜头缺陷（如镜头畸变和晕影）、修图（如去除多余的内容和人像磨皮）、裁剪照片调整构图、轻微的锐化（夜景照片需降噪）、存储修改结果。

6.2.1 裁剪照片

对数码照片或扫描的图像进行处理时，经常需要裁剪图像，以删除多余的内容，使画面的构图更加完美。使用裁剪工具 可以对照片

学习重点
- 裁剪照片
- 修改像素尺寸
- 制作星空人像
- 用钢笔工具抠陶瓷工艺品
- 用“选择并遮住”抠人像
- 用通道功能抠婚纱

进行裁剪。选择该工具后，在画面边缘会显示裁剪框，如图6–4所示，拖动裁剪框可以对其进行缩放，按Esc键则取消操作。也可以在画面中单击并拖动鼠标创建裁剪框，定义要保留的区域，如图6–5所示。将光标放在裁剪框上，单击并拖动鼠标，可以调整裁剪框的大小，按住Shift键拖动，可进行等比缩放；将光标放在裁剪框外，单击并拖动鼠标，可以旋转裁剪框；按Enter键，可以将定界框之外的图像裁掉，如图6–6所示。

图6-4

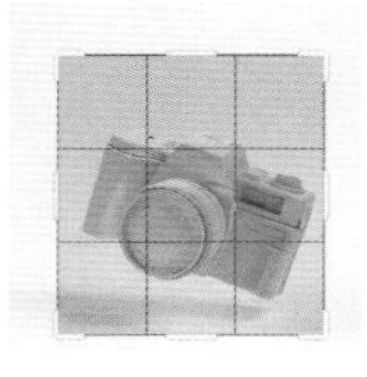
图6-5

图6-6

6.2.2　降噪

使用数码相机拍照时，如果ISO设置得过高且曝光不足，或者用较慢的快门速度在暗光环境中拍摄，可能出现噪点和杂色。“滤镜”|“杂色”菜单中的“减少杂色”滤镜对去除照片中的杂色非常有效。

图像的杂色显示为随机的无关像素，它们不是图像细节的一部分。“减少杂色”滤镜可基于影响整个图像或各个通道的设置保留边缘，同时减少杂色。如图6–7和图6–8所示为原图及使用该滤镜减少杂色后的图像效果(局部图像，显示比例为100%)。

图6-7

图6-8

如果亮度杂色在一个或两个颜色通道中较为明显，可勾选“高级”复选框，然后切换至“每通道”选项卡，再从“通道”下拉列表中选择通道，拖动“强度”和“保留细节”滑块减少通道中的杂色，如图6–9~图6–11所示。

图6-9

图6-10

图6-11

tip 在进行降噪操作时，最好双击缩放工具，将图像的显示比例调整为100%，否则不容易看清降噪效果。

6.2.3　锐化

数码照片在完成调色、修图和降噪之后，还要做适当的锐化，使画面更加清晰。Photoshop锐化图像时会提高图像中两种相邻颜色(或灰度层次)交界处的对比度，使它们的边缘更加明显和更加清晰，造成锐化的错觉。如图6–12所示为原图，如图6–13所示为锐化后的效果。

图6-12

图6-13

“滤镜”|“锐化”菜单中的“USM锐化”和“智能锐化”滤镜是锐化照片的好帮手。使用“USM锐化”滤镜可以查找图像中颜色发生显著变化的区域，然后将其锐化。如图6–14所示为原图，如图6–15所示为锐化参数，如图6–16所示为使用该滤镜锐化后的效果。

图6-14

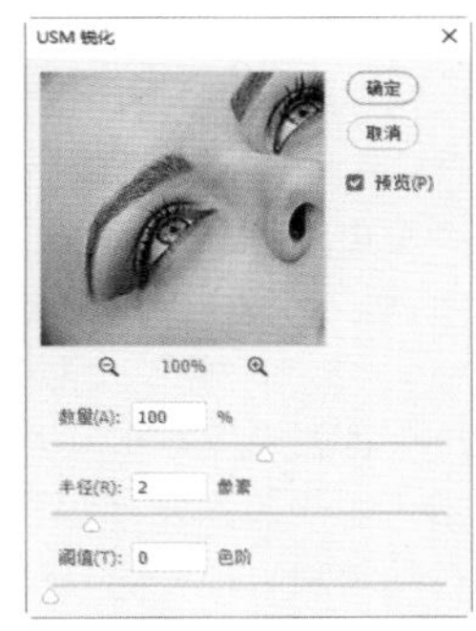

图6-15

图 6-16

“智能锐化”与“USM 锐化”滤镜比较相似，但它提供了独特的锐化控制选项，可以设置锐化算法、控制阴影和高光区域的锐化量，如图 6-17 所示。

图 6-17

6.3 照片处理实例：修改像素尺寸

01 打开照片素材，如图6-18所示。执行“图像”|“图像大小”命令，打开“图像大小”对话框，如图6-19所示。当前图像的尺寸是以厘米为单位的，首先将单位设置为英寸，然后修改照片尺寸。另外，照片当前的分辨率太低（72像素/英寸），打印时会出现锯齿，画质很差，也需要调整。

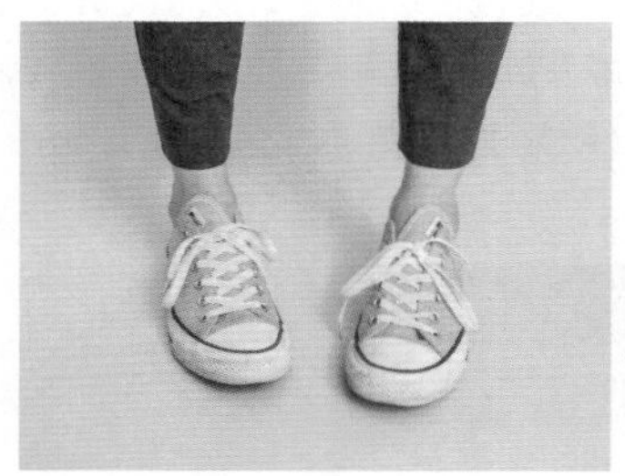

图 6-18

图 6-19

tip 拍摄照片或在网络上下载图像后，可将其设置为计算机桌面、制作为个性化的QQ头像、用作手机壁纸、传输到网络相册或用于打印等。然而，每种用途对图像的尺寸和分辨率的要求也不相同，这就需要对图像的大小和分辨率做出适当的调整。我们已经了解了像素、分辨率、差值等这些专业概念及它们之间的联系，这个实例就是用所学知识解决实际问题，将大幅图像调整为6英寸 × 4英寸照片大小。

02 调整照片尺寸。取消勾选“重新采样”复选框。将“宽度”和“高度”的单位设置为“英寸”，如图6-20所示。可以看到，照片的尺寸是39.375英寸×26.25英寸。将“宽度”改为6英寸，Photoshop会自动将“高度”匹配为4英寸，分辨率也会自动更改，如图6-21所示。由于没有重新采样，将照片尺寸调小后，分辨率会自动增加。现在的分辨率是472.5像素/英寸，已经远远超出最佳打印分辨率（300像素/英寸）。

tip 高出最佳分辨率其实对打印出的照片没有任何用处，因为画质再细腻，眼睛也分辨不出来。下面来降低分辨率，这样还能减少图像的大小，加快打印速度。

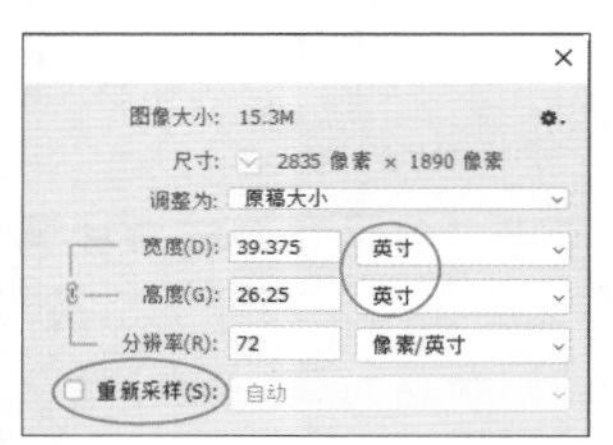

图 6-20

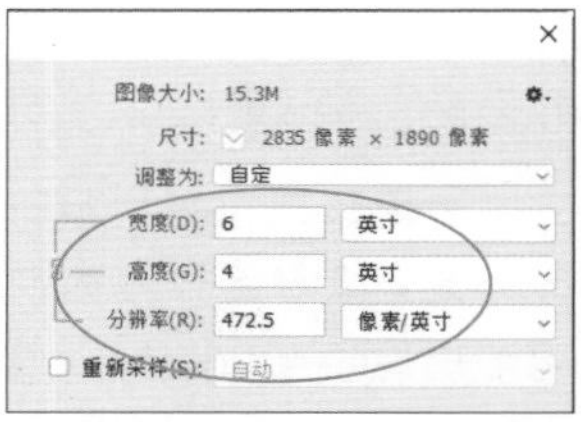

图 6-21

tip “宽度”和“高度”选项左侧的 按钮处于激活状态，表示会保持宽、高比例。如果要分别修改“宽度”和“高度”，可以先单击该按钮，再进行操作。

03 勾选“重新采样”复选框，如图6-22所示，否则分辨率时，照片的尺寸会自动增加。将分辨率设置为300像素/英寸，然后选择“两次立方（较锐利）（缩减）”选项。观察对话框顶部“像素大小”右侧的数值，如图6-23所示。文件从调整前的15.3MB降低为6.18MB，成功“瘦身”。单击“确定”按钮，关闭对话框。执行“文件”|“存储为”命令，另存调整后的照片。

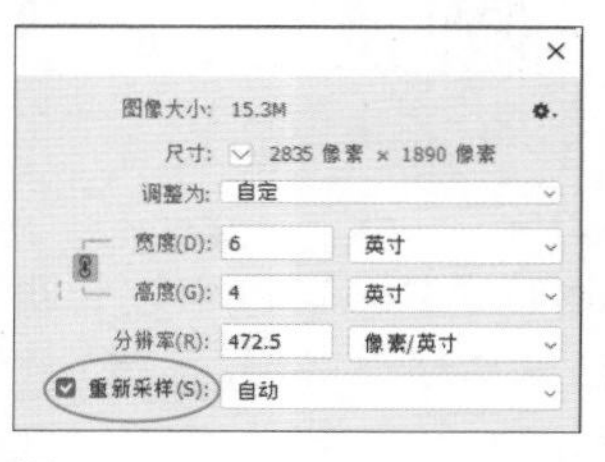

图 6-22

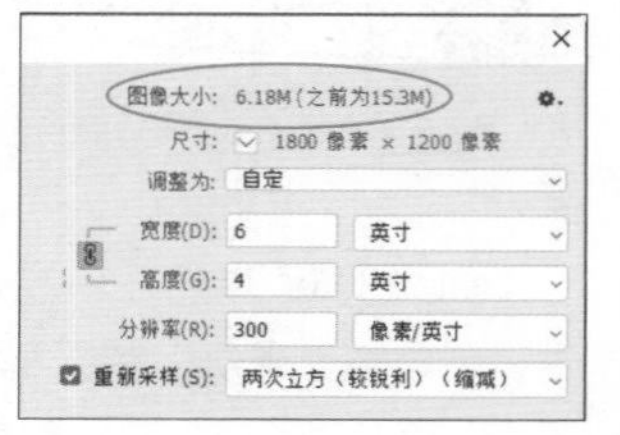

图 6-23

6.4　照片处理实例：在保留细节的基础上放大图像

01 执行“编辑”|“首选项”|“技术预览”命令，打开“首选项”对话框，勾选“启用保留细节2.0放大”复选框，如图6-24所示。关闭对话框。

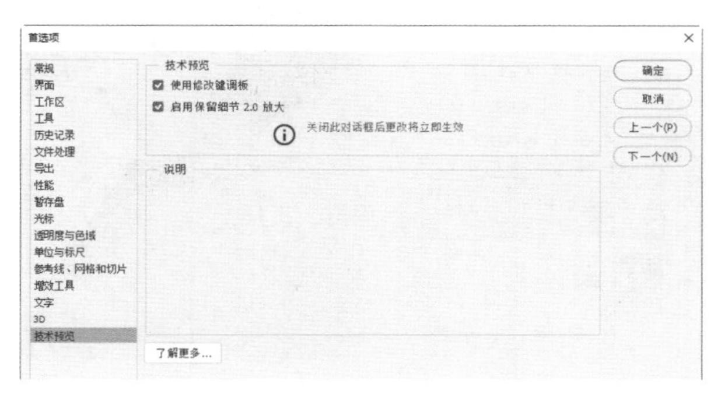

图6-24

02 执行“图像”|“图像大小”命令，打开“图像大小”对话框，如图6-25所示。

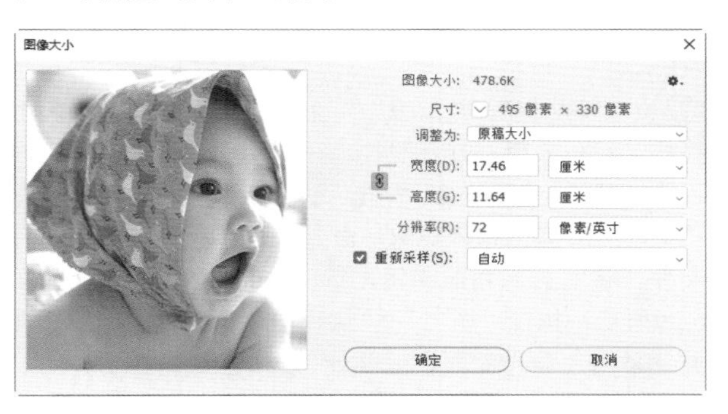

图6-25

03 下面以接近10倍的倍率放大图像。将“宽度”设置为170厘米，“高度”参数会自动调整。在“重新采样”下拉列表中选“保留细节2.0”选项，如图6-26所示。观察图像缩览图，如果杂色变得明显，可以调整“减少杂色”参数。单击“确定”按钮，完成放大操作。如果使用其他方法，图像的效果就没有那么好了，如图6-27和图6-28所示。

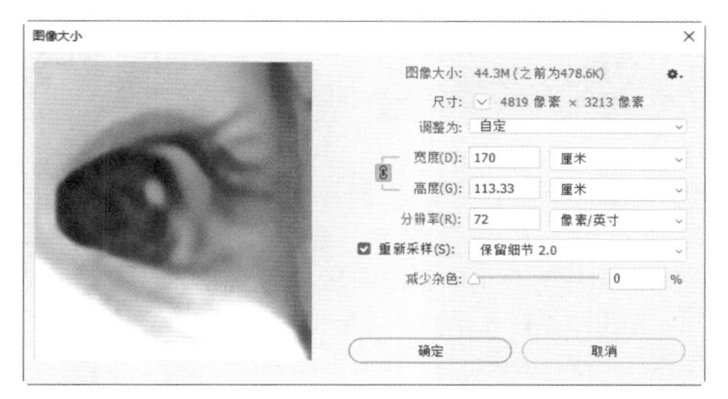

图6-26

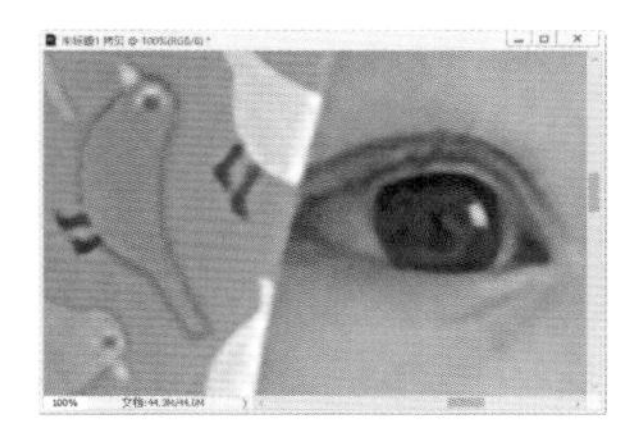

用“保留细节2.0”方法放大

图6-27

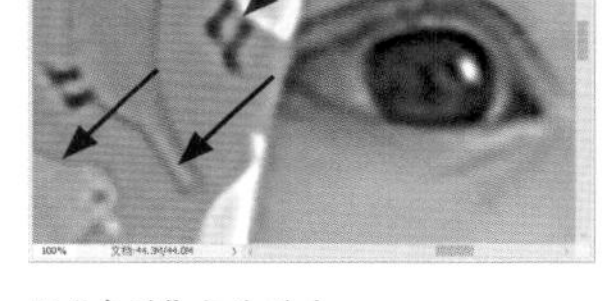

用“自动”方法放大

图6-28

tip 放大图像，就会增加像素。哪种差值方法增加的像素更接近原始像素，图像的效果就更好，细节被破坏的也更少。在所有差值方法中，“保留细节2.0”基于人工智能辅助技术，是最适合放大图像的。减少像素时，效果比较好的差值方法是“两次立方（较锐利）（缩减）”。它在重新采样后可以保留图像中的细节，并具有增强锐化效果的能力。如果图像中的某些区域锐化程度过高了，也可以尝试使用“两次立方（平滑渐变）”。

6.5　照片处理实例：去水印

01 打开素材，使用快速选择工具选择文字，如图6-29所示。按住Alt键在字母P中间的空白处涂抹，将其从选区内减去，如图6-30所示。

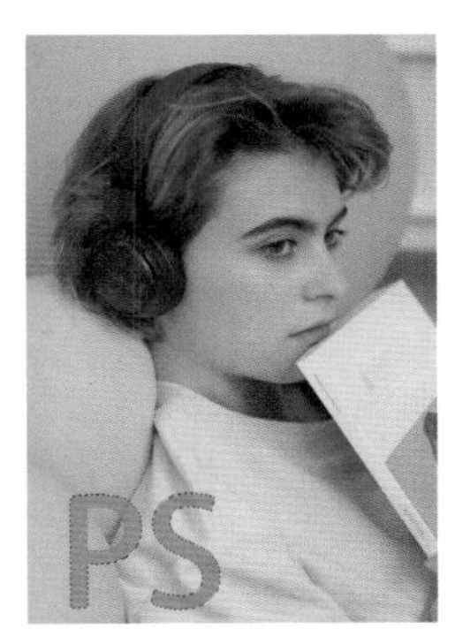

图6-29

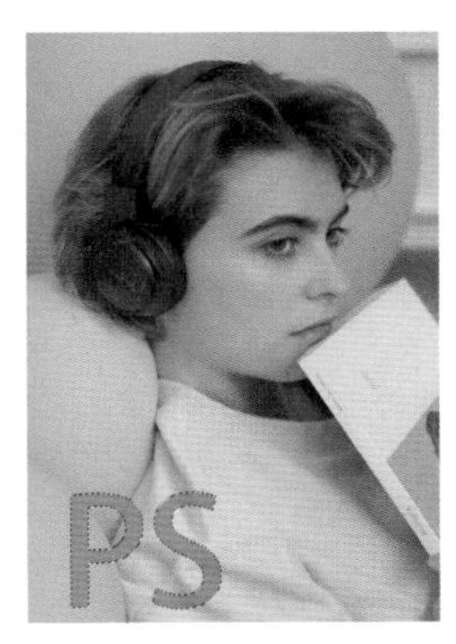

图6-30

02 执行“编辑”|“内容识别填充”命令，如图6-31所示，根据选区周围的图像，自动对选区进行填充，按Enter键确认，按Ctrl+D快捷键取消选择，效果如图6-32所示。水印基本去除了，只保留一点边缘痕迹。

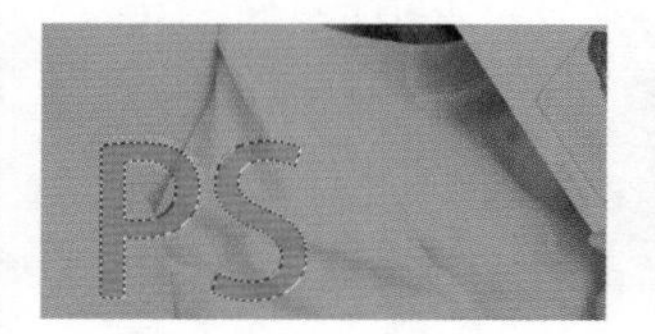

图6-31

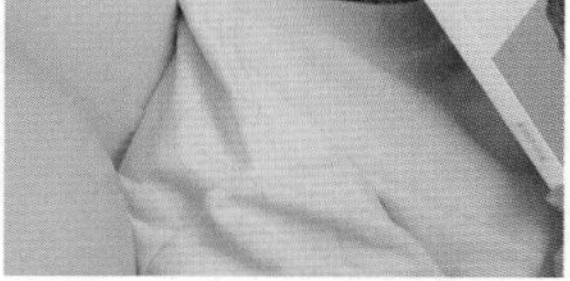

图6-32

03 选择污点修复画笔工具，勾选“对所有图层取样”复选框，如图6-33所示。通过“内容识别填充”命令修复图像时会生成新的图层，不会对原图层产生破坏。使用污点修复画笔工具在残留的水印上涂抹，将图像修复干净，如图6-34和图6-35所示。

图6-33

图6-34

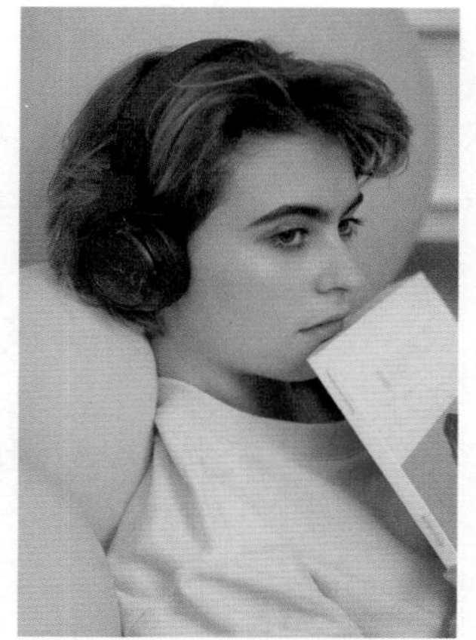

图6-35

6.6 照片处理实例：通过批处理为照片加Logo

01 打开素材（6.6Logo.psd），如图6-36所示，选择“背景”图层，如图6-37所示，按Delete键将其删除，让Logo位于透明背景上，如图6-38所示。

图6-36

图6-37

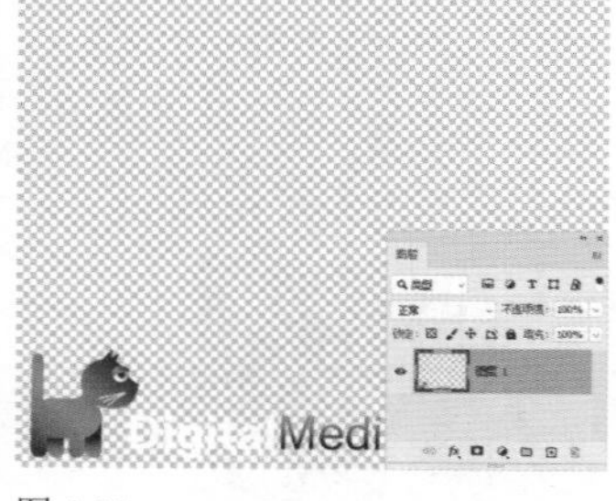

图6-38

tip 制作Logo后，将其放在要添加水印的图像中，并调整位置，然后删除图像，只保留Logo，再将这个文件保存。

tip 网店店主为了体现特色或扩大宣传面，通常都会为商品图片加上个性化Logo。如果需要处理的图片数量较多，可以用Photoshop的动作功能将Logo贴在照片上的操作过程录制下来，再通过批处理对其他照片播放这个动作，Photoshop就会为每一张照片都添加相同的Logo。

02 执行“文件”|“存储为”命令，将文件保存为PSD格式，然后关闭。打开照片，在“动作”面板中单击面板底部的 按钮和 按钮，创建动作组和动作。执行“文件”|“置入嵌入对象”命令，选择刚刚保存的Logo文件，将它置入当前文档，按Enter键确认操作，如图6-39所示。执行“图层”|“拼合图像”命令，将图层合并。单击“动作”面板底部的 ■ 按钮，完成动作的录制，如图6-40所示。

图6-39

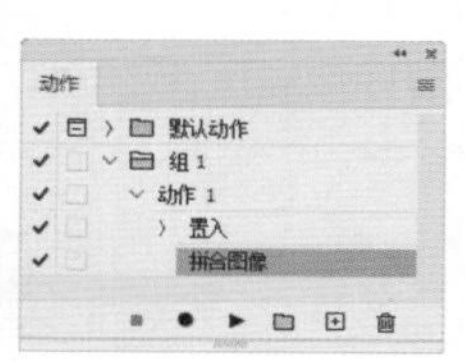

图6-40

03 执行“文件”|“自动”|“批处理”命令，打开“批处理”对话框，在“播放”选项组中选择刚刚录制的动作，单击“源”选项组中的“选择”按钮，在打开的对话框中选择要添加Logo的文件夹，如图6-41所示。在“目标”下拉列表中选择“文件夹”选项，然后单击“选择”按钮，在打开的对话框中为处理后的照片指定保存位置，这样就不会破坏原始照片了，如图6-42所示。

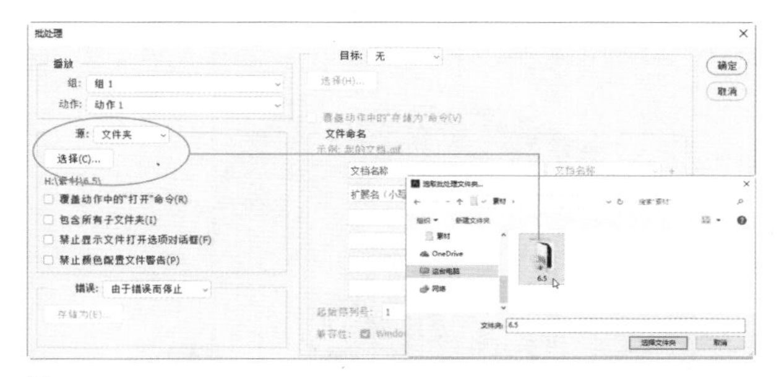

图6-41

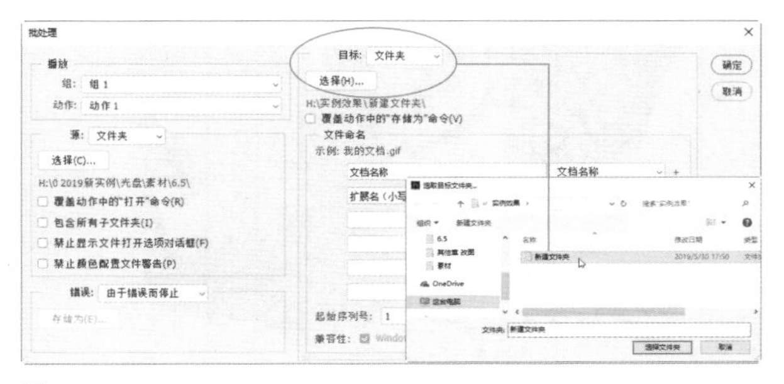

图6-42

04 设置完成后，单击“确定”按钮，开始批处理，Photoshop会为目标文件夹中的每一张照片都添加一个Logo，并将处理后的照片保存到文件夹中，如图6-43~图6-46所示。

图6-43

图6-44

图6-45

图6-46

6.7　照片处理实例：制作星空人像

01 打开照片素材，执行“选择”|“主体”命令，自动选择照片中的人物，如图6-47所示。这种智能化的体验，使选择变得简单快捷。选择矩形选框工具，在工具选项栏中单击“从选区减去”按钮，选择衣领上的圆形部分，如图6-48所示，释放鼠标后，这个选区就会消失，如图6-49所示。

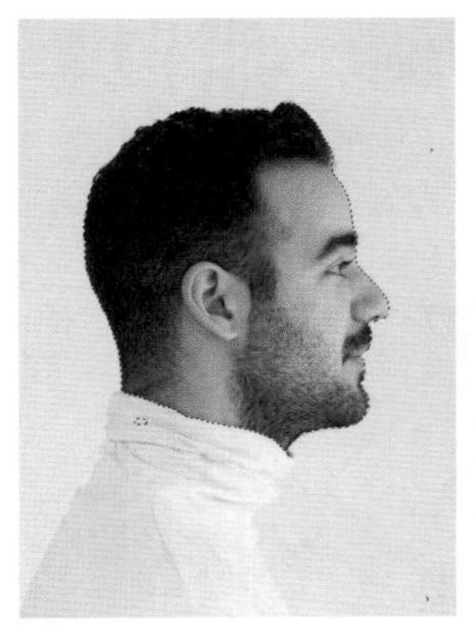

图6-47

图6-48

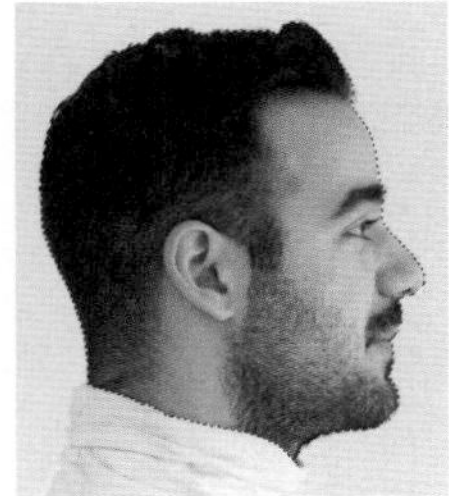

图6-49

02 单击“图层”面板底部的按钮，新建图层。执行“编辑”|“描边”命令，设置描边宽度为1像素，颜色为黑色，位置在“内部”，如图6-50和图6-51所示。

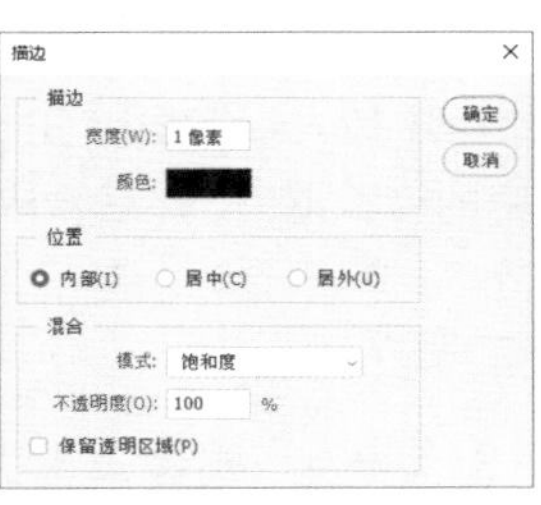

图6-50

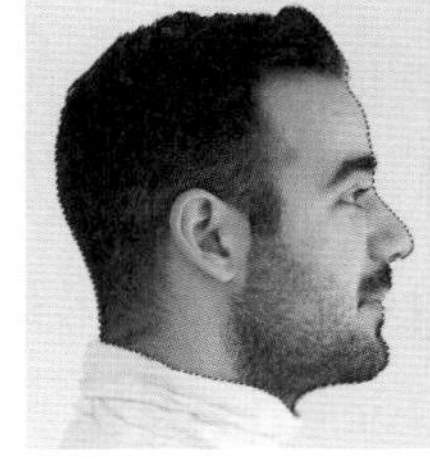

图6-51

03 选择“图层1”，如图6-52所示，单击面板底部的按钮，基于选区创建蒙版，将背景区域隐藏，如图6-53和图6-54所示。

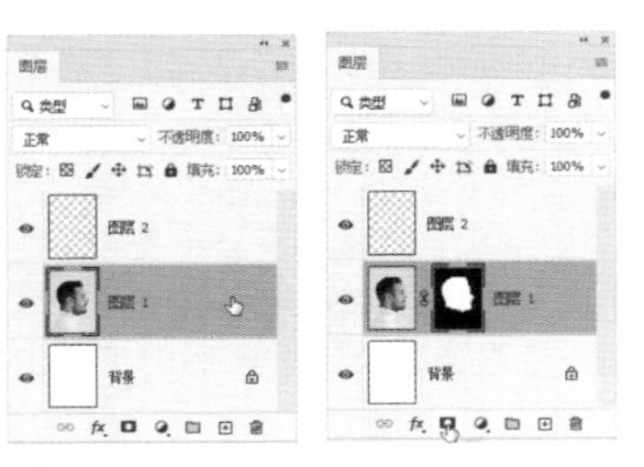

图6-52　　图6-53

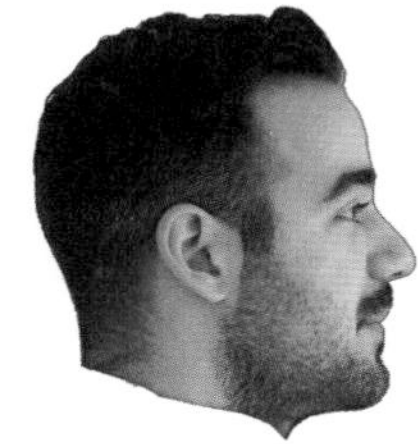

图6-54

04 选择“图层2”，单击面板底部的按钮，在“图层2”上方创建“阈值”调整图层，如图6-55所示，设置“阈值色阶”为146，如图6-56所示，将图像转换为黑白手绘线稿效果，如图6-57所示。

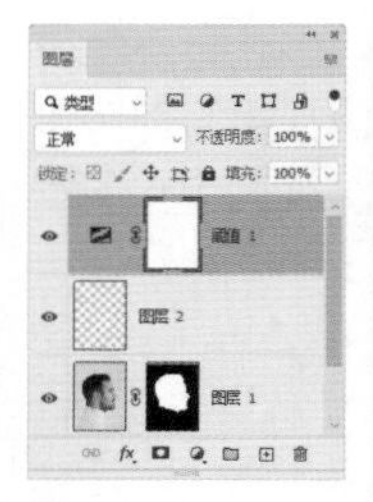

图6-55

图6-56

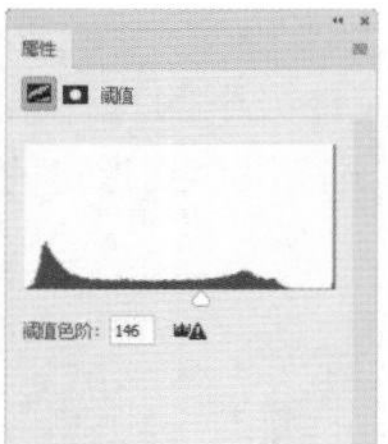

图6-57

05 打开星空素材，如图6-58所示，使用移动工具将它拖入画面中，设置混合模式为“浅色”，如图6-59所示，使星空映衬在头像内。还可以制作星空文字作为装饰，只要文字颜色为黑色，位于星空图层下方就可以了，如图6-60所示。

图6-58

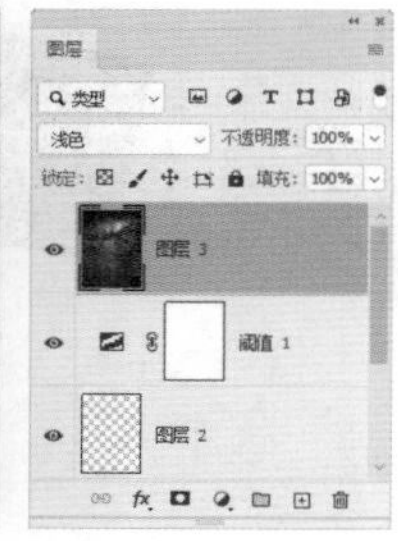

图6-59

图6-60

6.8 抠图

抠图是指将图像的一部分内容(如人物)选中，并分离出来，以便与其他素材进行合成。例如，制作广告、杂志封面等作品时，需要将照片中的模特抠出，然后合成到新的背景中。

6.8.1 Photoshop抠图工具及特点

Photoshop提供了许多抠图工具。在抠图之前，首先应该分析图像的特点，再根据分析结果确定最佳抠图工具和方法。

- 分析对象的形状特征。边界清晰流畅、图像内部没有透明区域的对象是比较容易选择的对象。如果这样的对象其外形为基本的几何形，可以用选框工具(矩形选框工具、椭圆选框工具)和多边形套索工具选择。如图6-61、图6-62所示的熊猫便是使用磁性套索工具和多边形套索工具选取的，如图6-63所示为更换背景后的效果。如果对象呈现不规则形状，边缘光滑且不复杂，则更适合使用钢笔工具选取。如图6-64所示是使用钢笔工具描绘的路径轮廓，将路径转换为选区后即可选中对象，如图6-65所示。
- 从色彩差异入手。“色彩范围”命令包含“红色”“黄色”“绿色”“青色”“蓝色”和“洋红”等固定的色彩选项，如图6-66所示，通过这些选项可以选择包含以上颜色的图像。

图6-61

图6-62

图6-63

图6-64

图6-65

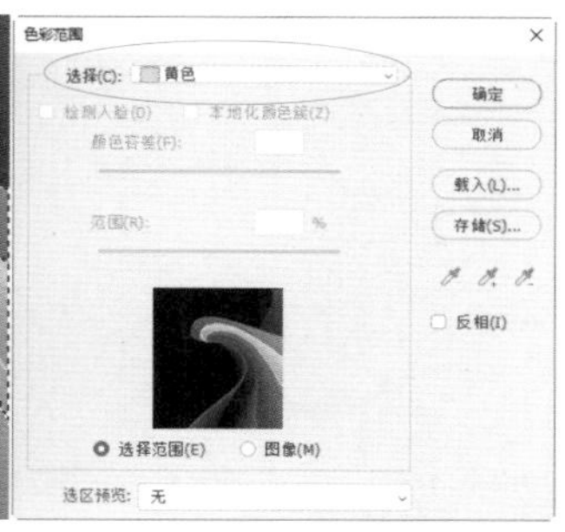

图6-66

- 从色调差异入手。使用魔棒工具、快速选择工具、磁性套索工具、背景橡皮擦工具、魔术橡皮擦工具、通道和混合模式，以及“色彩范围”命令中的部分功能，可基于色调差别生成选区。因此，可以利用对象与背景之间存在的色调差异选择对象。
- 基于边界复杂程度的分析。人像、人和动物的毛发、树木的枝叶等边缘复杂的对象，被风吹动的旗帜、高速行驶的汽车、飞行的鸟类等边缘模糊的对象，都是很难准确选择的对象。“调整边缘”命令和通道是抠此类复杂对象最主要的工具，如图6-67所示为原图，如图6-68所示为通道中的人像，如图6-69所示为抠出的人像。快速蒙版、“色彩范围”命令等也适合抠取边缘模糊的对象。

图6-67

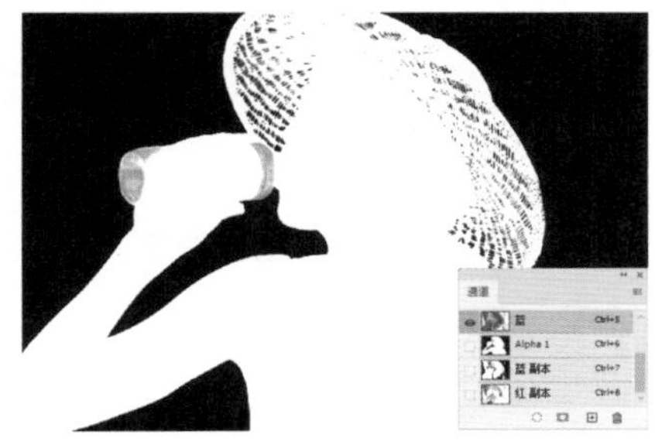

图6-68

图6-69

- 基于对象透明度的分析。对于玻璃杯、冰块、水珠、气泡等，抠图时能够体现它们透明特质的是半透明的像素。抠此类对象时，最重要的是既要体现对象的透明特质，也要保留其细节特征。“调整边缘”命令和通道，以及设置了羽化值的选框和套索等工具都可以抠透明对象。如图6-70所示为原图，如图6-71所示为通道中的图像，如图6-72所示为抠出的透明烟雾。

图6-70

图6-71

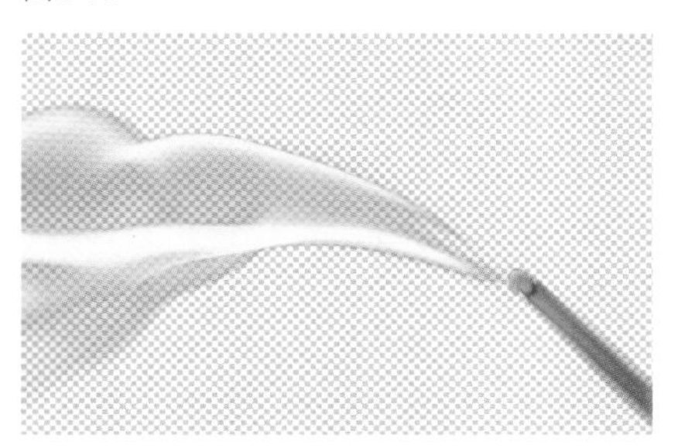

图6-72

6.8.2　解决图像与新背景的融合问题

抠出的图像与新背景能否完美地融合，直接影响图像合成效果。如图6–73所示，人物头顶的发丝很细，很清晰，环境色对头发的影响也特别明显。如图6-74所示为使用通道抠出的图像，头发的边缘有残留的背景色。将图像放在新背景中，效果没法让人满意，如图6-75所示。

图6-73

图6-74

图6-75

使用吸管工具在人物头顶的背景处单击，拾取颜色作为前景色，如图6-76所示，再用画笔工具（模式为“颜色”，不透明度为50%）在头发边缘的红色区域涂抹，为这些头发着色，使其呈现与环境色协调的蓝色调，降低原图像的背景色对头发的影响，如图6-77所示。按住Alt键，单击“图层”面板中的按钮，打开“新建图层”对话框，勾选“使用前一图层创建剪贴蒙版”复选框，设置“模式”为“滤色”，并勾选“填充屏幕中性色”复选框，如图6-78所示，创建中性色图层，它会与“图层1”创建为一个剪贴蒙版组；将画笔工具的模式设置为“正常”，不透明度设置为15%，在头发的边缘涂抹白色，提高头发边缘处发丝的亮度，使其清晰而明亮，如图6-79和图6-80所示。由于创建了剪贴蒙版，中性色图层将只对人物图像有效，背景图层不会受到影响。

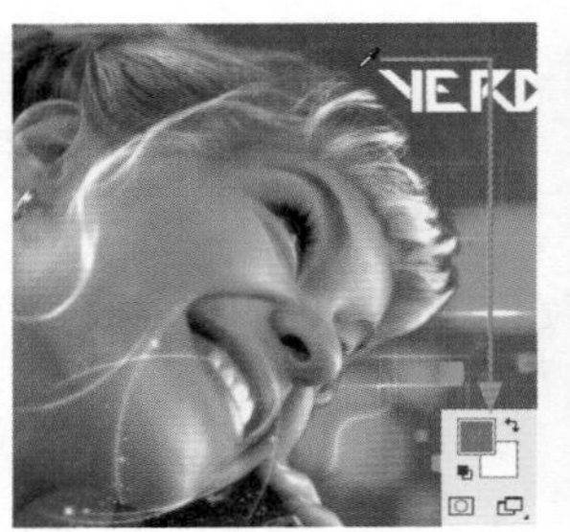

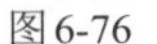

图6-76

图6-77

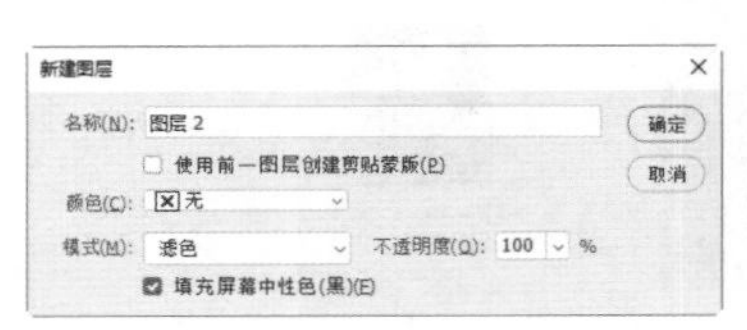

图6-78

图6-79

图6-80

tip 以上示例摘自作者编著的《Photoshop专业抠图技法》。该书详细介绍了各种抠图技法和操作技巧，包括“抽出”滤镜及Mask Pro、Knockout等抠图插件的使用方法，有想要系统学习抠图技术的读者可参阅此书。

6.9 抠图实例：用混合颜色带抠文字

01 打开素材，单击锁状图标，如图6-81所示，将“背景”图层转换为普通图层，然后创建红色填充图层，并调整到下方，如图6-82所示。

02 在“图层”面板中双击福字所在的“图层0”的空白处，打开“图层样式”对话框。将本图层下方的白色滑块向左侧拖曳，此时背景颜色会隐藏，下方填充图层的红色逐渐显现，如图6-83所示。注意观察文字边缘，当背景图像（白色）消失时释放滑块，如图6-84所示。

03 文字已经抠出。但这是毛笔字，它的边缘要柔和一些。按住Alt键单击白色滑块，将它一分为二，然后把分离出来的这两个滑块往左右两侧拖曳，建立过渡的羽化区域，即可在文字边缘生成轻微的模糊效果，如图6-85所示。

图6-81

图6-82

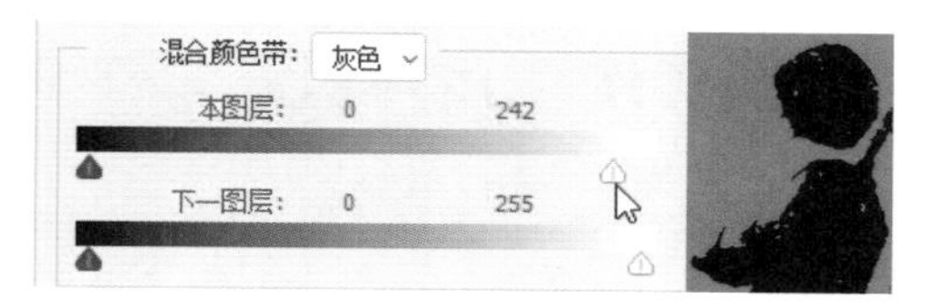

图6-83

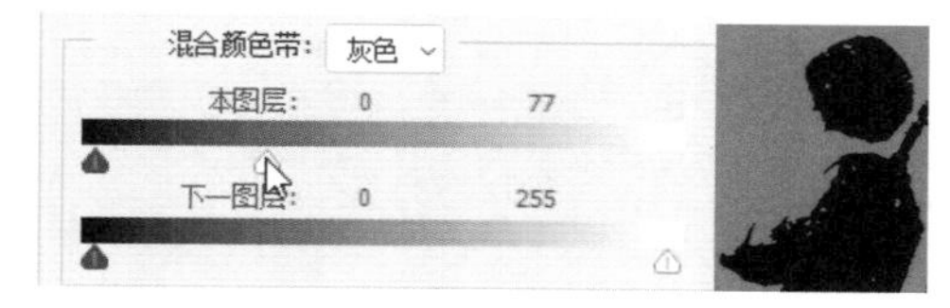

图6-84

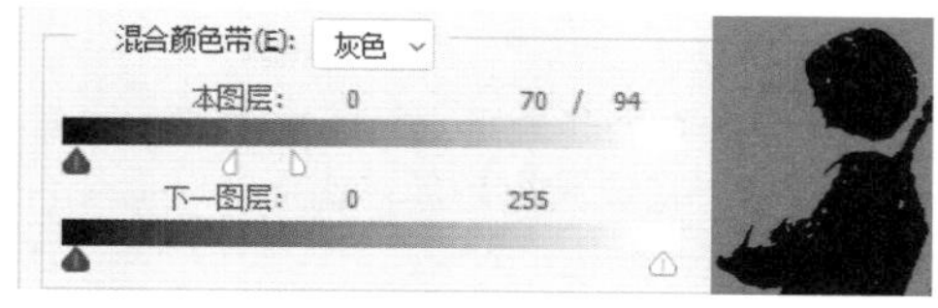

图6-85

6.10　抠图实例：用混合颜色带抠大树

01 打开素材，如图6-86所示。双击“背景”图层，将其转换为普通图层，如图6-87所示。

图6-86

图6-87

02 在“图层”面板中双击“图层0”的空白处，打开“图层样式”对话框，在“混合颜色带”列表中选择“蓝”（即“蓝”通道）。向左拖曳本图层下方的白色滑块，即可隐藏蓝天，如图6-88和图6-89所示。

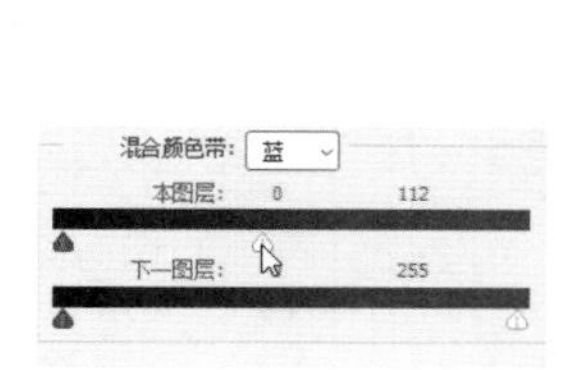

图6-88

图6-89

03 按住Alt键单击滑块，将其分开，然后把右半部分滑块稍微向右移动，这样可以建立过渡区域，防止枝叶边缘太过琐碎，如图6-90和图6-91所示。

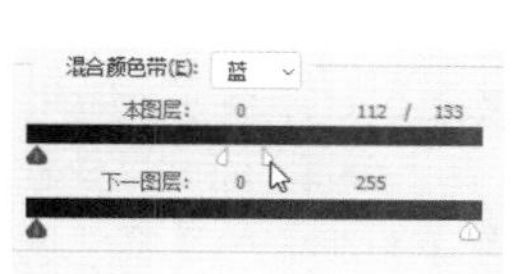

图6-90

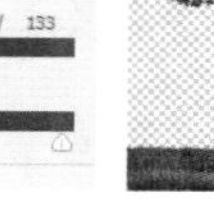
图6-91

04 观察图像缩览图，天空仍然存在，如图6-92所示，只是被隐藏了。如果想将其删除，要创建图层，如图6-93所示，然后按Alt+Shift+Ctrl+E快捷键，将当前效果盖印到新建的图层中，如图6-94所示，这样既抠出了大树，原始素材还会保留下来。需要注意的是，如果同时调整了本图层和下一图层中的滑块，则盖印以后只能删除本图层滑块所隐藏的区域中的图像。

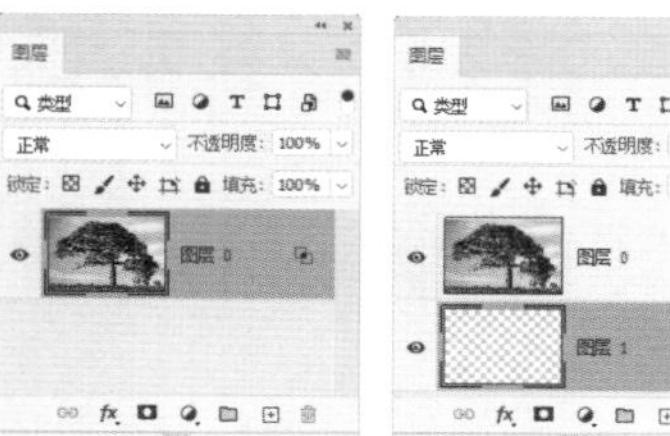
图6-92

图6-93

图6-94

6.11 抠图实例：用对象选择工具抠化妆品

01 打开素材，如图6-95所示。选择“图层1”，如图6-96所示。

图6-95

图6-96

02 使用对象选择工具创建矩形选区，将洗面奶全部选中，如图6-97所示。释放鼠标后，在洗面奶四周会自动生成较为精确的选区，如图6-98所示。

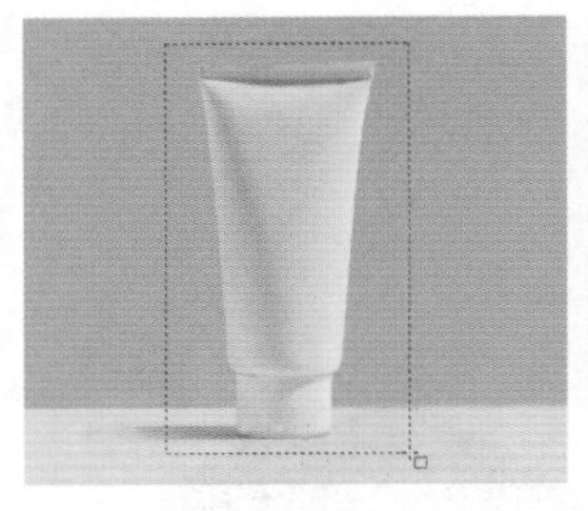

图6-97

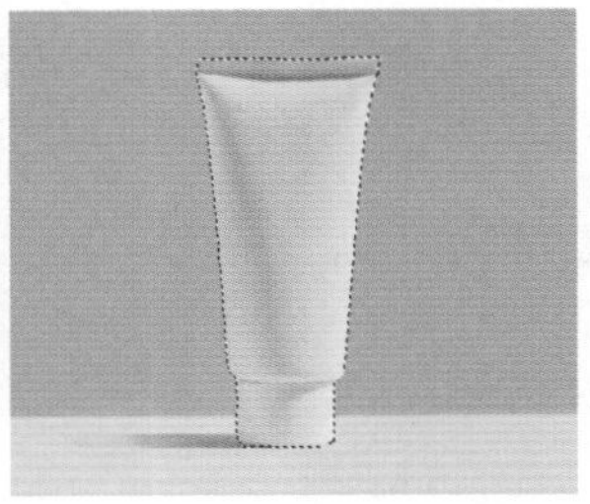

图6-98

03 为使选区更加精确，单击工具选项栏中的“选择并遮住”按钮，在打开的面板中设置“平滑”为4，设置“对比度”为40%，在“输出到”下拉列表中选择“图层蒙版”选项，如图6-99所示。按Enter键确认。图层蒙版会将洗面奶原来的背景隐藏，显示底层图像，如图6-100所示。

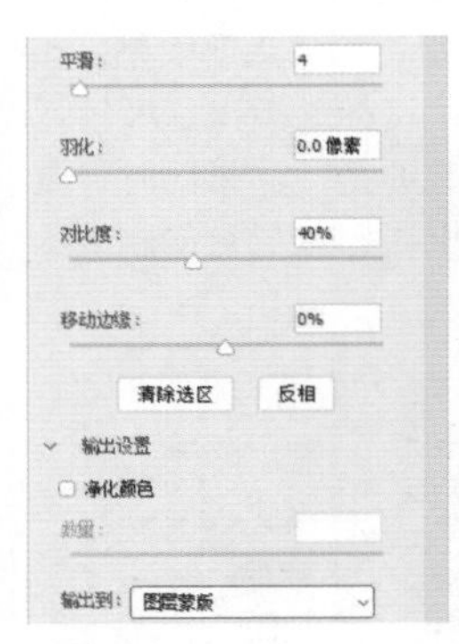

图6-99

图6-100

04 仔细观察抠图效果，发现瓶口部分的阴影比较明显，需要进一步处理。选择画笔工具，在“画笔”下拉面板中设置参数，如图6-101所示。用黑色涂抹瓶口，将阴影部分隐藏，效果如图6-102所示。使用画笔工具时，按住Shift键可在两点之间创建直线，方便绘制。

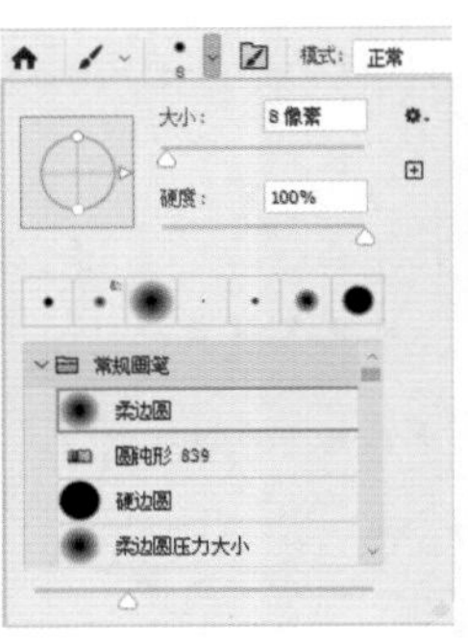

图6-101

图6-102

05 单击“图层”面板底部的按钮，在打开的菜单中执行“内发光”命令，在弹出的对话框中设置参数，如图6-103所示。要使产品的立体感更强，可以添加“投影”效果，参数如图6-104所示，效果如图6-105所示。

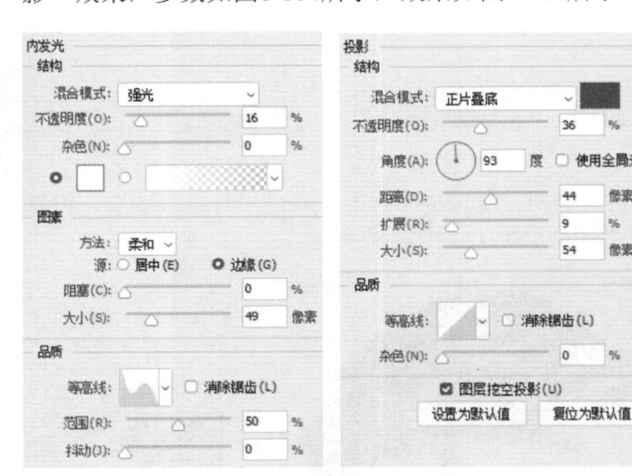

图6-103

图6-104

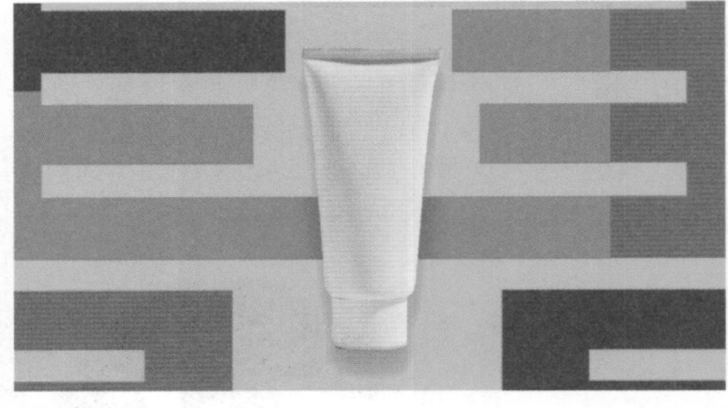

图6-105

06 选择“图层3”，单击左侧的眼睛图标，显示该图层，如图6-106和图6-107所示。按Alt+Ctrl+G快捷键创建剪贴蒙版，将文字的显示范围限定在洗面奶区域内，如图6-108和图6-109所示。

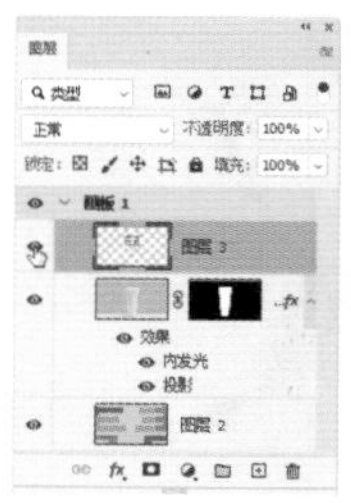
图6-106

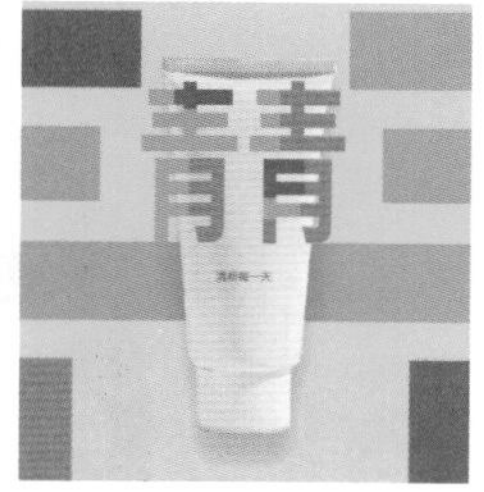
图6-107

图6-108

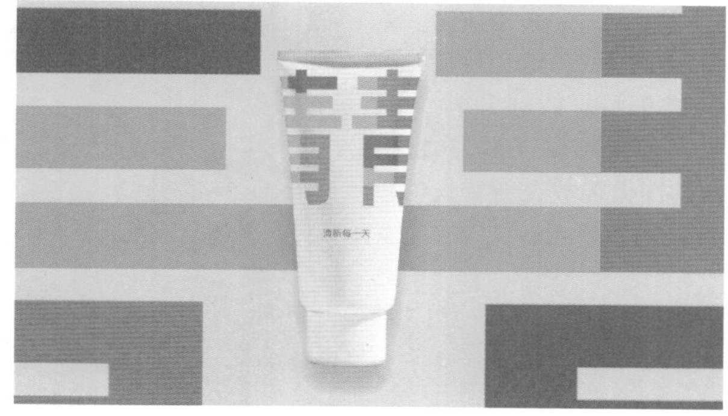
图6-109

6.12　抠图实例：用钢笔工具抠陶瓷工艺品

01 打开素材，如图6-110所示。选择钢笔工具，在工具选项栏中选择“路径”选项，如图6-111所示。

图6-110

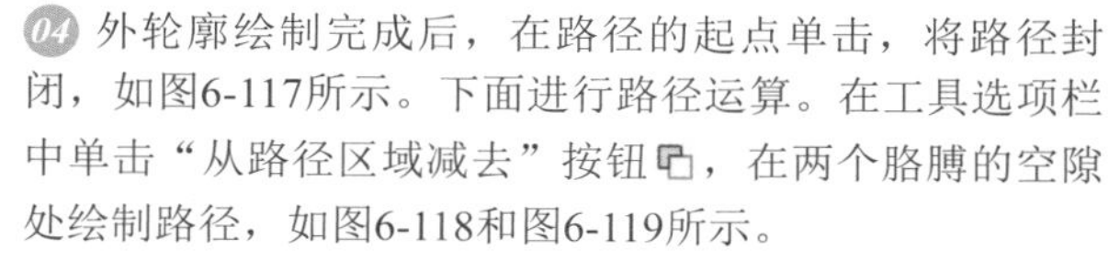

图6-111

02 按Ctrl++快捷键，放大窗口的显示比例。在脸部与脖子的转折处单击，并向上拖动鼠标，创建一个平滑点，如图6-112所示；向上移动光标，单击并拖动鼠标，生成第2个平滑点，如图6-113所示。

图6-112

图6-113

03 在发髻底部创建第3个平滑点，如图6-114所示。由于此处的轮廓出现了转折，需要按住Alt键，在该锚点上单击，将其转换为只有一个方向线的角点，如图6-115所示，这样绘制下一段路径时就可以发生转折了；继续在发髻顶部创建路径，如图6-116所示。

04 外轮廓绘制完成后，在路径的起点单击，将路径封闭，如图6-117所示。下面进行路径运算。在工具选项栏中单击“从路径区域减去”按钮，在两个胳膊的空隙处绘制路径，如图6-118和图6-119所示。

图6-114

图6-115

图6-116

图6-117

图6-118

图6-119

05 按Ctrl+Enter快捷键，将路径转换为选区，如图6-120所示。打开背景素材，使用移动工具 将抠出的图像拖放在新背景中，如图6-121所示。

图6-120

图6-121

6.13　抠图实例：用选择并遮住功能抠人像

01 打开素材。执行“选择”|“主体”命令，在人物身上自动创建选区，如图6-122所示。

02 仔细查看选区，因拍摄时清晰范围的限制，距离焦点较远的右肘部有些模糊，同时其颜色又与背景接近，所以没有完全被选取。头发的发梢部分也要进一步细化。选择快速选择工具，在工具选项栏中单击“添加到选区”按钮，在人物的右肘部单击并拖动鼠标，将漏选的部分添加到选区内；单击“从选区减去”按钮，在腰部单击并拖动鼠标，将其从选区中排除，如图6-123所示。

图6-122

图6-123

03 单击“选择并遮住”按钮，打开对话框，将视图模式设置为“叠加”，以便更好地观察选区细节。勾选“智能半径”复选框，设置“半径”为92像素，使发丝部分能尽量多地被选取。勾选“净化颜色”复选框，设置“数量”为100%，如图6-124~图6-126所示。头顶及胳膊上有少许漏选的区域（呈现红色的部分），可使用快速选择工具涂抹，将其添加到选区内。

图6-124

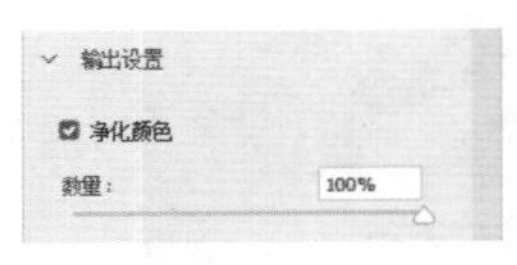

图6-125

图6-126

04 选择画笔工具，在工具选项栏中单击“从选区减去”按钮，在背心底边上单击并拖动，将这部分区域排除到选区外，如图6-127所示。在“输出到”下拉列表中选择“新建带有图层蒙版的图层”选项，如图6-128所示。按Enter键确认，抠出人物图像，如图6-129和图6-130所示。

图6-127

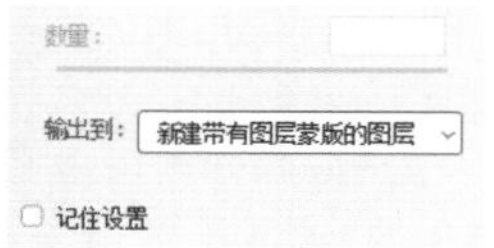

图6-128

图6-131

图6-132

图6-129

图6-130

图6-133

05 打开素材，如图6-131所示。将人物拖入素材文件。在“图层”面板中，将“图层0”拖至“组3”下方，如图6-132，效果如图6-133所示。

6.14　抠图实例：用通道抠婚纱

01 打开素材，如图6-134所示。单击“路径”面板底部的 ⊞ 按钮，新建路径，如图6-135所示。

图6-134

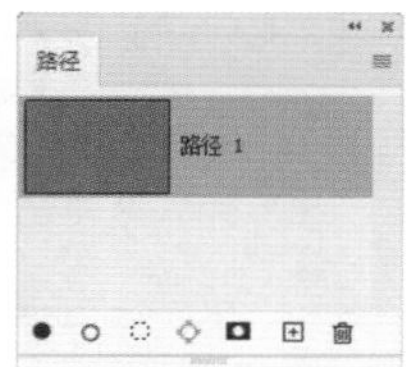

图6-135

02 选择钢笔工具 ，在工具选项栏中选择“路径”选项。沿人物的轮廓绘制路径，描绘时要避开半透明的婚纱，如图6-136和图6-137所示。

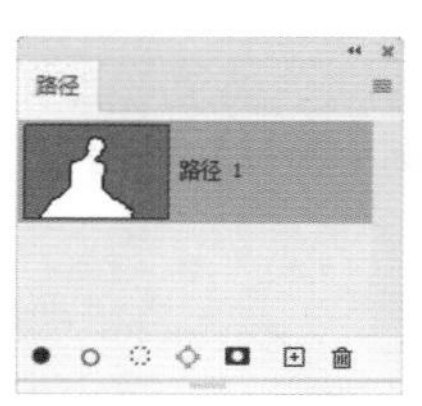

图6-136

图6-137

03 按Ctrl+Enter快捷键将路径转换为选区，如图6-138所示。单击“通道”面板中的 ◘ 按钮，将选区保存到通道中，如图6-139所示。

图6-138

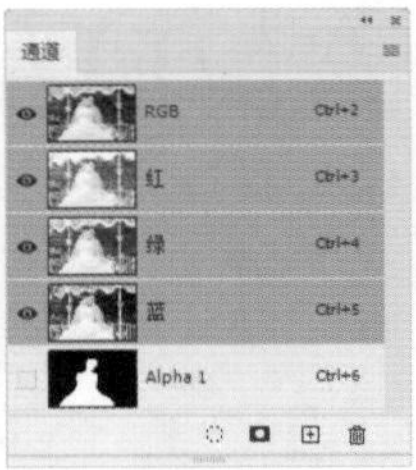

图6-139

04 将蓝通道拖曳到 ⊞ 按钮上进行复制。使用快速选择工具选取女孩（包括半透明的头纱），按Shift+Ctrl+I快捷键反选，如图6-140和图6-141所示。

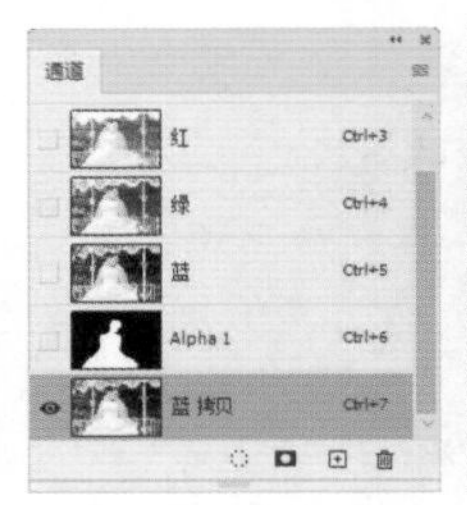

图6-140

图6-141

05 在选区中填充黑色，如图6-142和图6-143所示，按Ctrl+D快捷键取消选择。

图6-142

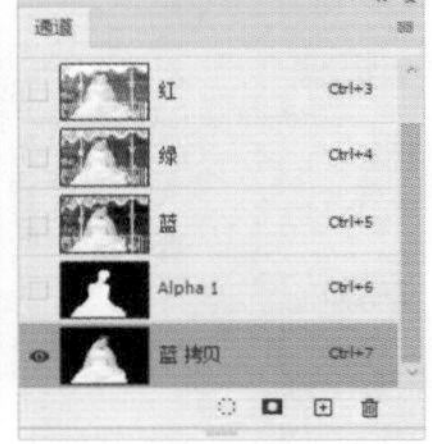

图6-143

06 执行“图像”|“计算”命令，让“蓝副本”通道与Alpha 1通道采用“相加”模式混合，如图6-144所示。单击“确定”按钮，得到新的通道，如图6-145和图6-146所示。

07 由于现在显示的是通道图像，可单击“通道”面板底部的 ⬚ 按钮，直接载入婚纱选区。按Ctrl+2快捷键显示彩色图像，如图6-147所示。

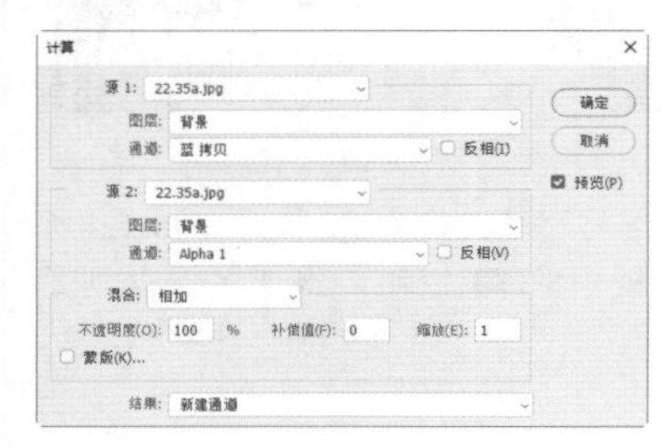

图6-144

图6-145

图6-146

图6-147

08 打开素材，将抠出的婚纱图像拖入该文件中，如图6-148所示。头纱还有些暗，添加“曲线”调整图层，调亮图像，如图6-149所示。按Ctrl+I快捷键将蒙版反相，使用画笔工具在头纱上涂抹白色，使头纱变亮，按Alt+Ctrl+G快捷键，创建剪贴蒙版，如图6-150和图6-151所示。

图6-148

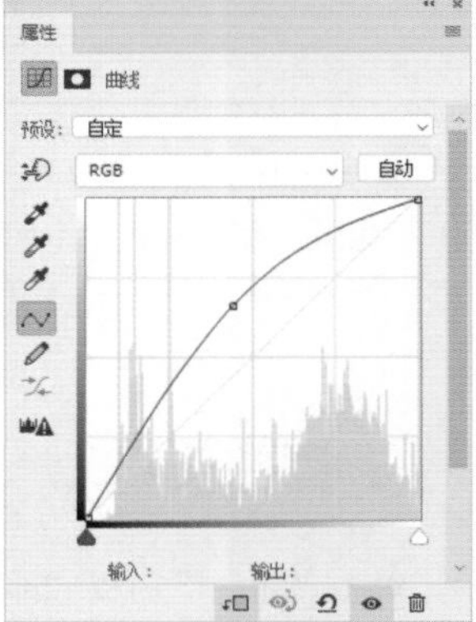

图6-149

图6-150

图6-151

6.15　应用案例：草莓季欢迎模块设计

01 按Ctrl+N快捷键，打开“新建文档”对话框，创建大小为750像素×300像素、分辨率为72像素/英寸的文档。

02 打开草莓素材。选择移动工具 ，将草莓拖曳至文档中，如图6-152所示。这张照片的曝光略显不足，草莓看起来有点暗淡。

图6-152

tip 在为欢迎模块选用图片时，应选择那些能体现商品特色、引起顾客购买兴趣的图片。拍摄商品照片时，也要注意光线一定要充足，才能将宝贝的色彩和细节尽可能多地捕捉下来。背景则应简单，可用纯色或比较柔和的色调衬托，也可以用一些能突出产品特性的小道具。尤其是食品，色彩一定要鲜艳、饱满，才显得新鲜。

03 单击“调整”面板中的 按钮，创建“可选颜色”调整图层。“可选颜色”可以调整每种颜色中的色彩含量，而不影响其他颜色。在“颜色”下拉列表中选择“红色”，增加红色参数，如图6-153所示，使草莓的颜色更加饱满；选择“洋红”，减少洋红中的青色和洋红色，增加黄色，如图6-154所示，可以降低背景色彩浓度；再分别调整“白色”和“中性色”，如图6-155和图6-156所示。使背景看起来温暖柔和，不再是偏冷的色调，如图6-157所示。

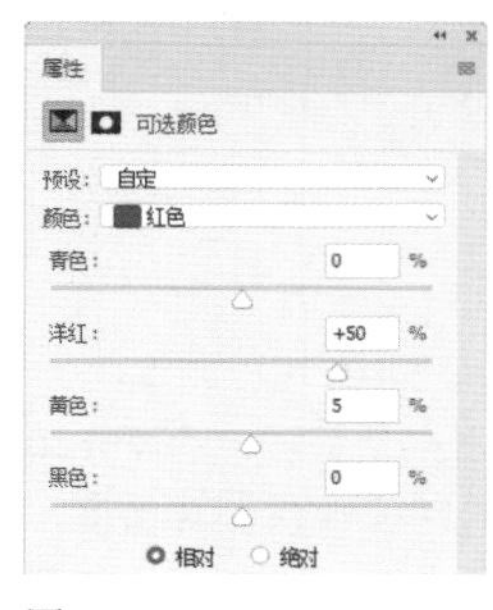

图6-153

图6-154

图6-155

图6-156

图6-157

04 单击“调整”面板中的 按钮，创建“亮度/对比度”调整图层，增加对比度，使草莓的颜色更加鲜艳，同时提亮了背景，如图6-158和图6-159所示。

图6-158

图6-159

05 打开插图素材，拖入画面中。用多边形套索工具 创建选区，如图6-160所示，单击“图层”面板底部的 按钮，基于选区创建蒙版，将右侧挡住草莓的部分隐藏，如图6-161所示。

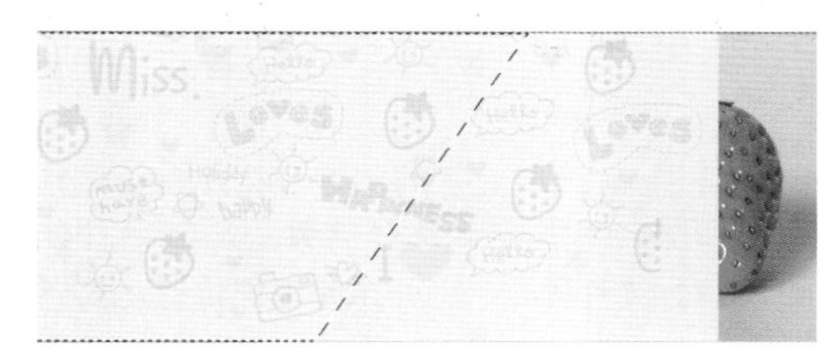

图6-160

图6-161

06 新建空白文档，用来制作文字。选择横排文字工具 T，输入文字“幸福时光”，在文字“幸福”后面单击，按Enter键将文字分成两行，如图6-162所示。在“字符”面板中设置行距为75点，如图6-163所示。在“图层”面板中的文字图层上右击鼠标，在弹出的快捷菜单中执行“转换为形状”命令，将文字图层转换为形状图层，文字不再具备原有的属性，不能再修改字体，但是可以作为路径进行编辑，如图6-164所示。

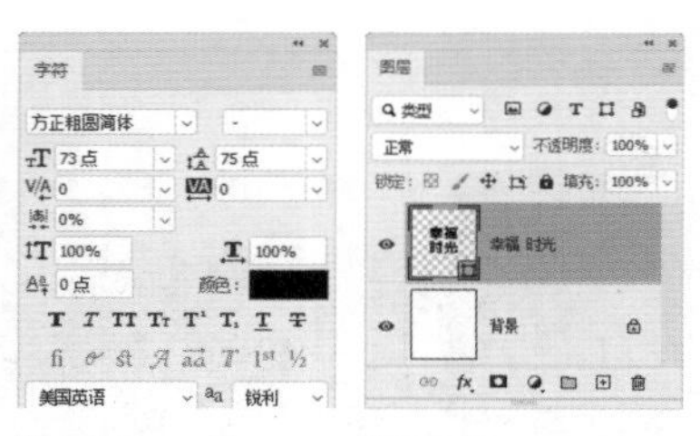

图6-162　图6-163　图6-164

07 用路径选择工具 调整文字的位置，再用直接选择工具 单击文字“福”的路径，显示所有锚点以后，框选最左侧的两个锚点，如图6-165所示，按住Shift键同时将其向左拖动，如图6-166所示。用同样的方法调整其他文字的笔画，如图6-167~图6-170所示。有的延长，有的缩短，并整体保持均衡。

图6-165 　图6-166 　图6-167

图6-168 　图6-169 　图6-170

08 用直接选择工具 选取文字的部首，按Delete键删除，如图6-171和图6-172所示。选择椭圆工具 ，按住Shift键绘制大小不同的圆形，填补在原来的位置，如图6-173所示。

图6-171 　图6-172 　图6-173

09 用钢笔工具 绘制一条弧线，作为文字“光”的笔画延长线。文字中都是直线会显得刻板，适当地加入圆形和弧线，会在平稳中产生变化，活跃字体气氛。在工具选项栏中设置填充为“无”，描边为13.06点，单击 按钮，在打开的下拉列表中设置形状的描边类型，描边与路径为居中对齐、圆头端点，如图6-174和图6-175所示。

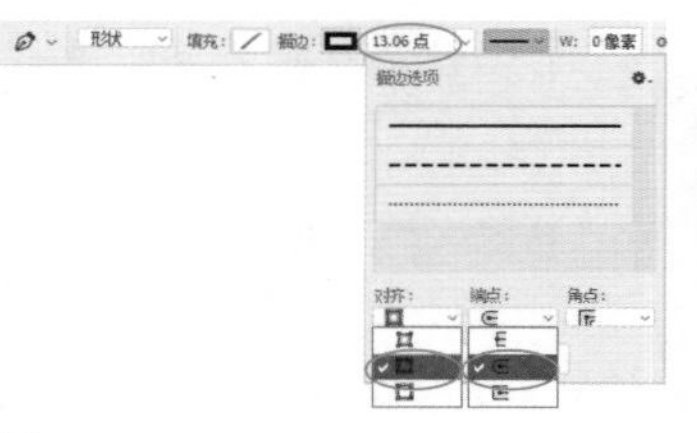

图6-174

图6-175

10 在文字“寸”左侧绘制半圆形路径，设置“角点”为圆角连接，如图6-176和图6-177所示。选择椭圆工具 ，在路径中绘制圆形，如图6-178所示，组成完整的文字“时”，完成这款字体的设计。

图6-176　图6-177　图6-178

11 按住Shift键单击并选取文字所在的3个图层，如图6-179所示。在图层上右击鼠标，在弹出的快捷菜单中执行“栅格化图层”命令，将形状图层转换为普通图层，如图6-180所示。按Ctrl+E快捷键将这3个图层合并，单击 按钮，锁定图层的透明像素，如图6-181所示。

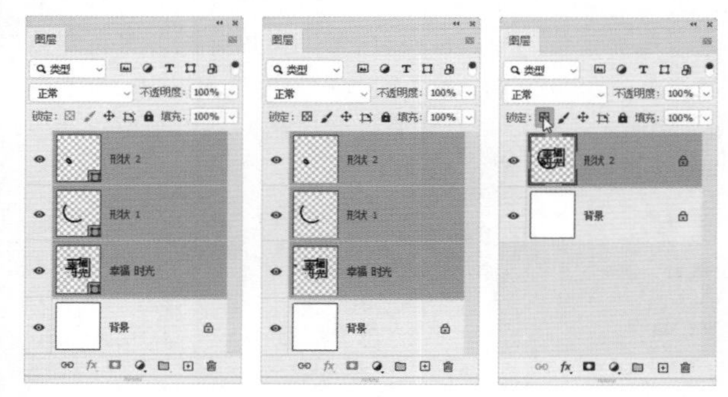

图6-179　图6-180　图6-181

12 将前景色设置为红色，按Alt+Delete快捷键，将文字填充为红色，如图6-182所示。打开“图层样式”对话框，为文字添加“描边”和“投影”效果，如图6-183和图6-184所示。将文字拖入草莓文档中，如图6-185所示。

图6-182

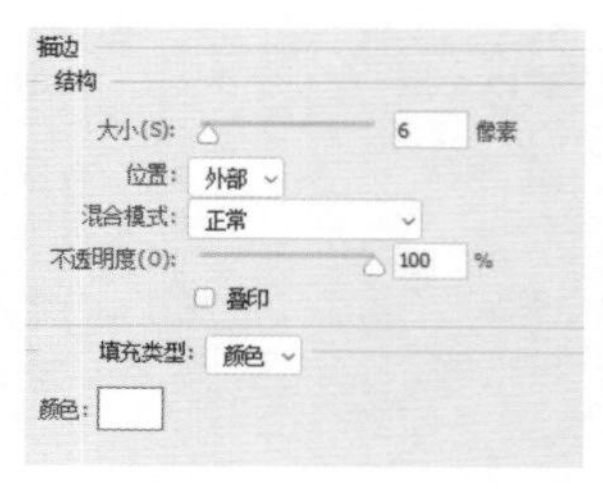

图6-183

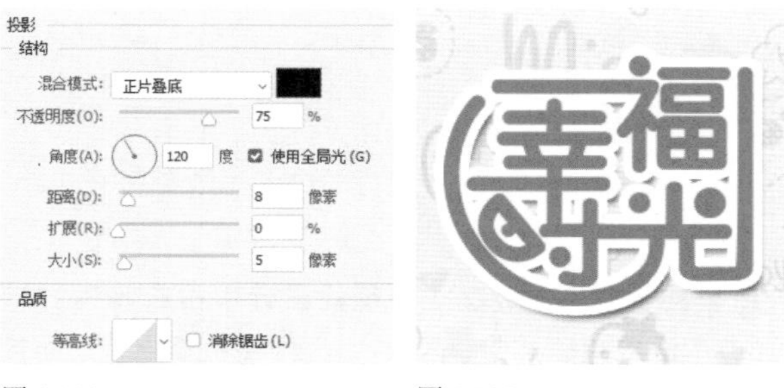

图6-184　　图6-185

13 选择横排文字工具 T，输入副标题及广告语，如图6-186所示，并用英文进行装饰，如图6-187所示。

图6-186

图6-187

14 输入产品信息，绘制浅粉色图形并装饰在文本块的两个边角处，如图6-188所示。

图6-188

6.16　课后作业：图像合成习作

本章学习了照片处理与抠图。下面通过课后作业来强化学习效果。如果有不清楚的地方，请看视频教学文件。

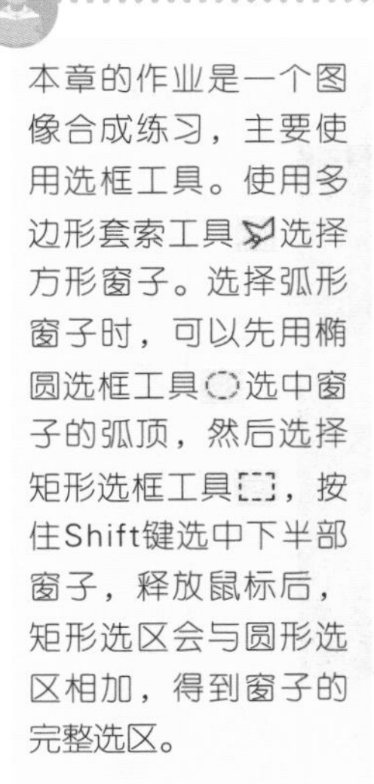

本章的作业是一个图像合成练习，主要使用选框工具。使用多边形套索工具选择方形窗子。选择弧形窗子时，可以先用椭圆选框工具选中窗子的弧顶，然后选择矩形选框工具，按住Shift键选中下半部窗子，释放鼠标后，矩形选区会与圆形选区相加，得到窗子的完整选区。

实例效果

窗子素材

玫瑰花素材

6.17　复习题

1. 如果一个图像的分辨率很低，将其放大时，画面变模糊了，可以通过提高分辨率来使图像变清晰吗？
2. 降噪、锐化是分别基于什么原理实现的？
3. 抠汽车、毛发、玻璃杯适合使用哪些工具？

第7章

滤镜与特效 插画设计

滤镜原本是一种摄影器材，摄影师通过将其安装在照相机的镜头前面改变照片的拍摄方式，进而影响照片色彩或产生特殊的拍摄效果。Photoshop中的滤镜可用于制作特效、校正照片、模拟各种绘画效果，也常用来编辑图层蒙版、快速蒙版和通道。滤镜分为内置滤镜和外挂滤镜两大类。内置滤镜是Photoshop提供的各种滤镜，外挂滤镜是由其他厂商开发的滤镜，需要安装在Photoshop中才能使用。

7.1　插画设计

插画作为一种重要的视觉传达形式，在现代设计中占有特殊的地位。在欧美，插画已被广泛应用于广告、传媒、出版、影视等领域，而且还被细分为儿童类、体育类、科幻类、食品类、数码类、纯艺术类、幽默类等多种专业类型。不仅如此，插画的风格也丰富多彩。

- 装饰风格插画：注重形式美感的设计，设计者要传达的含义都是较为隐性的，这类插画多采用装饰性的纹样，其构图精致，色彩协调，如图7-1所示。
- 动漫风格插画：在插画中使用动画、漫画和卡通形象，以此增加插画的趣味性，采用较为流行的表现手法使插画的形式新颖、时尚，如图7-2所示。

图7-1

图7-2

- 矢量风格插画：能够充分体现图形的艺术美感，如图7-3和图7-4所示。

图7-3

图7-4

- Mix & match风格插画：能够融合许多独立的，甚至互相冲突的艺术表现方式，使之呈现协调的整体风格，如图7-5所示。
- 儿童风格插画：多用于儿童杂志或书籍，颜色较为鲜艳，画面生动有趣，造型简约、可爱或怪异，场景也会比较Q，如图7-6所示。
- 涂鸦风格插画：具有粗犷的美感，自由、随意，且充满个性，如图7-7所示。
- 线描风格插画：利用线条和平涂的色彩作为表现形式，具有单纯和简洁的特点，如图7-8所示。

学习重点

- 滤镜库
- 智能滤镜
- 网点效果
- 制作钢笔淡彩效果
- 制作流彩凤凰
- 制作纪念币

图7-5

图7-6

图7-7

图7-8

7.2　Photoshop滤镜

滤镜是Photoshop最具吸引力的功能之一。它就像一个神奇的魔术师，随手一变，就能让普通的图像呈现令人惊奇的视觉效果。滤镜不仅可以校正照片、制作特效，还能模拟各种绘画效果，也常用来编辑图层蒙版、快速蒙版和通道。

7.2.1　滤镜的原理

位图（如照片、图像素材等）是由像素构成的，每个像素都有自己的位置和颜色值，滤镜能够改变像素的位置或颜色，从而生成各种特效。如图7-9所示为原图像，如图7-10所示是用"染色玻璃"滤镜处理后的图像，从放大镜中可以看到像素的变化情况。

Photoshop的所有滤镜都在"滤镜"菜单中，如图7-11所示。其中"滤镜库""镜头校正""液化""消失点"等是特殊滤镜，其他滤镜都依据其主要功能，放置在不同类别的滤镜组中。如果安装了外挂滤镜，则它们会出现在菜单底部。

图7-9

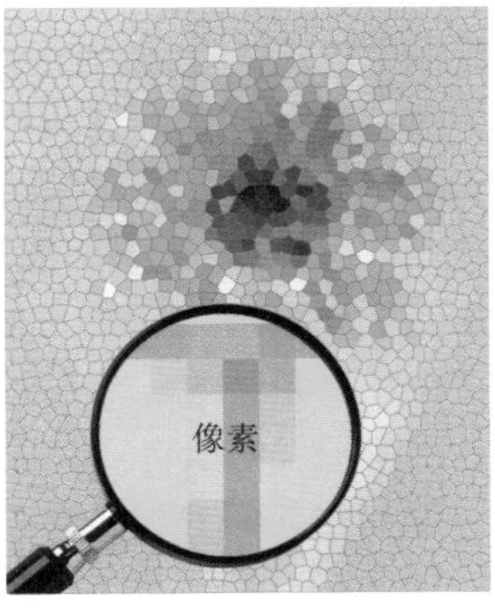

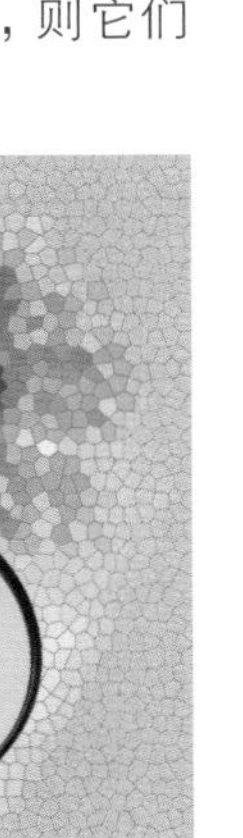

图7-10

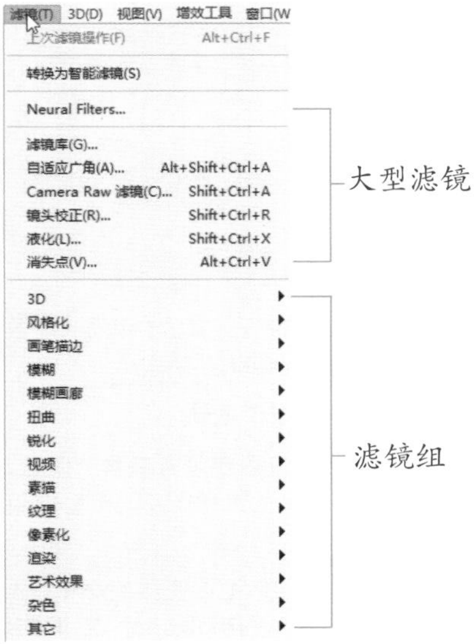

大型滤镜

滤镜组

图7-11

由于数量过多，Adobe对滤镜进行过优化，将"画笔描边""素描""纹理""艺术效果"滤镜组整合到"滤镜库"中。因此，在默认状态下，"滤镜"菜单中没有这些滤镜。这样菜单会更加简洁、清晰。执行"编辑"|"首选项"|"增效工具"命令，打开"首选项"对话框，勾选"显示滤镜库的所有组和名称"复选框，可以让所有滤镜都出现在"滤镜"菜单中。

7.2.2 滤镜的使用规则和技巧

- 使用滤镜处理图层中的图像时，需要选择该图层，并且图层必须是可见的（缩览图左侧的眼睛图标 可见）。滤镜只能处理一个图层，不能同时处理多个图层。
- 如果创建了选区，如图7-12所示，滤镜只处理选中的图像，如图7-13所示；如果未创建选区，则处理当前图层中的全部图像，如图7-14所示。

图7-12

图7-13

图7-14

- 滤镜的处理效果是以像素为单位进行计算的，相同的参数处理不同分辨率的图像，其效果也会有所不同。
- 滤镜可以处理图层蒙版、快速蒙版和通道。
- 只有“云彩”和“纤维”滤镜可以应用在没有像素的区域，其他滤镜都必须应用在包含像素的区域，否则不能使用这些滤镜。但外挂滤镜除外。
- “滤镜”菜单中显示为灰色的命令是不可使用的命令，通常情况下，这与图像模式有关。在Photoshop中，RGB模式的图像可以使用所有滤镜，其他模式则会受到限制。在处理非RGB模式的图像时，可以先执行“图像”|“模式”|“RGB颜色”命令，将图像转换为RGB模式，再应用滤镜。
- 在任意设置滤镜参数的对话框中按住Alt键，“取消”按钮就会变成“复位”按钮，如图7-15所示。单击该按钮，可以将参数恢复到初始状态。
- 使用滤镜后，“滤镜”菜单的第一行便会出现相应滤镜的名称，如图7-16所示，单击它或按Alt+Ctrl+F快捷键，可以快速应用该滤镜。

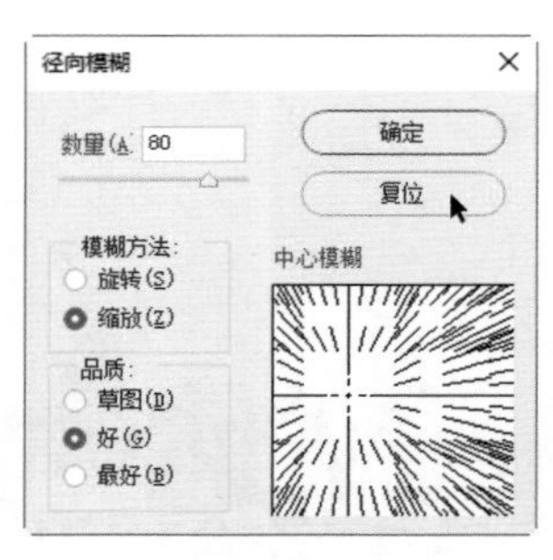

图7-15

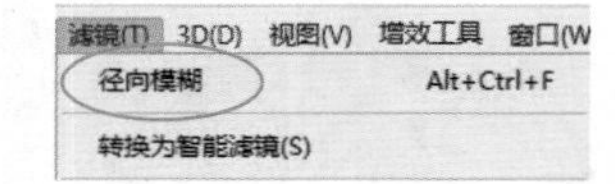

图7-16

- 在应用滤镜的过程中，如果要终止处理，可以按Esc键。
- 使用“光照效果”“木刻”和“染色玻璃”等滤镜，以及编辑高分辨率的大图时，有可能导致Photoshop的运行速度变慢。使用滤镜之前，可以先执行“编辑”|“清理”命令释放内存，也可以退出其他应用程序，为Photoshop提供更多的可用内存。此外，当内存不够用时，Photoshop会自动将计算机中的空闲硬盘空间作为虚拟内存来使用（也称暂存盘）。因此，如果计算机中的某个硬盘空间较大，可将其指定给Photoshop使用。执行“编辑”|“首选项”|“性能”命令，打开“首选项”对话框，“暂存盘”选项中显示了计算机的硬盘驱动器盘符，只要将空闲空间较多的驱动器设置为暂存盘，如图7-17所示，然后重新启动Photoshop即可。

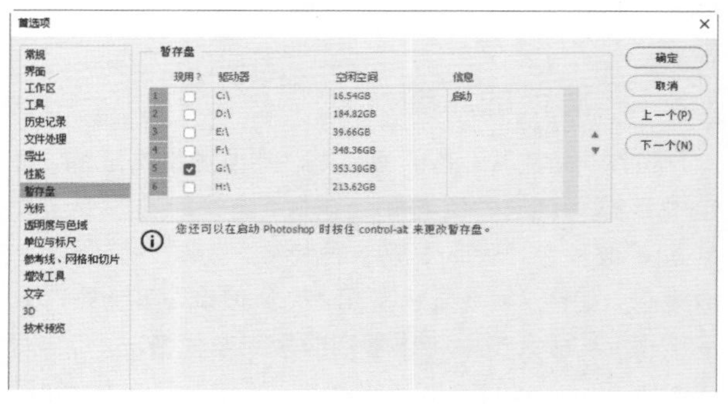

图7-17

7.2.3 滤镜库

执行“滤镜”|“滤镜库”命令，或者使用“风格化”“画笔描边”“扭曲”“素描”“纹理”“艺术效果”滤镜组中的滤镜时，都可以打开“滤镜库”，如图7-18所示。在“滤镜库”对话框中，左侧是预览区，中间是6组可供选择的滤镜，右侧是参数设置区。

单击“新建效果图层”按钮 ，可以添加效果图层。添加效果图层后，可以选取要应用的另一个滤镜，图像效果会变得更加丰富，如图7-19所示。滤镜效果图层与图层的编辑方法基本相同，上下拖动效果图层可以调整它们的堆叠顺序，滤镜效果也会发生改变，如图7-20所示。单击 按钮，可以删除效果图层。单击眼睛图标 ，可以隐藏或显示滤镜。

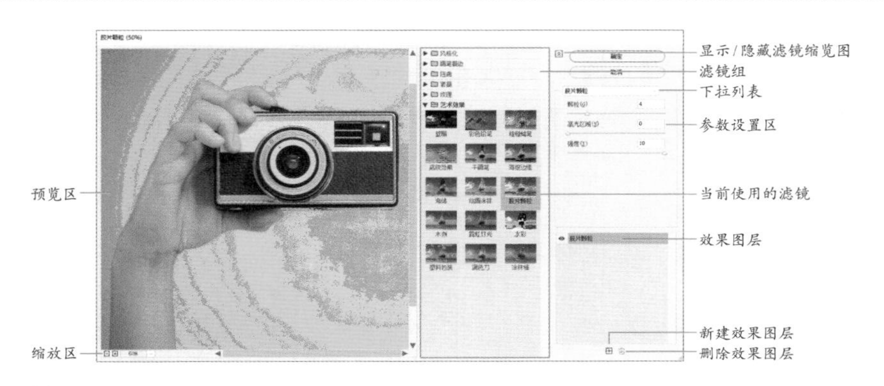

图 7-18

tip Photoshop允许安装第三方厂商开发的滤镜，这些滤镜被称为"外挂滤镜"。安装完成以后，重新运行Photoshop，在"滤镜"菜单的底部便可以看到它们。本书附赠的"Photoshop外挂滤镜使用手册"中详细介绍了外挂滤镜的安装方法，以及KPT7、Eye Candy 4000和Xenofex滤镜的具体使用方法。

图 7-19

图 7-20

7.2.4　智能滤镜

选择要应用滤镜的图层，如图7-21所示，执行"滤镜"|"转换为智能滤镜"命令，在弹出的对话框中单击"确定"按钮，将图层转换为智能对象，此后应用的滤镜即为智能滤镜，如图7-22所示。智能滤镜可以达到与普通滤镜完全相同的效果，但它是作为图层效果出现的，因而不会真正改变图像中的任何像素。

图 7-21

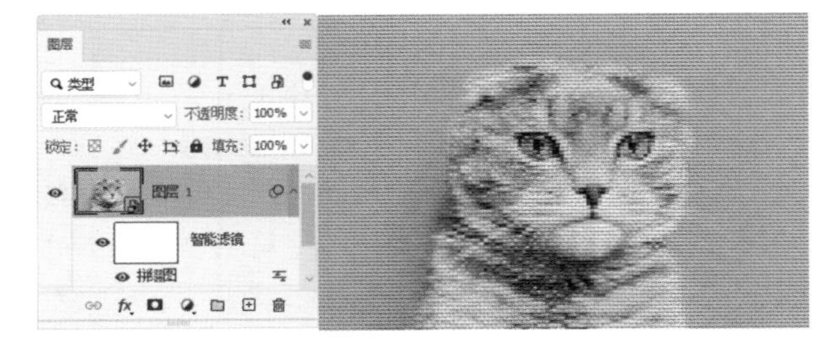

图 7-22

添加智能滤镜后，双击"图层"面板中的智能滤镜，如图7-23所示，可以重新打开相应的"滤镜"对话框，修改滤镜参数，如图7-24和图7-25所示。

图 7-23

图 7-24

图 7-25

智能滤镜包含图层蒙版，单击蒙版缩览图，可以进入蒙版编辑状态。如果要遮盖面部滤镜效果，可以用黑色涂抹蒙版；如果要显示滤镜效果，则用白色涂抹蒙版，如图7-26所示。

图 7-26

如果要减弱滤镜效果，可以用灰色涂抹，滤镜将呈现不同级别的透明度，如图 7-27 所示。

图 7-27

智能滤镜效果还可以调整混合模式，也可调整堆叠顺序、添加图层样式，如图 7-28 所示。将智能滤镜拖曳到"图层"面板底部的"删除图层"按钮 上，可将其删除。

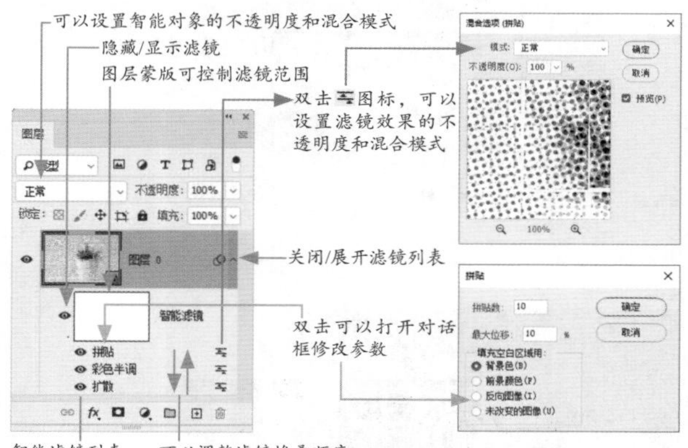

图 7-28

7.3 Neural Filters

Neural Filters 包括精选滤镜、测试滤镜和即将推出的滤镜，如图 7-29 所示。该滤镜不会破坏原始图像，它通过生成新的像素来改进图像效果，这些新像素实际上不存在于原始图像中。在初次使用之前，显示 图标的滤镜需要从云端下载，只要单击该图标即可。

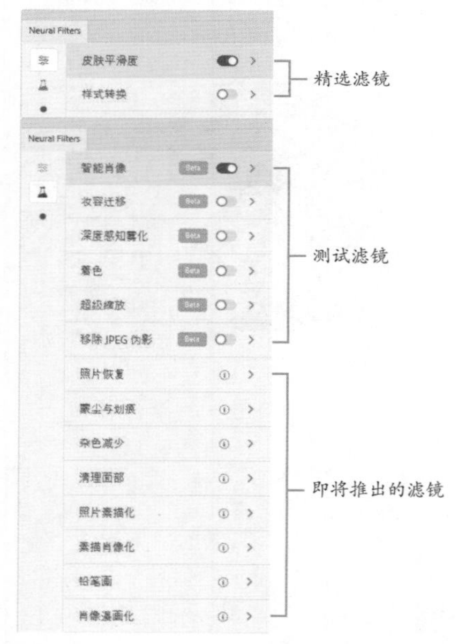

图 7-29

- 精选滤镜 ：已经发布的滤镜。
- 测试滤镜 ：可使用的测试版滤镜，虽然可以使用，但是输出的结果可能不尽如人意。
- 即将推出：后面带有 图标的是目前尚未提供的，但不久的将来会提供的滤镜。

在"输出"下拉列表中有 5 种输出方式，如图 7-30 所示。

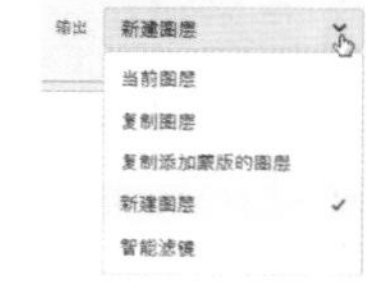

图 7-30

- 当前图层：用于生成像素以修改当前图层的破坏性操作。
- 复制图层：复制当前图层并将新滤镜应用于新图层。
- 复制被蒙版的图层：创建新图层，并将滤镜作为新图层中的蒙版应用。
- 新建图层：仅使用新生成的像素生成新图层。
- 智能滤镜：系统会生成新像素并将其应用为智能滤镜。

7.3.1 皮肤平滑度

使用"皮肤平滑度"滤镜时，只需单击 按钮，即可启用该滤镜（按钮会呈现蓝色 ），Photoshop 会自动移除皮肤上的瑕疵和痘印，如图 7-31～图 7-33 所示。要查看应用于图像的滤镜列表，可单击菜单中的 按钮。要查看滤镜使用前后的对比效果，可单击左下角的 按钮。要将滤镜效果重置为初始状态，可单

击右上角的 按钮。

图 7-31

> tip 如果在图像中未检测到人脸，则与肖像相关的滤镜将呈现灰色状态。

原图
图 7-32

平滑后的效果
图 7-33

7.3.2　样式转换

“样式转换”滤镜可以赋予图像新的外观，将选定的艺术风格应用于图像，从而呈现丰富多变的艺术效果。打开图像，如图 7–34 所示，执行“滤镜”| Neural Filters 命令，打开对话框，单击“样式转换”滤镜右侧的 按钮，启用该滤镜，如图 7–35 所示。单击“显示更多”选项，在预设的样式中有更多选择，甚至可以看到一些名画效果，如梵高的《自画像》、葛饰北斋的浮世绘作品《神奈川冲浪里》，这些效果使图像更具艺术感，如图 7–36~ 图 7–39 所示。当然，也不乏现代流行艺术和各种风格的特效，如图 7–40~ 图 7–47 所示。

图 7-34

图 7-35

图 7-36

图 7-37

图 7-38

图 7-39

图 7-40

图 7-41

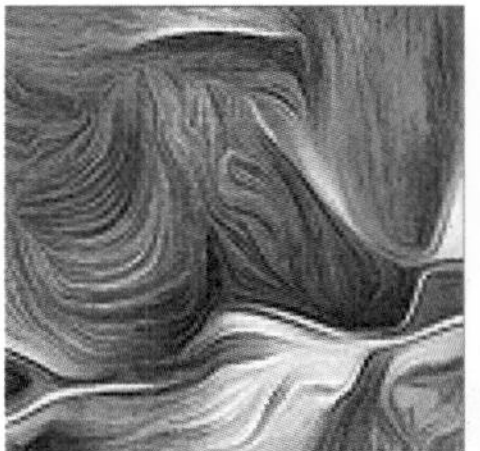
图 7-42

图 7-43

图 7-44

图 7-45

图 7-46

图 7-47

7.3.3 智能肖像

“智能肖像”是测试版滤镜，可以对肖像的表情、光照方向、眼神及面部朝向等进行处理。打开图像，如图 7–48 所示，在 Neural Filters 对话框中直接拖动相应选项的滑块，即可实现想要的效果，如图 7–49、图 7–50 所示。单击右上角的重置参数图标，可恢复初始状态。图 7–51 和图 7–52 所示为“惊讶”和“愤怒”的效果。“面部年龄”效果非常有趣，向左拖动滑块是得到年轻的减龄效果，向右拖动滑块则呈现鬓发斑白的老年状态，如图 7–53 和图 7–54 所示。“凝望”“发量”“面部朝向”“光线方向”等效果也可以轻松实现，如图 7–55~ 图 7–58 所示。“智能肖像”滤镜使创造性地调整肖像变得简单而有趣。

图 7-48　图 7-49

图 7-50

图 7-51

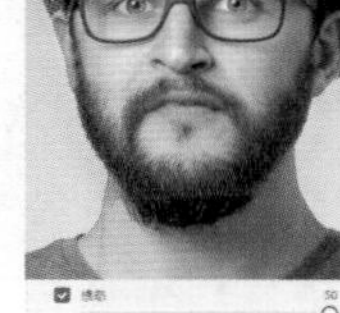

图 7-52

图 7-53

图 7-54

图 7-55

图 7-56

图 7-57

图 7-58

7.3.4 妆容迁移

使用“妆容迁移”滤镜可以将眼部和嘴部的类似风格从一张图像应用到另一张图像。打开两张图像，如图 7–59 和图 7–60 所示。选择不带妆容的图像，执行该命令后，在“参考图像”下拉列表中选择带有妆容的图像，如图 7–61 所示，Photoshop 会自动为人物进行“补妆”，效果如图 7–62 所示。

图 7-59

图 7-60

图 7-61

图 7-62

7.3.5 深度感知雾化

使用“深度感知雾化”滤镜可以在主体周围添加环境薄雾，并调整环境色温，使其更暖或更冷。如图 7–63 所示为原图像，当“雾化”和“暖色”参数较低时，背景略带朦胧并趋向冷色，如图 7–64 和图 7–65 所示。反之，背景则变得愈发朦胧并趋向暖色，如图7-66所示。

图7-63

图7-64

图7-65

图7-66

7.3.6　着色

使用"着色"滤镜可以快速为黑白照片添加颜色，使老照片恢复生机。

7.3.7　超级缩放

使用"超级缩放"滤镜可以快速放大和裁剪图像，再通过Photoshop添加细节。如图7-67所示为原图像，"降噪"与"锐化"的参数设置应参照图像的大小和质量，这样才能使放大后的图像效果清晰，如图7-68和图7-69所示。

图7-67

图7-68

图7-69

7.3.8　移除JPEG伪影

使用"移除JPEG伪影"滤镜可以移除压缩为JPEG格式时产生的伪影。经过压缩的JPEG图像，不但品质下降，还会出现影响图片美观的伪影，如图7-70所示。使用该滤镜，可以有效去除伪影，对图像进行优化，如图7-71和图7-72所示。

图7-70

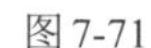

图7-71

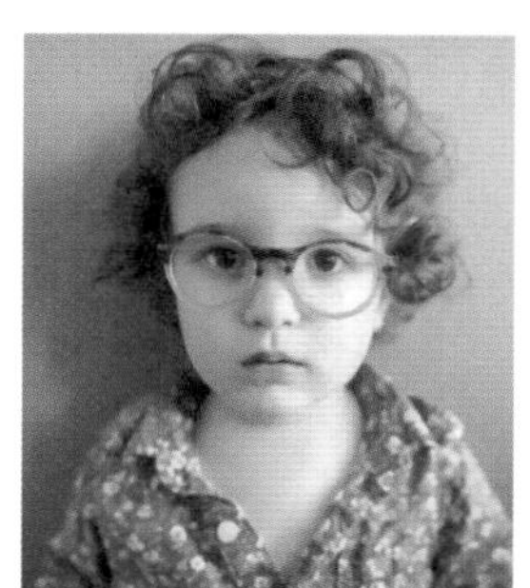

图7-72

7.4 特效实例：制作网点效果

01 打开素材，如图7-73所示。执行“滤镜”|“转换为智能滤镜”命令，在弹出的提示框中单击“确定”按钮，将“背景”图层转换为智能对象，如图7-74所示。

图 7-73

图 7-74

02 按Ctrl+J快捷键复制图层。将前景色调整为浅青色（R0，G138，B238）。执行“滤镜”|“滤镜库”命令，打开“滤镜库”，单击“素材”滤镜组左侧的▶按钮，展开滤镜组，选择“半调图案”滤镜，参数设置如图7-75所示，效果如图7-76所示。

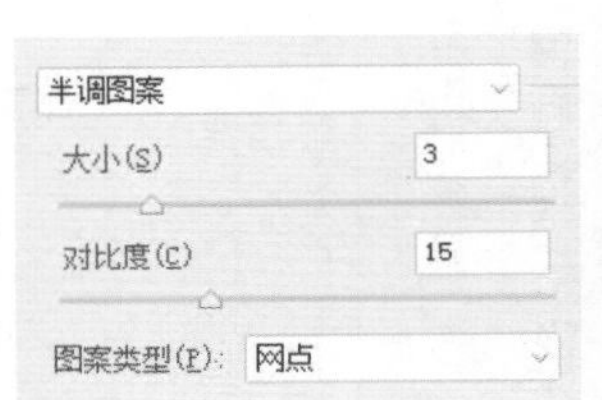

图 7-75

图 7-76

03 执行“滤镜”|“锐化”|“USM锐化”命令，对图像进行锐化，使网点变得清晰，如图7-77和图7-78所示。

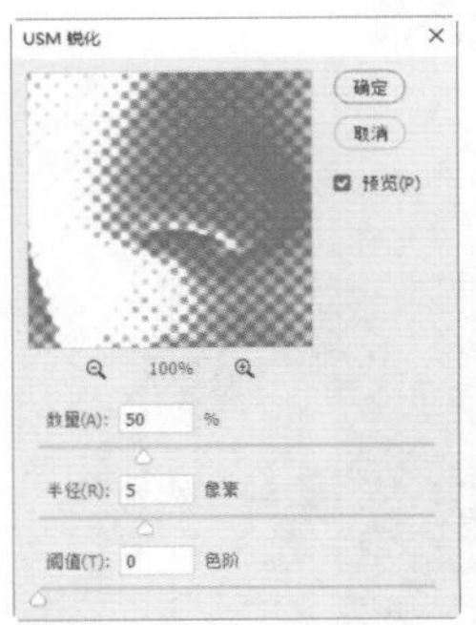

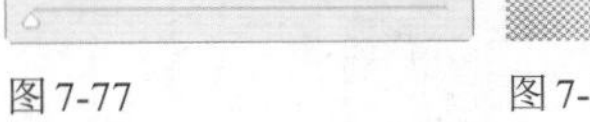

图 7-77

图 7-78

04 设置该图层的混合模式为“正片叠底”，如图7-79所示。选择“图层0”，如图7-80所示。

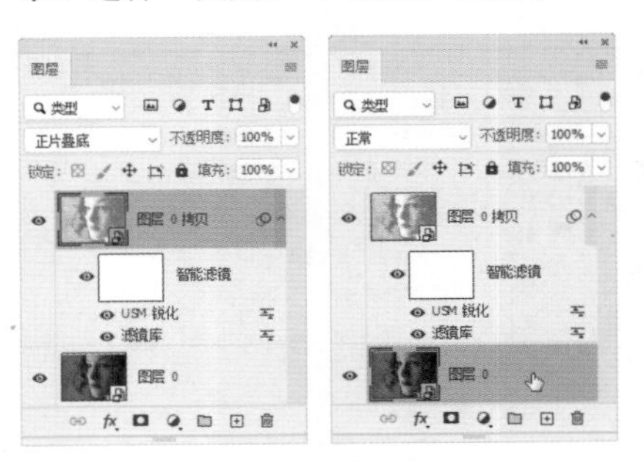

图 7-79　　图 7-80

05 将前景色调整为洋红色（R228，G0，B127）。再次应用“半调图案”滤镜，使用默认的参数，将“图层0”中的图像处理为网点效果，如图7-81所示。执行“滤镜”|“锐化”|“USM锐化”命令，锐化网点。选择移动工具✥，按←和↓键轻移图层，使上下两个图层中的网点错开。最后使用裁剪工具 将照片的边缘裁齐，如图7-82所示。

图 7-81

图 7-82

7.5 特效实例：制作钢笔淡彩效果

01 按Ctrl+O快捷键，打开素材，如图7-83所示。按Ctrl+J快捷键复制“背景”图层，如图7-84所示。

tip 钢笔淡彩是钢笔与水彩的结合，它通过钢笔勾画出外形结构，适当表现明暗，再使用淡淡的水彩体现画面的色彩关系。在这个实例中，我们会使用滤镜将一幅照片制作成钢笔淡彩画的效果。

图 7-83

图 7-84

02 按Ctrl+I快捷键将图像反相，设置混合模式为“颜色减淡”，如图7-85所示。此时整个图像接近白色，如图7-86所示。

图 7-85

图 7-86

03 执行“滤镜”|“其他”|“最小值”命令，设置“半径”为1像素，如图7-87所示，由于设置了混合模式，人物的轮廓呈现线描效果，如图7-88所示。在制作风景画时，可以再应用一次“最小值”滤镜，使图像的轮廓更加清晰。

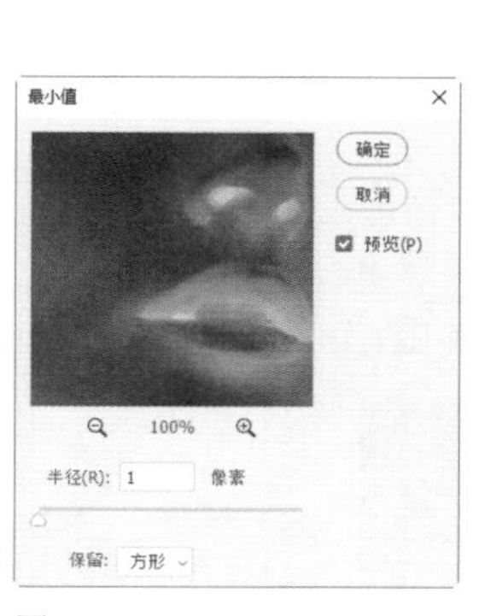

图 7-87

图 7-88

04 在“图层”面板中双击“图层1”的空白处，打开“图层样式”对话框，按住Alt键拖动“下一图层”的黑色滑块，如图7-89所示。可以使“图层1”下方的图像（即“背景”）中较暗的图像显示出来，与“图层1”中的线稿相叠加，可以丰富图像的细节，如图7-90所示。

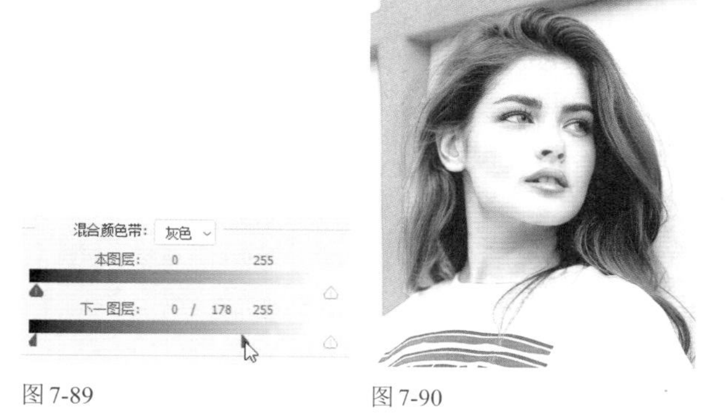

图 7-89　　图 7-90

tip 混合颜色带是一种高级蒙版，拖动“本图层”的黑色滑块，可以隐藏当前图层中较暗的色调，拖动白色滑块，则隐藏当前图层中较亮的色调。拖动“下一图层”的黑色或者白色滑块，可以让当前图层下面的图层中的暗色调或者亮色调像素穿透当前图层显示出来。

05 选择“背景”图层，如图7-91所示，按Ctrl+J快捷键进行复制，如图7-92所示，按Ctrl+] 快捷键将复制后的图层移至顶层，如图7-93所示。

图 7-91　　图 7-92　　图 7-93

06 执行“滤镜”|“滤镜库”命令，打开“滤镜库”，单击“艺术效果”滤镜组左侧的 ▶ 按钮，展开滤镜组，选择“水彩”滤镜，参数设置如图7-94所示。

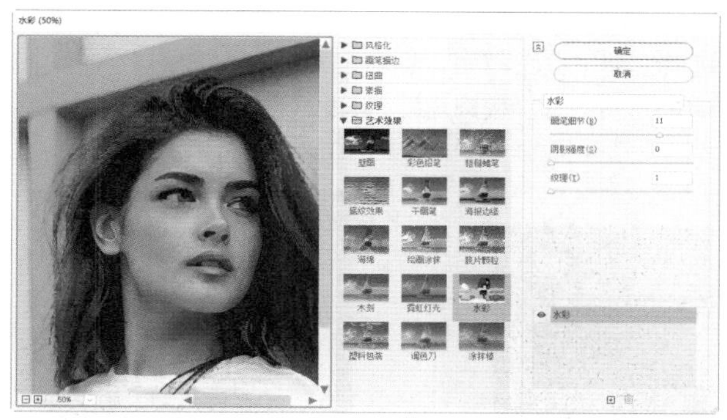

图 7-94

07 设置混合模式为“颜色”，可将照片的颜色适当恢复，实现淡彩效果。在发丝的边缘有一些笔触痕迹，可以通过蒙版进行隐藏。单击“图层”面板底部的 按钮，创建蒙版，使用画笔工具 在发丝上涂抹黑色，将这部分色彩隐藏，如图7-95和图7-96所示。

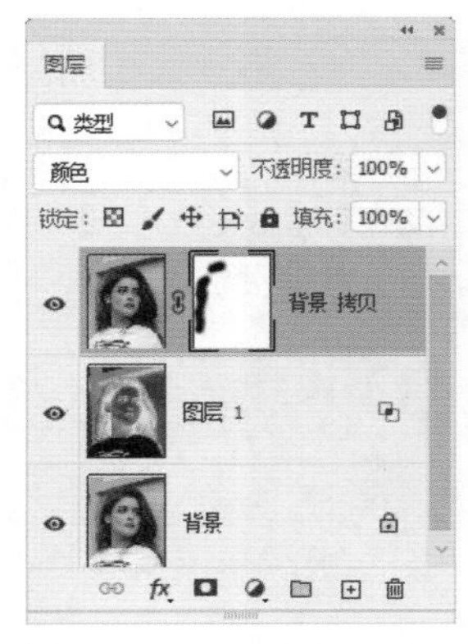

图 7-95

图 7-96

7.6 特效实例：在气泡中奔跑

01 按Ctrl+N快捷键，打开“新建文档”对话框，新建大小为400×400像素、分辨率72像素/英寸、黑色背景的RGB模式文件。

02 执行“滤镜”|“渲染”|“镜头光晕”命令，设置参数如图7-97所示，效果如图7-98所示。

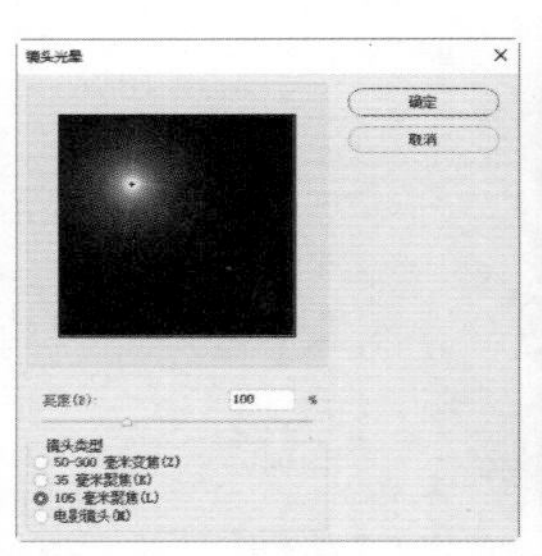

图 7-97

图 7-98

03 执行“滤镜”|“扭曲”|“极坐标”命令，选择“极坐标到平面坐标”单选按钮，如图7-99所示，效果如图7-100所示。执行“图像”|“图像旋转”|“180度”命令，旋转图像，如图7-101所示。

04 再次打开“极坐标”对话框，这次选择“平面坐标到极坐标”单选按钮，即可生成气泡，如图7-102和图7-103所示。选择椭圆选框工具 ，按住Shift键创建圆形选区，选择气泡，如图7-104所示。

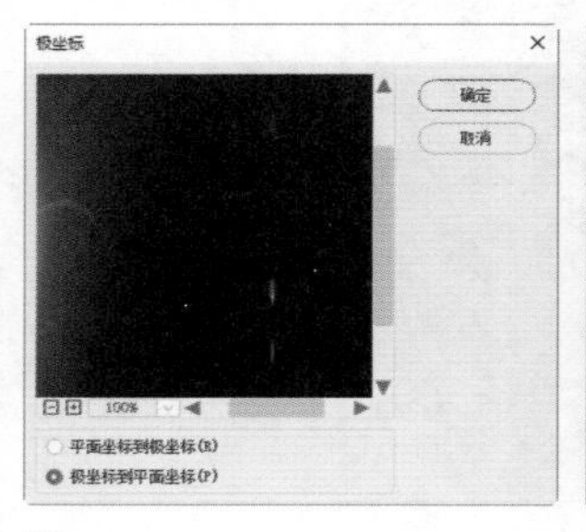

图 7-99

图 7-100

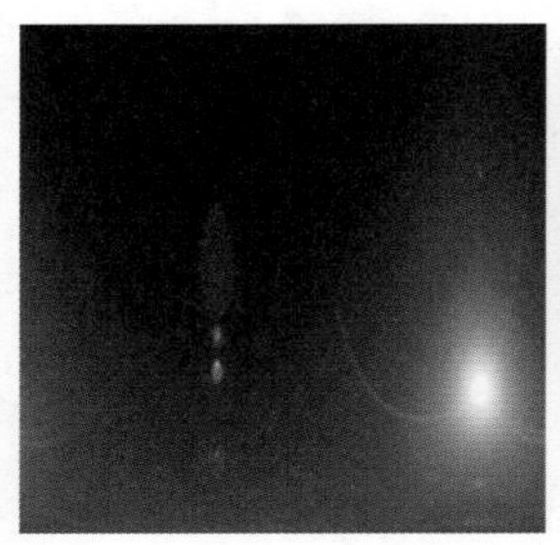
图 7-101

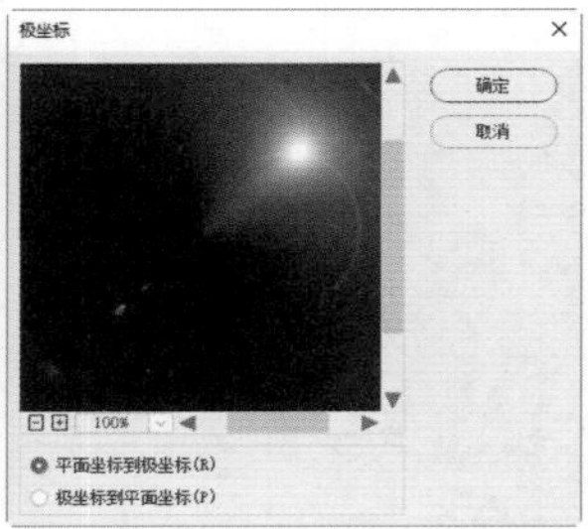

图 7-102

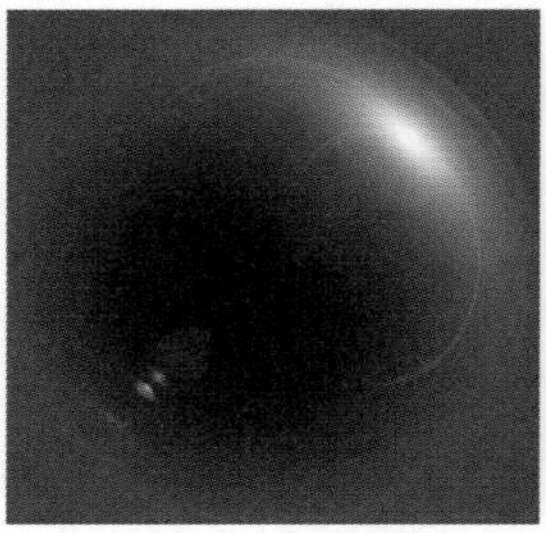

图 7-103

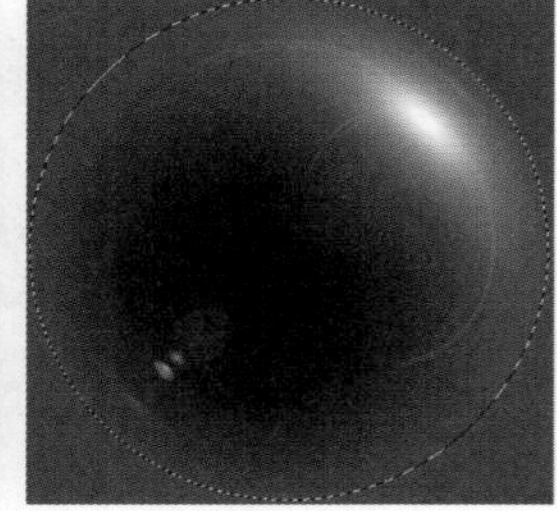
图 7-104

tip 在创建选区时，可以同时按住空格键移动选区的位置，使选区与气泡中心对齐。

05 打开素材，如图7-105所示，使用移动工具 将气泡拖入该文档中，适当调整大小，设置气泡所在图层的混合模式为“滤色”，如图7-106和图7-107所示。

图 7-105

图 7-106

图7-107

06 按Ctrl+J快捷键复制气泡图层，使气泡更加清晰，如图7-108所示。按住Ctrl键，单击气泡所在图层的缩览图，将气泡载入选区，如图7-109和图7-110所示。

07 按Shift+Ctrl+C快捷键，合并复制的图像，再按Ctrl+V快捷键，将图像粘贴到新的图层中，如图7-111所示。

图7-108

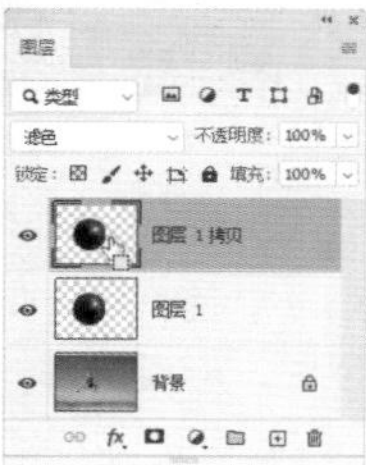

图7-109

图7-110

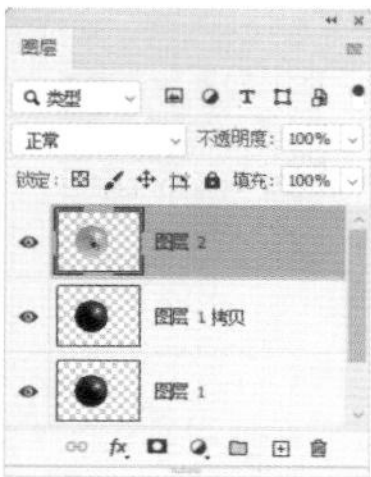

图7-111

08 按Ctrl+T快捷键，显示定界框，移动图像位置并缩小，再复制一个气泡并缩小，放在画面的右下角，如图7-112所示。

图7-112

7.7 特效实例：制作流彩凤凰

01 按Ctrl+N快捷键，打开“新建文档”对话框，新建大小为800×600像素、分辨率为72像素/英寸、黑色背景的RGB模式文件。按Ctrl+J快捷键复制背景图层，得到“图层1”，如图7-113所示。

02 执行“滤镜”|“渲染”|“镜头光晕”命令，选择“电影镜头”单选钮，设置亮度为100%，在预览框的中心单击，将光晕设置在画面的中心，如图7-114所示，图像效果如图7-115所示。

03 再次执行该命令，打开“镜头光晕”对话框，在预览框的左上角单击，定位光晕中心，如图7-116所示，单击“确定”按钮关闭对话框。再次执行该命令，这一次将光晕定位在画面的右下角，使这3个光晕处于一条斜线，如图7-117所示，效果如图7-118所示。

图7-113

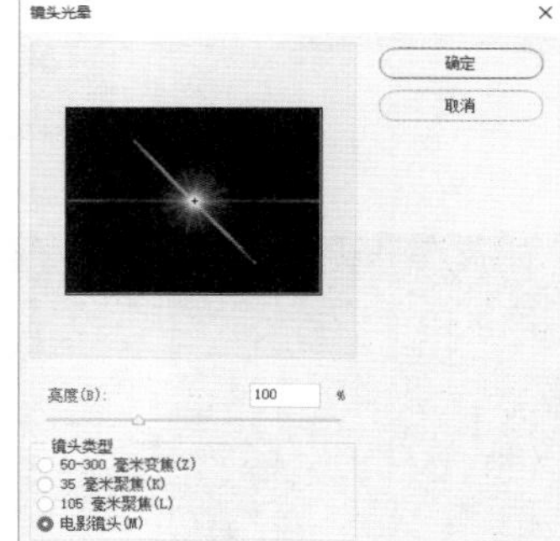

图7-114

图7-115

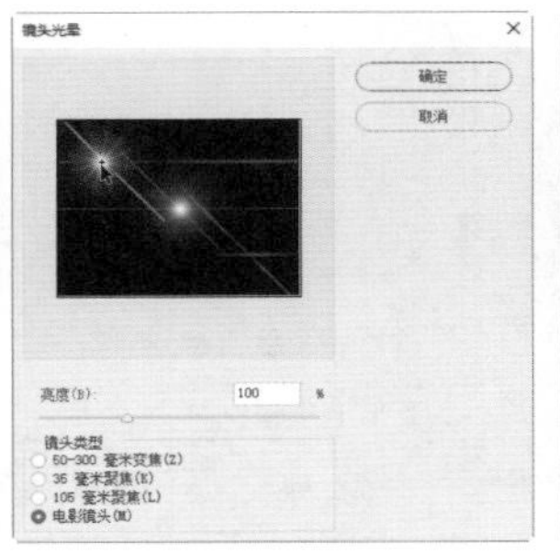
图7-116

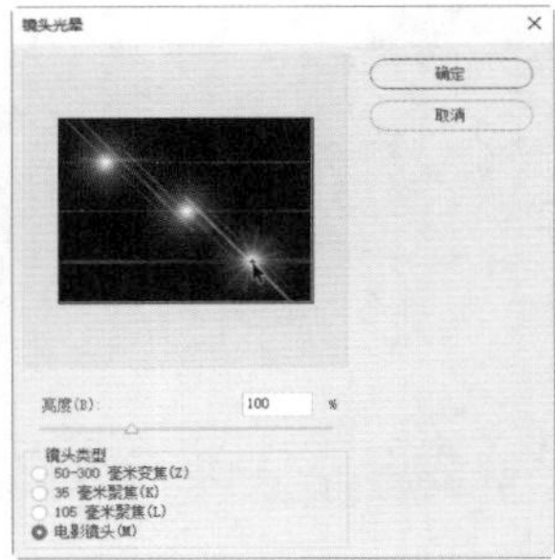
图7-117

图7-118

04 执行“滤镜”|“扭曲”|“极坐标”命令，在打开的对话框中选择“平面坐标到极坐标”单选钮，如图7-119和图7-120所示。按Ctrl+T快捷键显示定界框，单击鼠标右键，在弹出的菜单中执行“垂直翻转”命令，再执行“逆时针旋转90度”命令，然后将图像放大并调整位置，如图7-121所示。

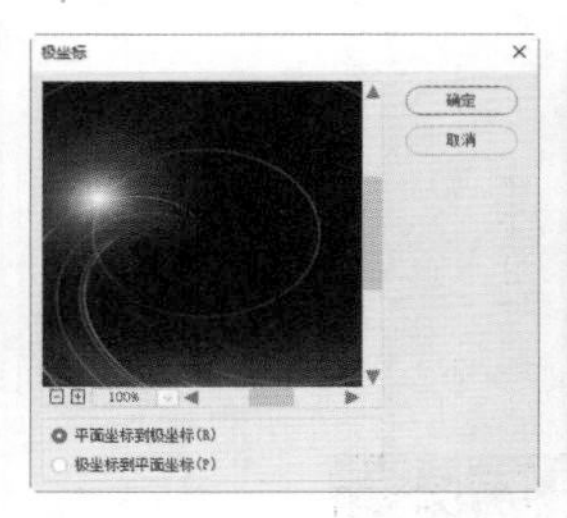
图7-119

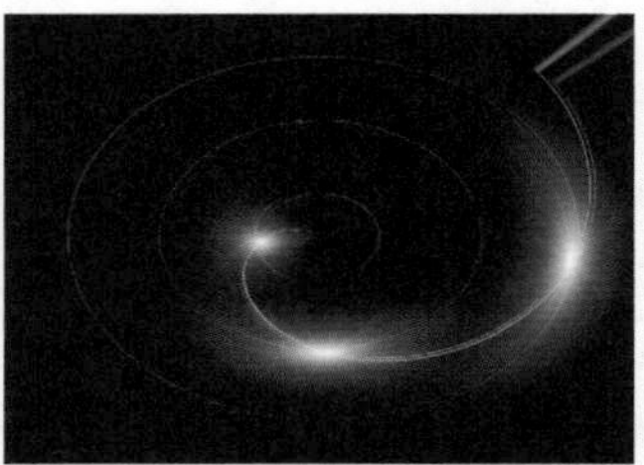
图7-120

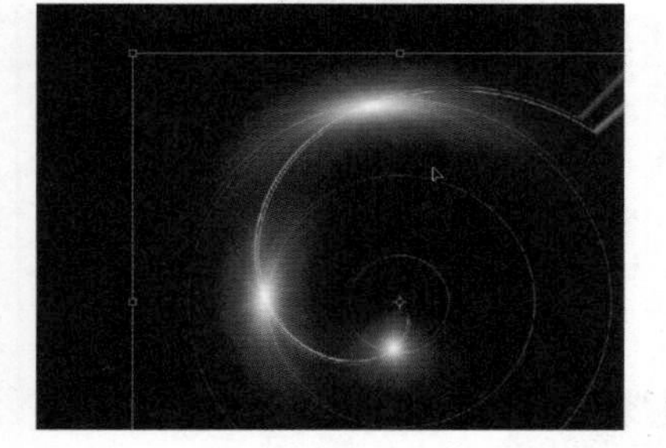
图7-121

05 按Ctrl+J快捷键复制“图层1”，得到“图层1 拷贝”，设置混合模式为“变亮”，如图7-122所示。按Ctrl+T快捷键显示定界框，将图像沿逆时针方向旋转，并适当放大，如图7-123所示。

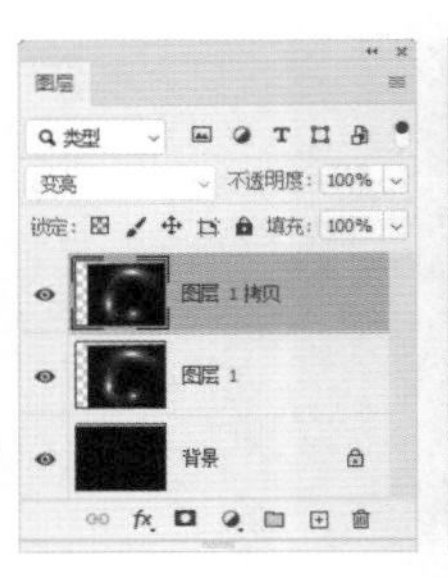
图7-122

图7-123

06 再次按Ctrl+J快捷键复制“图层1 拷贝”，再将图像沿顺时针方向旋转，如图7-124所示。使用橡皮擦工具擦除该图层中的小光晕，只保留如图7-125所示的大光晕。

图7-124

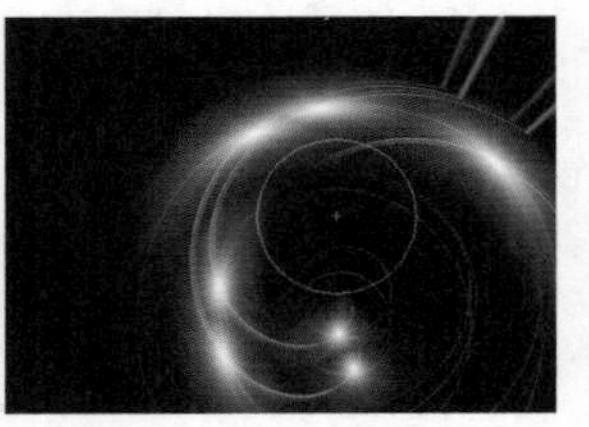
图7-125

07 按Ctrl+J快捷键复制当前图层，将复制后的图像缩小，沿逆时针方向旋转，将光晕定位在如图7-126所示的位置，形成凤凰的头部。

08 选择渐变工具，在工具选项栏中单击“径向渐变”按钮，再单击渐变颜色条，打开“渐变编辑器”，调整渐变颜色，如图7-127所示。新建图层，填充径向渐变，如图7-128所示。设置该图层的混合模式为“叠加”，效果如图7-129所示。

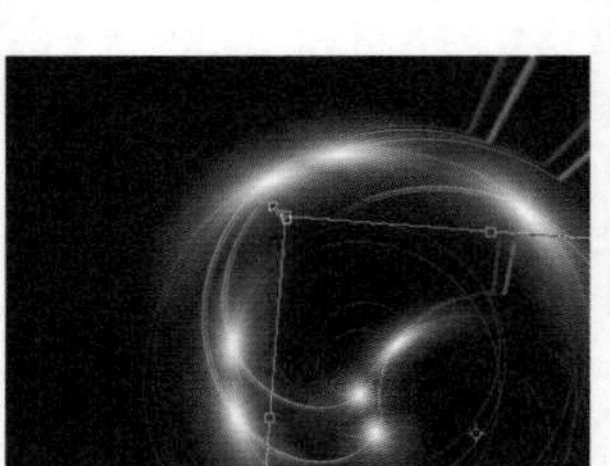
图7-126

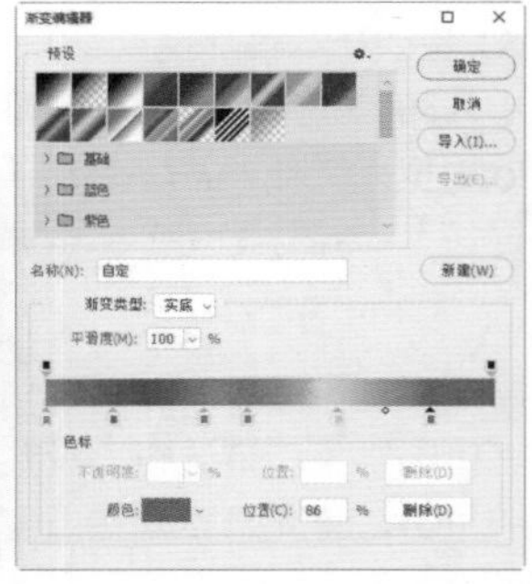
图7-127

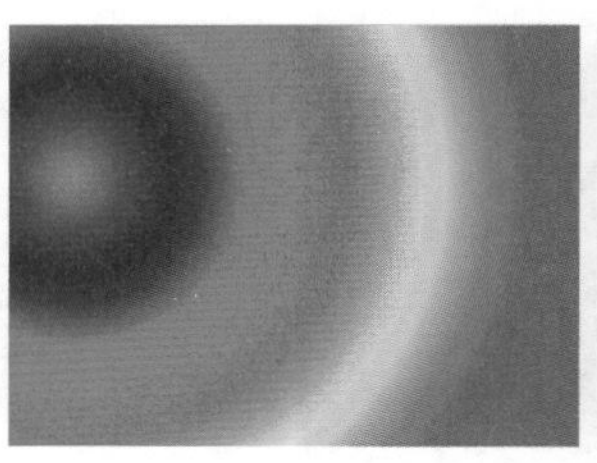
图7-128

图7-129

09 按Alt+Shift+Ctrl+E快捷键，将图像盖印到新的图层（图层3）中，保留“图层3”和“背景”图层，将其他图层删除，如图7-130所示。调整图像的高度，并将它移动到画面中心，如图7-131所示。使用橡皮擦工具 擦除整齐的边缘，在处理靠近凤凰边缘的位置时，将橡皮擦的“不透明度”设置为50%，这样修边时可以使边缘变浅，颜色不再强烈，如图7-132所示。

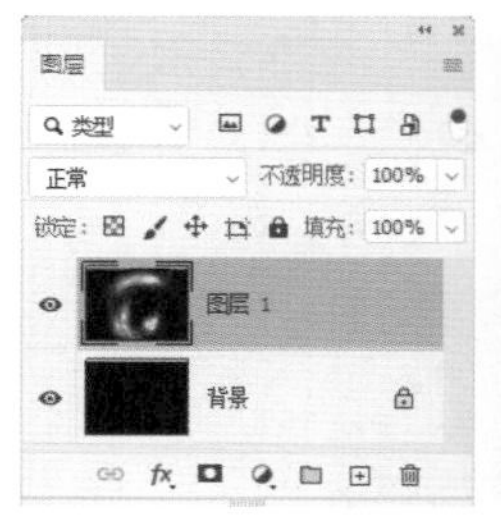

图 7-130

图 7-131

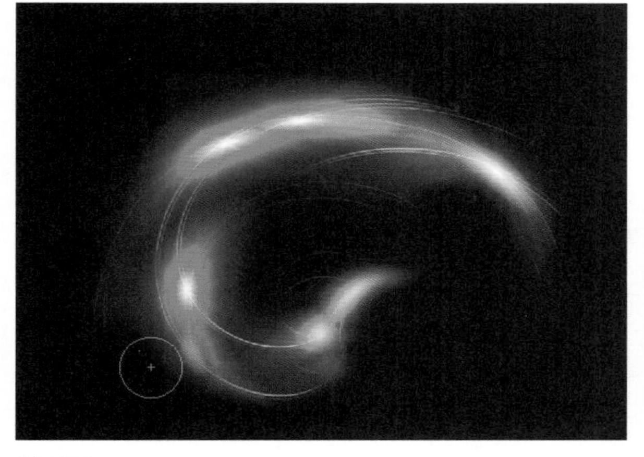

图 7-132

10 按Ctrl+J快捷键复制当前图层，设置复制得到的图层的混合模式为“变亮”，再将它沿逆时针方向旋转，如图7-133所示。使用橡皮擦工具 擦除多余的区域，如图7-134所示。

图 7-133

图 7-134

11 按Ctrl+U快捷键打开“色相/饱和度”对话框，调整“色相”为−180，如图7-135和图7-136所示。

图 7-135

图 7-136

12 继续用上面的方法制作其余的图像，可以先复制凤尾图像，再调整颜色和大小，组合排列成为凤凰的形状，完成后的效果如图7-137所示。

图 7-137

7.8　应用案例：制作纪念币

01 打开素材，如图7-138所示。这是一个PSD格式的分层文件，人像在一个单独的图层中，如图7-139所示。

图 7-138

图 7-139

02 执行“滤镜”|“风格化”|“浮雕效果”命令，设置参数，如图7-140所示，创建浮雕效果，如图7-141所示。

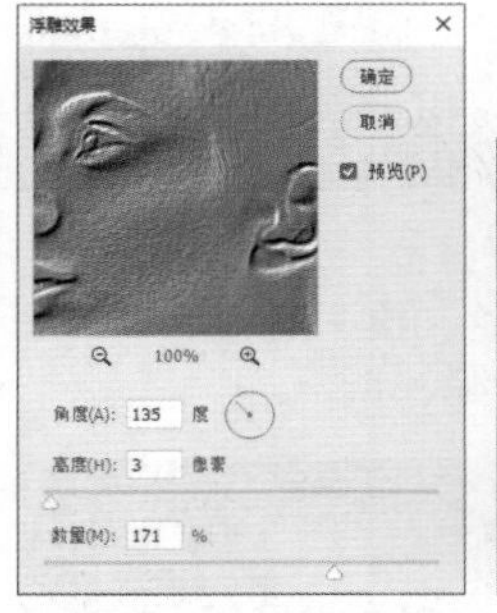

图 7-140　图 7-141

03 在“图层”面板中双击“图层 1”的空白处，打开“图层样式”对话框，分别添加“斜面和浮雕”“投影”效果，如图7-142~图7-144所示。

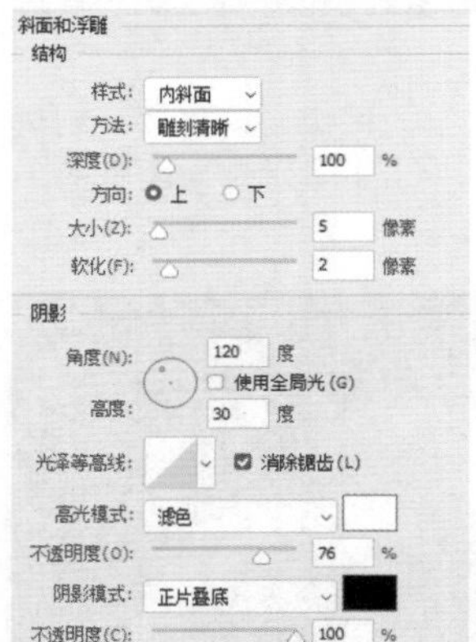

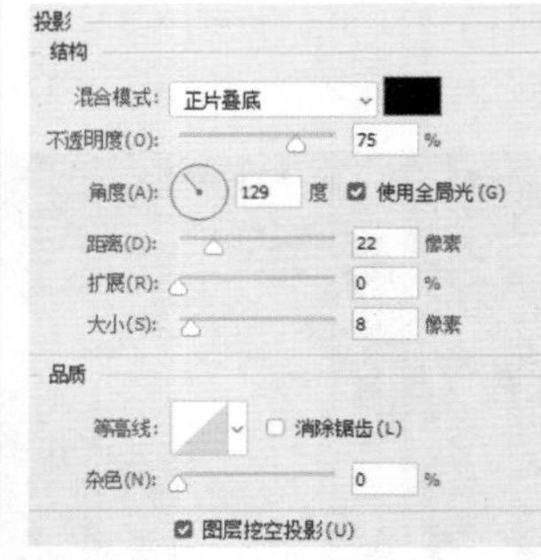

图 7-142　图 7-143

图 7-144

04 单击“调整”面板中的 按钮，创建“曲线”调整图层，在曲线上添加2个控制点，拖曳控制点调整曲线，增加图像的对比度，如图7-145所示。单击面板底部的 按钮，创建剪贴蒙版，使“曲线”只影响纪念币区域，不会影响背景的木质桌面，如图7-146和图7-147所示。

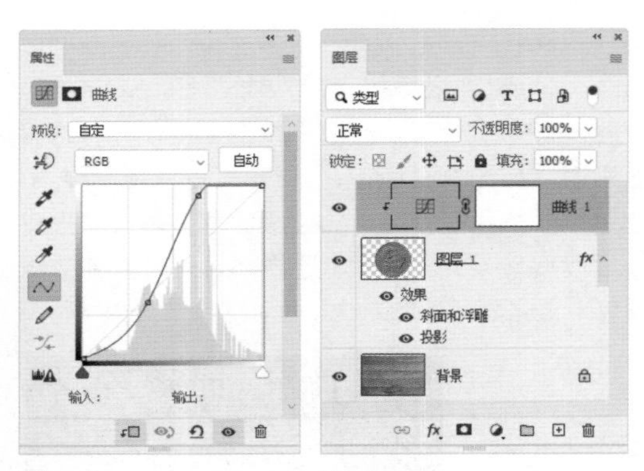

图 7-145　图 7-146

图 7-147

05 按Alt+Shift+Ctrl+E快捷键盖印图层，如图7-148所示。执行“滤镜”|“渲染”|“光照效果”命令，打开“光照效果”对话框，使用默认的光照颜色即可，为纪念币制作出金属的光泽，如图7-149和图7-150所示。

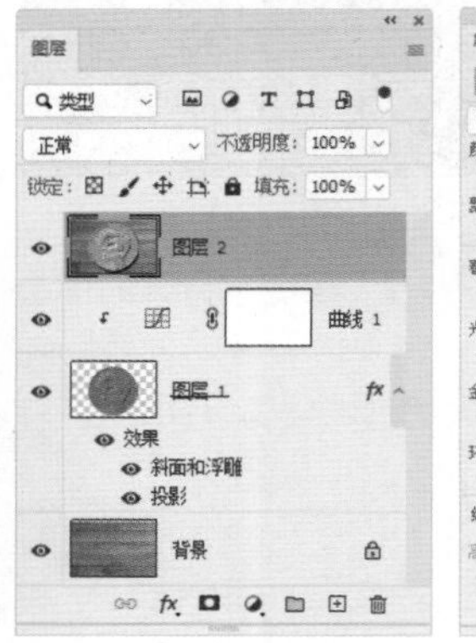

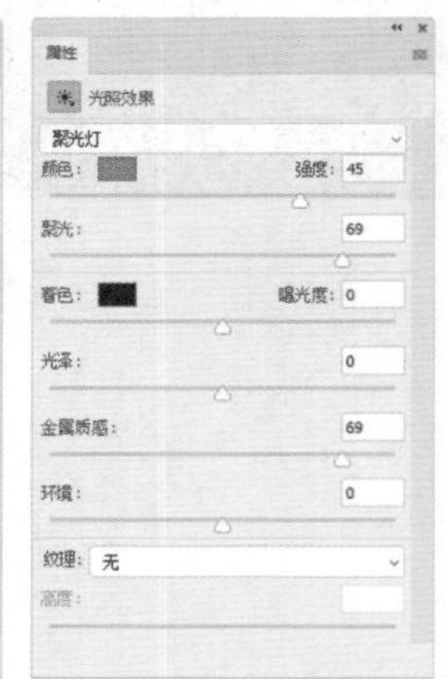

图 7-148　图 7-149

图 7-150

7.9　课后作业：用减少杂色滤镜降噪

本章学习了Photoshop的滤镜与特效。下面通过课后作业来强化学习效果。如果有不清楚的地方，请看视频教学文件。

降噪是通过模糊图像使噪点看上去不明显。在Photoshop中，图像和色彩信息保存在通道中，因此，噪点在通道中也会出现。有的通道中噪点多一些，有的可能少一些。如果对噪点多的通道进行较大幅度的模糊，对噪点少的通道进行轻微模糊，或者不做处理，就可以在确保图像清晰度的情况下，最大限度地消除噪点。

素材　减少通道中的杂色

7.10　课后作业：制作两种球面全景图

执行“滤镜”|“扭曲”|“极坐标”命令可以制作两种完全不同的球面全景图效果。

制作效果1。在“极坐标”对话框中选择“平面坐标到极坐标”单选按钮，对图像进行扭曲，然后按Ctrl+T快捷键显示定界框，拖动控制点，将天空调整为球状。此外，可以使用仿制仿制图章工具对草地进行修复。

制作效果2。执行“图像”|“图像大小”命令，单击按钮，取消图像宽度与高度比例的锁定状态，将画布改为正方形；再执行“图像”|“图像旋转”|“180度”命令，将图像翻转过去，然后使用“极坐标”滤镜进行处理。

球面全景图效果1

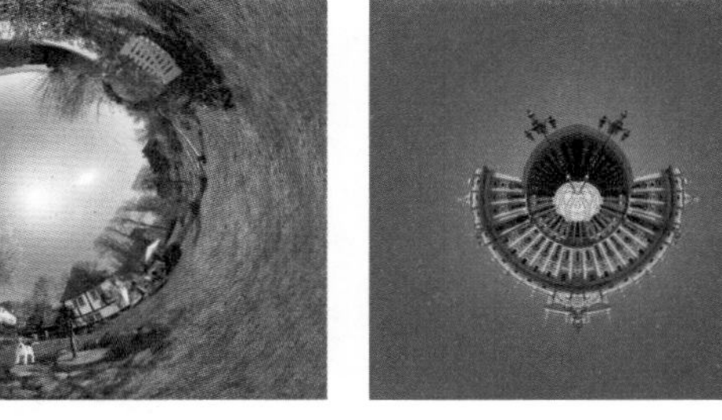

球面全景图效果2

效果1素材

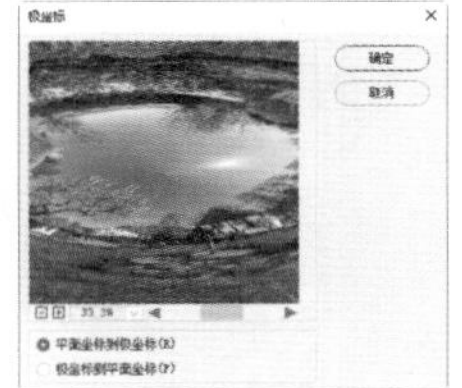

效果1参数

效果2素材

7.11　复习题

1. 滤镜是基于什么原理生成特效的?
2. 编辑CMYK模式的图像时，有些滤镜无法使用该怎么办?
3. 智能滤镜有哪些优点?

第8章

UI设计 图层样式与特效

图层样式也叫图层效果，它可以为图层中的图像添加投影、发光、浮雕和描边等效果，创建具有真实质感的水晶、玻璃、金属和纹理特效。图层样式可以随时修改、隐藏或删除，具有非常强的灵活性。此外，可以使用系统预设的样式，或者载入外部样式。图层样式不能用于“背景”图层。要先将它转换为普通图层，然后才能添加效果。

8.1 关于UI设计

UI（User Interface，用户界面或人机界面）是20世纪70年代由施乐公司帕洛阿尔托研究中心（Xerox PARC）施乐研究机构工作小组提出的，并率先在施乐一台实验性的计算机上使用。

UI设计是一门结合了计算机科学、美学、心理学、行为学等学科的综合性艺术，它为了满足软件标准化的需求而产生，并伴随着计算机、网络和智能化电子产品的普及而迅猛发展。UI的应用领域主要包括手机通信移动产品、计算机操作平台、软件产品、PDA产品、数码产品、车载系统产品、智能家电产品、游戏产品和产品的在线推广等。国际和国内很多从事手机、软件、网站、增值服务的企业，都设立了专门从事UI研究与设计的部门，以期通过UI设计提升产品的市场竞争力。如图8-1所示为UI图标设计，如图8-2所示为儿童APP界面设计，如图8-3和图8-4所示为闹钟和计算器界面设计。

图8-1

图8-2

图8-3

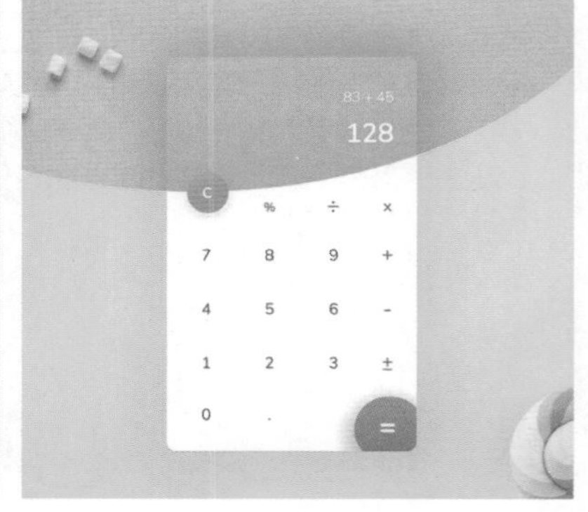

图8-4

学习重点

- 添加图层样式
- 效果概览
- 设置全局光
- 让效果与图像比例相匹配

8.2　图层样式

图层样式也叫图层效果。这是一种可以为图层添加特效的神奇功能，能够让平面的图像和文字呈现立体效果，还能生成真实的投影、光泽和图案。

8.2.1　添加图层样式

图层样式需要在“图层样式”对话框中设置。有两种方法可以打开该对话框。一种方法是在“图层”面板中选择图层，然后单击面板底部的 fx 按钮，在打开的菜单中选择需要的样式，如图8–5所示；另一种方法是在“图层”面板中双击图层的空白处，如图8–6所示，直接打开“图层样式”对话框，然后在左侧的列表中选择需要添加的效果，如图8–7所示。

图8-5

图8-6

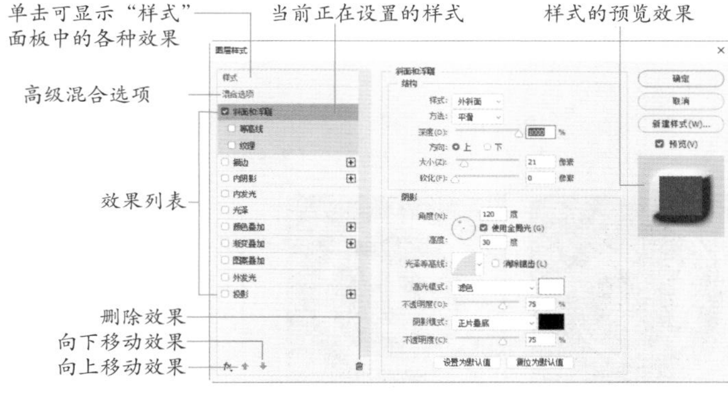

图8-7

“图层样式”对话框左侧是效果列表，选择效果对话框右侧会显示相关的参数选项，可一边调整参数，一边观察图像的变化情况。如果勾选中效果名称左侧的复选框，可应用该效果，但不会显示效果选项。

“描边”“内阴影”“颜色叠加”等效果右侧都有⊞按钮，单击该按钮，可以增加相应的效果。如果添加了多个相同的效果，单击 ⬆ 按钮和 ⬇ 按钮，可以调整它们的堆叠顺序。此外，在“图层”面板中上下拖动图层效果，也可以调整堆叠顺序。

8.2.2　效果概览

- “斜面和浮雕”效果：可以对图层添加高光与阴影的各种组合，使图像呈现立体的浮雕效果，如图8-8所示。

图8-8

图层和组可以分别添加图层样式。

- “描边”效果：可以使用颜色、渐变或图案描画对象的轮廓，如图8-9所示。它对硬边形状（如文字等）特别有用。

图8-9

● “内阴影”效果：可以在紧靠图层内容的边缘内添加阴影，使其产生凹陷效果，如图8-10所示。

图8-10

● “内发光”效果：可以沿图层内容的边缘向内创建发光效果，如图8-11所示。

图8-11

● “光泽”效果：可以应用具有光滑光泽的内部阴影，通常用来创建金属表面的光泽外观，如图8-12所示。

图8-12

● “颜色叠加”效果：可以在图层上叠加指定的颜色，如图8-13所示。通过设置颜色的混合模式和不透明度，可以控制叠加效果。

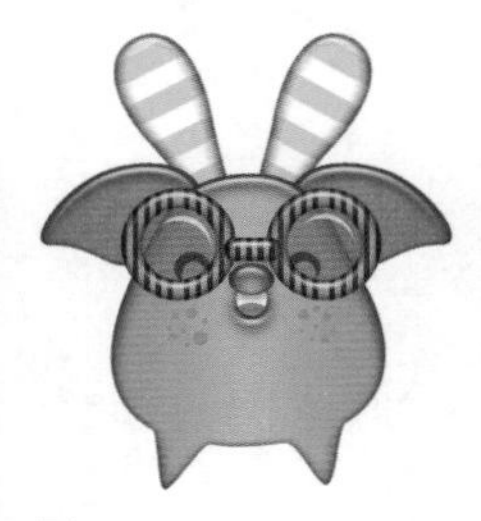
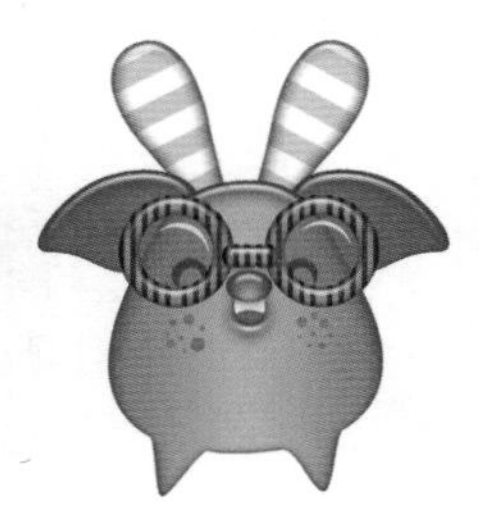

图8-13

● “渐变叠加”效果：可以在图层上叠加渐变颜色，如图8-14所示。

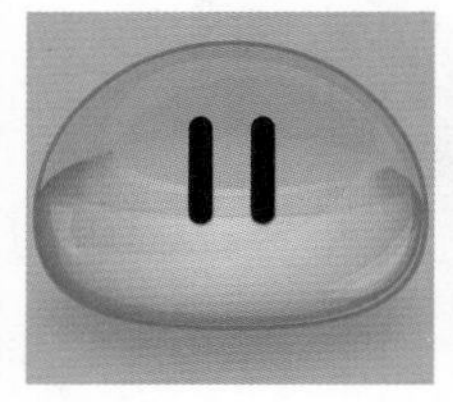

图8-14

● “图案叠加”效果：可以在图层上叠加图案，如图8-15所示。对图案可以缩放，还可以设置不透明度和混合模式。

图8-15

● “外发光”效果：可以沿图层内容的边缘向外创建发光效果，如图8-16所示。

图8-16

● “投影”效果：可以为图层内容添加投影，使其产生立体感，如图8-17所示。

图8-17

8.2.3 编辑图层样式

● 修改效果参数：添加图层样式以后，如图8-18所示，图层下面会出现具体的效果名称，双击效果，如图8-19所示，可以打开“图层样式”对话框修改参数，如图8-20所示，效果如图8-21所示。

图8-18

图8-19

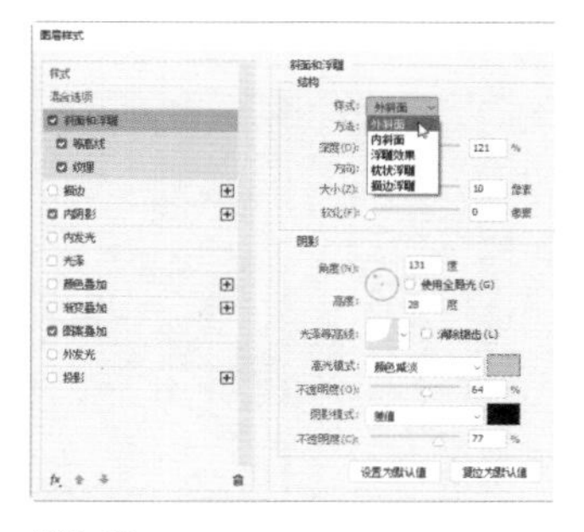

图 8-20

图 8-21

- 隐藏与显示效果：每个效果左侧都有眼睛图标 ，单击该图标可以隐藏效果，如图 8-22 所示。再次单击则重新显示效果，如图 8-23 所示。

图 8-22

图 8-23

- 复制效果：按住 Alt 键，将效果图标 fx 从一个图层拖动到另一个图层，可以将该图层的所有效果都复制到目标图层，如图 8-24 和图 8-25 所示。如果只需要复制一个效果，可以按住 Alt 键拖动该效果的名称至目标图层。

图 8-24

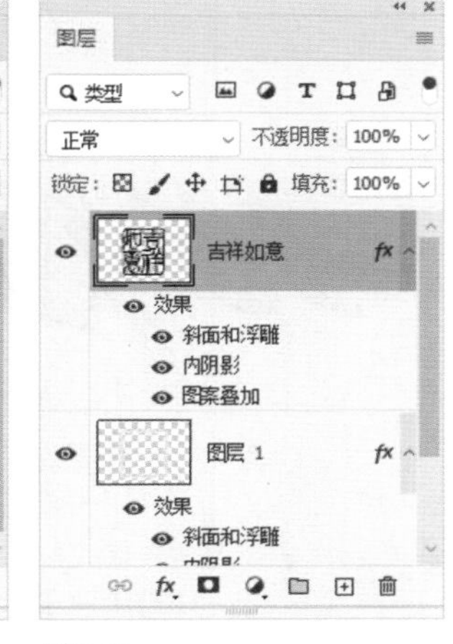

图 8-25

- 删除效果：如果要删除效果，可将它拖动到面板底部的 按钮上。如果要删除图层的所有效果，可以将效果图标 fx 拖动到 按钮上。
- 关闭效果列表：如果觉得“图层”面板中的效果名称占用了太多空间，可以单击效果图标右侧的按钮，将列表关闭。

8.2.4　设置全局光

在“图层样式”对话框中，“投影”“内阴影”“斜面和浮雕”效果都包含“使用全局光”选项。全局光让画面使用同一个光照角度，可以使效果更真实合理，如图 8–26 所示。也可根据需要为效果设置单独的光照，使之脱离全局光的束缚，如图 8–27 所示。操作方法也很简单，只需取消勾选“使用全局光”复选框，再调整它的参数即可。

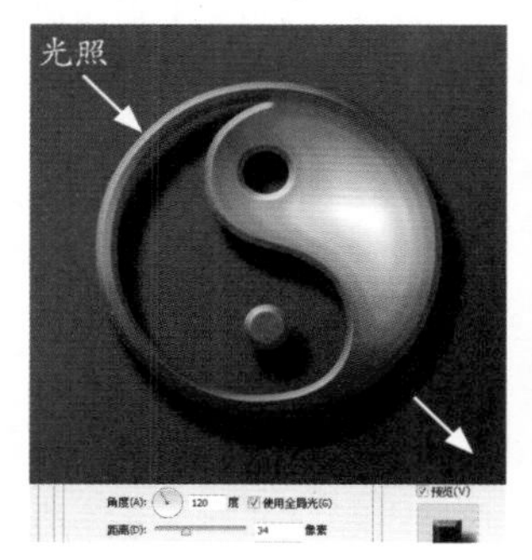

图 8-26

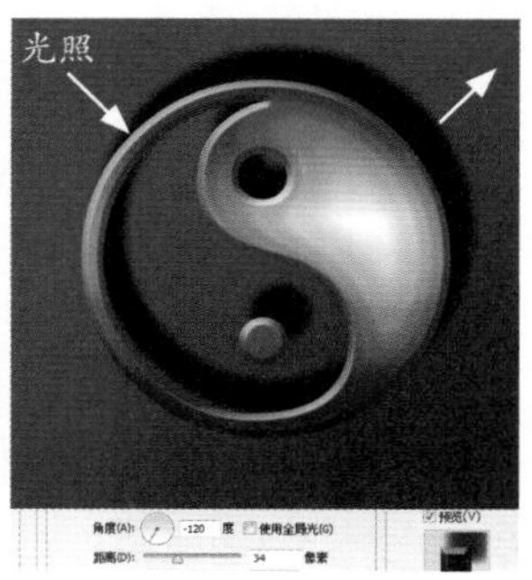

图 8-27

8.2.5　调整等高线

等高线是一个地理名词，指的是地形图上高程相等的各个点连成的闭合曲线。Photoshop 中的等高线用来控制效果在指定范围内的形状，以模拟不同的材质。

在“图层样式”对话框中，“投影”“内阴影”“内发光”“外发光”“斜面和浮雕”“光泽”效果都可设置等高线。在使用时，可以单击“等高线”选项右侧的按钮，打开下拉面板，选择预设的等高线样式，如图 8–28 所示。也可以单击等高线缩览图，打开“等高线编辑器”，创建自定义的等高线，如图 8–29 所示。等高线编辑器与“曲线”基本相同，添加控制点并改变等高线形状后，Photoshop 会将当前色阶映射为新的色阶，使相应效果的形状发生改变。

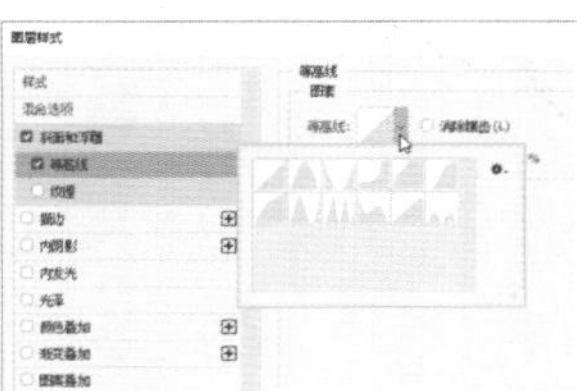

图 8-28

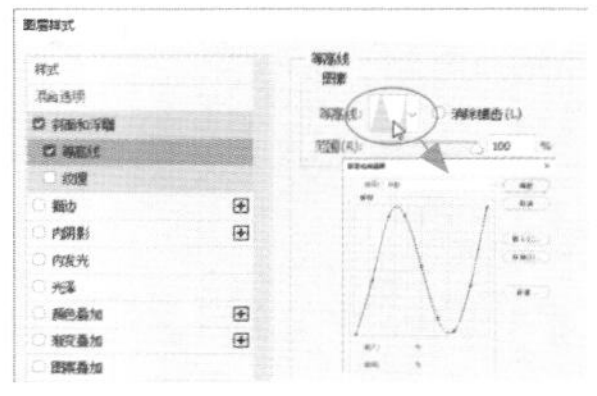

图 8-29

创建投影和内阴影效果时，可以通过“等高线”指定投影的渐隐样式，如图 8–30 和图 8–31 所示。创建发光效果时，如果使用纯色作为发光颜色，等高线允许创建透明光环；使用渐变填充发光时，等高线允许创建渐变颜色和不透明度的重复变化。在斜面和浮雕效果中，可以使用“等高线”勾画被遮住的起伏、凹陷和凸起。

图8-30

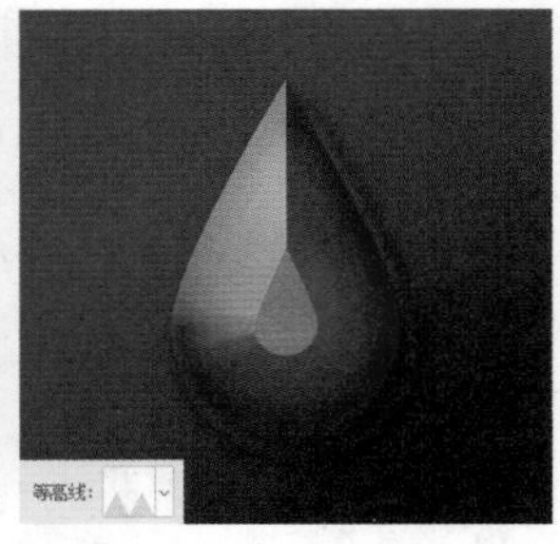

图8-31

8.2.6 让效果与图像比例相匹配

在对添加了图层样式的对象进行缩放时一定要注意，效果是不会改变比例的。如图8–32所示为缩放前的图像，如图8–33所示为将图像缩小至50%后的效果。缩放图像会导致发光范围和投影过大、描边过粗等与原有效果不一致的现象，就像小孩子穿着大人的衣服，很不协调。遇到这种情况时，可以执行“图层”|“图层样式”|“缩放效果”命令，在打开的对话框中对效果进行缩放，使其与图像的缩放比例相一致，如图8–34和图8–35所示。

图8-32

图8-33

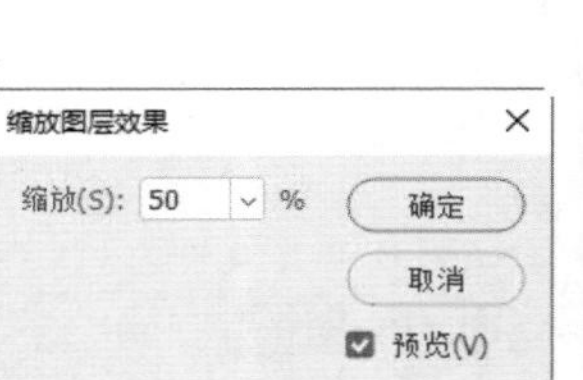

图8-34

图8-35

tip “缩放效果”命令只能缩放效果，而不会缩放添加了效果的图层。

8.3 使用样式面板

“样式”面板用来保存、管理和应用图层样式。Photoshop提供的预设样式或外部样式库也可以载入该面板中使用。

8.3.1 样式面板

- 添加样式：选择图层，如图8-36所示，单击“样式”面板中的样式，即可为图层添加该样式，如图8-37~图8-39所示。

图8-36

图8-37

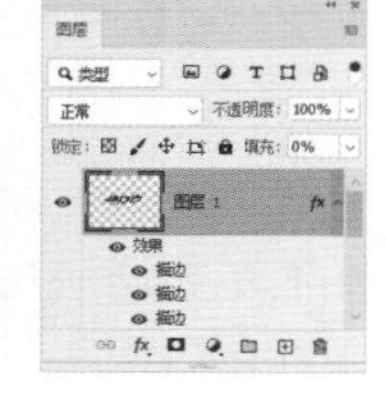

图8-38

图8-39

- 保存样式：用图层样式制作出满意的效果后，可以单击“样式”面板中的 ⊞ 按钮，将效果保存起来。以后要使用时，选择图层，然后单击该样式就可以直接应用，非常方便。
- 删除样式：将“样式”面板中的样式拖曳到“删除样式”按钮 🗑 上，可将其删除。

8.3.2 使用旧版样式

单击“样式”面板右上角的 ≡ 按钮，打开面板菜单，执行“旧版样式及其他”命令，如图8–40所示，可以载入以前版本的样式，如图8–41所示。

8.3.3 导入样式

除了“样式”面板中显示的样式外，还可以导入本书提供的样式素材。打开面板菜单，执行“导入样式”命令，在弹出的对话框中选择样式以后，单击“确定”按钮，可导入样式，将其添加到“样式”面板中。

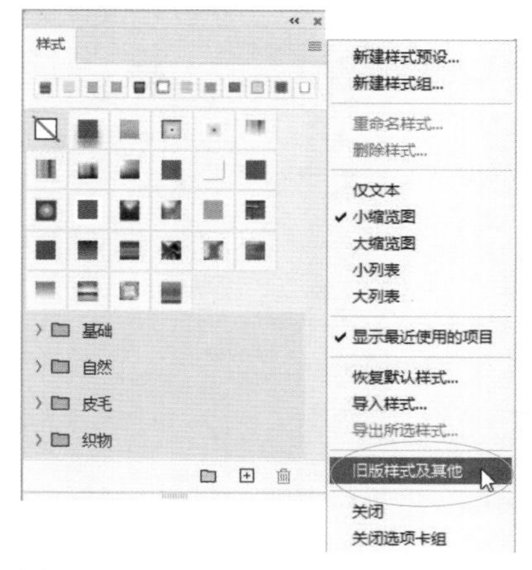

图8-40

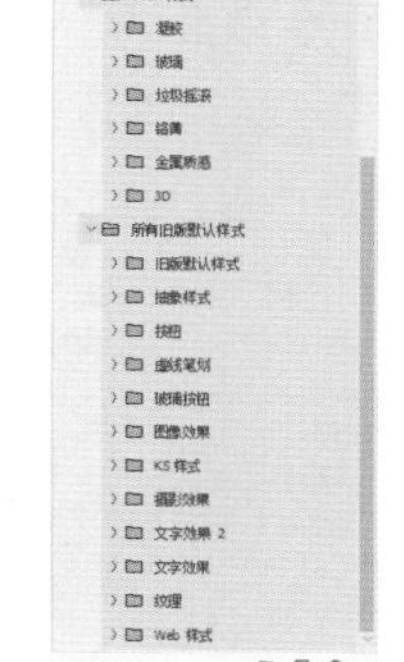

图8-41

8.4 特效实例：制作果酱

01 打开素材，如图8-42所示。面包片上有用眼镜、心形和胡子组成的卡通形象，下面为其添加图层样式。先为“胡子”添加效果，双击该图层，如图8-43所示。

图8-42

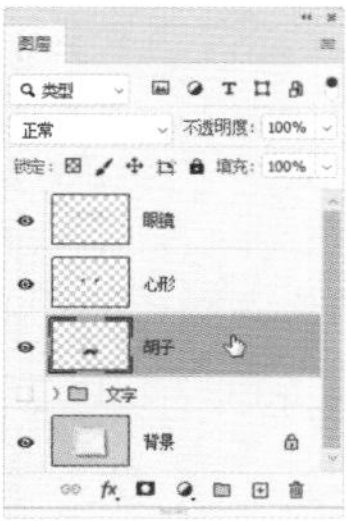

图8-43

02 在打开的“图层样式”对话框中选择“斜面和浮雕”选项，使图形立体化。单击“光泽等高线”右侧的按钮，打开“等高线编辑器”对话框，在等高线上单击并拖动控制点，如图8-44和图8-45所示。再分别添加“投影”和“等高线”效果，如图8-46~图8-48所示。

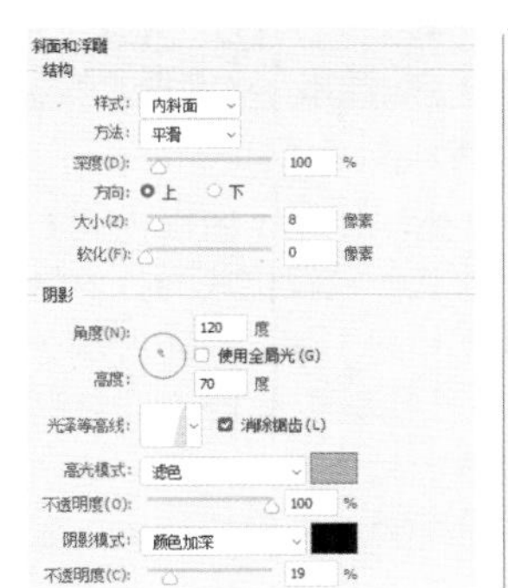

图8-44

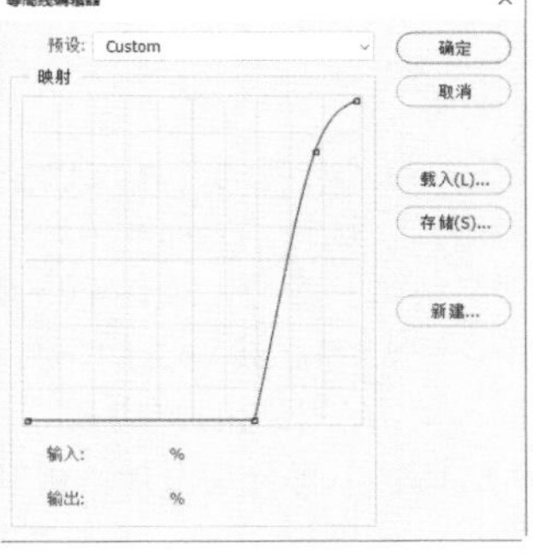

图8-45

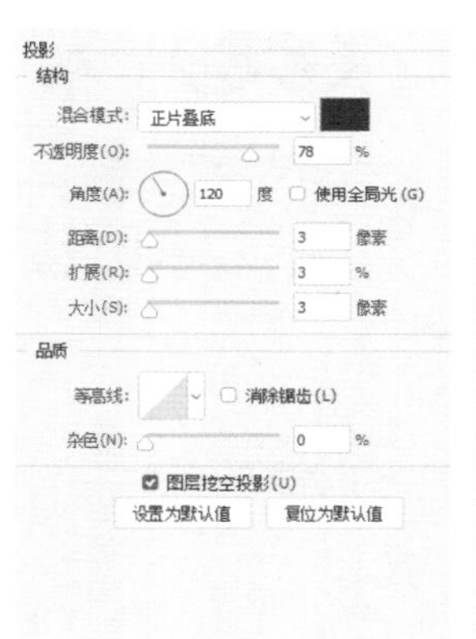

图8-46

图8-47

图8-48

03 按住Alt键，将“胡子”图层的效果图标 fx 拖曳到“心形”图层，为该图层复制相同的效果，如图8-49和图8-50所示。

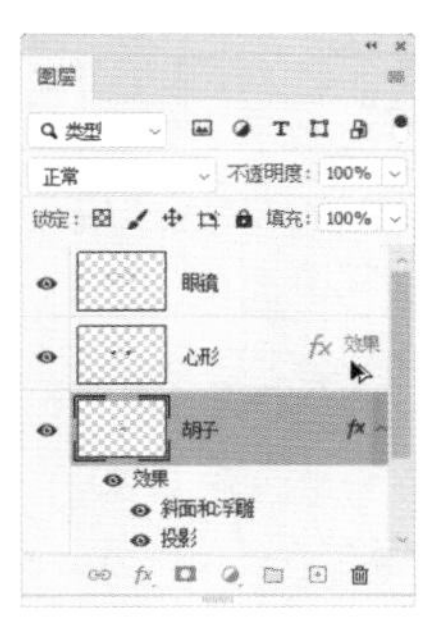

图8-49

图8-50

04 在“图层”面板中双击“心形”图层的空白处，打开“图层样式”对话框，分别选择“斜面和浮雕”和“投影”选项，将参数调小，如图8-51和图8-52所示。选择“颜色叠加”选项，设置颜色为红色，将心形制作成果酱效果，如图8-53和图8-54所示。

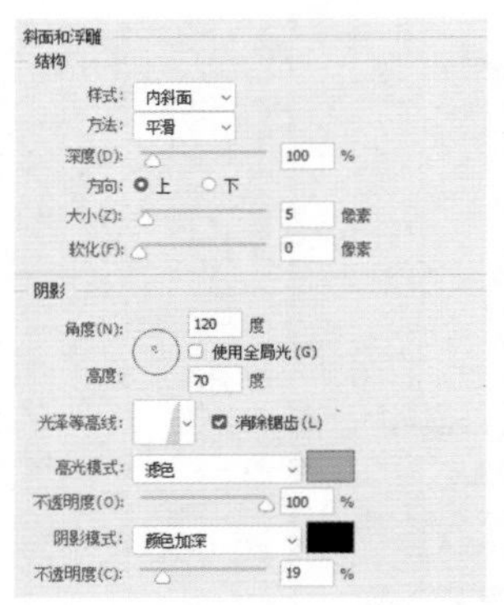

图 8-51

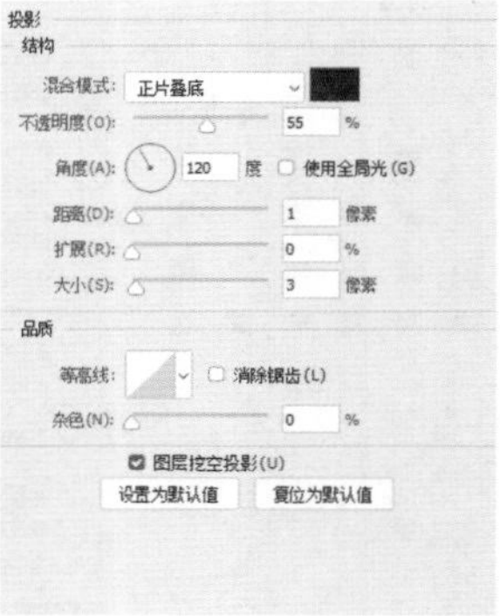

图 8-52

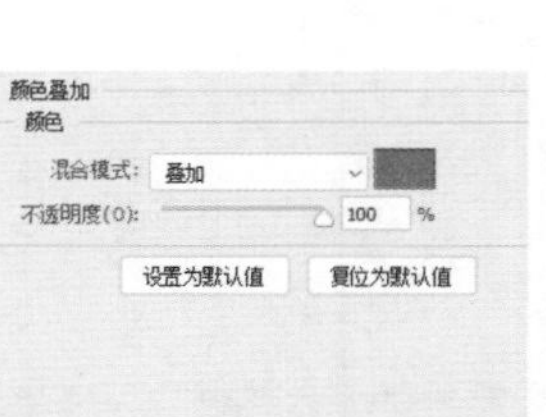

图 8-53

图 8-54

05 用同样的方法将“心形”图层的效果复制到“眼镜”图层，如图8-55所示。

图 8-55

tip 相同尺寸的两个文件，如果分辨率不同，即使添加相同参数的图层样式，效果也会产生差别。究其原因，在于分辨率对像素的影响导致效果的范围出现视觉上的差异。

8.5 UI实例：制作创意巧克力

01 打开素材，如图8-56所示。先来制作背景，通过添加纹理表现布纹的质感。由于“背景”图层不能应用图层样式，需要先将其转换为普通图层。按住Alt键双击“背景”图层即可完成转换，默认名称为“图层0”，如图8-57所示。

图 8-56

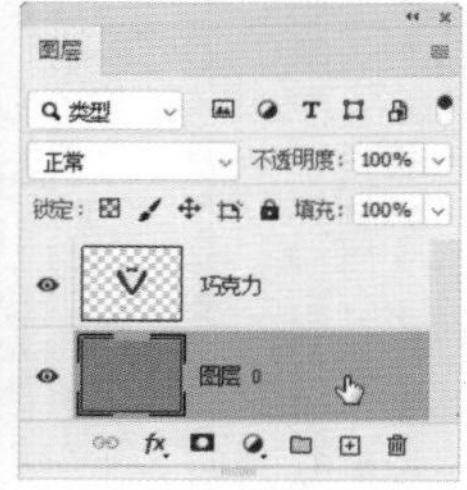

图 8-57

02 双击“图层0”图层的空白处，打开“图层样式”对话框，选择“图案叠加”效果。在“图案”面板中选择“箭尾”图案，设置“混合模式”为“正片叠底”，设置“不透明度”为50%，设置“缩放”为33%，如图8-58和图8-59所示。

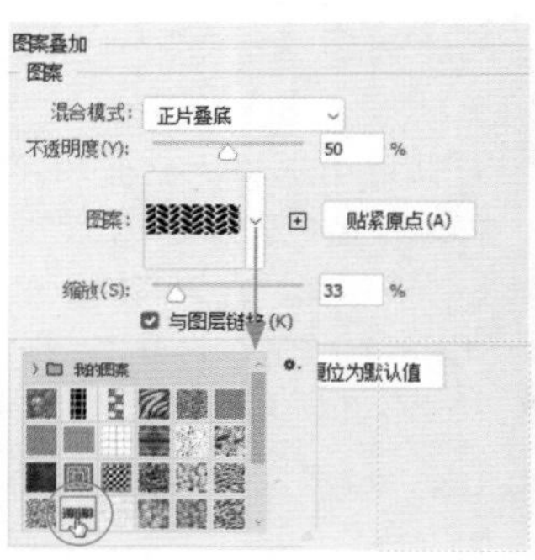

图 8-58

图 8-59

03 双击“巧克力”图层的空白处，打开“图层样式”对话框，选择“斜面和浮雕”效果，设置样式为“内斜面”，调整参数，使图形产生立体感，如图8-60所示。单击光泽等高线缩览图，打开“等高线编辑器”对话框，单击左下角的控制点，设置“输入”为50%，如图8-61所示。再分别添加“内发光”和“投影”效果，如图8-62~图8-64所示。单击“确定”按钮关闭对话框。按Ctrl+J快捷键复制图层，如图8-65所示。

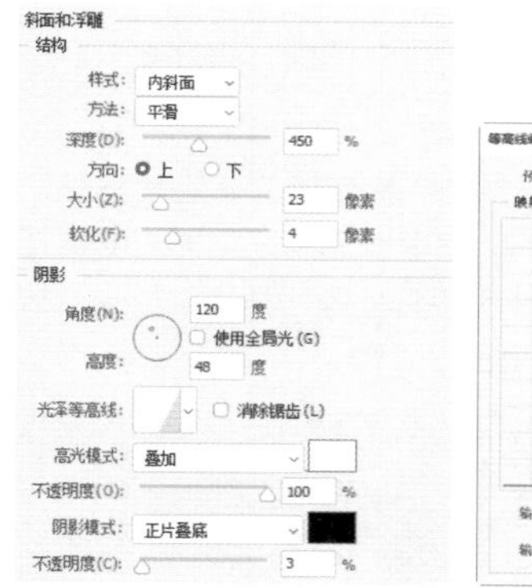

图 8-60

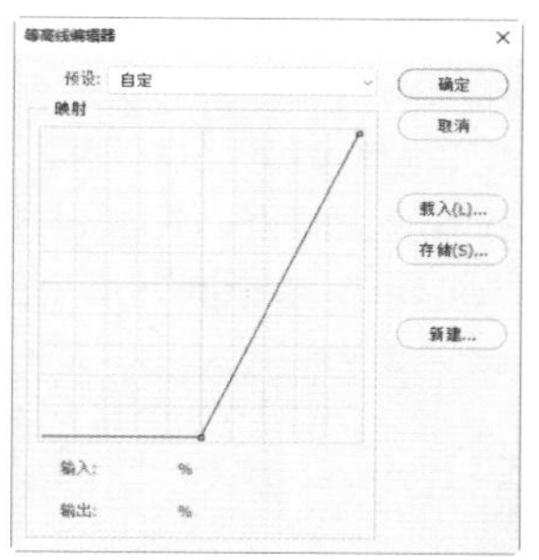

图 8-61

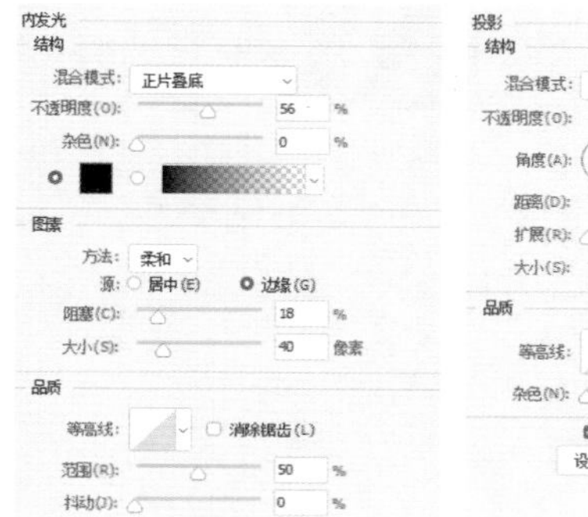

图 8-62

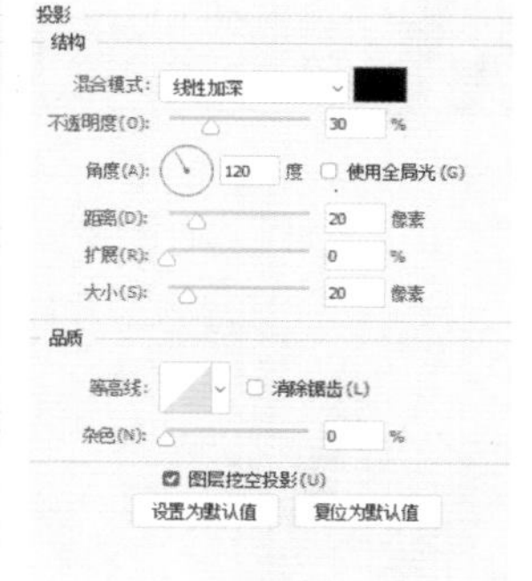

图 8-63

图 8-64

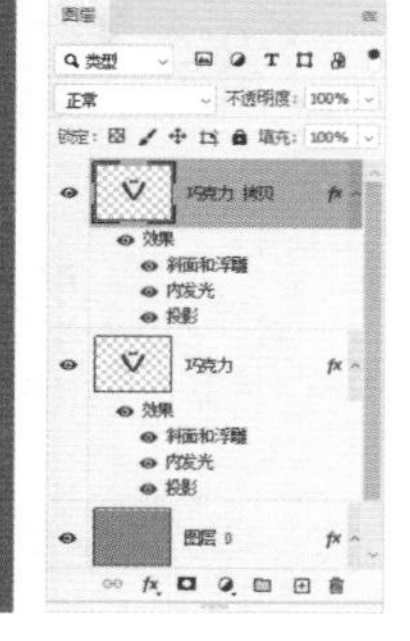

图 8-65

04 分别拖曳“内发光”和“投影”效果到“图层”面板底部的 🗑 按钮上，删除这两种效果，如图8-66和图8-67所示。设置“填充”为0%，如图8-68所示，该图层的作用是强化巧克力的高光效果，如图8-69所示。

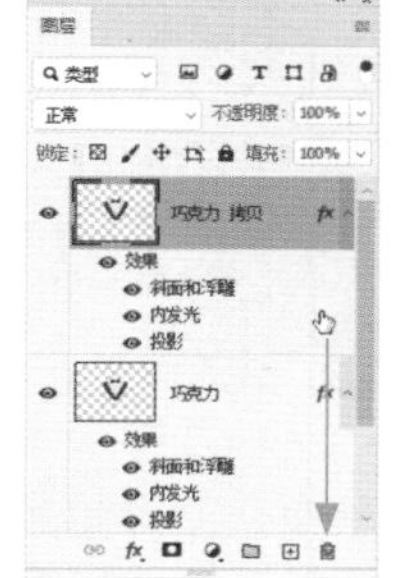

图 8-66

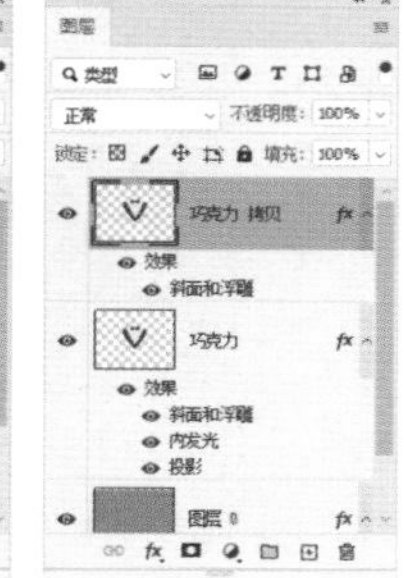

图 8-67

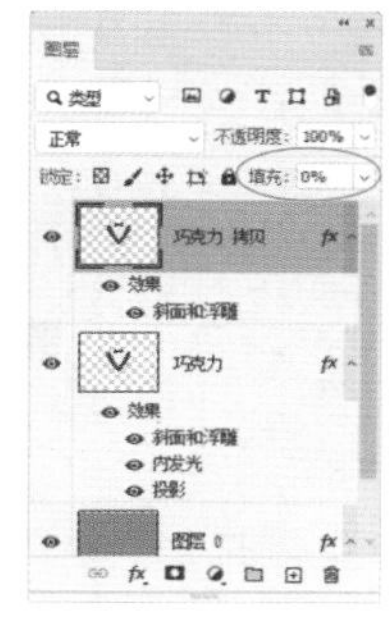

图 8-68

图 8-69

05 双击“斜面和浮雕”效果，打开“图层样式”对话框，在“光泽等高线”下拉面板中选择“线性”选项，其他参数保持不变，如图8-70和图8-71所示。

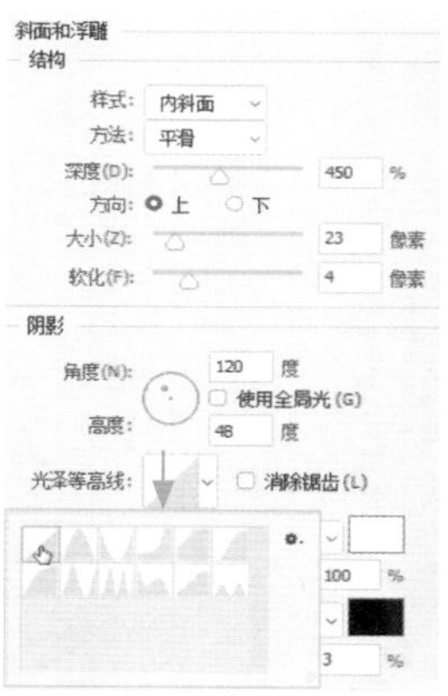

图 8-70

图 8-71

06 选择横排文字工具 **T**，输入巧克力的名称与文案，如图8-72所示。

图 8-72

8.6 特效实例：在笔记本上压印图案

01 打开素材，如图8-73所示。这是一个分层文件，包含图案和笔记本图像。选择“图层1”，将“填充”设置为0%，如图8-74所示。

图 8-73

图 8-74

02 双击“图层1”图层的空白处，打开“图层样式”对话框，添加“斜面和浮雕”效果，如图8-75和图8-76所示。

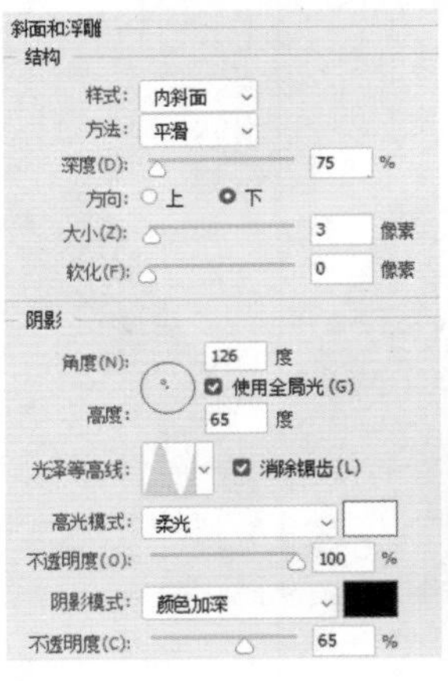

图 8-75

图 8-76

03 按Ctrl+T快捷键显示定界框，将光标放在定界框外，单击并拖曳鼠标，旋转图像，如图8-77所示。按Ctrl键拖曳右侧的控制点，进行透视扭曲，如图8-78所示。按Enter键确认，如图8-79所示。

图 8-77

图 8-78

图 8-79

tip “填充”设置为0%，其目的是隐藏图像，只显示效果，这样才能让图案看上去是压印在笔记本上的。

8.7 UI实例：制作液体容器图标

01 打开素材，如图8-80所示。选择“椭圆1”图层，将“填充”设置为0%，如图8-81所示。

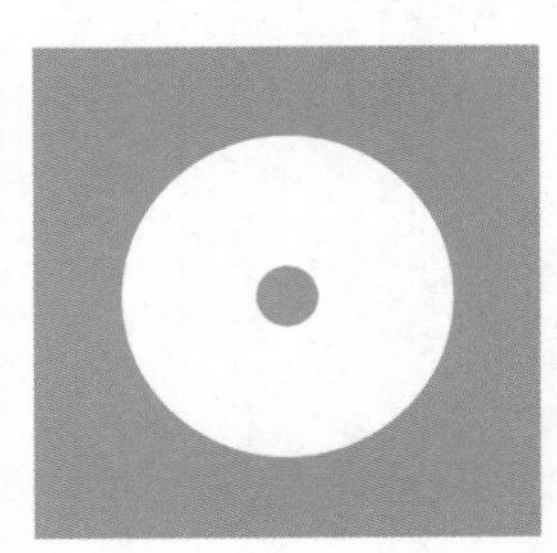

图 8-80

图 8-81

02 双击“椭圆1”图层的空白处，打开“图层样式”对话框，分别选择“斜面和浮雕”“等高线”效果，参数设置如图8-82和图8-83所示。制作出立体效果，如图8-84所示。

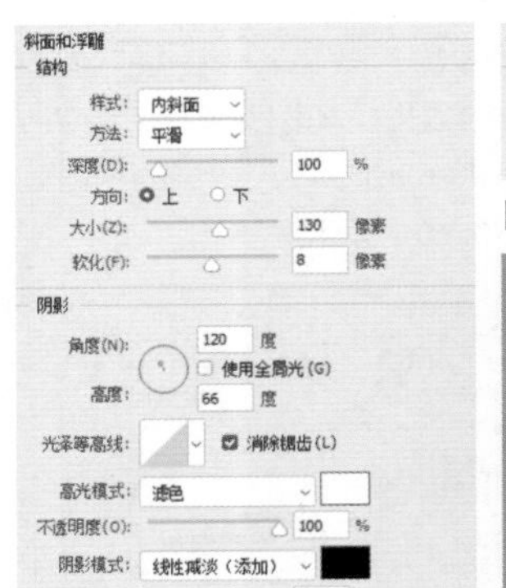

图 8-82

等高线
图素
等高线：消除锯齿(L)
范围(R)：100 %

图 8-83

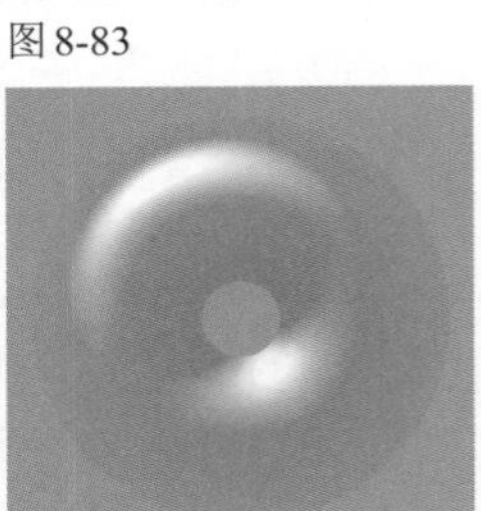

图 8-84

03 分别选择“内阴影”和“内发光”效果，参数设置如图8-85和图8-86所示。选择“渐变叠加”效果，单击渐变按钮，打开“渐变编辑器”，设置渐变颜色，如图8-87所示，效果如图8-88所示。

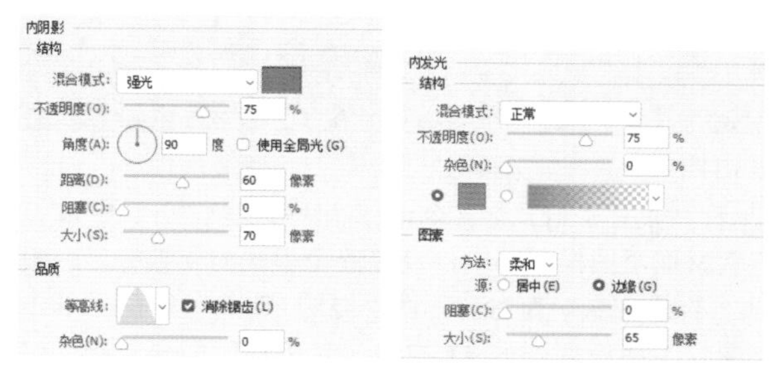

图 8-85　　图 8-86

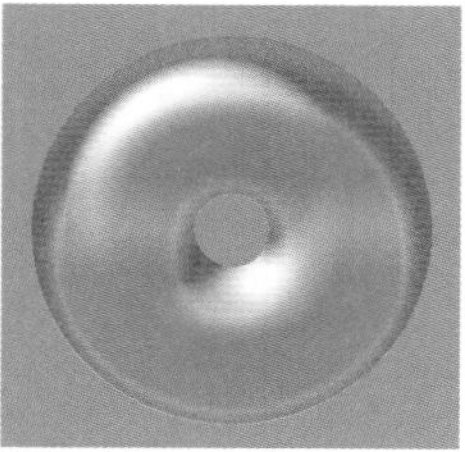

图 8-87　　图 8-88

04 按Ctrl+J快捷键复制“椭圆1”图层，如图8-89所示。双击“椭圆1拷贝”图层的空白处，打开“图层样式”对话框，对“斜面和浮雕”“内阴影”“内发光”“渐变叠加”等效果的参数进行调整，使图标变得更通透，如图8-90~图8-94所示。

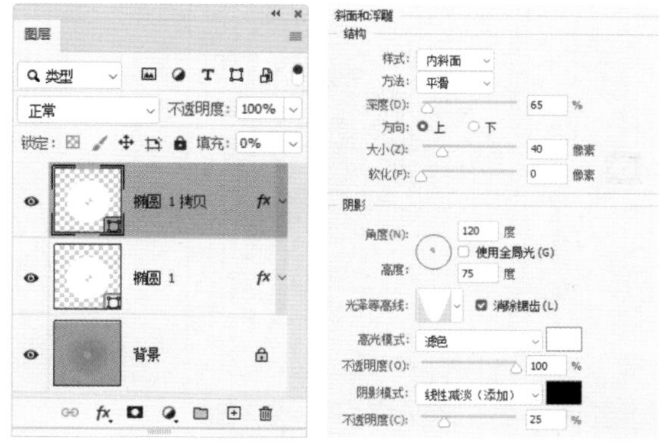

图 8-89　　图 8-90

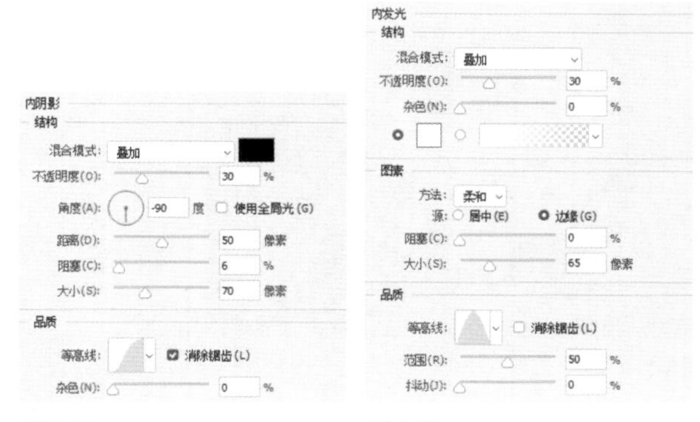

图 8-91　　图 8-92

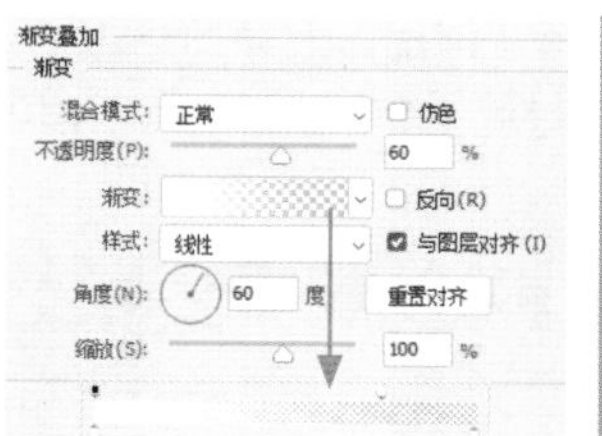

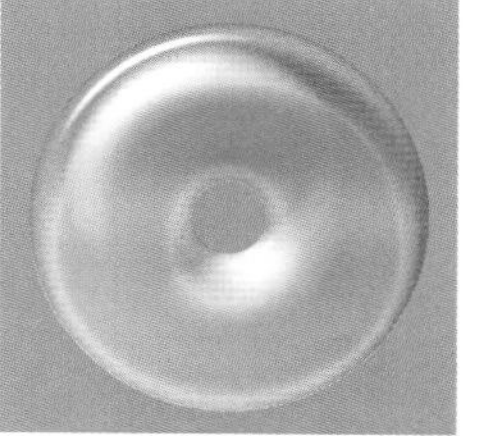

图 8-93　　图 8-94

05 选择椭圆工具，绘制椭圆形，作为水平面，如图8-95所示。设置该图层的“填充”为0%，如图8-96所示。

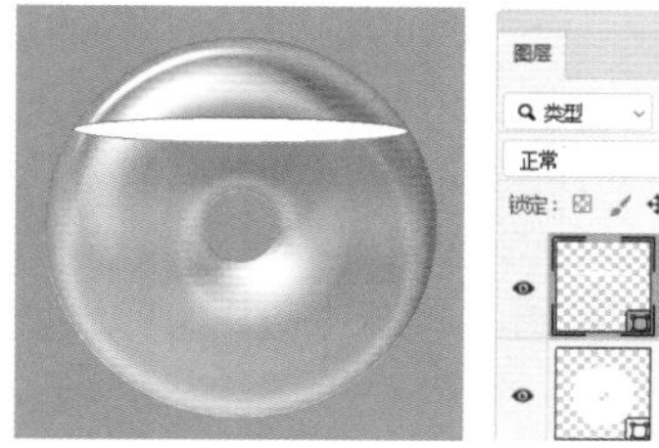

图 8-95　　图 8-96

06 添加“渐变叠加”和“投影”效果，如图8-97~图8-99所示。

07 按住Ctrl键单击“椭圆1”图层的缩览图，如图8-100所示，载入选区，如图8-101所示。新建图层，设置混合模式为“颜色”，如图8-102所示。

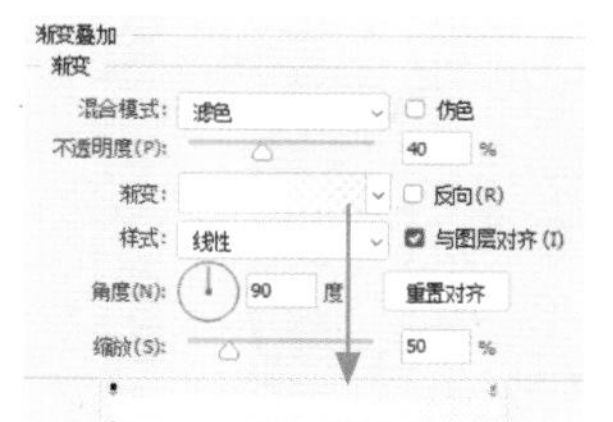

图 8-97　　图 8-98

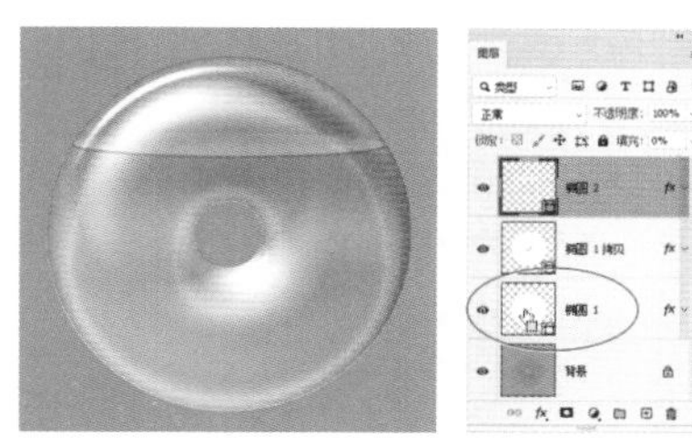

图 8-99　　图 8-100

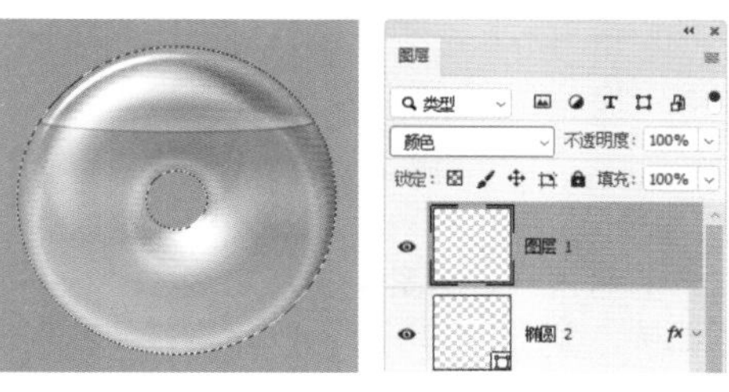

图 8-101　　图 8-102

08 将前景色设置为粉红色。选择渐变工具，在渐变下拉面板中选择“前景色到透明渐变”，如图8-103所示。在选区内由上至下拖曳鼠标，填充线性渐变，如图8-104所示。

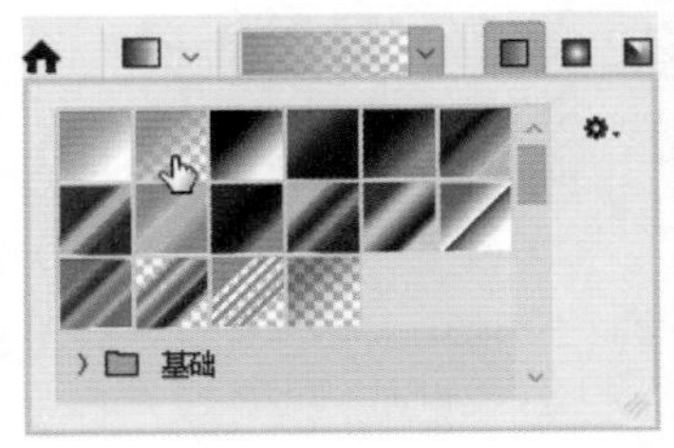

图 8-103

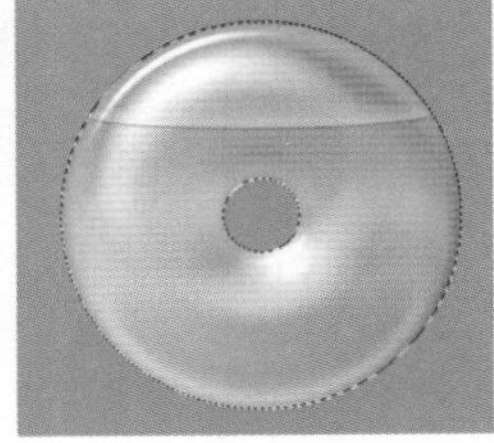

图 8-104

09 再强化一下水平面的效果。按住Ctrl键单击“椭圆2”图层的缩览图，如图8-105所示，将水平面载入选区，如图8-106所示。按Shift+Ctrl+I快捷键反选，如图8-107所示。选择橡皮擦工具，将水平面以上的渐变颜色擦除，如图8-108所示。

图 8-105

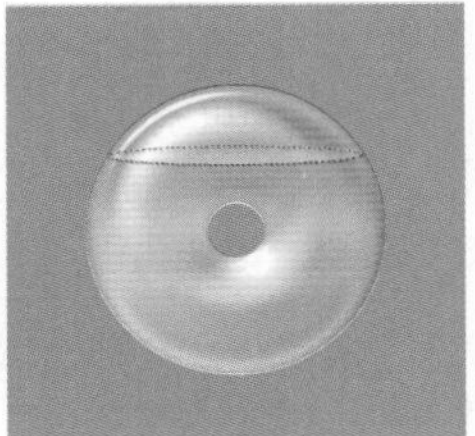

图 8-106

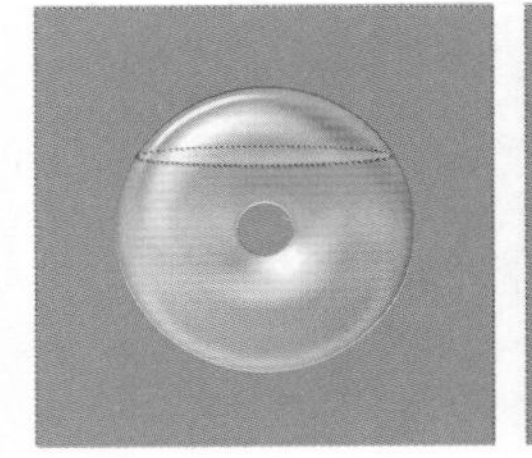

图 8-107

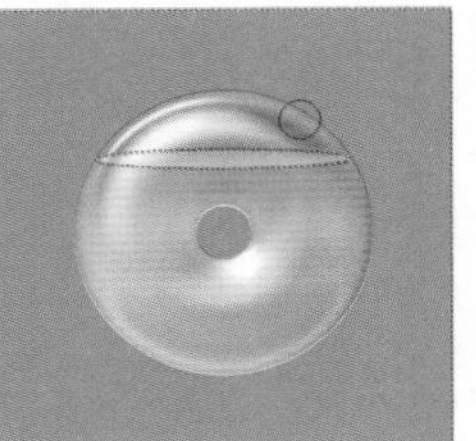

图 8-108

10 新建图层，设置混合模式为“正片叠底”，设置“不透明度”为50%，如图8-109所示。将“椭圆1”载入选区，填充线性渐变，如图8-110所示。

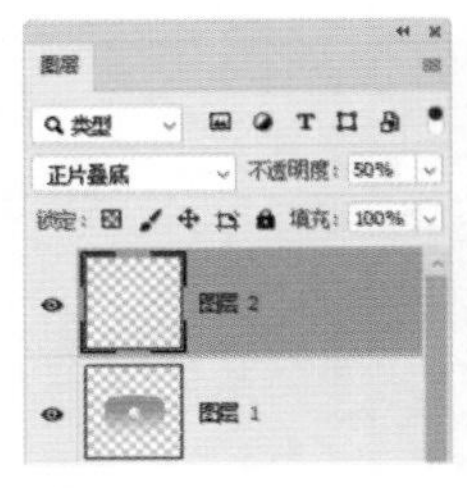

图 8-109

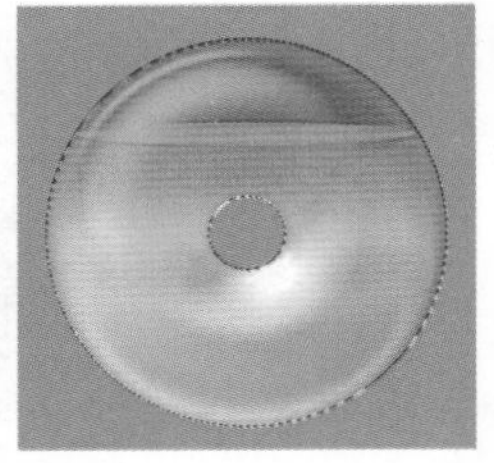

图 8-110

11 将“椭圆2”载入选区，如图8-111所示。按Delete键将选区内图像删除，如图8-112所示。按Ctrl+D快捷键取消选择。使用橡皮擦工具将图标上部擦除，如图8-113所示。

图 8-111

图 8-112

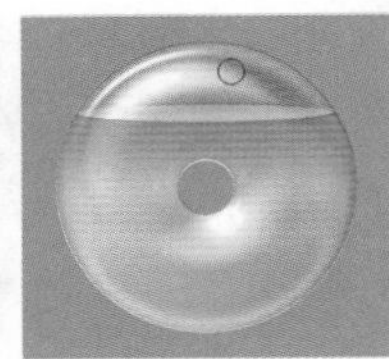

图 8-113

12 打开水珠素材，如图8-114所示。选择移动工具，将素材拖至图标文档中，设置混合模式为“划分”，设置“不透明度”为75%。将“椭圆1”载入选区，单击“图层”面板底部的按钮，基于选区创建蒙版，将多余的水珠图像隐藏，如图8-115和图8-116所示。

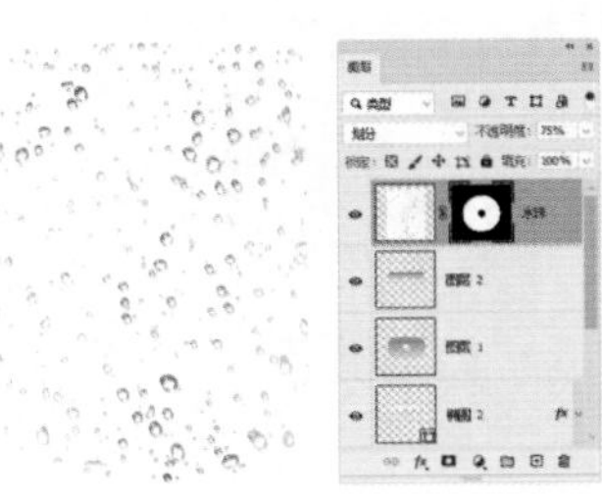

图 8-114　图 8-115

图 8-116

13 制作投影效果。先隐藏“背景”图层，然后按Alt+Shift+Ctrl+E快捷键盖印图层，如图8-117和图8-118所示。执行“编辑”|“变换”|“垂直翻转”命令，将它拖至图标底部，设置“不透明度”为35%。再将隐藏的图层都显示出来，效果如图8-119所示。

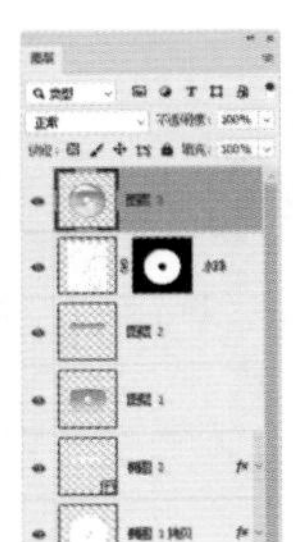

图 8-117

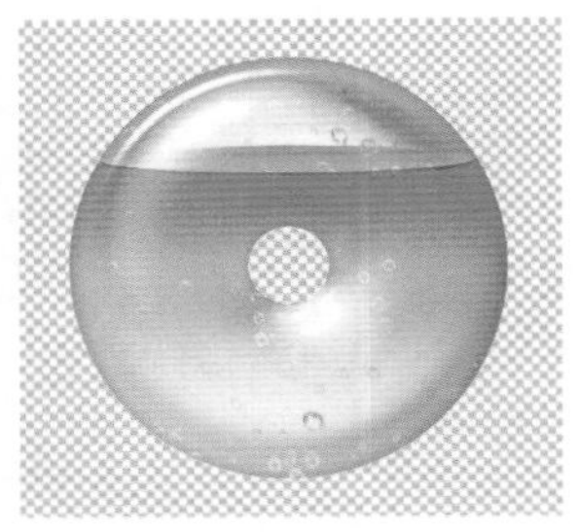

图 8-118

图 8-119

8.8　特效实例：制作金属嵌套效果

01 按Ctrl+N快捷键，创建大小为30厘米×20厘米、分辨率为100像素/英寸的文档。使用渐变工具 填充径向渐变，如图8-120所示。

02 选择椭圆工具，在工具选项栏中选择“形状”选项，设置描边颜色为黑色，设置宽度为20像素。在画面中单击并按住Shift键拖动，创建圆环，如图8-121所示。

图8-120

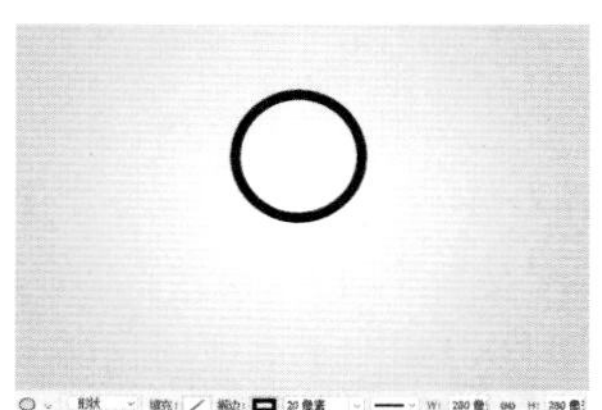

图8-121

03 执行“图层”|“栅格化”|“图层”命令，将图层栅格化，如图8-122所示。

04 打开“样式”面板菜单，执行“旧版样式及其他”命令，如图8-123所示，加载旧版样式库。单击库名称左侧的 图标，展开样式库，在“所有旧版默认样式”中找到“Web样式”，如图8-124所示。选择如图8-125所示的金属样式，将圆环制作成金属效果，如图8-126所示。

图8-122

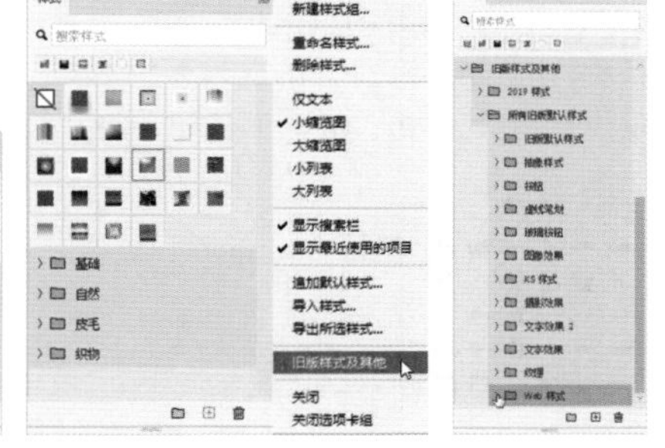

图8-123　图8-124

图8-125

图8-126

05 选择移动工具，按住Alt键向左下方拖曳圆环，将其复制，如图8-127所示。单击“图层”面板底部的按钮，为第二个圆环添加图层蒙版，如图8-128所示。

06 下面处理两个圆环相交的位置，让一个圆环套入另一个圆环中。按住Ctrl键单击第一个圆环所在图层的缩览图，将它的选区载入，如图8-129和图8-130所示。

图8-127

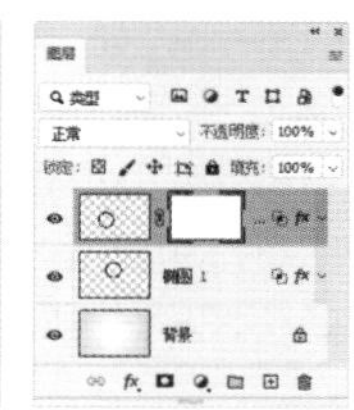

图8-128

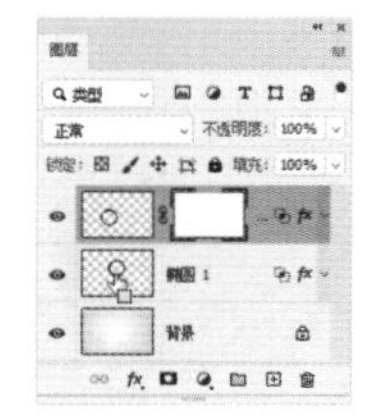

图8-129

图8-130

07 使用画笔工具 在圆环相交处涂抹黑色，如图8-131所示。按Ctrl+D快捷键取消选择。可以看到，相交处有很深的压痕，这种嵌套效果显然不真实，如图8-132所示。

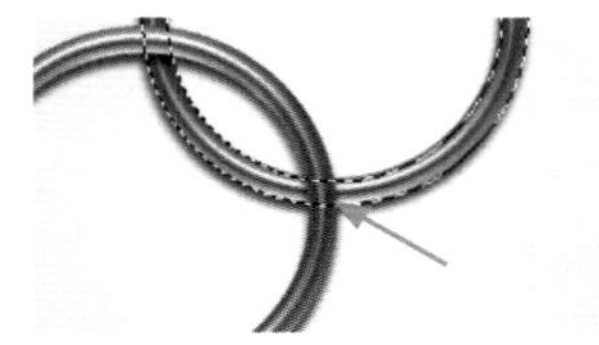

图8-131

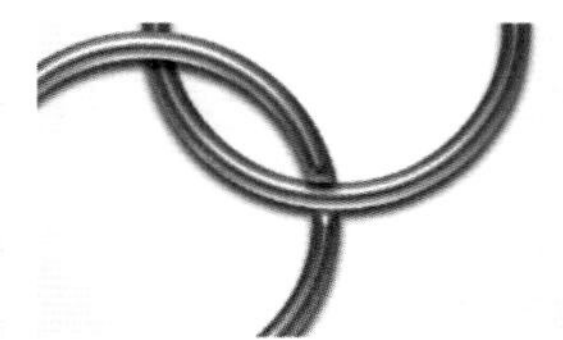

图8-132

08 双击第二个圆环所在的图层的空白处，打开“图层样式”对话框，勾选“图层蒙版隐藏效果”复选框，如图8-133所示，将此处的图层样式隐藏，如图8-134所示。

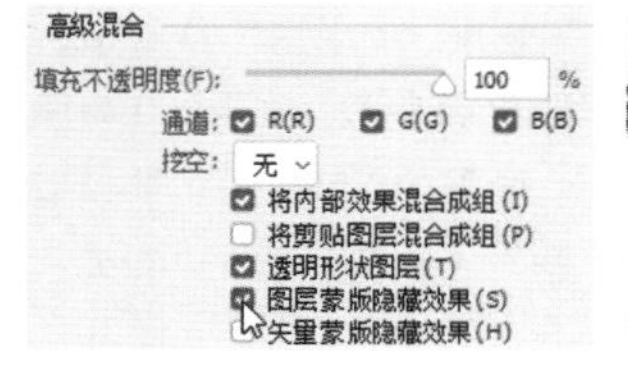

图8-133

图8-134

09 再复制得到一个圆环，修改它的蒙版，制作出如图8-135所示的效果。

图8-135

8.9 应用案例：制作手机主屏图标

01 新建大小为750像素×1334像素、分辨率为72像素/英寸的文档。选择椭圆工具，在工具选项栏中选择“形状”选项，在画布上单击，在弹出的对话框中设置参数，创建大小为230像素×230像素的圆形，填充渐变颜色，如图8-136~图8-138所示。

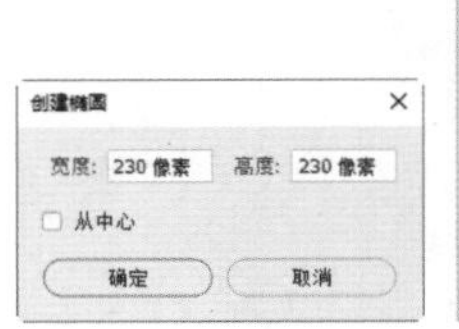

图 8-136

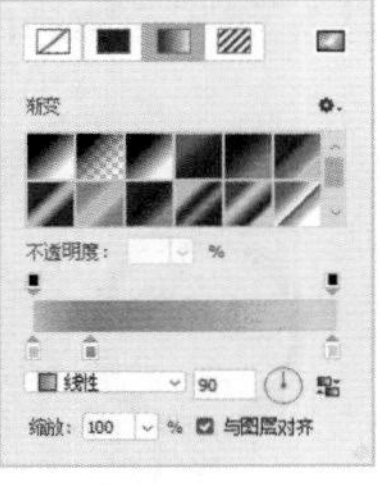

图 8-137

图 8-138

02 单击“图层”面板底部的 fx 按钮，添加“投影”效果，将投影颜色设置为深棕红色，如图8-139和图8-140所示。

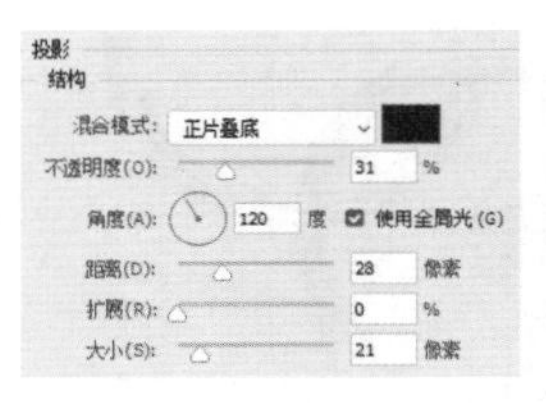

图 8-139

图 8-140

03 单击工具箱中的“前景色”图标，打开“拾色器”，将前景色设置为黄色，如图8-141所示。按Ctrl+J快捷键，复制圆形形状图层。将填充颜色设置为白色，如图8-142所示。双击“投影”效果，如图8-143所示，打开“图层样式”对话框，修改投影参数，如图8-144所示。选择左侧列表中的“渐变叠加”效果，添加该效果，选择透明条纹渐变（“径向”），如图8-145所示。经过修改，圆形会变为标靶状图形。关闭“图层样式”对话框。

图 8-141

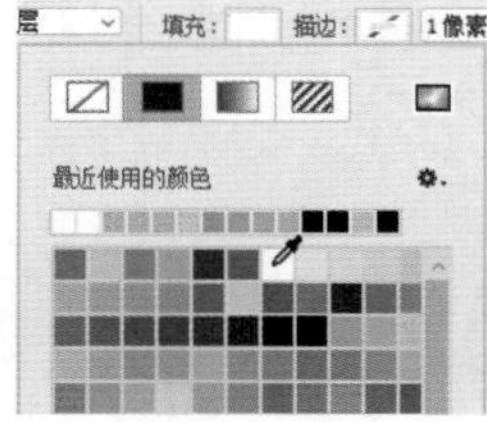

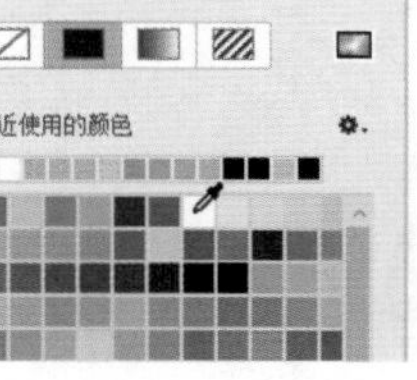

图 8-142

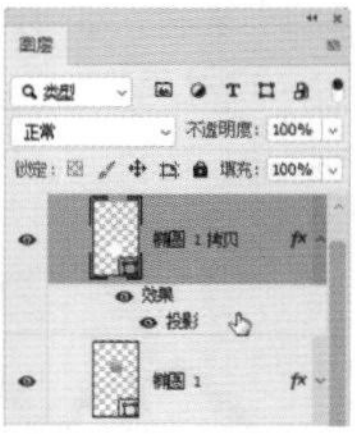

图 8-143

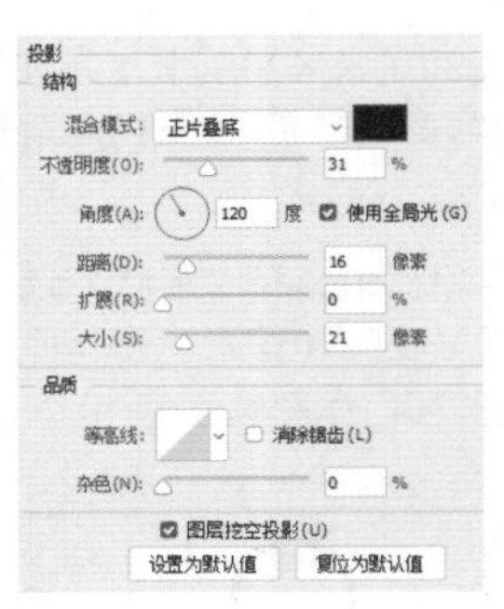

图 8-144

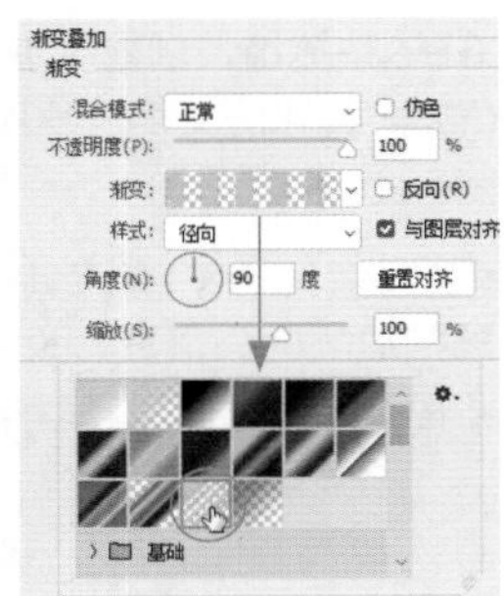

图 8-145

04 按数字键2，快速将图层的“不透明度”设置为20%，如图8-146所示。使用移动工具将图形向右上方移动，使它与下方的圆形错开一段位置，如图8-147所示。

图 8-146

图 8-147

05 选择自定形状工具，在工具选项栏中选择“形状”选项。单击按钮，打开下拉面板，单击面板右上角的按钮，打开面板菜单，执行“导入形状”命令，如图8-148所示，在打开的对话框中选择形状库素材，如图8-149所示，单击“载入”按钮，将其载入Photoshop中。

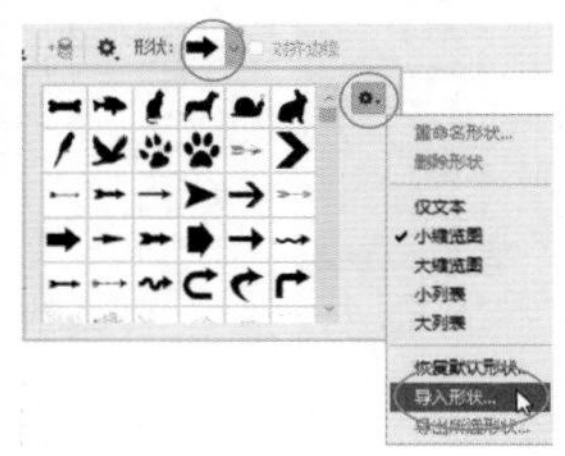

图 8-148

图 8-149

06 选择二维码图形，如图8-150所示，绘制该图形。操作时，先在圆形上方单击并拖动，拖曳的过程中再按住Shift键以锁定图形比例。不要一开始就按住Shift键，否则二维码将位于圆形形状图层中并与之进行图形运算。设置二维码图形的填充颜色为红色，如图8-151所示。选择除“背景”外的各个图层，按Ctrl+G快捷键编入图层组，如图8-152所示。

tip Photoshop提供了预设的形状库，这些形状还是比较有限。我们可以从网络上下载各种图形库，载入Photoshop中使用，以便可以更加高效地完成绘图工作。需要注意的是，在Photoshop中加载的形状、样式和动作等都会占用系统资源，导致Photoshop的处理速度变慢。外部加载的形状库在使用完最好删除，以便给Photoshop减减负，以后需要的时候再加载即可。

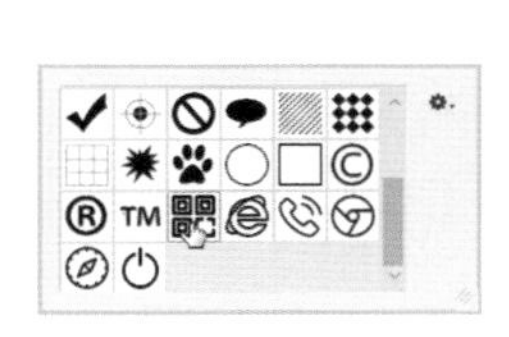
图 8-150

图 8-151

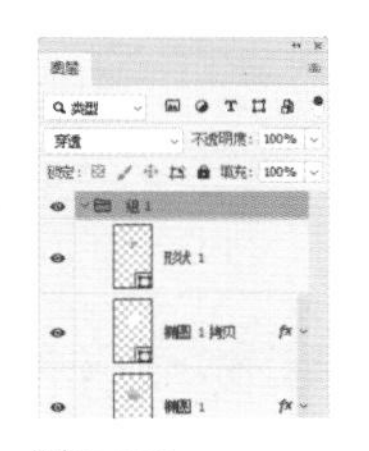
图 8-152

07 将图标（不包括二维码图形）复制5个，然后修改每个图形的填充颜色和“投影”效果颜色；再为它们添加不同的手机功能图形（在加载的形状库中），如图8-153所示；最后放入手机素材文档中，即可完成手机主屏的图标制作，如图8-154所示。

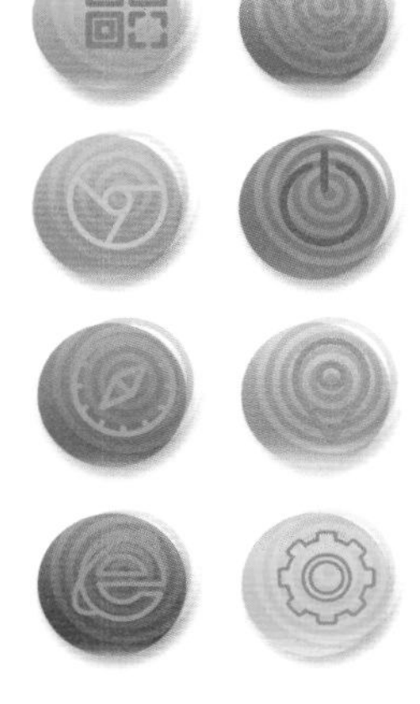
图 8-153

图 8-154

8.10 课后作业：用样式制作咖啡拉花效果

本章学习了图层样式与特效的制作方法。下面通过课后作业来强化学习效果。如果有不清楚的地方，请看视频教学文件。

使用“样式”面板中的样式，将小猫图案制作成咖啡拉花的效果。首先，将小猫图案进行透视变形，以符合咖啡杯的角度；然后添加样式；再将“填充”设置为0%，使图案融入咖啡背景中。

素材

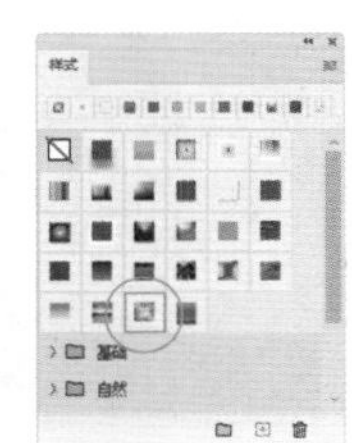
添加样式

设置“填充不透明度”

实例效果

8.11 课后作业：用样式制作金属特效

在“样式”面板的菜单中，执行“导入样式”命令，可以将外部样式库导入Photoshop。导入本书提供的金属效果样式素材（也可以使用其他样式），将其应用到文字和小熊图像上。

素材

“导入样式”命令

导入的样式

添加样式后的图像效果

8.12 复习题

1. 全局光有什么作用？
2. 怎样在不影响图像的情况下单独调整图层样式的比例？

第9章 文字与矢量工具 字体设计

Photoshop的矢量工具分为三类。第一类是钢笔工具、转换点工具等，主要用来绘图和抠图；第二类是各种形状工具，如矩形工具、椭圆工具和自定形状工具等，用来绘制各种固定的矢量图形；第三类是文字工具，用来创建和编辑文字。Photoshop 中的文字是由以数学方式定义的形状组成的，属于矢量对象，在栅格化（即转换为图像）以前，会保留基于矢量的文字轮廓。因此，可以任意缩放文字或调整文字大小，不会出现锯齿，也可以随时修改文字的内容、字体、段落等属性。

9.1 关于字体设计

字体设计具有独特的艺术感染力，广泛应用于视觉传达设计中，好的字体设计是增强视觉传达效果、提高审美价值的重要因素之一。

字体设计首先应具备易读性，即在遵循形体结构的基础上进行变化，不能随意改变字体结构、增减笔画、切忌为了设计而设计，文字设计的根本目的是为了更好地表达设计的主题和构想理念，不能为变而变；第二要体现艺术性，文字应做到风格统一、美观实用、创意新颖，且有一定的艺术性；第三是要具备思想性，字体设计应从文字内容出发，能够准确地诠释文字的含义。

如图9–1、图9–2所示是将文字与图画有机结合的字体设计，充分挖掘文字的含义，再采用图画的形式使字体形象化。如图9–3所示为装饰字体设计，以基本字体为原型，采用内线、勾边、立体、平行透视等变化方法，使字体更加活泼、浪漫，富于诗情画意。如图9–4所示为书法字体设计，字体美观流畅、欢快轻盈，具有很强的节奏感和韵律感。

图9-1

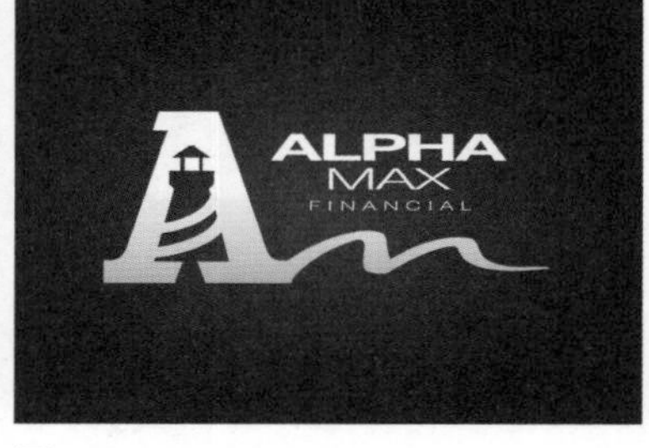

图9-2

图9-3

图9-4

9.2 创建文字

Photoshop 中的文字是由以数学方式定义的形状组成的，在将其栅格化以前，可以任意缩放或调整文字大小，不会出现锯齿，也可以随时修改文字的内容、字体和段落等属性。

在Photoshop 中，可以通过3种方法创建文字，即在点上创建、在段落中创建和沿路径创建。Photoshop提供了4种文字工具，其中横排

学习重点
- 创建文字
- 格式化字符
- 格式化段落
- 路径运算
- 饮料杯立体字
- 游戏登录界面

文字工具 T 和直排文字工具 ↓T 用来创建点文字、段落文字和路径文字，横排文字蒙版工具 T 和直排文字蒙版工具 ↓T 用来创建文字状选区。

9.2.1　创建点文字

点文字是一个水平或垂直的文本行。在处理标题等字数较少的文本时，可以通过点文字来完成。

选择横排文字工具 T（也可以使用直排文字工具 ↓T 创建直排文字），在工具选项栏中设置字体、大小和颜色，如图9–5所示。在需要输入文字的位置单击，设置插入点，画面中会出现闪烁的I形光标，此时可输入文字，如图9–6所示。单击工具选项栏中的 ✓ 按钮，结束文字的输入操作，"图层"面板中会生成文字图层，如图9–7所示。如果要放弃输入，可以单击工具选项栏中的 ⊘ 按钮或按Esc键。

图9-5

图9-6

图9-7

使用横排文字工具 T 在文字上单击并拖动鼠标，选择部分文字，如图9–8所示。在工具选项栏中修改所选文字的颜色（也可以修改字体和大小），如图9–9所示。如果重新输入文字，则可修改所选文字，如图9–10所示。按Delete键可删除所选文字，如图9–11所示。

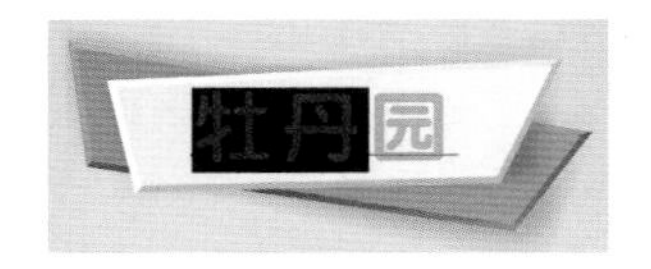

图9-8

图9-9

图9-10

图9-11

如果要添加文字内容，可以将光标放在文字行上，光标变为I状时，单击设置文字插入点，如图9–12所示。此时输入文字便可添加文字内容，如图9–13所示。

图9-12

图9-13

tip　对于从事设计工作的人来说，用Photoshop完成海报、平面广告等文字量较少的设计是没有任何问题的。但如果制作以文字为主的印刷品，如宣传册、宣传单等，最好用排版软件（InDesign）完成，因为Photoshop的文字编排功能还不够强大。此外，过于细小的文字在打印时容易模糊。

9.2.2　创建段落文字

段落文字是在定界框内输入的文字，它具有自动换行、可调整文字区域大小等优势。在需要处理文字量较大的文本（如宣传手册）时，可以使用段落文字来完成。

选择横排文字工具 T，在工具选项栏中设置字体、字号和颜色，在画面中单击并向右下角拖动出现一个定界框，如图9–14所示。释放鼠标时，会出现闪烁的I形光标，此时可输入文字，当文字到达文本框边界时会自动换行，如图9–15所示。单击工具选项栏中的 ✓ 按钮，可以完成段落文本的创建。

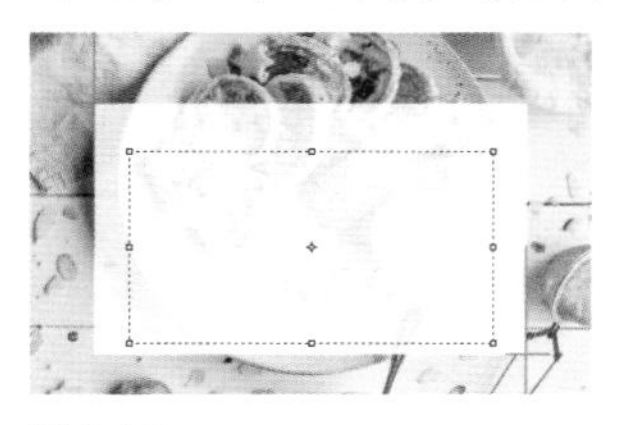

图9-14

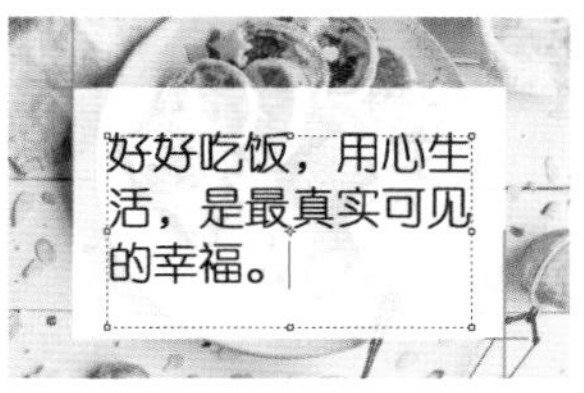

图9-15

tip　单击并拖动鼠标定义文字区域时，如果同时按住 Alt 键，会弹出"段落文字大小"对话框，设置"宽度"和"高度"，可以精确定义文字区域的大小。

创建段落文字后，使用横排文字工具 T 在文字中单击，设置插入点，同时显示文字的定界框，如图9–16所示。拖动控制点调整定界框的大小，文字会在调整后的定界框内重新排列，如图9–17所示。按住Ctrl键拖动控制点可缩放文字，如图9–18所示。将光标移至定界框外，当光标变为弯曲的双向箭头时，拖动鼠标可以旋转文字，如图9–19所示。如果同时按住Shift 键，则能够以15° 角为增量进行旋转。

图 9-16

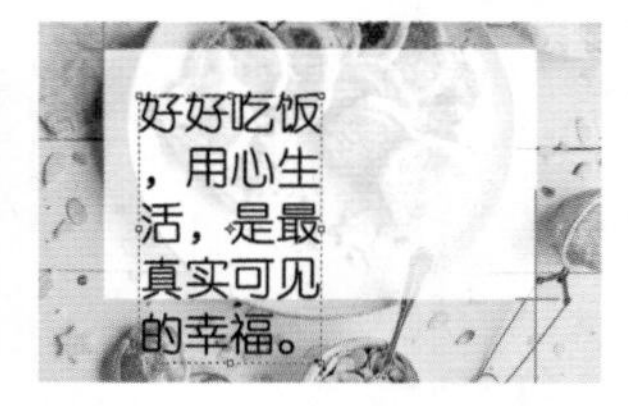

图 9-17

图 9-18

图 9-19

9.2.3 创建路径文字

路径文字是指创建在路径上的文字，文字会沿着路径排列，修改路径的形状时，文字的排列方式也会随之改变。

用钢笔工具 或自定形状工具 绘制矢量图形，选择横排文字工具 T，将光标放在路径上，光标会变为 状，如图 9-20 所示。单击鼠标，画面中会出现闪烁的 I 形光标，此时输入文字，即可沿着路径排列，如图 9-21 所示。选择路径选择工具 或直接选择工具 ，将光标定位在文字上，当光标变为 状时，单击并拖动鼠标，可以沿着路径移动文字，如图 9-22 所示；向路径另一侧拖动鼠标，则可将文字翻转，如图 9-23 所示。

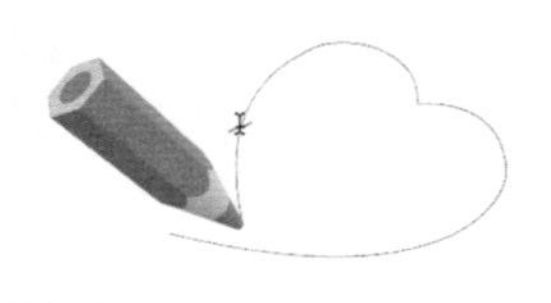
图 9-20

图 9-21

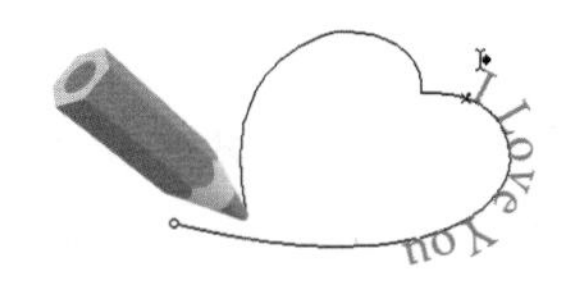

图 9-22

图 9-23

9.3 编辑文字

输入文字之前，可以在工具选项栏或“字符”面板中设置文字的字体、大小和颜色等属性，创建文字之后，可以通过工具选项栏、“字符”面板和“段落”面板修改字符和段落属性。

9.3.1 格式化字符

格式化字符是指设置字体、文字大小和行距等属性。在输入文字之前，可以在工具选项栏或“字符”面板中设置这些属性，创建文字之后，也可以通过以上两种方式修改字符的属性。如图 9-24 所示为横排文字工具 T 的选项栏，如图 9-25 所示为“字符”面板。默认情况下，设置字符属性时，会影响所选文字图层中的所有文字，如果要修改部分文字，可以先用文字工具将它们选中，再进行编辑。

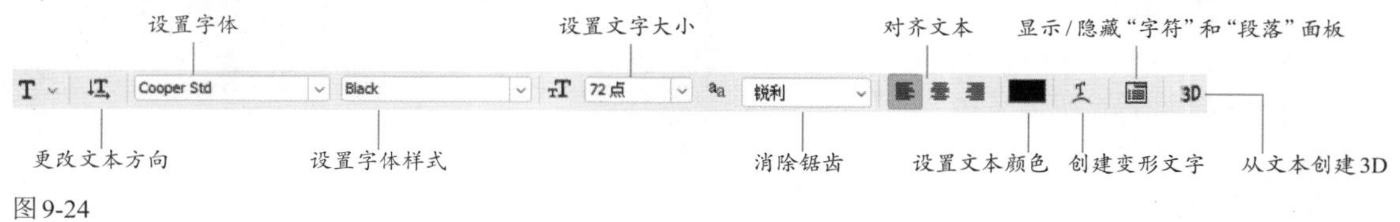

图 9-24

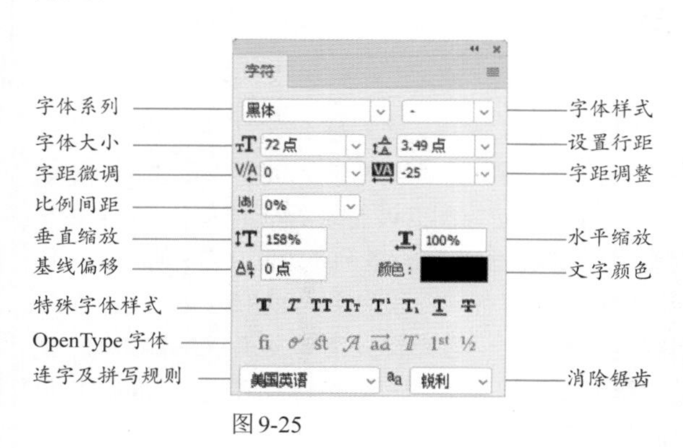

图 9-25

tip 选择文字后，可以使用下面的快捷键来调整文字大小、间距和行距。

- 调整文字大小：选择文字后，按住Shift+Ctrl快捷键，并连续按>键，能够以2点为增量将文字调大；按Shift+Ctrl+<快捷键，则以2点为增量将文字调小。
- 调整字间距：选择文字以后，按住Alt键并连续按→键，可以增加字间距；按Alt+←键，则减小字间距。
- 调整行间距：选择多行文字以后，按住Alt键，并连续按↑键，可以增加行间距；按Alt+↓键，则减小行间距。

9.3.2　格式化段落

格式化段落是指设置文本的段落属性，如段落的对齐、缩进和文字行的间距等。“段落”面板用来设置段落属性，如图9–26所示。如果要设置单个段落的格式，可以在选择文字工具后在该段落中单击，设置文字插入点，并显示定界框，如图9–27所示；如果要设置多个段落的格式，先要选择这些段落，如图9–28所示。

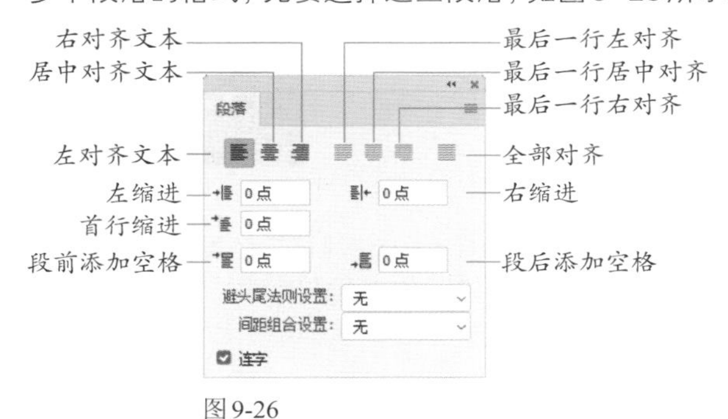

图9-26

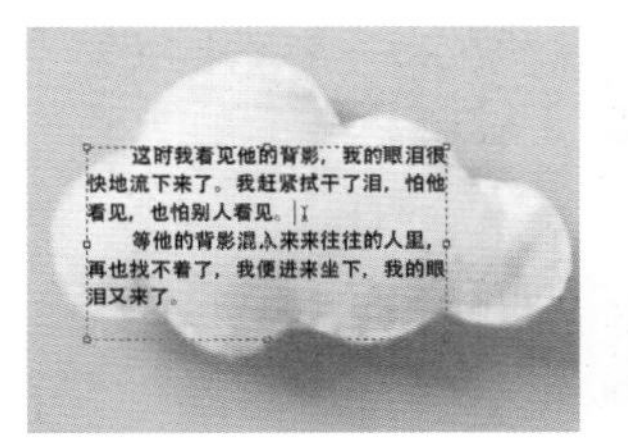
图9-27

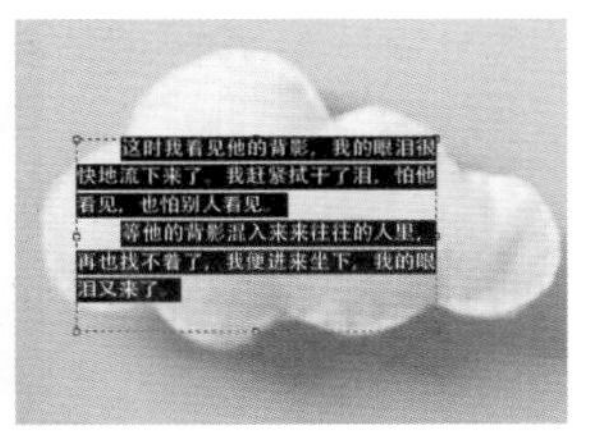
图9-28

如果要设置全部段落的格式，则可在“图层”面板中选择段落所在的图层，如图9–29所示。

图9-29

9.3.3　栅格化文字

文字与路径一样，也是一种矢量对象，因此渐变工具、画笔工具都不能用来处理文字。如果要使用图像编辑工具，需要先将文字栅格化。在文字图层上单击鼠标右键，在弹出的快捷菜单中执行“栅格化文字”命令，如图9–30所示。文字栅格化后会变为图像，文字内容无法修改，如图9–31所示。

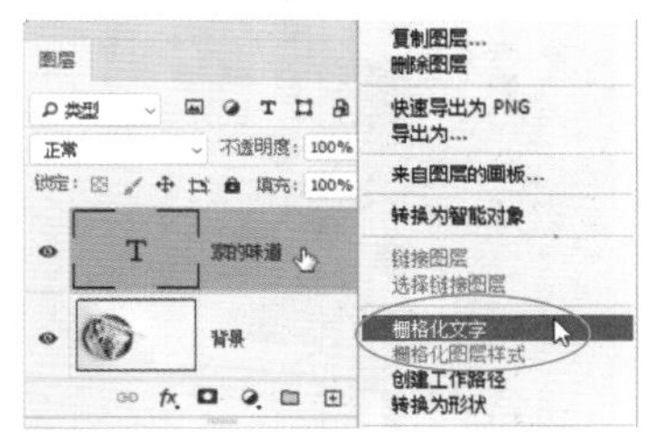

图9-30

图9-31

9.4　点文字实例：制作创意海报

01 打开素材，执行“图像”|“图像旋转”|“顺时针90度”命令，旋转画面。选择横排文字工具 T 。打开“字符”面板，选择字体，设置大小、颜色和间距，如图9-32所示。单击工具选项栏中的按钮，让文字居中排列，如图9-33所示。

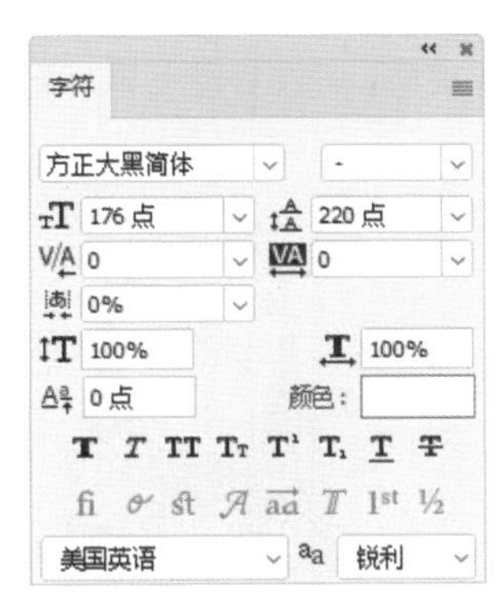

图9-32

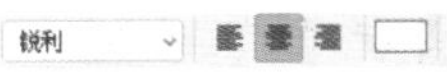

图9-33

02 在画布上单击，画面中会出现闪烁的I形光标，输入文字“我们的”，如图9-34所示。按Enter键换行，再输入PS，如图9-35所示。继续换行，输入最后一组文字，如图9-36所示。

03 将光标放在字符外，单击并拖动鼠标，调整文字位置，如图9-37所示。

图9-34

图9-35

图 9-36

图 9-37

04 单击工具选项栏中的✓按钮，结束文字输入。单击■按钮，为文字图层添加图层蒙版。选择画笔工具并设置硬边圆笔尖，将主要建筑物前方的文字涂黑，使其看上去是被建筑遮挡了，如图9-38和图9-39所示。

图 9-38

图 9-39

tip 选择其他工具、按Enter键、按Ctrl+Enter键也可以结束操作。如果要放弃输入，可以单击工具选项栏中的⊘按钮或按Esc键。

05 在“图层”面板中双击文字图层的空白处，打开“图层样式”对话框，添加“渐变叠加”效果，让远处的文字颜色变暗，如图9-40和图9-41所示。

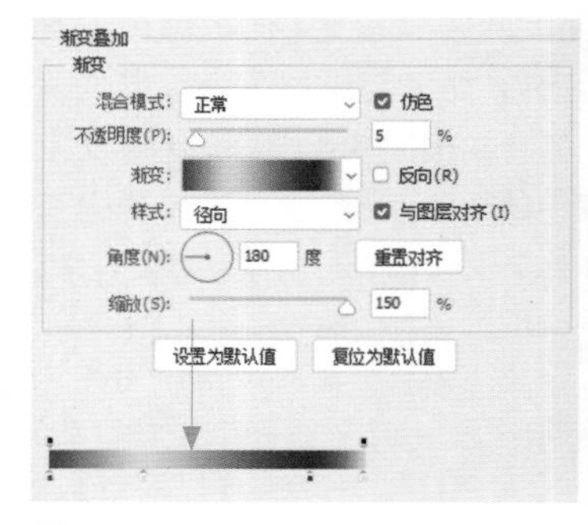

图 9-40

图 9-41

06 新建图层。按Alt+Ctrl+G快捷键，将其与下方的文字图层创建为剪贴蒙版组，如图9-42所示。选择画笔工具，使用柔边圆笔尖在建筑后方文字上涂抹浅灰色阴影，如图9-43所示。

图 9-42

图 9-43

9.5 路径文字实例：手提袋设计

01 打开素材，如图9-44所示。

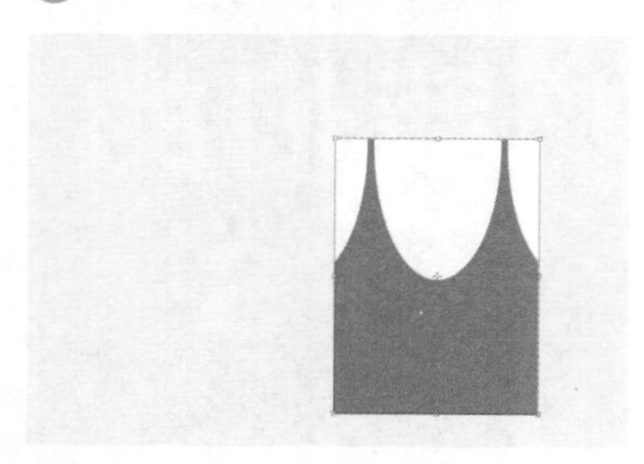
图 9-44

02 选择自定形状工具，单击工具选项栏中的按钮，打开“形状”下拉面板，使用“圆形画框”“窄边圆框”和“心形”图形绘制手提袋，并在心形上加入企业标志，如图9-45和图9-46所示。

图 9-45

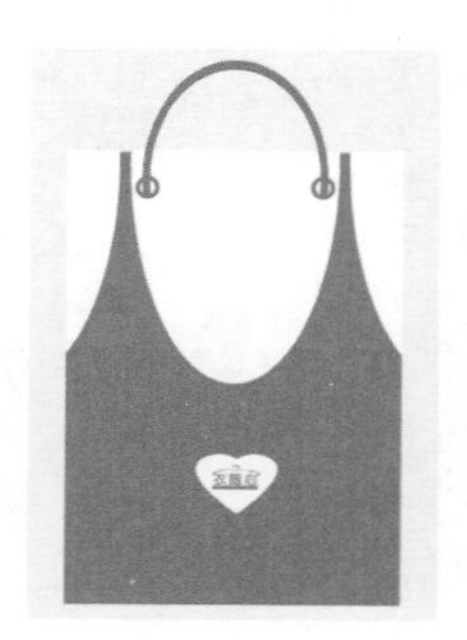
图 9-46

03 下面围绕图像创建路径文本。单击“路径”面板底部的“创建新路径”按钮 ⊞，新建“路径1”，如图9-47所示，选择钢笔工具，在工具选项栏中选择“路径”选项，绘制如图9-48所示的路径。

图9-47

图9-48

04 选择横排文字工具 T，将光标移至路径上，当光标显示为状时，单击并输入文字，如图9-49所示。按住Ctrl键将光标放在路径上，光标会显示为状，单击并沿路径拖动文字，使文字全部显示，如图9-50所示。

图9-49

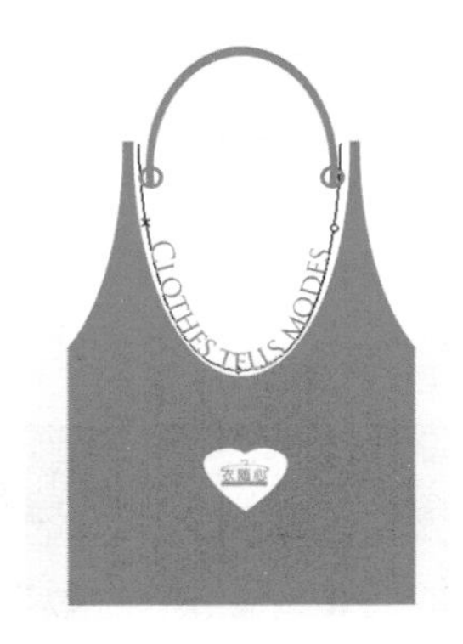

图9-50

05 将组成手提袋的图层全部选中，按Ctrl+E快捷键合并。按Ctrl+T快捷键显示定界框，再按住Alt+Shift+Ctrl快捷键，并拖动定界框一边的控制点，使图像呈梯形变化，如图9-51所示，按Enter键确认操作。复制当前图层，将位于下方的图层填充为灰色（可单击“锁定透明像素”按钮，再对图层进行填色，这样不会影响透明区域），如图9-52所示。制作浅灰色的矩形，按Ctrl+T快捷键，显示定界框，拖动控制点进行调整，表现手提袋的另外两个面，如图9-53所示。

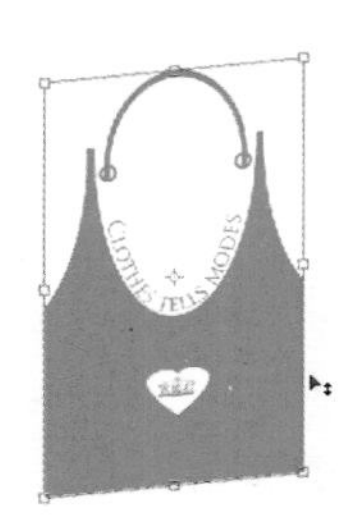

图9-51

图9-52

图9-53

06 将组成手提袋的图层全部选中，按Alt+Ctrl+E快捷键，将它们盖印到一个新的图层中，再按Shift+Ctrl+[快捷键，将该图层移至底层。再按Ctrl+T快捷键，显示定界框，单击鼠标右键，在弹出的快捷菜单中执行“垂直翻转”命令，然后将图像向下移动。按住Alt+Shift+Ctrl快捷键并拖动控制点，对图像的外形进行调整，如图9-54所示。设置该图层的“不透明度”为30%，效果如图9-55所示。

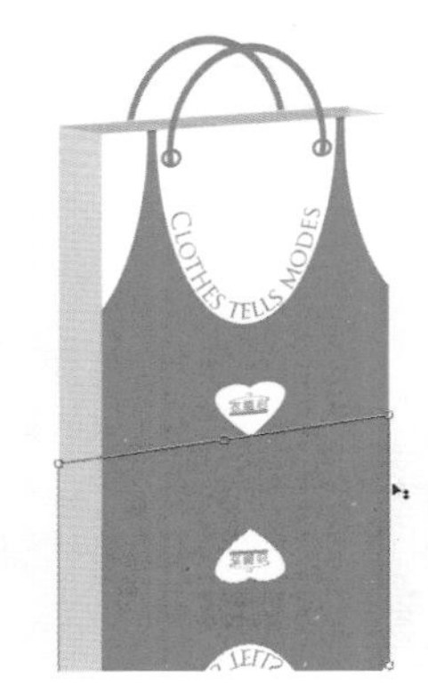

图9-54

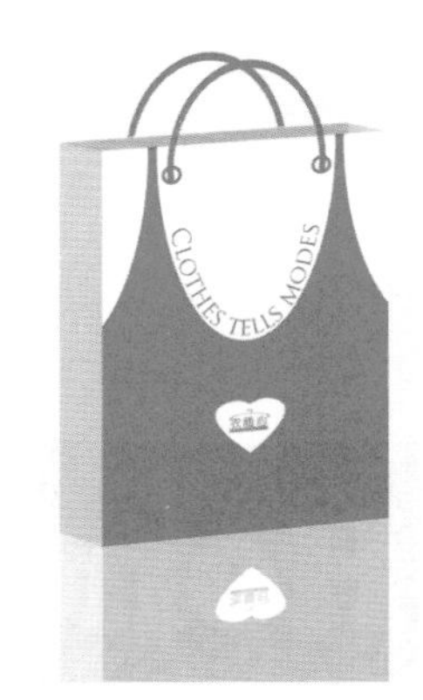

图9-55

07 复制几个手提袋，再通过“图像”|“调整”|“色相/饱和度”命令调整手提袋的颜色，制作出不同颜色的手提袋，如图9-56所示。

图9-56

9.6　特效字实例：制作糖果字

01 打开素材，如图9-57所示。执行“编辑”|“定义图案”命令，弹出“图案名称”对话框，如图9-58所示，单击“确定”按钮，将纹理定义为图案。

图 9-57

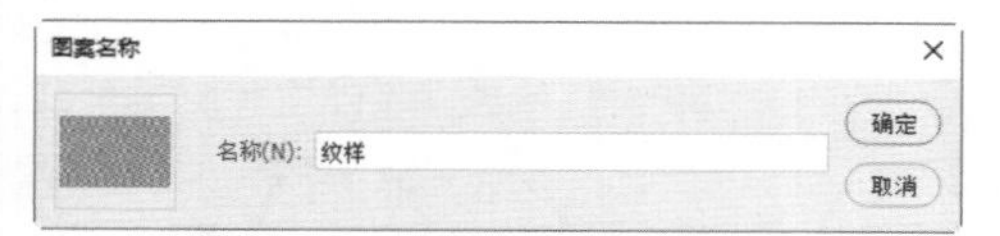

图 9-58

02 再打开一个素材，如图9-59所示。双击文字所在的图层的空白处，如图9-60所示，打开“图层样式”对话框。

图 9-59

图 9-60

03 添加“投影”“内阴影”“外发光”“内发光”、“斜面和浮雕”“颜色叠加”和“渐变叠加”效果，如图9-61~图9-68所示。

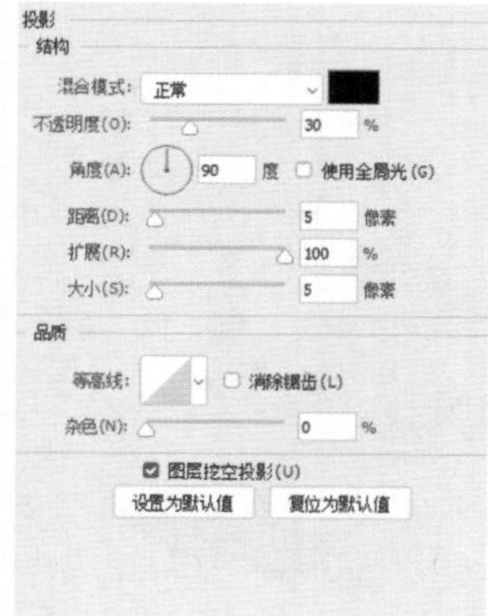

图 9-61

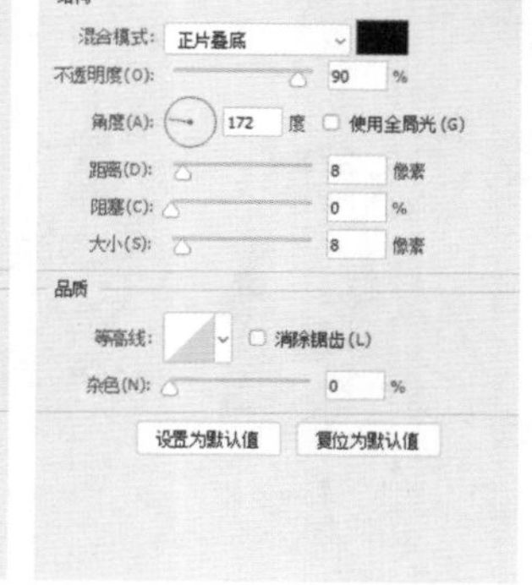

图 9-62

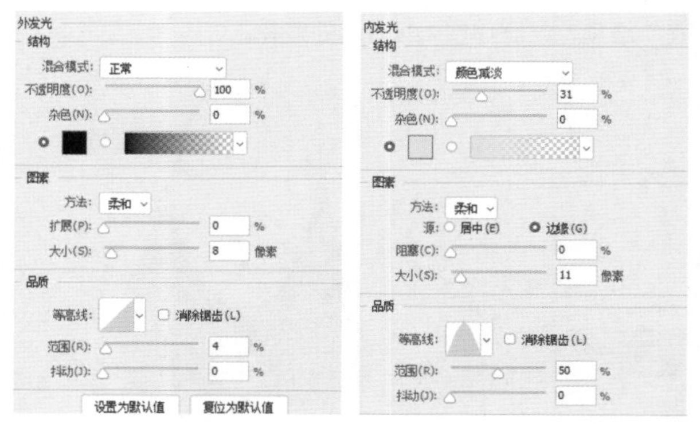

图 9-63

图 9-64

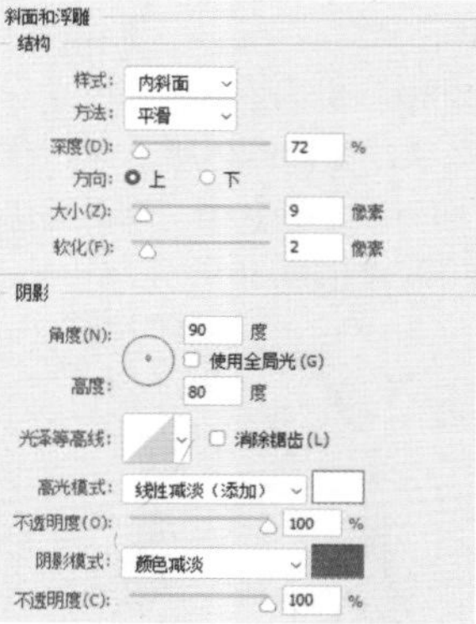

图 9-65

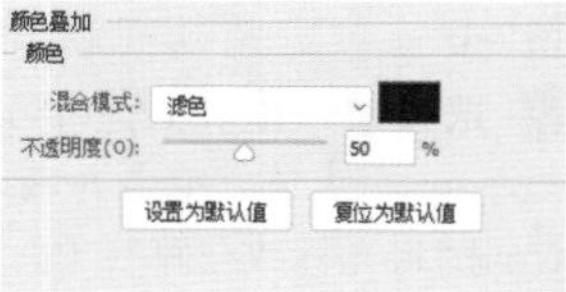

图 9-66

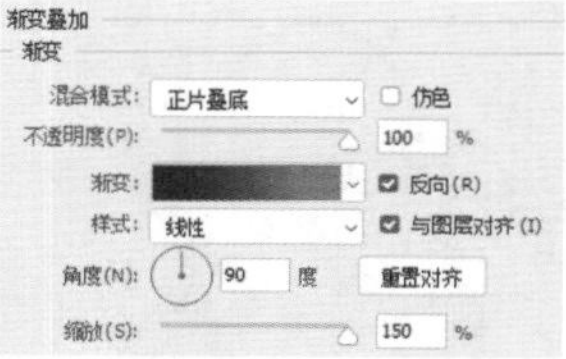

图 9-67

图 9-68

04 在左侧列表中选择“图案叠加”效果，单击“图案”选项右侧的三角按钮，打开下拉面板，选择自定义的图案，设置图案的“缩放”为150%，如图9-69所示。

05 添加“描边”效果，如图9-70所示，完成糖果字的制作，如图9-71所示。

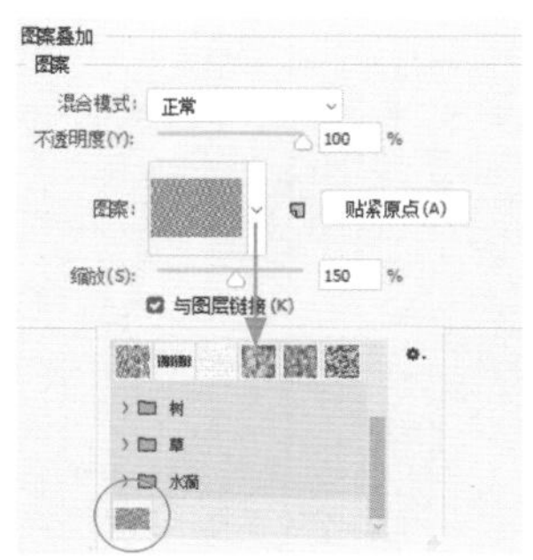

图9-69

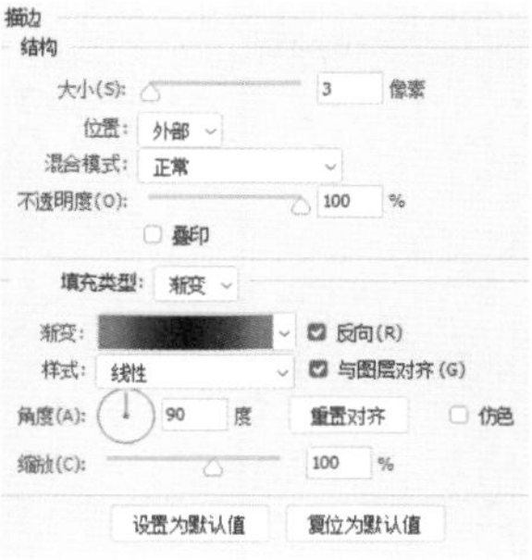

图9-70

图9-71

9.7　特效字实例：制作饮料杯立体字

01 打开素材。文字图形是智能对象，如图9-72和图9-73所示。如果安装了Illustrator，双击素材缩览图右下角的图标，可以在Illustrator中打开原文件进行编辑，修改并存储以后，Photoshop中的文字会自动更新到与之相同的效果。

图9-72

图9-73

02 使用移动工具将文字拖入饮料杯文档中，执行“图层”|“栅格化”|“智能对象”命令，将其转换为普通图层，如图9-74所示。执行“编辑”|“变换”|“变形”命令，在文字上显示变形网格，如图9-75所示。

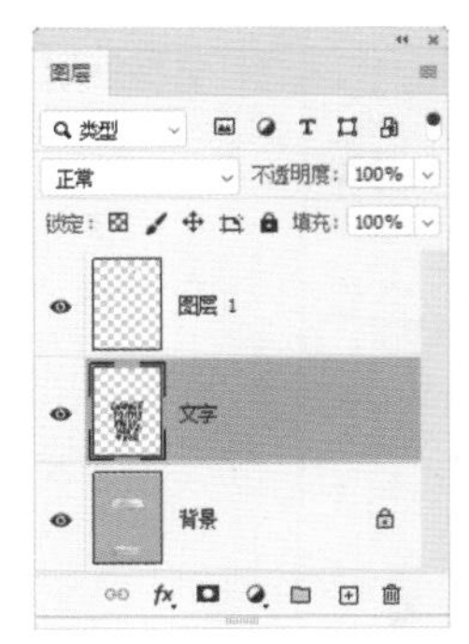

图9-74

图9-75

tip 为了防止计算机中没有相应字体而无法完成练习，我们通过智能对象的方式提供了素材文字。准确地说，它是矢量图形。

03 将光标放在第一行文字上，按住鼠标左键向上拖动，如图9-76所示，将最后一行文字向下拖动，如图9-77所示，使文字边缘与饮料杯契合；再将中间的文字向边缘拖动，如图9-78所示，使中间的文字略有膨胀感，而两边的文字则经过挤压变瘦，然后按Enter键确认，如图9-79所示。

图9-76

图9-77

图9-78

图9-79

04 在“图层”面板中双击该图层的空白处，打开“图层样式”对话框，添加“斜面和浮雕”效果；单击“光泽等高线”右侧的按钮，打开“等高线编辑器”，在等高线上单击并拖动控制点，改变等高线的形状，如图9-80所示。再分别添加“等高线”和“渐变叠加”效果，如图9-81和图9-82所示。即可完成立体字的制作，如图9-83所示。

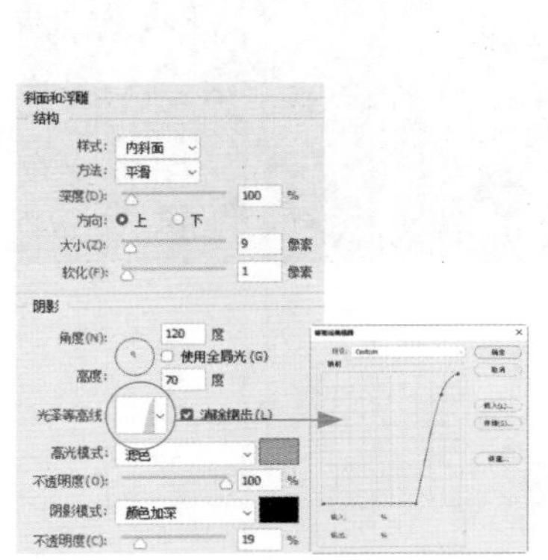

图9-80

图9-81

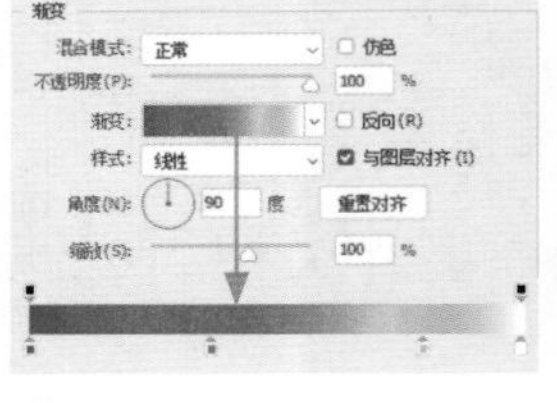

图9-82

图9-83

9.8 矢量功能

Photoshop是位图软件，但也可以绘制矢量图形。矢量图形与光栅类的图像相比，最大的特点是可以任意缩放和旋转，不会出现锯齿，同时矢量图形的选择和修改十分方便。

9.8.1 绘图模式

Photoshop中的钢笔工具、矩形工具、椭圆工具和自定形状工具等属于矢量工具，它们可用于创建不同类型的对象，包括形状图层、工作路径和像素图形。选择矢量工具后，需要先在工具选项栏中选择相应的绘制模式，再进行绘图操作。

选择“形状”选项后，可在单独的形状图层中创建形状。形状图层由填充区域和形状两部分组成，填充区域定义了形状的颜色、图案和图层的不透明度，形状则是一个矢量图形，它同时出现在“图层”和“路径”面板中，如图9-84所示。

选择“路径”选项后，可创建工作路径，它出现在“路径”面板中，如图9-85所示。路径可以转换为选区或创建矢量蒙版，也可以填充和描边，从而得到光栅化的图像。

选择“像素”选项后，可以在当前图层上绘制栅格化的图形（图形的填充颜色为前景色）。由于不能创建矢量图形，因此“路径”面板中也不会有路径，如图9-86所示。该选项不能用于钢笔工具。

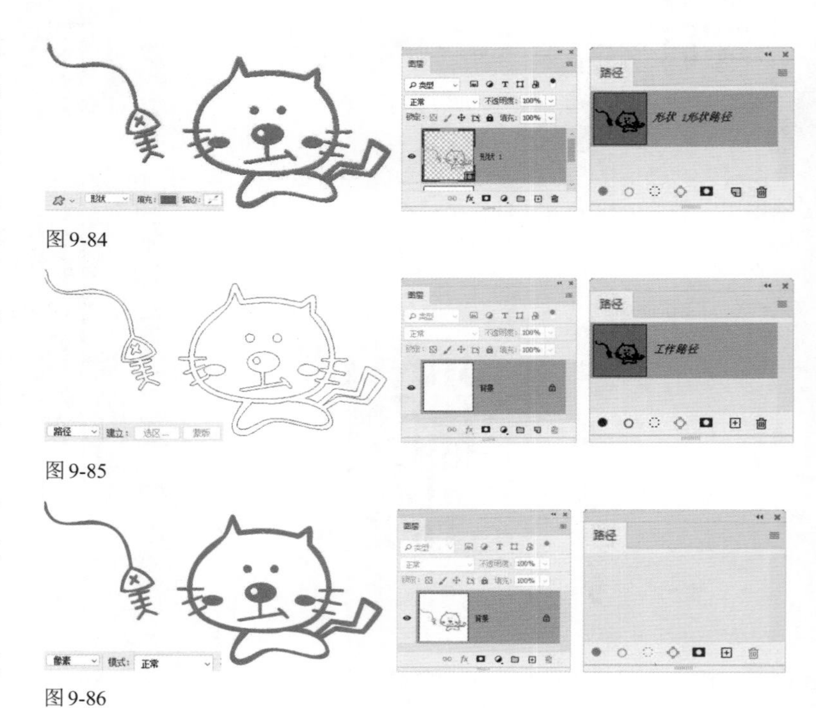

图9-84

图9-85

图9-86

9.8.2 路径运算

用魔棒和快速选择等工具选取对象时，通常要对选区进行相加、相减等运算，以使其符合要求。使用钢笔或形状等矢量工具时，也可以对路径进行相应的运算，以便得到所需的轮廓。

单击工具选项栏中的 按钮，可以在打开的下拉面板中选择路径运算方式，如图9-87所示。如图9-88所示，邮票是先绘制的路径，人物是后绘制的路径。绘制完邮票图形后，选择不同的运算方式，再绘制人物图形，就会得到不同的运算结果。

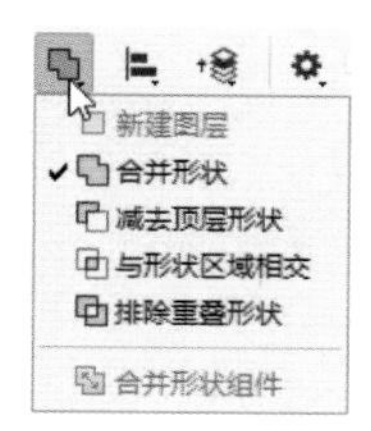

图9-87

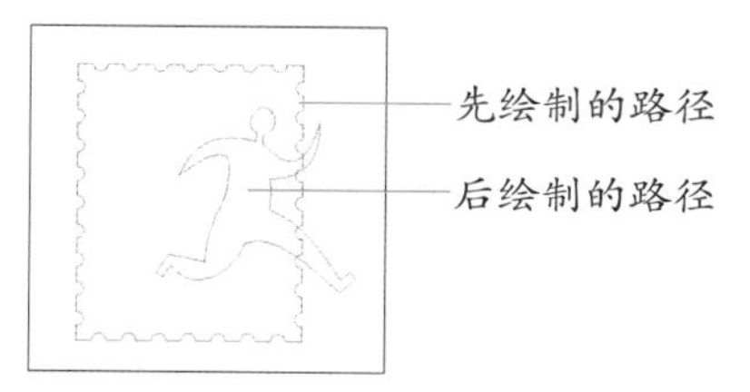

图9-88

- 新建图层 ：单击该按钮，可以创建新的路径层。
- 合并形状 ：单击该按钮，新绘制的图形会与现有的图形合并，如图9-89所示。

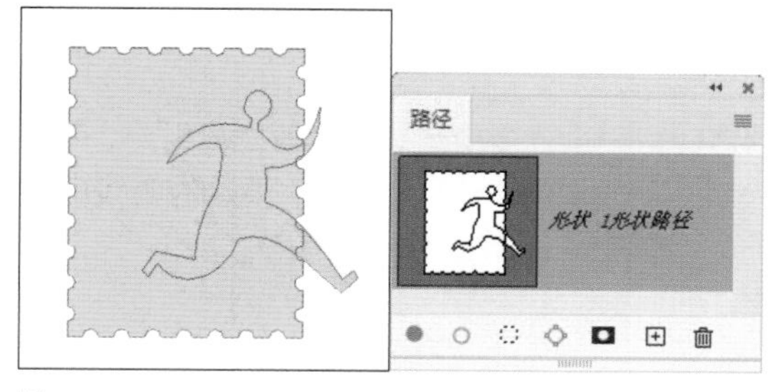

图9-89

- 减去顶层形状 ：单击该按钮，可从现有的图形中减去新绘制的图形，如图9-90所示。

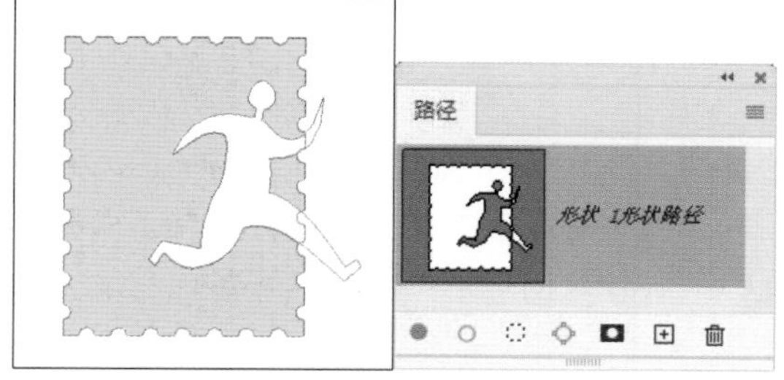

图9-90

- 与形状区域相交 ：单击该按钮，得到的图形为新图形与现有图形相交的区域，如图9-91所示。
- 排除重叠形状 ：单击该按钮，得到的图形为合并路径中排除重叠的区域，如图9-92所示。

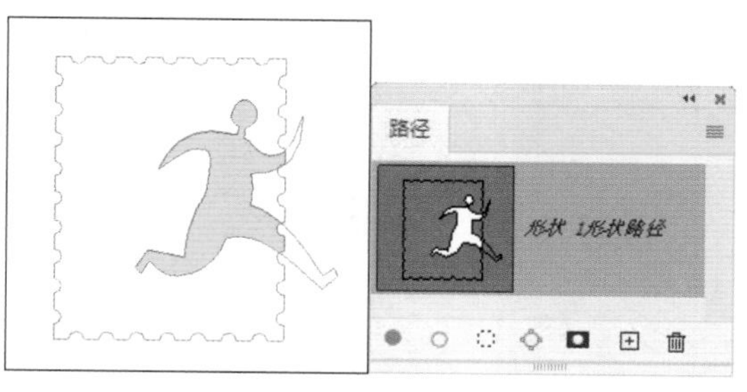

图9-91

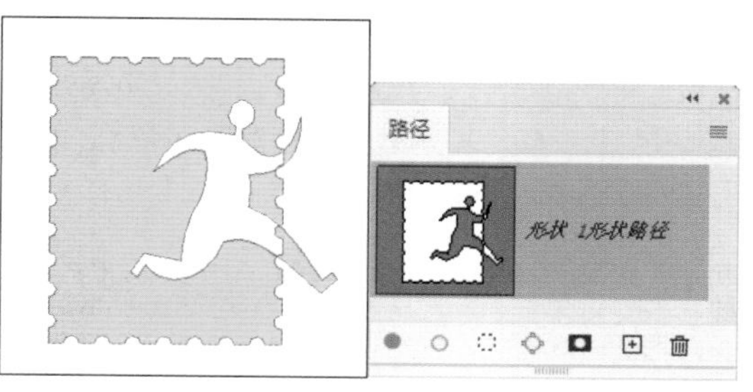

图9-92

- 合并形状组件 ：单击该按钮，可以合并重叠的路径组件。

9.8.3 路径面板

“路径”面板用于保存和管理路径，面板中显示了每条存储的路径、当前工作路径和当前矢量蒙版的名称和缩览图，如图9-93所示。

图9-93

- 路径/工作路径/矢量蒙版：显示了当前文档中包含的路径、临时路径和矢量蒙版。
- 用前景色填充路径 ：用前景色填充路径区域。
- 用画笔描边路径 ：用画笔工具对路径进行描边。
- 将路径作为选区载入 ：将当前选择的路径转换为选区。
- 从选区生成工作路径 ：从当前选区中生成工作路径。
- 添加蒙版 ：单击该按钮，可以从路径中生成图层蒙版，再次单击可生成矢量蒙版。如图9-94所示为当前图像，在“路径”面板中选择路径，如图9-95所示，单击两次“添加蒙版”按钮 ，即可从路径中生成矢量蒙版，如图9-96所示。

图 9-94

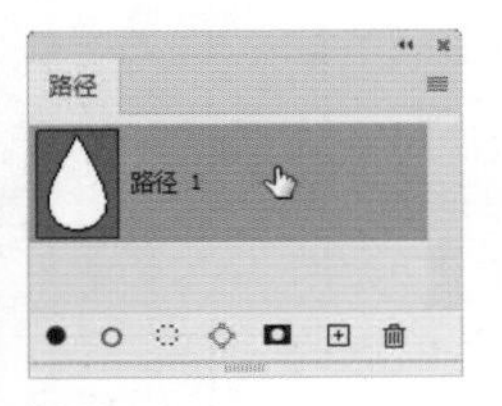

图 9-95

图 9-96

● 创建新路径 ：单击该按钮，可以创建新的路径。

● 删除当前路径 ：选择路径，单击该按钮，可以将其删除。

tip 使用钢笔工具或形状工具绘图时，如果先新建路径（单击“路径”面板中的“创建新路径”按钮），再绘图，可以创建路径；如果没有新建路径而直接绘图，则创建的是工作路径。工作路径是一种临时路径，用于定义形状的轮廓。将工作路径拖动到面板底部的按钮上，可将其转换为路径。

9.9 用钢笔工具绘图

钢笔工具是 Photoshop 中最强大的绘图工具。它主要有两种用途，一是绘制矢量图形；二是用于描摹对象的轮廓，再将其转换为选区。作为选择工具使用时，钢笔工具描绘的轮廓光滑、准确，将路径转换为选区，就可以准确地选择对象。

9.9.1 了解路径与锚点

路径是由钢笔工具或形状工具创建的矢量对象。一条完整的路径由一个或多个直线段或曲线段组成，用来连接这些路径的对象是锚点，如图 9–97 所示。锚点分为两种，一种是平滑点，另一种是角点。平滑的曲线由平滑点连接而成，如图 9–98 所示。直线和转角曲线则由角点连接而成，如图 9–99 和图 9–100 所示。

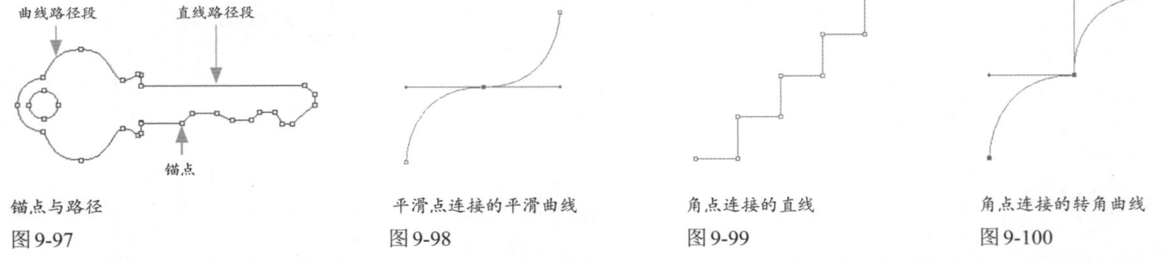

锚点与路径
图 9-97

平滑点连接的平滑曲线
图 9-98

角点连接的直线
图 9-99

角点连接的转角曲线
图 9-100

在曲线路径上，每个锚点都包含一条或两条方向线，方向线的端点是方向点，如图 9–101 所示。移动方向点，可以改变方向线的长度和方向，从而改变曲线的形状。当移动平滑点上的方向线时，可以同时影响该点两侧的路径，如图 9–102 所示；移动角点上的方向线时，只影响与该方向线同侧的路径，如图 9–103 所示。

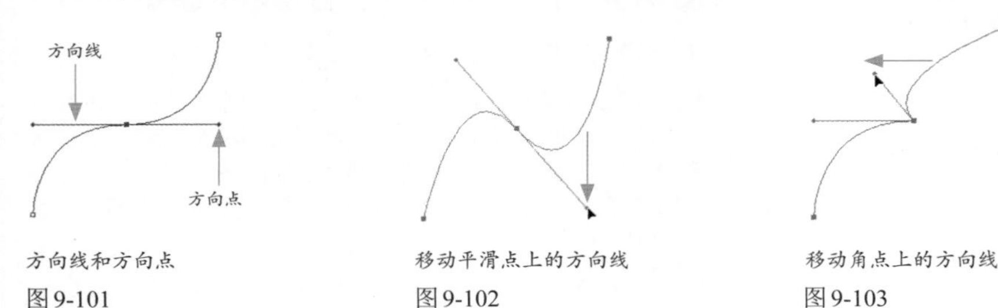

方向线和方向点
图 9-101

移动平滑点上的方向线
图 9-102

移动角点上的方向线
图 9-103

9.9.2　绘制直线

选择钢笔工具，在工具选项栏中选择“路径”选项，在文档窗口单击可以创建锚点；释放鼠标，然后在其他位置单击，可以创建路径；按住Shift键单击，可锁定水平、垂直或以45°为增量创建直线路径。如果要封闭路径，可在路径的起点单击。如图9–104所示为矩形的绘制过程。

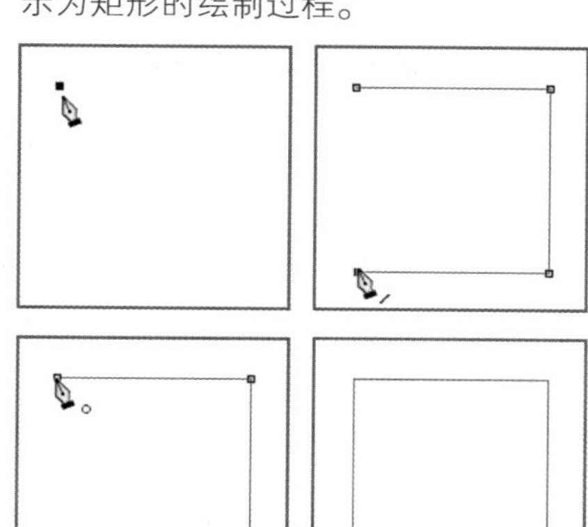

图9-104

tip 在“路径”面板的空白处单击，可以取消路径的选择，文档窗口中便不会显示路径。此外，按Ctrl+H快捷键，可以在选择路径的状态下隐藏或显示画面中的路径。

如果要结束一段开放式路径的绘制，可以按住Ctrl键（转换为直接选择工具），在画面的空白处单击选择其他工具或者按Esc键，也可以结束路径的绘制。

9.9.3　绘制曲线

使用钢笔工具可以绘制任意形状的光滑曲线。选择该工具后，在画面中单击并拖动鼠标，可以创建平滑点（在拖动的过程中，可以调整方向线的长度和方向）。将光标移动至下一位置，单击并拖动鼠标，创建第二个平滑点，继续创建平滑点，可以生成光滑的曲线，如图9–105所示。

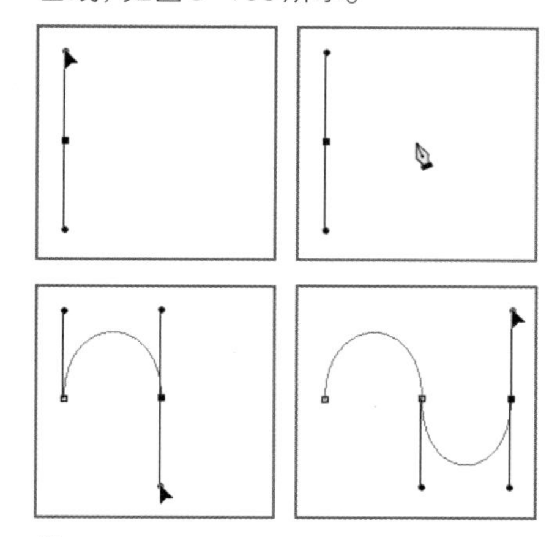

图9-105

9.9.4　绘制转角曲线

转角曲线是与上一段曲线之间出现转折的曲线，要绘制这样的曲线，需要在定位锚点前改变曲线的走向。具体的操作方法是，将光标放在最后一个平滑点上，按住Alt键（光标显示为状）单击该点，将它转换为只有一条方向线的角点，然后在其他位置单击并拖动鼠标，便可以绘制转角曲线，如图9–106所示。

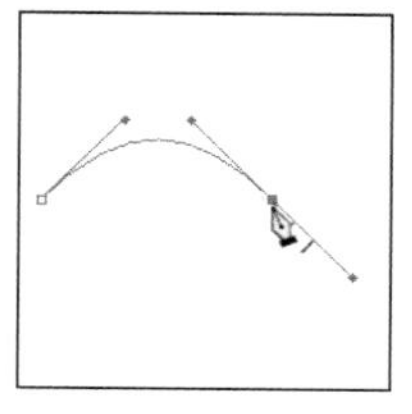

将光标放在平滑点上

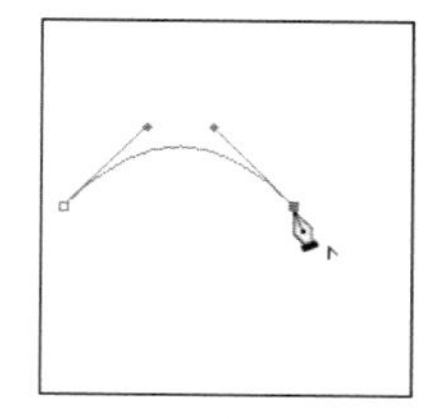

按住Alt键单击

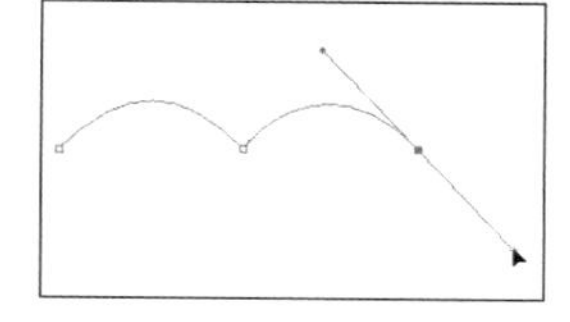

在另一处位置单击并拖动鼠标

图9-106

tip 使用钢笔工具时，光标在路径和锚点上会有不同的形状，通过光标的形状，可以判断钢笔工具的功能变化情况，从而更加灵活地使用钢笔工具绘图。

- ：当光标在画面中显示为状时，单击可以创建角点；单击并拖动鼠标，可以创建平滑点。
- ：在工具选项栏中勾选“自动添加/删除”复选框后，当光标在路径上变为状时，单击可以在路径上添加锚点。
- ：勾选“自动添加/删除”复选框后，当光标在锚点上变为状时，单击可以删除锚点。
- ：在绘制路径的过程中，将光标移至路径起始的锚点上，光标会变为状，此时单击可以闭合路径。
- ：选择一个开放式路径，将光标移至路径的一个端点上，光标变为状时单击，然后可以继续绘制路径；如果在绘制路径的过程中，将钢笔工具移至另外一条开放路径的端点上，光标变为状时单击，可以将这两段开放式路径连接为一条路径。

9.9.5　编辑路径形状

直接选择工具和转换点工具都可用于调整方向线。如图9–107所示为原图形，使用直接选择工具拖动平滑点上的方向线时，方向线始终保持为直线状态，锚点两侧的路径都会发生改变，如图9–108所示；使用转换点工具拖动方向线时，可以单独调整平滑点任意一侧的方向线，而不会影响另一侧的方向线和同侧的路径，如图9–109所示。

图9-107

图9-108

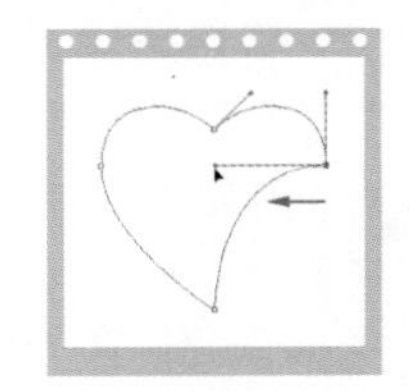
图9-109

tip 转换点工具 可用于转换锚点的类型。选择该工具后，将光标放在锚点上，如果当前锚点为角点，单击并拖动鼠标，可将其转换为平滑点；如果当前锚点为平滑点，单击可以将其转换为角点。

tip 用钢笔工具绘制的曲线叫贝塞尔曲线。它是由法国计算机图形学大师Pierre E.Bézier在20世纪70年代早期开发的一种锚点调节方式，其原理是在锚点上加上两个控制柄，不论调整哪一个控制柄，另外一个始终与它呈一条直线并与曲线相切。贝塞尔曲线具有精确和易于修改的特点，被广泛地应用在计算机图形领域，如Illustrator、CorelDraw、FreeHand、Flash和3ds Max等软件都包含贝塞尔曲线绘制工具。

9.9.6 选择锚点和路径

使用直接选择工具 单击锚点，可以选择该锚点，选中的锚点为实心方块，未选中的锚点为空心方块，如图9–110所示。单击路径，可以选择该路径，如图9–111所示。使用路径选择工具 单击路径，可以选择整个路径，如图9–112所示。选择锚点、路径段和整条路径后，按住鼠标左键不放并拖动，即可将其移动。

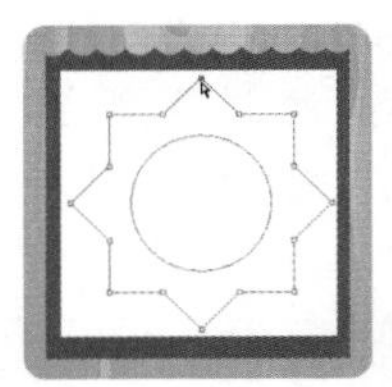
图9-110

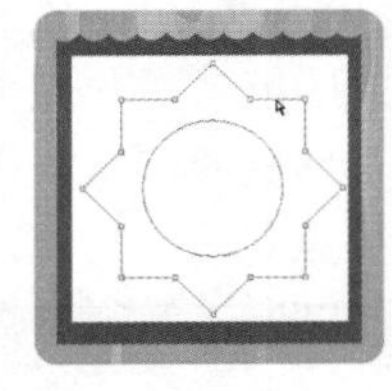
图9-111

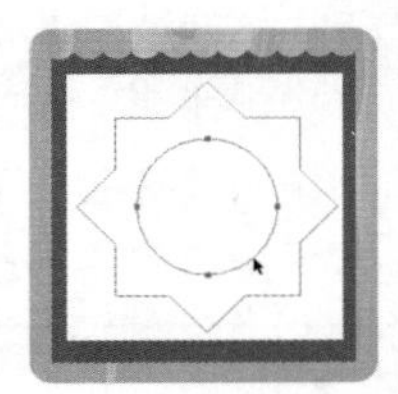
图9-112

9.9.7 路径与选区的转换方法

创建选区后，如图9–113所示，单击“路径”面板中的 按钮，可以将选区转换为工作路径，如图9–114和图9–115所示。如果要将路径转换为选区，可以按住Ctrl键单击“路径”面板中的路径缩览图，如图9–116所示。

图9-113

图9-114

图9-115

图9-116

9.10 用形状工具绘图

Photoshop中的形状工具包括矩形工具 、圆角矩形工具 、椭圆工具 、多边形工具 、直线工具 和自定形状工具 ，使用它们可以绘制标准的几何矢量图形，也可以绘制由用户自定义的图形。

9.10.1 创建基本图形

- 矩形工具 ：用来绘制矩形和正方形（按住Shift键操作），如图9-117所示。
- 圆角矩形工具 ：用来创建圆角矩形，如图9-118所示。可以调整圆角半径。
- 椭圆工具 ：用来创建椭圆形和圆形（按住Shift键操作），如图9-119所示。

图9-117

图9-118

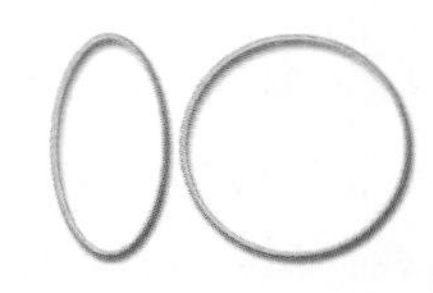
图9-119

- 多边形工具 ：用来创建多边形和星形，边数的范围为3～100。单击工具选项栏中的 按钮，打开下拉面板，可设置多边形选项，如图9-120和图9-121所示。
- 直线工具 ：用来创建直线和带有箭头的线段（按住Shift键操作，可以锁定水平或垂直方向），如图9-122所示。

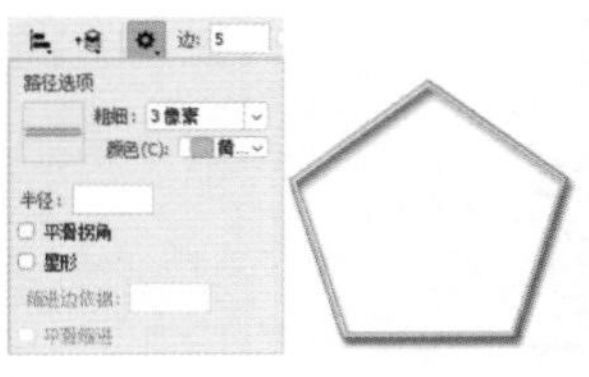
图9-120

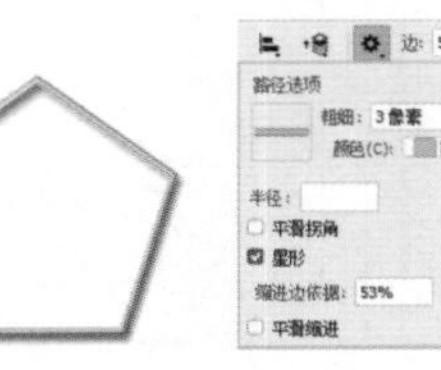

图9-121

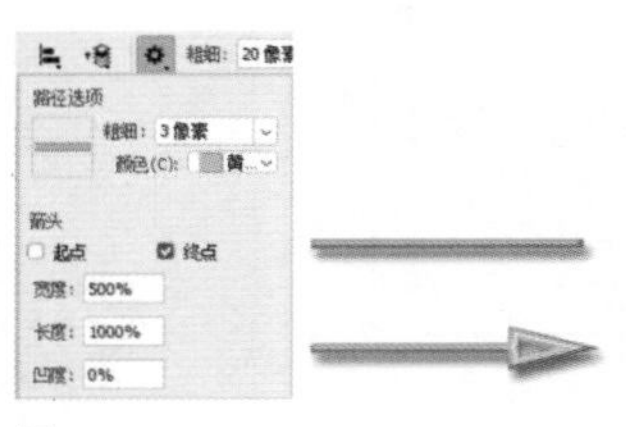
图9-122

tip 绘制矩形、圆形、多边形、直线和自定义形状时，按键盘中的空格键并拖动鼠标，可以移动形状。

9.10.2　创建自定义形状

使用自定形状工具 可以创建Photoshop预设的形状、自定义的形状或外部提供的形状。选择该工具后，需要单击工具选项栏中的按钮，在打开的“形状”下拉面板中选择一种形状，然后单击并拖动鼠标，即可创建该图形，如图9-123所示。如果要保持形状的比例，可以在绘制时按住Shift键。此外，下拉面板中包含Photoshop预设的各种形状库，单击文体夹左侧的 › 图标，可打开形状库。

tip 执行“形状”下拉面板菜单中的“导入形状”命令，在打开的对话框中选择本书提供的“形状库”中的文件，可将其载入Photoshop。

图9-123

9.11　路径与文字实例：创意版面编排

01 打开素材。选择路径，画布上会显示路径，如图9-124和图9-125所示。这是一个时尚女郎的轮廓。

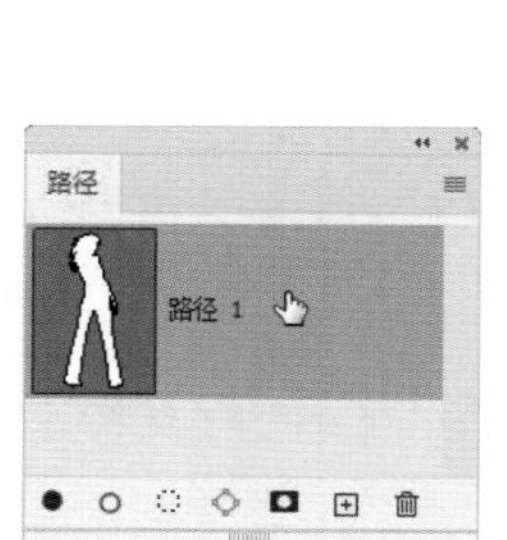

图9-124　图9-125

02 选择横排文字工具 T，设置字体、大小和颜色，如图9-126所示。将光标移动到图形内部，光标会变为 状，如图9-127所示。需要注意，光标不要放在路径上方，如图9-128所示，否则文字会沿路径排列。

图9-126

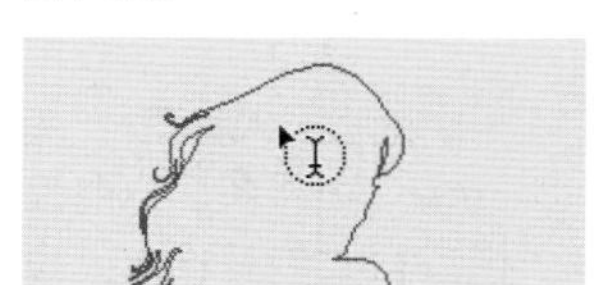

图9-127　图9-128

03 单击，此时会显示定界框，输入文字（文字内容可自定），如图9-129所示。按Ctrl+Enter快捷键结束操作。选择“路径1”，重新显示路径，再按一次Ctrl+Enter快捷键，将当前的文字路径转换为选区，如图9-130所示。

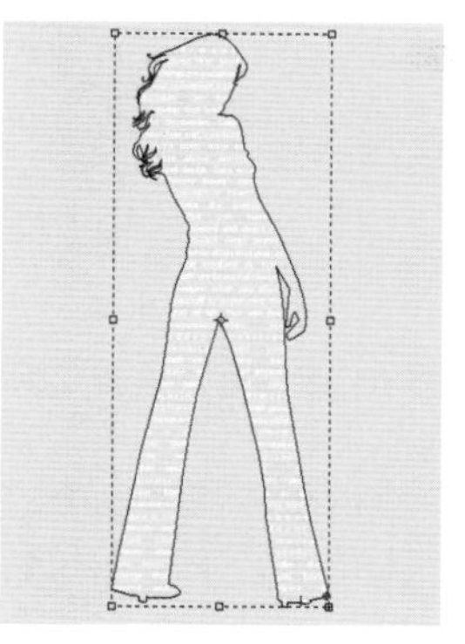

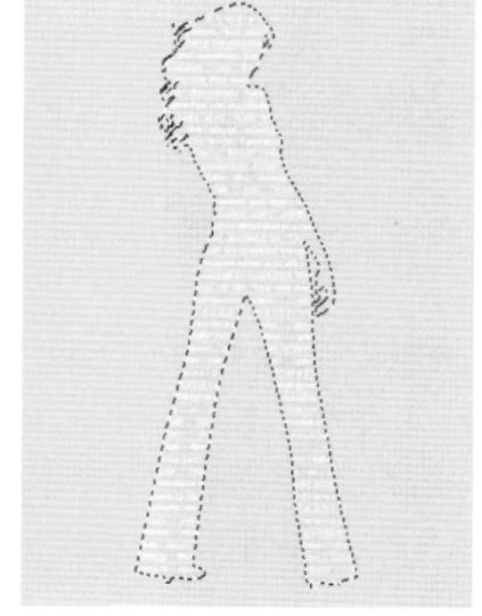

图9-129　图9-130

04 按住Ctrl键单击“图层”面板底部的 按钮，在文字图层下方创建图层，如图9-131所示。调整前景色，然后按Alt+Delete快捷键，在选区内填充前景色。按Ctrl+D快捷键取消选择，效果如图9-132所示。

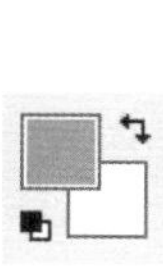

图9-131　图9-132

9.12 应用案例：制作游戏登录界面

01 选择圆角矩形工具，在工具选项栏中选择“形状”选项，打开“形状”下拉面板，单击按钮打开“拾色器”，设置填充颜色为皮肤色（R255，G205，B159），如图9-133所示；在画面中单击，打开“创建圆角矩形”对话框，设置参数，创建圆角矩形，如图9-134和图9-135所示。

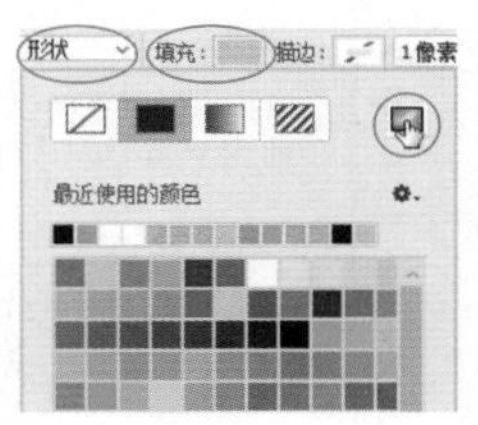

图9-133

图9-134

图9-135

02 创建形状后，“图层”面板中生成形状图层，如图9-136所示。双击该图层的空白处，打开“图层样式”对话框，添加“投影”效果，如图9-137和图9-138所示。

图9-136

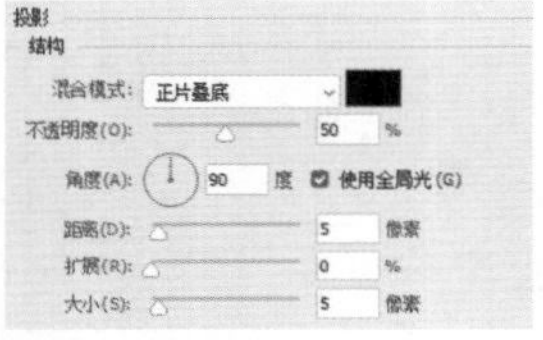

图9-137

图9-138

03 使用矩形工具创建黑色矩形。选择添加锚点工具，将光标放在矩形路径上，如图9-139所示；单击鼠标添加锚点，如图9-140所示；在其右侧再添加一个锚点，如图9-141所示。选择直接选择工具，在按住Shift键的同时单击左侧的锚点，如图9-142所示；将这两个新添加的锚点一同选取，按键盘上的↓键，将它们向下移动，从而改变路径的外观，如图9-143所示；选择转换锚点工具，分别在这两个锚点上单击，将平滑点转换为角点，如图9-144所示。

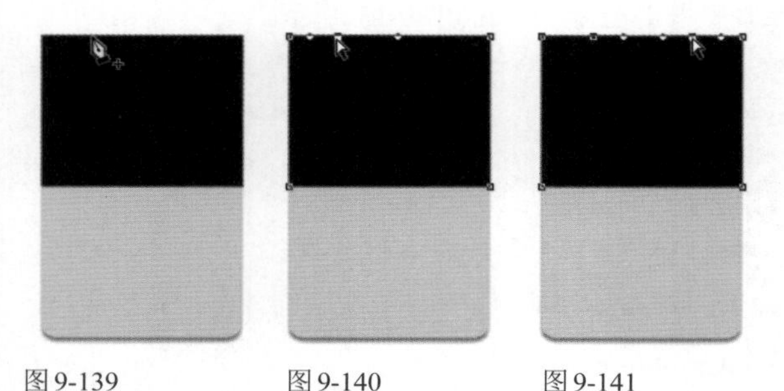
图9-139　图9-140　图9-141

tip 本实例中所有形状工具，包括钢笔工具的选项均为“形状”。

图9-142　图9-143　图9-144

04 按住Alt键，将“圆角矩形1”图层的效果图标拖曳到“矩形1”图层上，如图9-145所示。为该图层复制相同的效果，如图9-146所示。用钢笔工具绘制眼睛，如图9-147所示。

图9-145

图9-146

图9-147

05 复制效果到该图层。选择路径选择工具，按住Alt键的同时，向右侧拖动眼睛，进行复制，如图9-148所示；执行“编辑”|“变换路径”|“水平翻转”命令，将路径图形水平翻转，如图9-149所示。选择椭圆工具，按住Shift键创建圆形，作为眼珠，如图9-150所示。

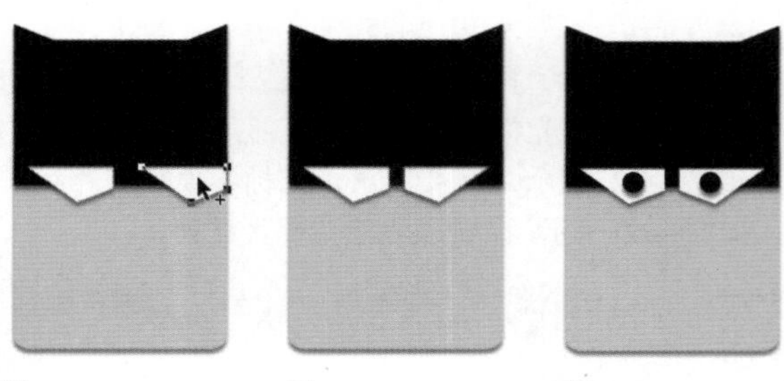
图9-148　图9-149　图9-150

06 创建矩形，使用直接选择工具选取并移动图形下方的锚点，形成梯形，如图9-151所示。在“图层”面板中双击该图层的空白处，打开“图层样式”对话框，添加“投影”效果，如图9-152和图9-153所示。

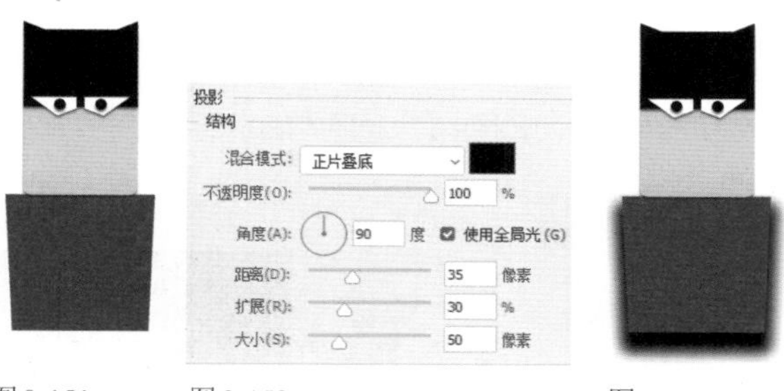

图9-151　图9-152　图9-153

07 创建圆角矩形，设置半径为80像素，如图9-154所示。选择矩形工具 ，在工具选项栏中选择“减去顶层形状”选项，如图9-155所示，在圆角矩形右侧与之重叠的位置创建矩形，用来减去圆角矩形的右半边，使其成为直线，如图9-156所示。

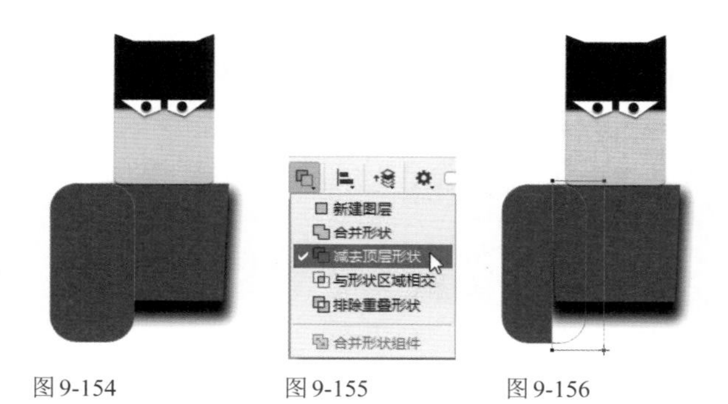

图9-154　图9-155　图9-156

08 在该图形的下方创建矩形，如图9-157所示。选择工具选项栏中的“合并形状组件”选项，如图9-158所示，在弹出的提示框中单击“是”按钮，合并形状，此时会自动删除多余的路径，如图9-159所示。

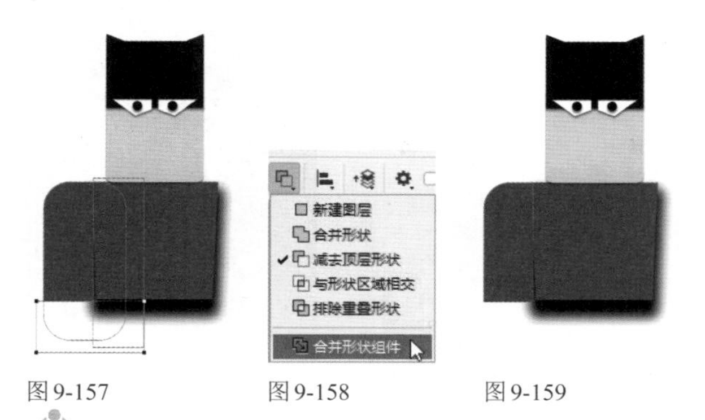

图9-157　图9-158　图9-159

tip 创建形状图层或路径后，可以通过“属性”面板调整图形的大小、位置、填色和描边属性。还可以为矩形添加圆角，对两个或更多的形状和路径进行运算。

09 使用路径选择工具 选择手臂图形，按住Alt键的同时向右拖曳，进行复制，执行“编辑”|“变换路径”|“水平翻转”命令，将图形水平翻转，如图9-160所示。按Ctrl+[快捷键，将该图层移动到身体图层下方，如图9-161和图9-162所示。

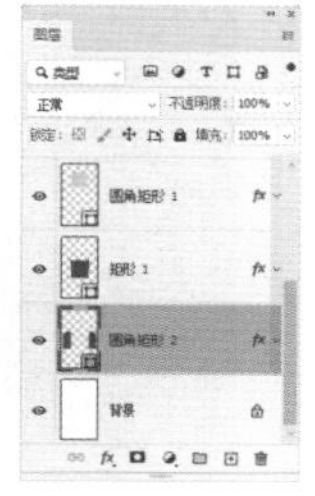

图9-160　图9-161　图9-162

10 采用同样的方法，制作小超人身体的其他组成部分，如图9-163所示。选择自定形状工具 ，在工具选项栏中单击“形状”选项右侧的 按钮，打开“形状”下拉面板，用面板中的符号装饰上衣及腰带，如图9-164和图9-165所示。将小超人各部分所在的图层全部选取，按Ctrl+G快捷键，编入一个图层组中。

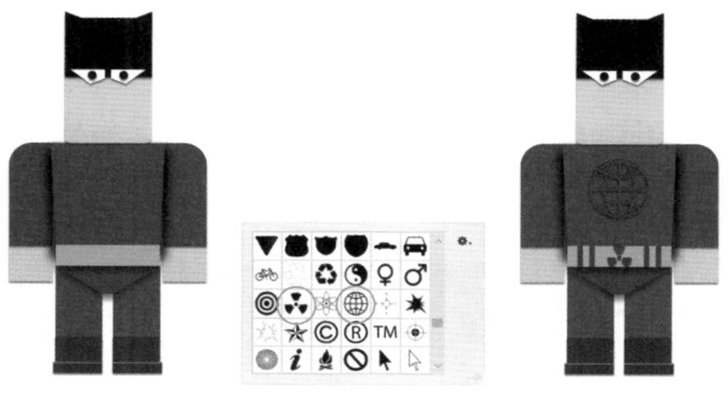

图9-163　图9-164　图9-165

11 下面制作登录界面。新建大小为750像素×1334像素、分辨率为72像素/英寸的文档。使用选择矩形工具 创建一个与界面大小相同的矩形，再填充渐变，如图9-166和图9-167所示。

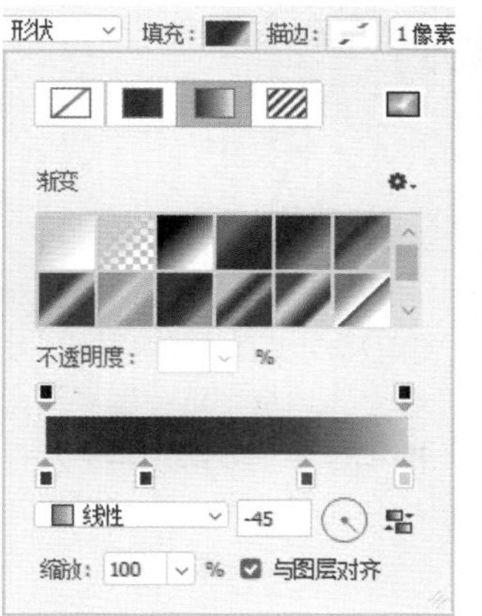

图9-166　图9-167

12 使用椭圆工具 在界面下方创建椭圆形，填充渐变，如图9-168和图9-169所示。需要注意的是这两个图形的线性渐变角度不同。

图 9-168

图 9-169

⑬ 使用横排文字工具 T 输入文字，如图9-170所示。使用圆角矩形工具 ▢ 创建圆角矩形，如图9-171所示。

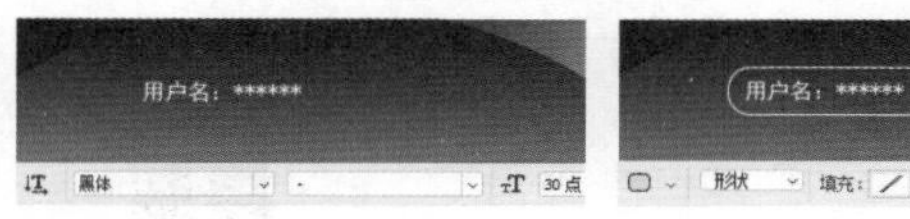

图 9-170　　图 9-171

⑭ 按住Ctrl键单击这两个图层，将它们选取，如图9-172所示，选择移动工具 ✥，按住Alt+Shift快捷键向下拖动鼠标，进行复制，如图9-173所示。

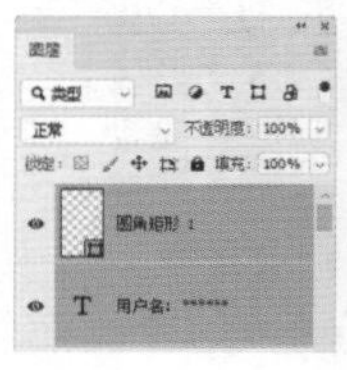

图 9-172

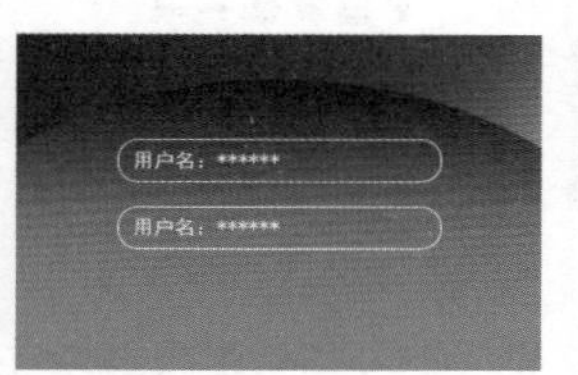

图 9-173

⑮ 在复制得到的文字图层上双击，如图9-174所示，进入文字编辑状态，输入文字，如图9-175所示。

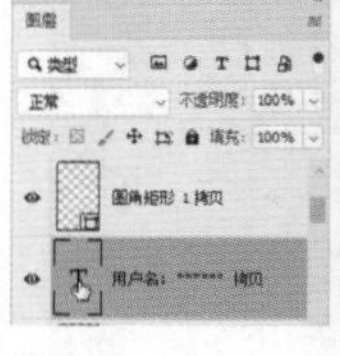

图 9-174

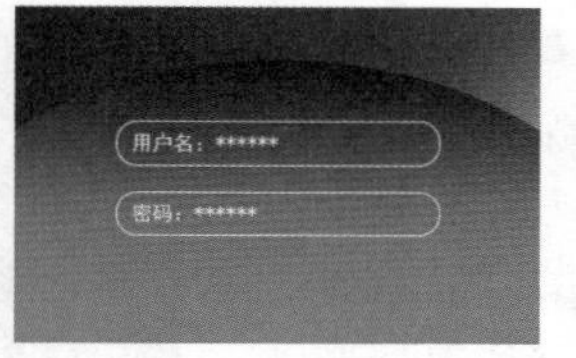

图 9-175

⑯ 选择文字和形状图层，使用移动工具 ✥ 继续向下复制，如图9-176所示。执行“选择”|“取消选择图层”命令，然后使用路径选择工具 ▶ 选择最下方的圆角矩形，如图9-177所示。如果不取消选择图层，则无法通过单击选择圆角矩形。

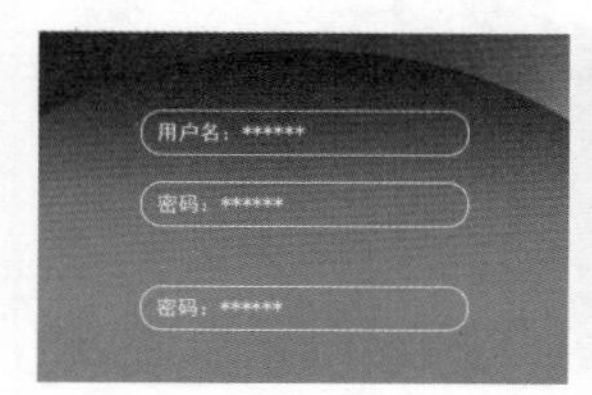

图 9-176

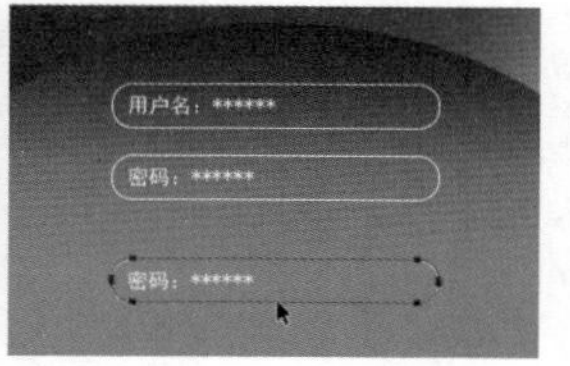

图 9-177

⑰ 在工具选项栏中取消圆角矩形的描边，设置“填充颜色”为渐变，如图9-178所示，然后将图层的混合模式修改为“柔光”，如图9-179和图9-180所示。

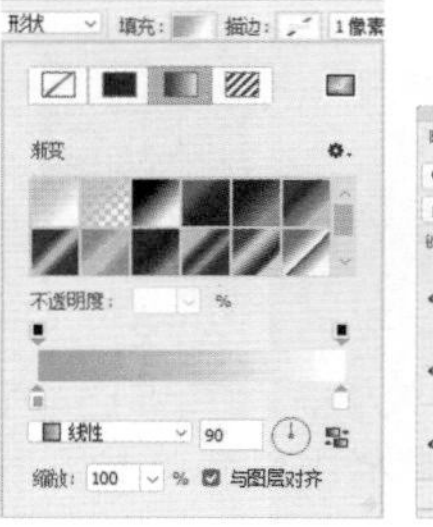
图 9-178

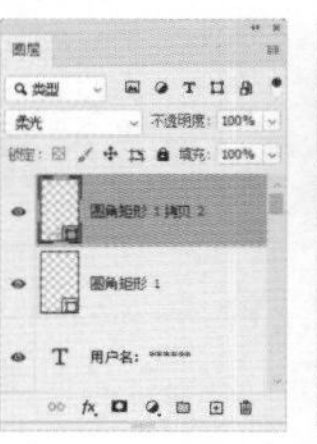
图 9-179

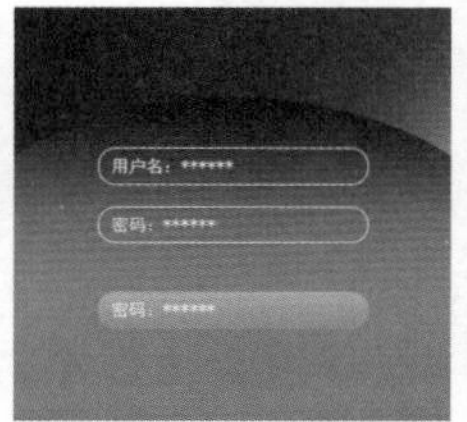

图 9-180

⑱ 双击该图形所对应的文字图层，修改文字内容为“登录”，并将文字移动到圆角矩形的中央，再使用横排文字工具 T 输入文字“忘记密码？”和“注册”，如图9-181所示。

图 9-181

⑲ 使用自定形状工具 创建“世界”图形。在工具选项栏中设置“填充”为白色，如图9-182所示，在“图层”面板中设置图层的“不透明度”为3%。将这个图层移动到“背景”图层的上方，效果如图9-183所示。

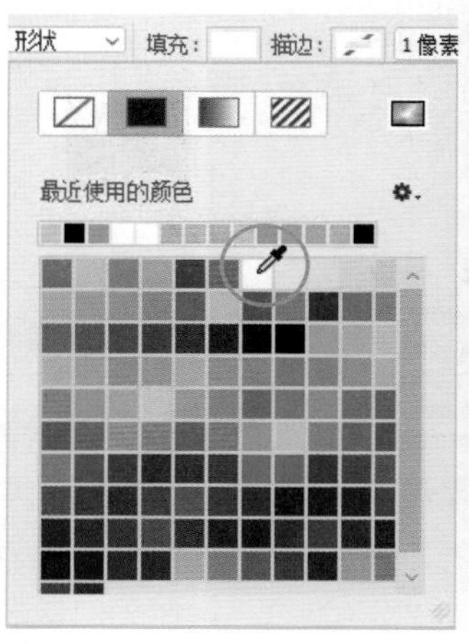

图 9-182

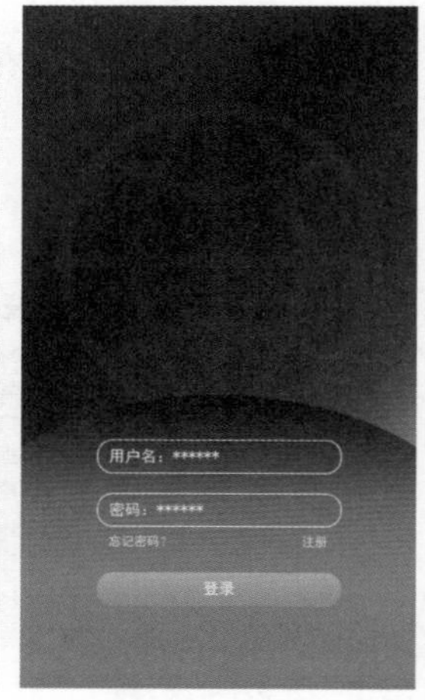

图 9-183

⑳ 使用移动工具 ✥ 将另一个文档中的小超人（图层组）拖入登录页文档中，放在“世界”图形上方，如图9-184和图9-185所示。最后要制作一个状态栏，操作方法比较简单，这里就不赘述了。状态栏（Status Bar）位于界面最上方，显示信息、时间、信号和电量等。它的规范高度为40像素，如图9-186所示。

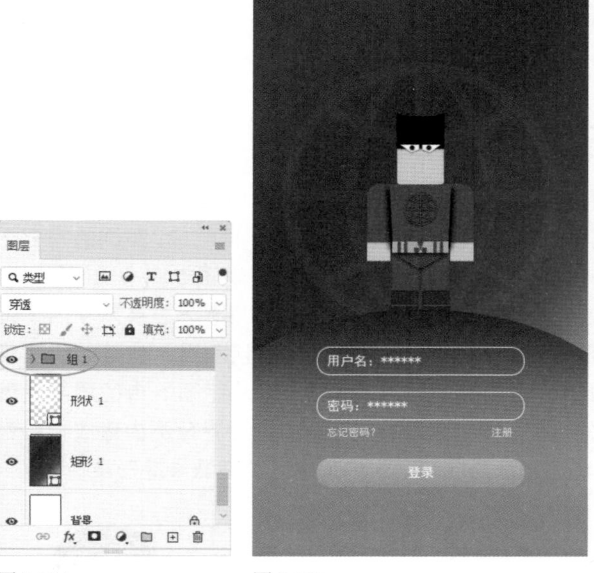

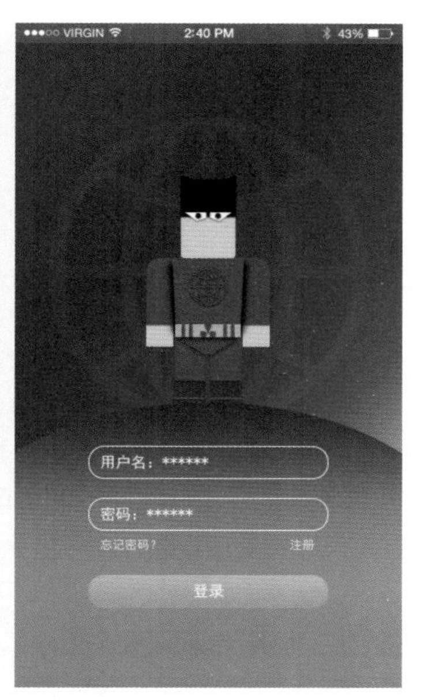

图9-184　　图9-185　　图9-186

9.13　课后作业：制作变形字

本章学习了文字与矢量工具。下面通过课后作业强化学习效果。如果有不清楚的地方，请看视频教学文件。

创建文字然后再选择文字图层，执行“文字”|“文字变形”命令，打开“变形文字”对话框，对文字进行变形处理。“样式”下拉列表中有15种变形样式，选择一种样式后，还可以调整弯曲程度，以及应用透视扭曲效果。本章的课后作业是使用“变形文字”命令制作标题字。扭曲文字以后，为它添加“投影”效果就可以了。

变形字

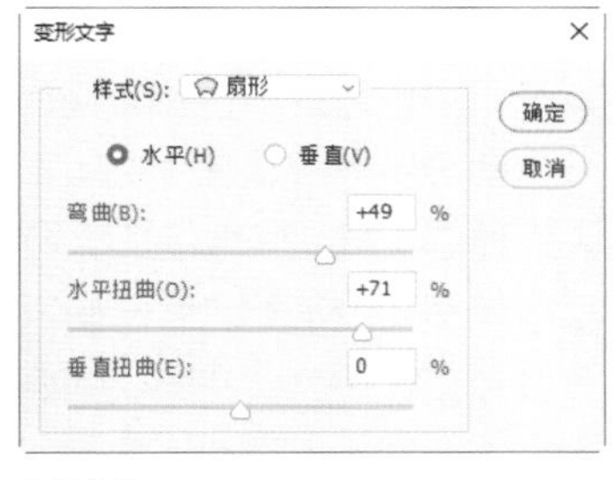

变形参数

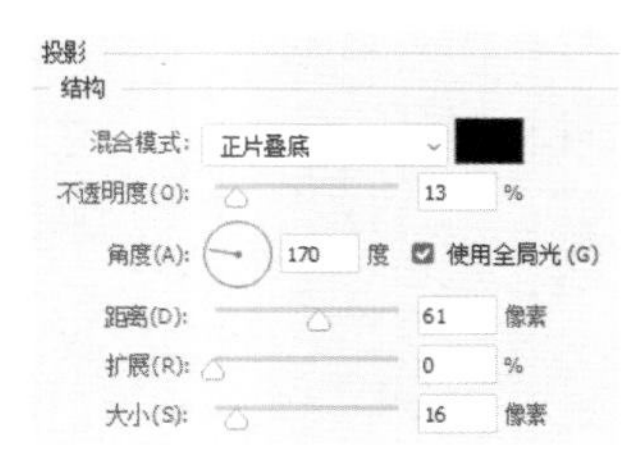

投影参数

9.14　复习题

1. 在Photoshop中，在什么情况下可以随时修改文字内容、字体和段落等属性？
2. 在“字符”面板中，字距微调和字距调整选项有什么不同之处？
3. 路径上的方向点和方向线有什么用途？

第10章

卡通和动漫设计 动画与视频

Photoshop可用于编辑视频文件的各个帧。在视频中可以应用滤镜、蒙版、变换、图层样式和混合模式等。进行编辑之后，既可作为QuickTime影片进行渲染，也可存储为PSD格式文件，以便在PremierePro、After Effects等应用程序中播放。Photoshop还可用于制作动画，利用Photoshop的变形、图层样式等功能，可以制作出漂亮的GIF动画。

10.1 关于卡通和动漫

卡通作为一种艺术形式，最早起源于欧洲。17世纪，荷兰画家的作品中首次出现了含卡通夸张意味的素描图轴。17世纪末，英国的报刊上出现了许多类似卡通的幽默插图。18世纪初，出现了专职卡通画家。20世纪是卡通发展的黄金时代，这一时期美国的卡通艺术发展水平居于世界的领先地位，期间诞生了超人、蝙蝠侠、闪电侠和潜水侠等超级英雄形象。二战后，日本卡通如火如荼地发展，先有从手冢治虫的漫画发展出来的日本风味的卡通，再到宫崎骏的崛起，在世界范围内形成一股强烈的旋风。如图10-1所示为各种版本的哆啦A梦趣味卡通形象。

图10-1

动漫是指通过漫画、动画结合故事情节，以平面二维、三维动画和动画特效等表现手法，形成特有的视觉艺术。动漫创作包括前期策划、原画设计、道具与场景设计和动漫角色设计等环节。用于动漫创作的软件有2D动漫软件Animo、Retas Pro、USAnimatton，三维动漫软件包括3ds Max、Maya、Lightwave，网页动漫软件包括Flash。动漫及其衍生品有非常广阔的市场，所以动漫也已经从平面媒体和电视媒体扩展到游戏机、网络和玩具等众多领域。

10.2 Photoshop动画与视频功能

Photoshop可用于制作GIF动画，也可用于编辑视频文件。不论是制作动画，还是编辑视频，都会使用“时间轴”面板。

学习重点
- 视频功能概述
- “时间轴”面板
- 蝴蝶飞舞动画
- 将照片制作成视频

10.2.1　视频功能概述

执行“文件”|“打开”命令，在弹出的对话框中选择视频文件，即可在Photoshop中将其打开，如图10-2所示。打开视频文件后，会自动创建视频组，组中包含视频图层（视频图层带有▣状图标），如图10-3所示。在视频组中可以创建其他类型的图层，如文本、图像和形状图。可以使用任意工具编辑视频，包括应用滤镜、蒙版、变换、图层样式和混合模式等，如图10-4所示为添加“颜色查找”调整图层后的效果。进行编辑之后，既可作为QuickTime影片进行渲染，也可将文档存储为PSD格式，以便在Premiere Pro、After Effects等应用程序中播放。

图10-2

图10-3

图10-4

tip 在Photoshop中，可以打开3GP、3G2、AVI、DV、FLV、F4V、MPEG-1、MPEG-4、QuickTime MOV和WAV等格式的视频文件。

在Photoshop中创建或打开图像文件后，执行“图层”|“视频图层”|“从文件新建视频图层”命令，可以将视频导入当前文件中。有些视频采用隔行扫描方式实现流畅的动画效果，从这样的视频中获取的图像往往会出现扫描线，使用“逐行”滤镜可以消除这种扫描线。

10.2.2　时间轴面板

执行“窗口”|“时间轴”命令，打开“时间轴”面板，如图10-5所示。面板中显示了视频的持续时间，使用面板底部的工具可以浏览各个帧，放大或缩小时间显示，删除关键帧和预览视频。默认状态下，“时间轴”面板为视频编辑模式，如果要制作动画，可单击面板左下角的▣▣▣按钮，显示动画选项。

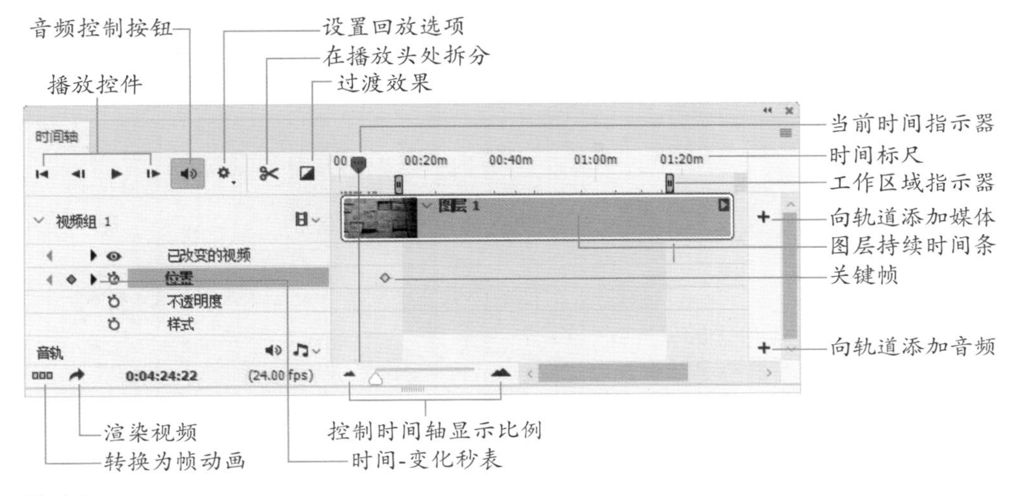

图10-5

10.3 应用案例：制作蝴蝶飞舞动画

01 打开动画素材，如图10-6所示，选择“蝴蝶”图层，如图10-7所示。

图 10-6

图 10-7

02 执行“窗口”|“时间轴”命令，打开“时间轴”面板，单击 ⌄ 按钮，在打开的下拉列表中选择“创建帧动画”选项，如图10-8所示，然后单击“创建帧动画”按钮，进入动画编辑状态。在“帧延迟时间”下拉列表中选择0.2秒，将循环次数设置为“永远”，如图10-9所示。

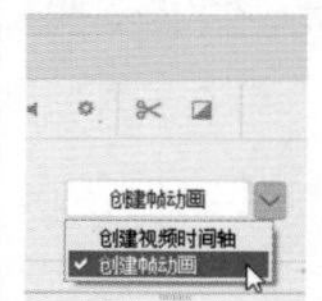

图 10-8

图 10-9

03 单击“复制所选帧”按钮 ⊞，复制动画帧，如图10-10所示。

图 10-10

04 按Ctrl+J快捷键复制“蝴蝶”图层，如图10-11所示，隐藏“蝴蝶”图层，如图10-12所示。

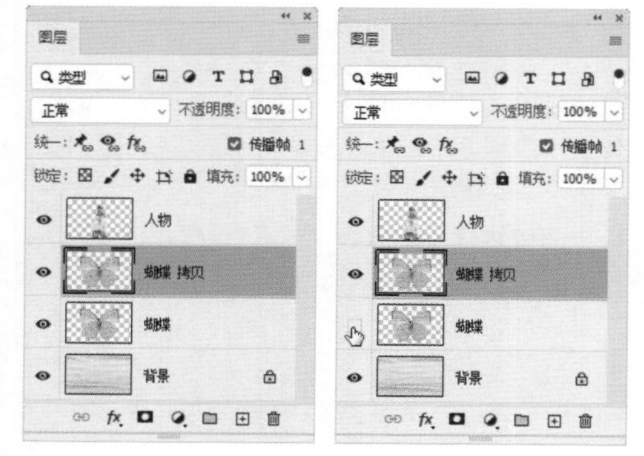

图 10-11　　图 10-12

05 按Ctrl+T快捷键显示定界框，按住Alt键拖曳右侧控制点，将蝴蝶压扁，如图10-13所示，按Enter键确认操作。

图 10-13

06 单击“播放动画”按钮 ▶，查看动画效果，画面中的蝴蝶会不停地扇动翅膀，如图10-14和图10-15所示。再次单击该按钮可停止播放，也可以按空格键进行切换。执行“文件”|“存储为”命令，将动画保存为PSD格式，以后可随时进行修改。

图 10-14

图 10-15

07 动画文件制作完成后，执行“文件”|“导出”|“存储为Web所用格式（旧版）”命令，选择GIF格式，如图10-16所示，单击“存储”按钮将文件保存，之后就可以将该动画文件上传到网上了。

图 10-16

10.4　应用案例：将照片制作成视频

01 按Ctrl+N快捷键，打开“新建文档”对话框，手机视频的尺寸一般为16:9，为使视频上传和播放能够更加顺利，最好不要创建太大的文件。在这个实例中，创建大小为20像素×1280像素、分辨率为96像素/英寸的RGB格式文件。

02 打开素材，如图10-17所示。使用移动工具 将其拖入文档，调整好位置，使人物位于画面的右下方，如图10-18所示。

图10-17

图10-18

03 使用快速选择工具 选取人物及地面，如图10-19所示，按Ctrl+J快捷键将选区内的图像复制到新的图层中，如图10-20所示。

图10-19

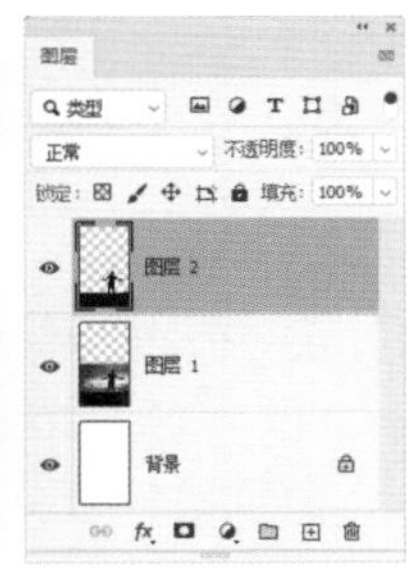

图10-20

04 执行“图层”|“智能对象”|“转换为智能对象”命令，将“图层2”转换为智能对象，如图10-21所示，将“图层1”拖到面板底部的 按钮上，删除该图层，如图10-22所示。

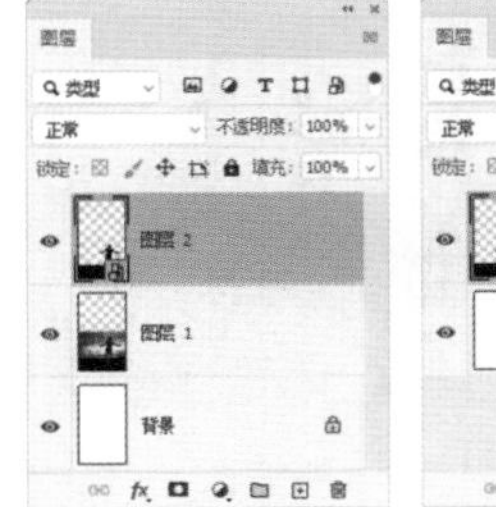

图10-21

图10-22

05 打开素材，为使视频效果更具吸引力，选择一张色彩丰富的海天照片，作为人物的背景，如图10-23所示。

图10-23

06 将素材拖入画面，按Ctrl+[快捷键将其移至“图层2”下方，如图10-24和图10-25所示。将该图层也转换为智能对象。

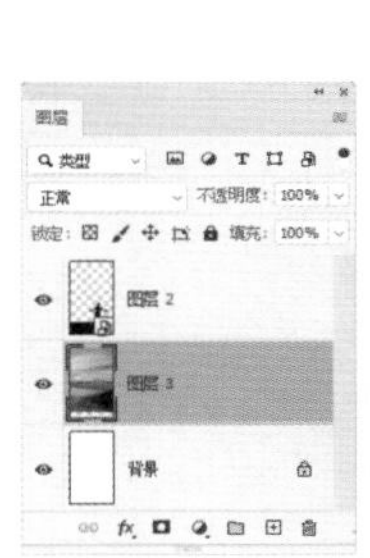

图10-24

图10-25

07 在“图层”面板中双击“图层2”的空白处，打开“图层样式”对话框，勾选“内发光”复选框，将发光颜色设置为深紫色，与背景的暗部色调一致，如图10-26~图10-28所示。

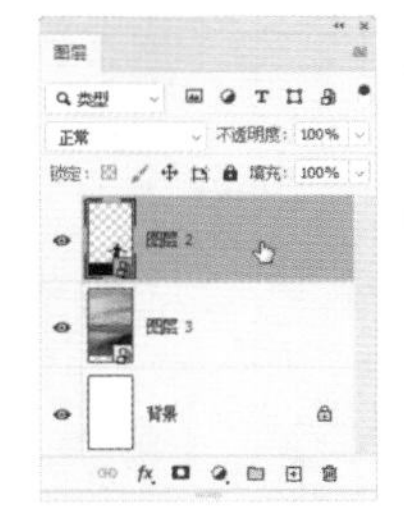

图10-26

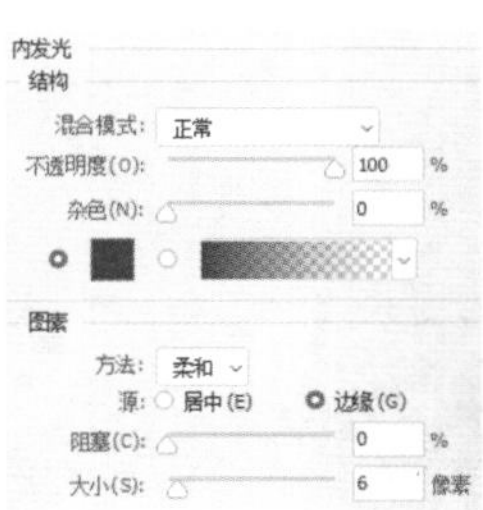

图10-27

图10-28

08 执行“窗口”|“时间轴”命令，打开“时间轴”面板，单击“创建视频时间轴”按钮，如图10-29所示，进入视频编辑状态，如图10-30所示。

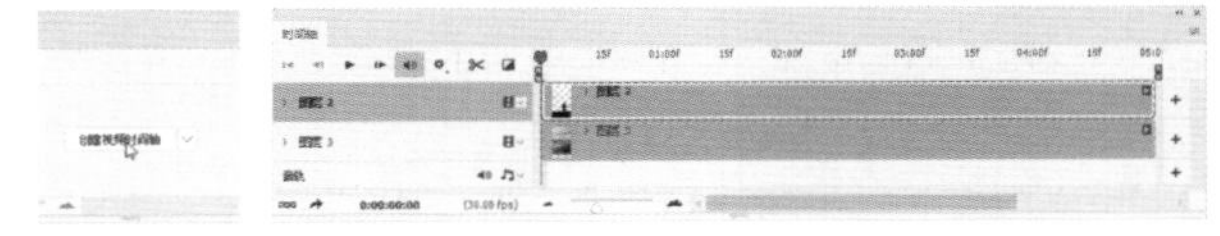

图10-29　图10-30

09 单击“图层2”左侧的 › 按钮，展开视频图层，单击“变换”轨道前的时间-变化秒表 ⏱，在视频的起始位置添加一个关键帧，如图10-31所示。将当前指示器拖曳到视频结束位置，如图10-32所示，单击 ◆ 按钮，在视频结束位置添加一个关键帧，如图10-33所示。

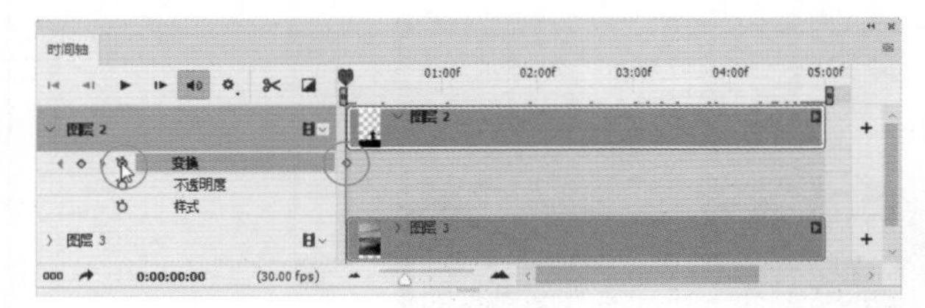

图 10-31

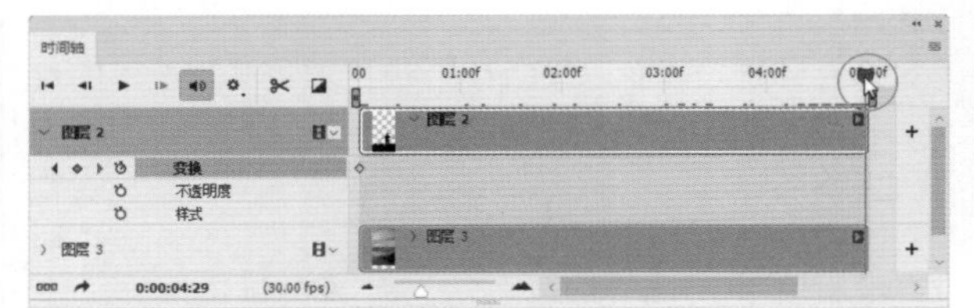

图 10-32

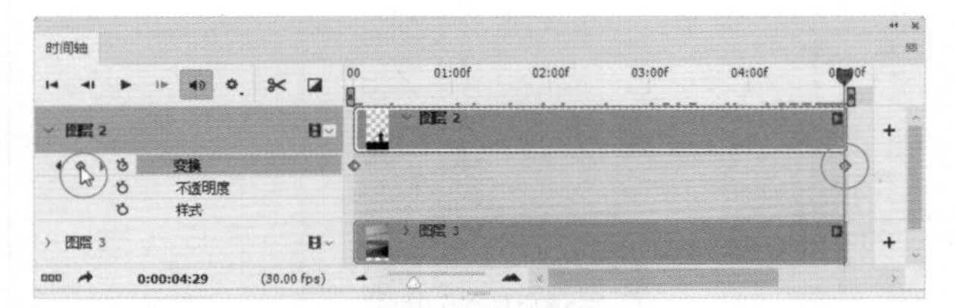

图 10-33

10 按Ctrl+T快捷键显示定界框，按住Shift键拖动定界框的一角，将人物成比例放大。将光标放在定界框右上角，按住Ctrl键拖动，对图像进行透视调整，如图10-34所示，按Enter键确认操作。选择“图层3”，如图10-35所示。

图 10-34

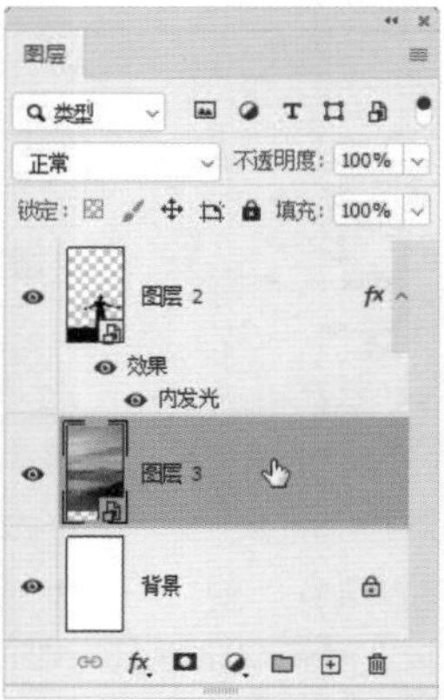

图 10-35

11 用同样的方法给“图层3”添加关键帧，并对图像大小和位置进行调整，使彩云能够映衬在人物周围，如图10-36和图10-37所示，按Enter键确认操作。

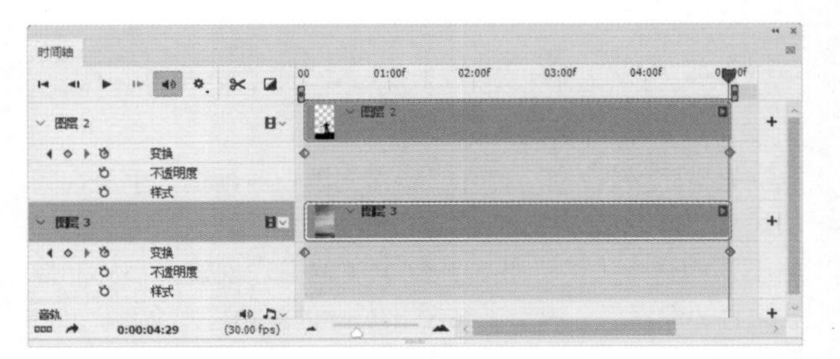

图 10-36

图 10-37

12 单击“时间轴”面板右上角的 ≡ 按钮，打开面板菜单，执行“渲染”命令，在“预设”下拉列表中选择“中等品质”选项，如图10-38所示，单击“渲染”按钮，将视频导出为mp4格式文件，就可以上传手机或视频网站了，效果如图10-39和图10-40所示。

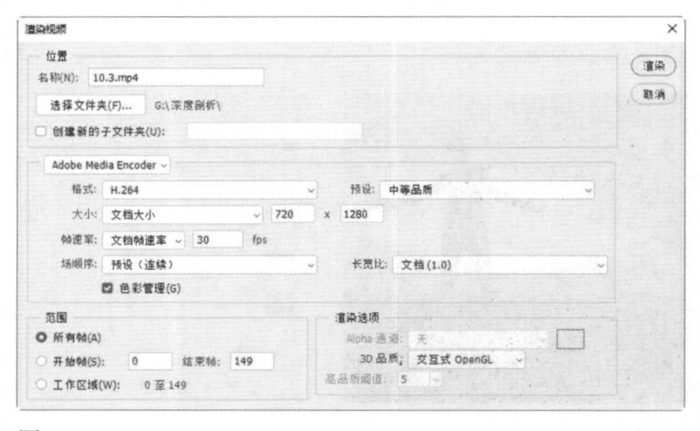

图 10-38

图 10-39

图 10-40

10.5　课后作业：制作文字变色动画

本章学习了视频与动画功能。下面通过课后作业强化学习效果。如果有不清楚的地方，请看视频教学文件。

本章的课后作业是制作文字发光和变色的动画。打开素材，分别创建两个“色相/饱和度”调整图层，改变文字及其发光的颜色；在“图层”面板中隐藏这两个调整图层，在“时间轴”面板中设置当前帧的延迟时间为0.5秒，选择“永远”选项；单击 ⊞ 按钮复制所选帧，在“图层”面板中显示“色相/饱和度1”调整图层；重复上面的操作，复制帧，显示“色相/饱和度2”调整图层。

色相/饱和度1

色相/饱和度2

10.6　课后作业：从视频中获取静帧图像

执行“文件”|“导入”|“视频帧到图层”命令，弹出“打开”对话框，选择视频素材，单击“载入”按钮，打开“将视频导入图层”对话框，单击“仅限所选范围”单选钮，然后拖曳时间滑块，定义导入的帧的范围。如果要导入所有帧，可以单击“从开始到结束”单选钮。

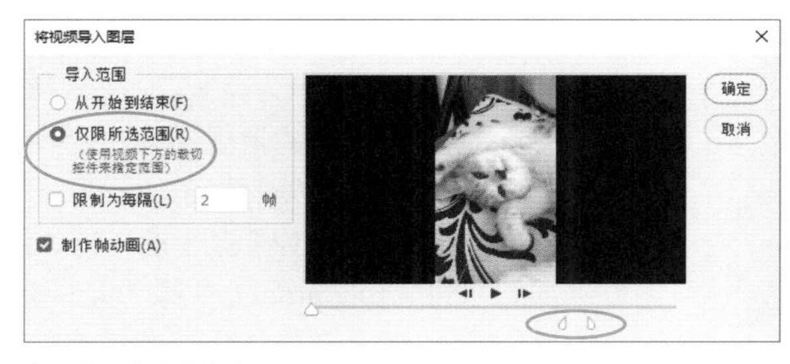

定义导入的帧的范围

将指定范围内的视频帧导入图层中

10.7　复习题

1. 怎样创建可以在视频中使用的文档？
2. 在 Photoshop 中编辑视频文件后，怎样导出为 QuickTime 影片？

第11章 3D的应用 包装设计

Photoshop 可用于编辑 U3D、3ds、OBJ、KMZ和DAE等格式的3D文件。这些3D文件可以由不同的3D软件制作，包括 Adobe Acrobat3DVersion8、3dsMax、Alias、Maya以及GoogleEarth等。使用 Photoshop 可以制作简单的3D模型，并能够像其他3D软件那样编辑模型。

11.1 关于包装设计

包装是产品的第一形象，好的商品要有好的包装这样能够引起消费者的注意，扩大企业和产品的知名度。包装具有三大功能，即保护性、便利性和销售性。包装设计应传递完整的信息，即这是一种什么样的商品，这种商品的特色是什么，它适用于哪些消费群体。如图 11–1 所示为 Fisherman 胶鞋包装设计。

图 11-1

包装设计还要突出品牌，通过巧妙地组合色彩、文字和图形，形成有一定冲击力的视觉形象，从而将产品的信息准确地传递给消费者。如图 11–2 所示为美国 Gloji 公司灯泡型枸杞子混合果汁包装设计，它打破了饮料包装的常规形象，让人眼前一亮。灯泡形的包装与产品的定位高度契合，让人感觉到 Gloji 混合型果汁饮料是能量的源泉。如同灯泡给人带来光明，Gloji 混合型果汁饮料给人取之不尽的力量。该包装在 2008 年 Pentawards 上获得了果汁饮料包装类金奖。

图 11-2

学习重点
- 3D 面板
- 调整 3D 模型
- 调整 3D 相机
- 编辑 3D 模型的材质

11.2　3D 功能概述

在 Photoshop 中打开、创建或编辑 3D 文件时，会自动切换到 3D 界面。在 3D 界面中，可以轻松地创建 3D 模型，如立方体、球面、圆柱和 3D 明信片等，也可以非常灵活地修改场景和对象方向，拖动阴影，重新调整光源位置，编辑地面反射、阴影和其他效果，甚至还可以将 3D 对象自动对齐至图像中的消失点上。

11.2.1　3D 操作界面概览

在 Photoshop 中打开一个 3D 文件时，对象的纹理、渲染和光照信息都可以保留，3D 模型位于 3D 图层上，并显示对象的纹理，如图 11-3 所示。

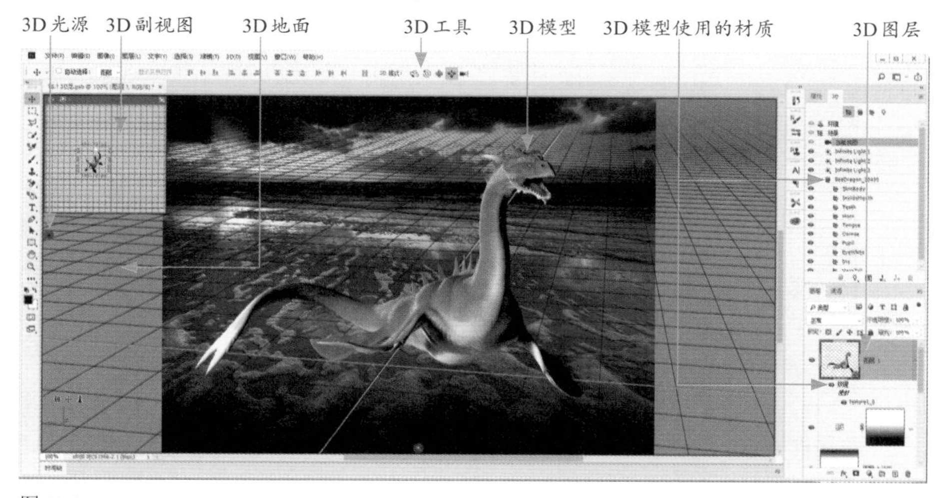

图 11-3

3D 文件包含网格、材质和光源等组件。其中，网格相当于 3D 模型的骨骼，如图 11-4 所示；材质相当于 3D 模型的皮肤，如图 11-5 所示；光源相当于太阳或白炽灯，可以使 3D 场景亮起来，让 3D 模型可见，如图 11-6 所示。

图 11-4

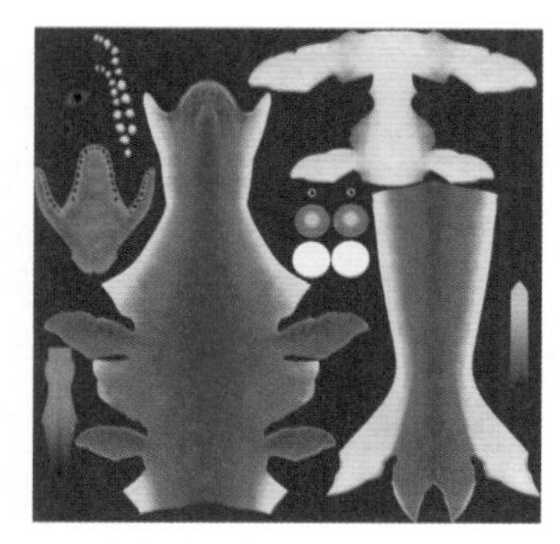

图 11-5

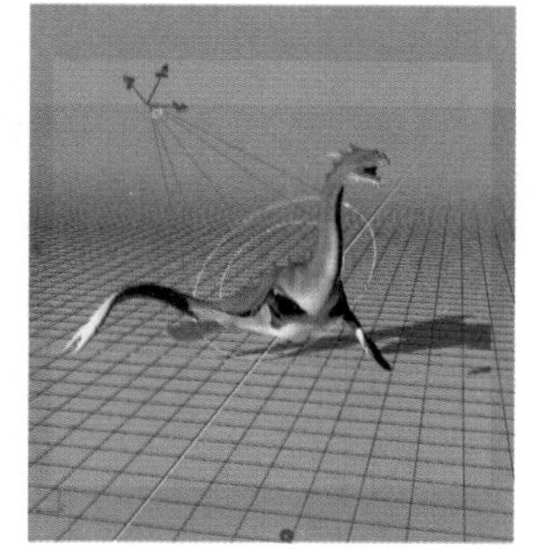

图 11-6

11.2.2　3D 面板

如果要单独打开 3D 文件，可执行“文件”|“打开”命令，然后选择该文件。如果要在打开的文件中将 3D 文件添加为图层，可以执行“3D”|“从 3D 文件新建图层”命令，然后选择 3D 文件。

选择3D模型，如图11–7所示，或在“图层”面板中选择3D图层后，“3D”面板中会显示与之关联的3D文件组件。面板顶部有4个按钮，分别是场景、网格、材质和光源按钮。单击“场景”按钮，可以显示3D场景中的所有条目（网格、材质和光源），如图11–8所示。单击其他按钮，则会单独显示网格、材质和光源，如图11–9~图11–11所示。

图11-7

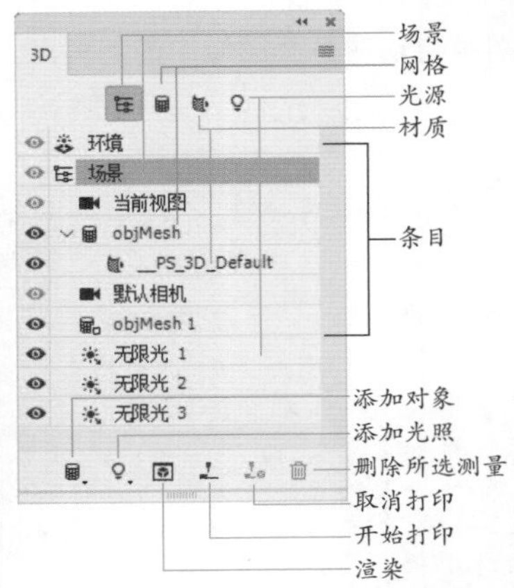

图11-8

图11-9

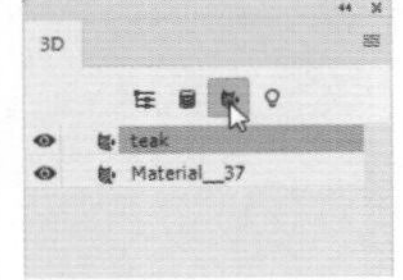

图11-10

图11-11

- 场景：单击“场景”按钮，“3D”面板中会列出场景中的所有条目。
- 网格：单击“网格”按钮，面板中只显示网格组件，此时可以在“属性”面板中设置网格属性。
- 材质：单击“材质”按钮，面板中会列出在3D文件中使用的材质，此时可以在“属性”面板中设置材质的各种属性。
- 光源：单击“光源”按钮，面板中会列出场景中包含的全部光源。

11.2.3 调整3D模型

打开3D文件后，选择移动工具，工具选项栏中会显示一组3D工具，如图11–12所示，使用这些工具，可以修改3D模型的位置、大小，还可以修改3D场景视图，调整光源位置。

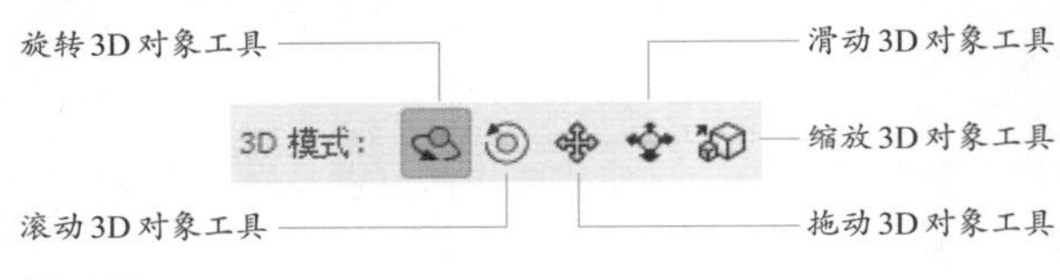

图11-12

- 旋转3D对象工具：在3D模型上单击，选择模型，如图11-13所示，上下拖动，可以使模型围绕其X轴旋转，如图11-14所示；两侧拖动，可以围绕其Y轴旋转，如图11-15所示。

图11-13

图11-14

图11-15

- 滚动3D对象工具：在3D对象两侧拖动，可以使模型围绕其z轴旋转，如图11-16所示。
- 拖动3D对象工具：在3D对象两侧拖动，可沿水平方向移动模型，如图11-17所示；上下拖动，可沿垂直方向移动模型。
- 滑动3D对象工具：在3D对象两侧拖动，可以沿水平方向移动模型，如图11-18所示；上下拖动，可以将模型移近或移远。

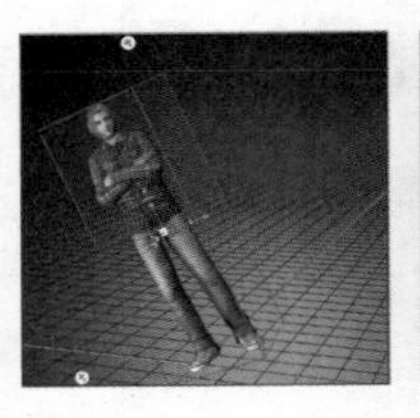
图11-16

图11-17

图11-18

- 缩放3D对象工具：单击3D对象，并上下拖动，可以放大或缩小模型。

tip 移动3D对象以后，执行“3D”|“将对象移到地面”命令，可以使其紧贴到3D地面上。

11.2.4 调整3D相机

进入3D操作界面后，在模型以外的空间单击（当前工具为移动工具），如图11–19所示，便可通过操作调整相机视图，同时保持3D对象的位置不变。使用旋转3D对象工具可以旋转相机视图，如图11–20所示；使用滚动3D对象工具可以滚动相机视图，如图11–21所示；使用拖动3D对象工具可以让相机沿X轴或Y轴方向平移。

图11-19

图11-20

图11-21

11.2.5　通过3D轴调整模型和相机

选择3D对象后，画面中会出现3D轴，如图11–22所示，它显示了3D空间中模型（或相机、光源和网格）在当前X、Y和Z轴的方向。将光标放在3D轴的控件上，使其高亮显示，如图11–23所示，然后单击并拖动鼠标即可移动、旋转和缩放3D项目（3D模型、相机、光源和网格）。

图 11-22

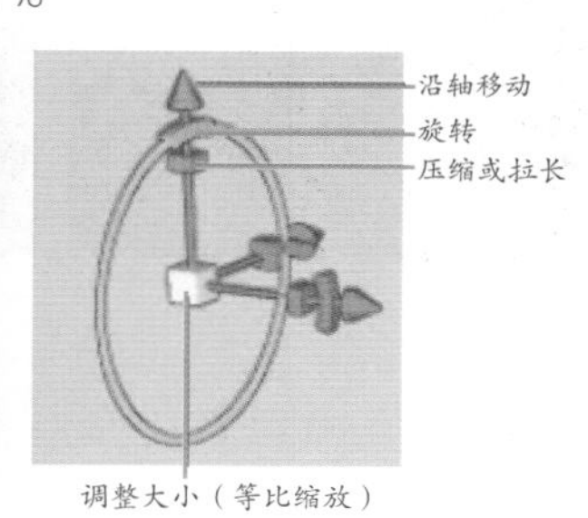

图 11-23

● 沿X/Y/Z轴移动项目：将光标放在任意轴的锥尖上，向相应的方向拖动，如图11-24所示。

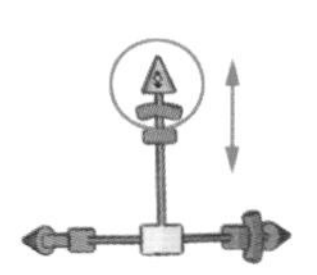

图 11-24

● 旋转项目：单击轴尖内弯曲的旋转线段，此时会出现旋转平面的黄色圆环，围绕3D轴中心沿顺时针或逆时针方向拖动圆环，即可旋转模型，如图11-25所示。如果要进行幅度更大的旋转，可以将鼠标向远离3D轴的方向移动。

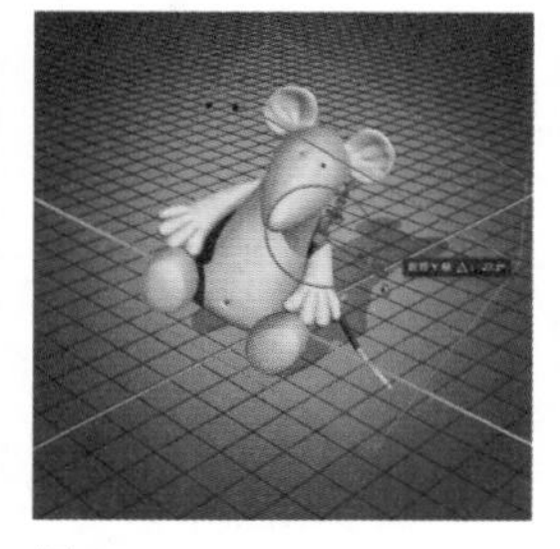

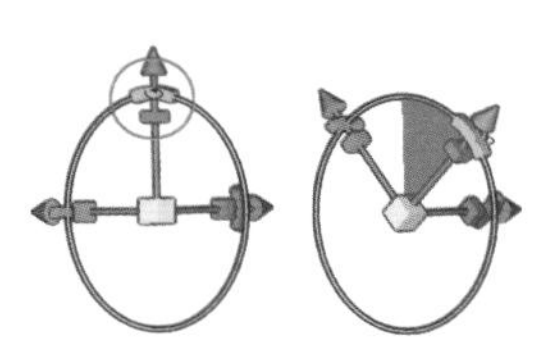

图 11-25

● 调整项目大小（等比缩放）：向上或向下拖动3D轴中的中心立方体，如图11-26所示。

● 沿轴压缩或拉长项目（不等比缩放）：将某个彩色的变形立方体朝中心立方体拖动，或向远离中心立方体的位置拖动，如图11-27所示。

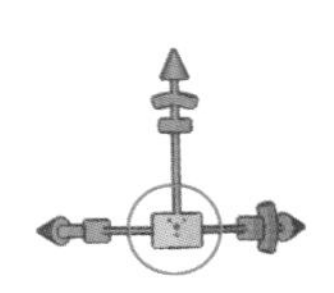

图 11-26

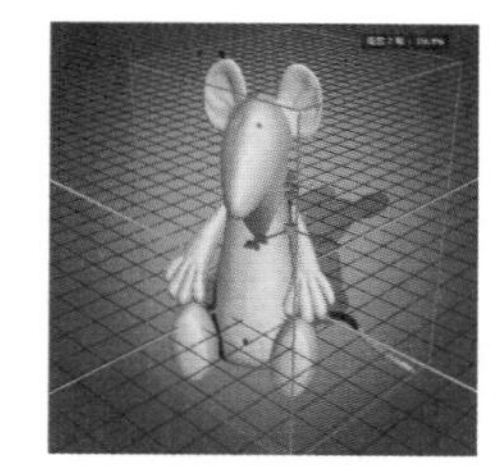

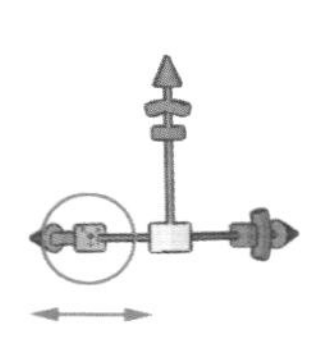

图 11-27

11.2.6　调整点光

Photoshop提供了点光、聚光灯和无限光，这3种光源有各自不同的选项和设置方法。点光在3D场景中显示为小球状，它就像灯泡一样，可以向各个方向照射，如图11–28所示。使用拖动3D对象工具✥和滑动3D对象工具✥可以调整点光位置。点光包含“光照衰减”选项组，勾选“光照衰减”复选框后，可以让光源产生衰减变化，如图11–29和图11–30所示。

图 11-28

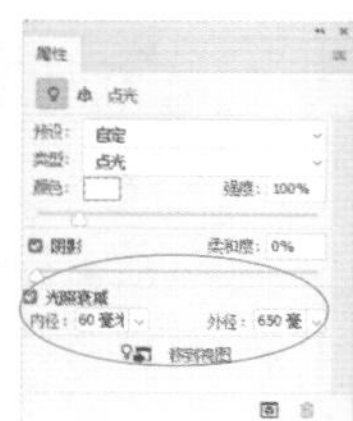

图 11-29

图 11-30

11.2.7　调整聚光灯

聚光灯在3D场景中显示为锥形，它能照射可调整的锥形光线，如图11–31所示。使用拖动3D对象工具✥和滑动3D对象工具✥可以调整聚光灯的位置，如图11–32所示。

图 11-31

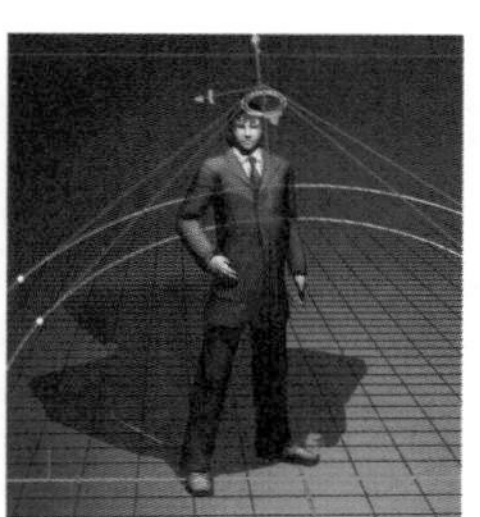

图 11-32

11.2.8 调整无限光

无限光在3D场景中显示为半球状，它像太阳光，可以从一个方向平面照射，如图11–33所示。使用拖动3D对象工具和滑动3D对象工具可以调整无限光的位置，如图11–34所示。

11.2.9 存储和导出 3D 文件

编辑3D文件后，如果要保留文件中的3D内容，包括位置、光源、渲染模式和横截面，可以执行“文件”|“存储”命令，选择PSD、PDF或TIFF作为保存格式。如果要将3D文件导出为Collada DAE、Flash 3D、Wavefront/OBJ、U3D 和 Google Earth 4 KMZ 格式，则可以在“图层”面板中选择3D图层，然后执行“3D”|“导出3D图层”命令进行操作。

图 11-33

图 11-34

11.3 3D 实例：编辑3D模型的材质

01 按Ctrl+O快捷键，打开3D模型文件，如图11-35所示。单击3D对象所在的图层，如图11-36所示。

图 11-35

图 11-36

02 选择3D材质拖放工具，单击工具选项栏中的按钮，打开“材质”下拉列表，选择“金属-黄铜（实心）”材质，如图11-37所示。将光标放在小熊模型上，单击鼠标，即可将所选材质应用到模型中，如图11-38所示。

图 11-37

图 11-38

03 打开“3D”面板，单击面板顶部的“光源”按钮。打开“属性”面板，在“预设”下拉列表中选择“狂欢节”，如图11-39所示，在3D场景中添加该预设灯光，效果如图11-40所示。

04 下面编辑材质。单击“3D”面板顶部的“材质”按钮，在“属性”面板中单击“漫射”选项右侧的按钮，打开下拉菜单，如图11-41所示，执行“替换纹理”命令，在弹出的对话框中选择金属纹理素材，如图11-42所示，单击“打开”按钮，用它替换原有的材质，效果如图11-43所示。

图 11-39

图 11-40

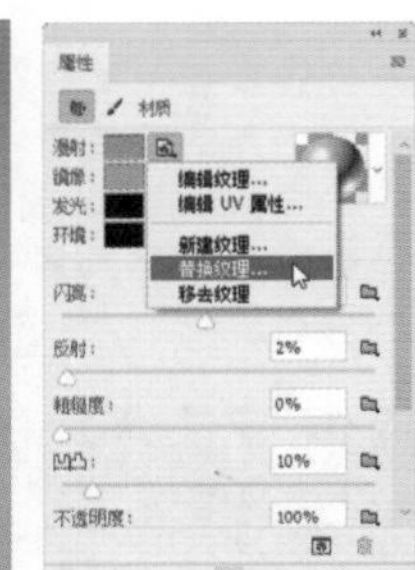

图 11-41

图 11-42

图 11-43

05 单击“漫射”选项右侧的 按钮，打开下拉菜单，执行“编辑纹理”命令，打开纹理素材，如图11-44所示，此时可以使用绘画工具、滤镜和调色命令等编辑材质，也可以用其他图像替换材质。打开素材文件，如图11-45所示，使用移动工具 将它拖曳至纹理素材文档中，如图11-46所示，单击文档窗口右上角的 × 按钮，关闭文档，在弹出的对话框中单击“是”按钮，即可修改材质，并将其应用到模型上，如图11-47所示。

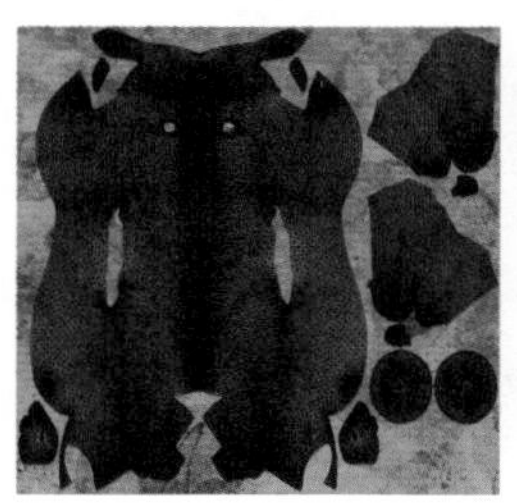
图11-44

图11-45

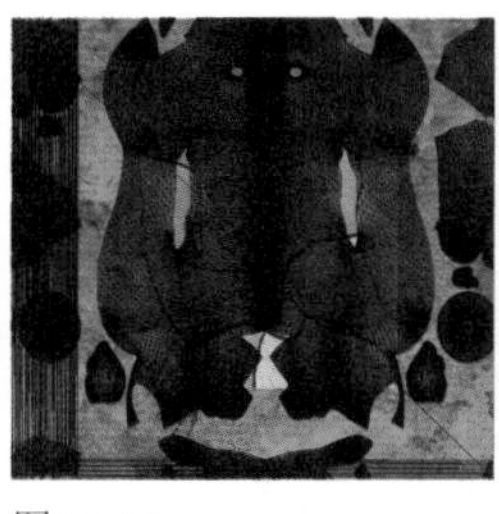
图11-46

图11-47

06 单击“漫射”选项右侧的 按钮，打开下拉菜单，执行“编辑UV属性”命令，在弹出的“纹理属性”对话框中调整纹理位置（“U缩放/V缩放”用于调整纹理的大小，“U位移/V位移”用于调整纹理的位置），如图11-48所示，效果如图11-49所示。单击“确定”按钮，关闭对话框。

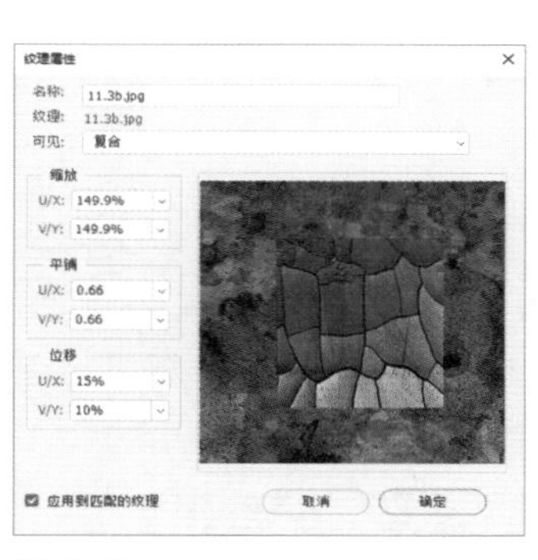

图11-48

图11-49

tip 单击“漫射”选项右侧的 按钮，打开下拉菜单，执行“新建纹理”命令，可以新建材质文档；执行“移去纹理”命令，可以删除3D模型的材质文件。

11.4　3D实例：制作玩具模型

01 打开素材。使用快速选择工具 选中卡通怪物，如图11-50所示。执行“选择”|“新建3D模型”命令，或“3D”|“从当前选区新建3D模型”命令，即可从选中的图像中生成3D对象，如图11-51所示。

图11-50

图11-51

02 单击“3D”面板顶部的“网格”按钮 ，在“属性”面板中选择一种凸出样式，并设置“凸出深度”为20厘米，如图11-52和图11-53所示。

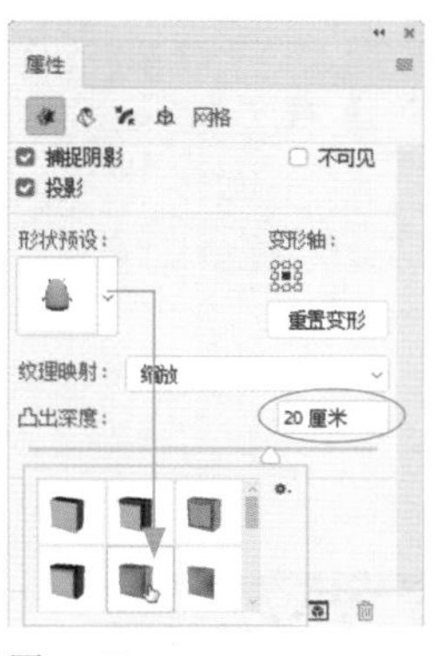

图11-52

图11-53

03 使用旋转3D对象工具 旋转对象，如图11-54所示。单击“调整”面板中的 按钮，创建“曲线”调整图层，调整曲线，增强色调的对比度，如图11-55和图11-56所示。

04 在“图层”面板中选择“背面”图层。采用同样的方法制作卡通怪物背面的立体效果，如图11-57所示。

图 11-54

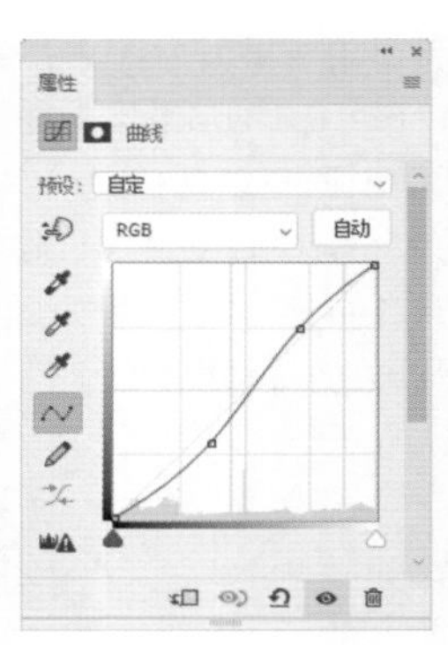

图 11-55

图 11-56

图 11-57

11.5　3D 实例：制作时尚立体字

01 打开素材，如图11-58和图11-59所示。文字位于单独的图层中，并且已经栅格化。

图 11-58　　图 11-59

02 执行“3D”|“从所选图层新建3D模型”命令，创建3D立体字，如图11-60所示。选择移动工具 ，在文字上单击，显示3D轴，调整文字的角度，使其与背景的斜线相一致，如图11-61所示。

图 11-60

图 11-61

03 在“属性”面板中取消勾选“投影”复选框，如图11-62和图11-63所示。在后面的操作中，我们会为立体字添加纹理效果，然后制作新的投影。

图 11-62

图 11-63

04 单击“3D”面板中的“100%前膨胀材质”选项，如图11-64所示。给立体字的前面添加纹理材质，这个操作需要在“属性”面板中进行。单击“漫射”选项右侧的 按钮，打开下拉菜单，执行“替换纹理”命令，如图11-65所示。在弹出的对话框中选择本书提供的纹理素材，如图11-66和图11-67所示。

图 11-64

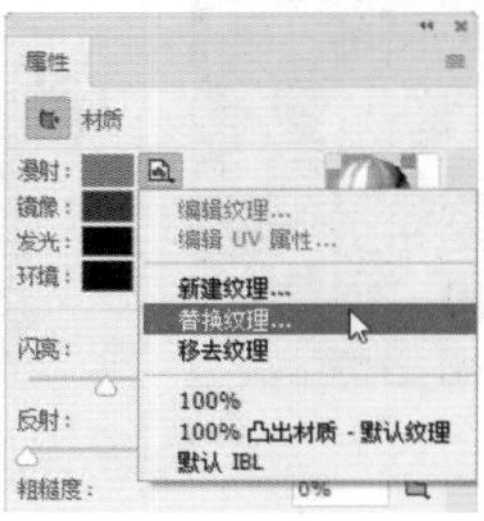

图 11-65

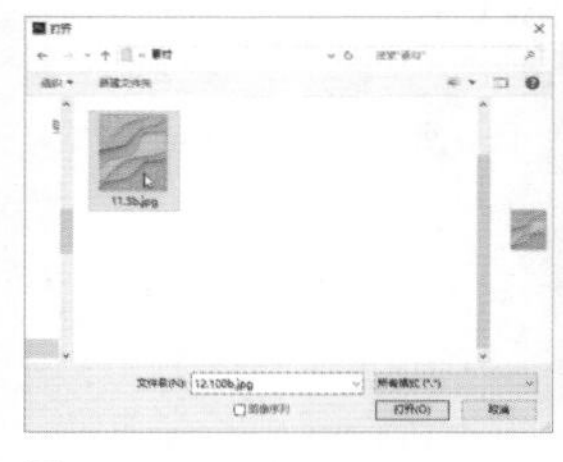

图 11-66

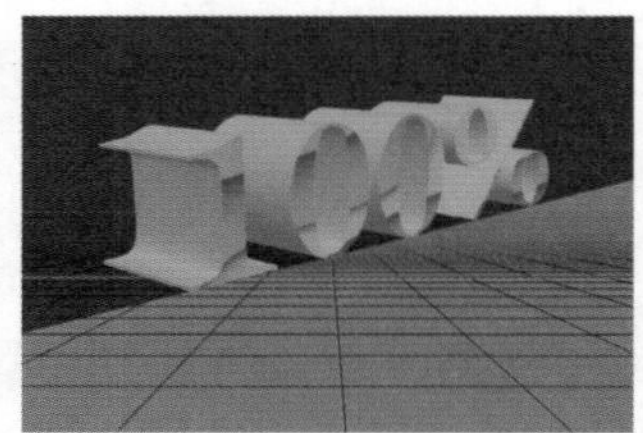

图 11-67

05 单击“3D”面板中的“100%凸出材质”选项，如图11-68所示。采用同样的方法，给立体字的凸出面设置相同的材质，效果如图11-69所示。

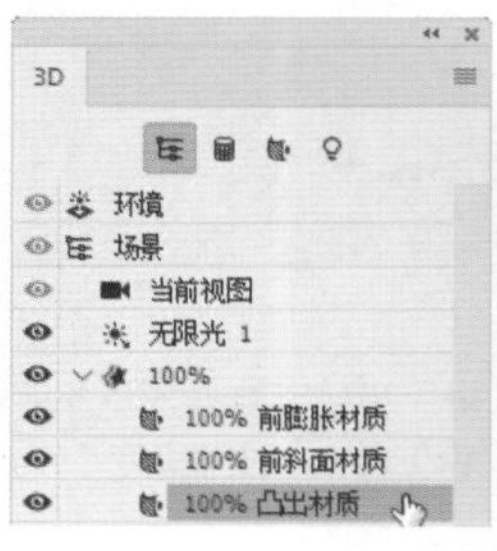

图 11-68

图 11-69

06 在“属性”面板中设置“闪亮”为20%，“反射”为30%，其他参数不用调整，采用系统默认设置，使立体字的凸出面具有光泽感，如图11-70和图11-71所示。

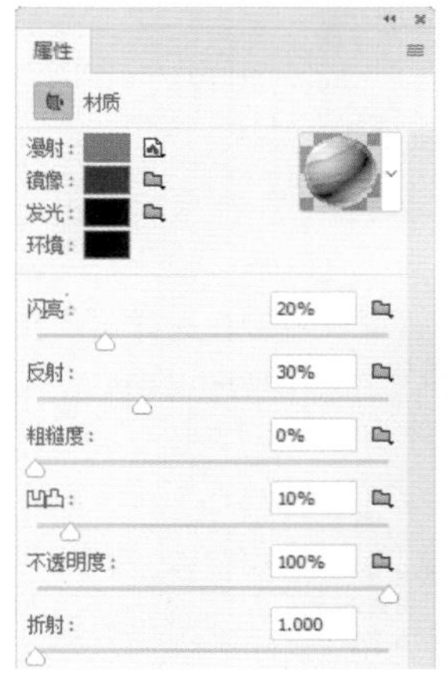

图11-70

图11-71

07 单击“3D”面板中的100%选项，如图11-72所示。单击“属性”面板中的按钮，在“边”下拉列表中选择“前部和背面”选项，设置“等高线”样式为“半圆”，其他参数设置如图11-73所示，效果如图11-74所示。

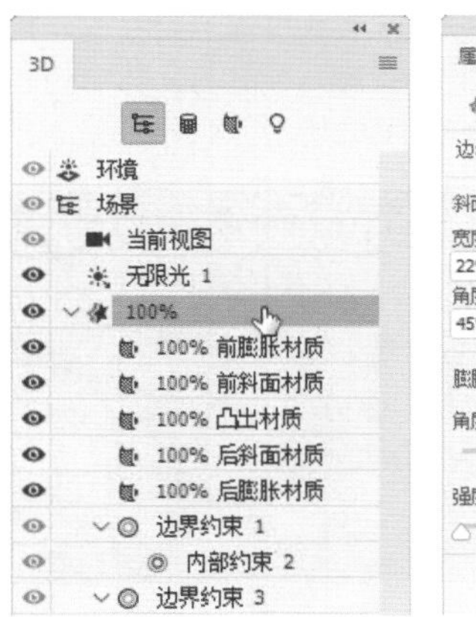

图11-72

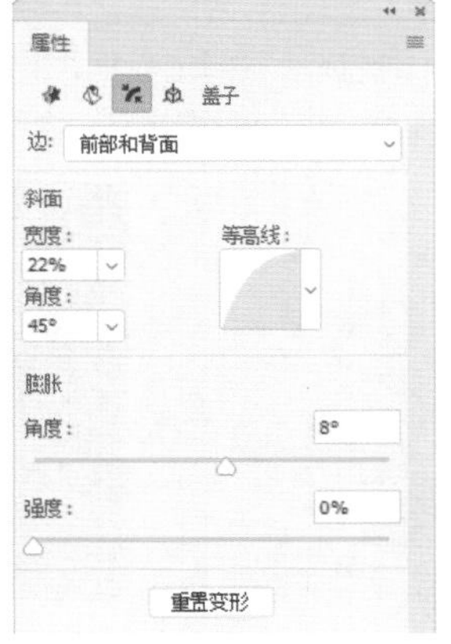

图11-73

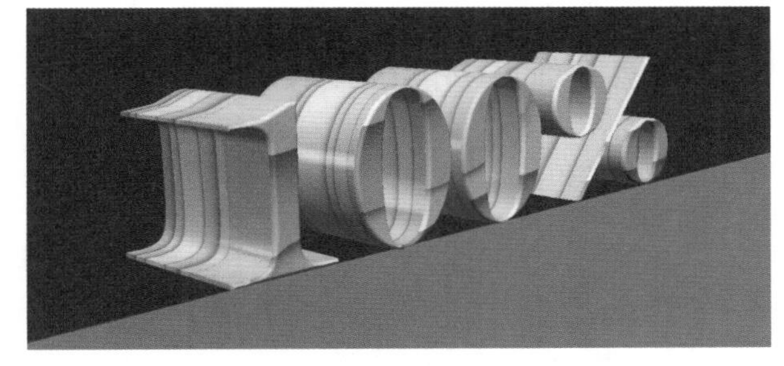

图11-74

08 单击“3D”面板中的“100%前斜面材质”选项，如图11-75所示。单击“属性”面板中的按钮，打开“材质拾色器”下拉面板，选择“棉织物”材质，如图11-76所示。

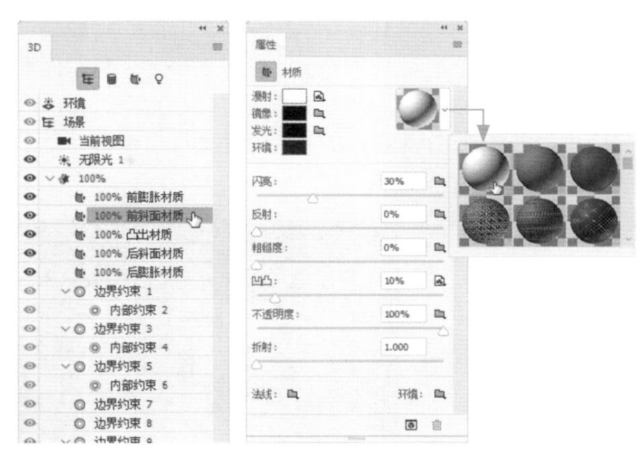

图11-75　图11-76

09 单击“漫射”右侧的颜色按钮，如图11-77所示，打开“拾色器”，将漫射颜色设置为红色，如图11-78所示，形成红色的描边效果，如图11-79所示。

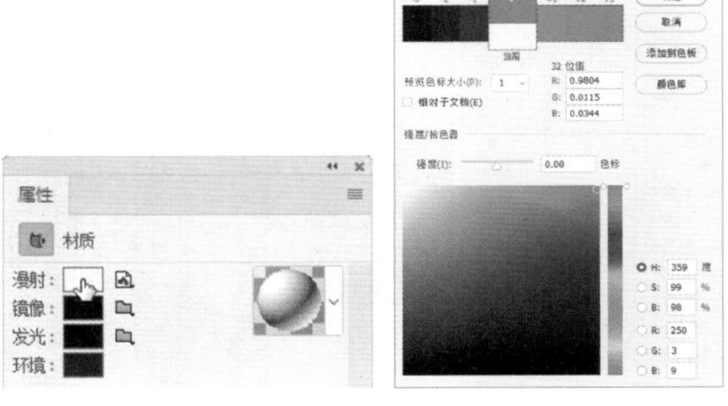

图11-77　图11-78

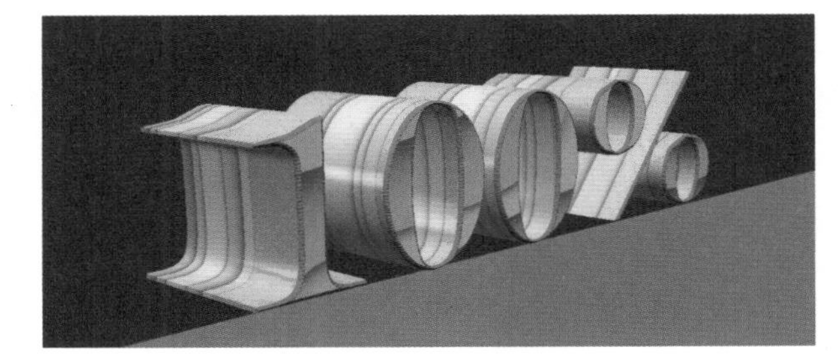

图11-79

10 单击“3D”面板中的“无限光1”选项，如图11-80所示。调整无限光的角度，如图11-81所示。至此，立体字制作完成。

图11-80

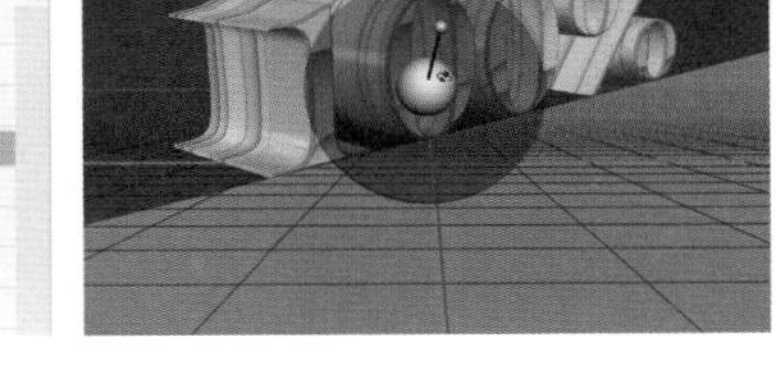

图11-81

11 按Ctrl+J快捷键，复制100%图层，如图11-82所示。使用滚动3D对象工具 围绕X轴旋转立体字，制作投影效果，如图11-83所示。立体字的底边没有完全对齐，在完成投影的各项3D设置后，可以通过“自由变换”命令进行调整。

图11-82　　图11-83

12 单击“3D”面板中的“100%后膨胀材质”选项，如图11-84所示。给立体字的后面也添加相同的材质，如图11-85所示。

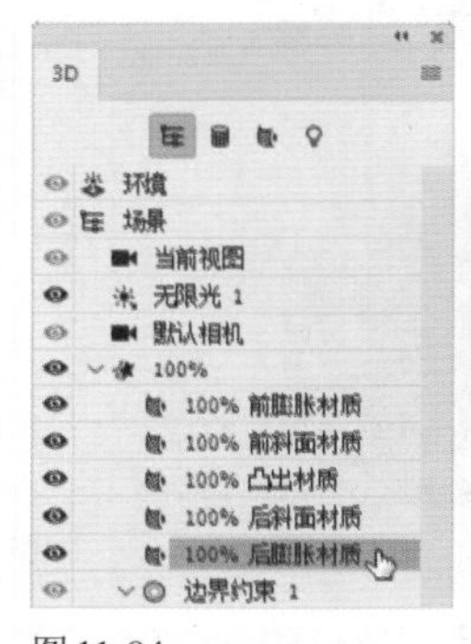

图11-84　　图11-85

13 为立体字的后斜面制作红色描边效果。单击“3D”面板中的“100%后斜面材质”选项，如图11-86所示。在“属性”面板中选择“棉织物”材质，并设置漫射颜色为红色，如图11-87和图11-88所示。

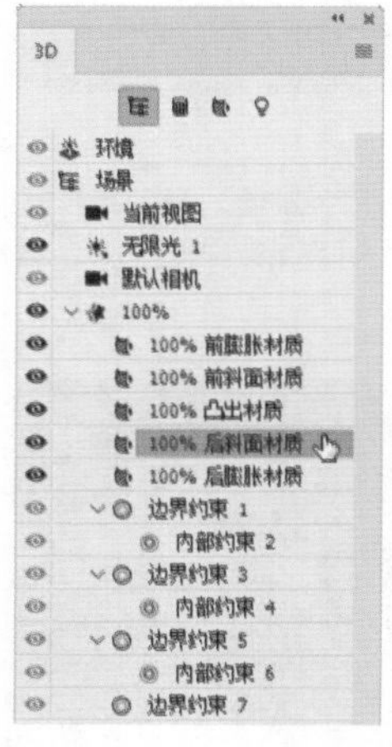

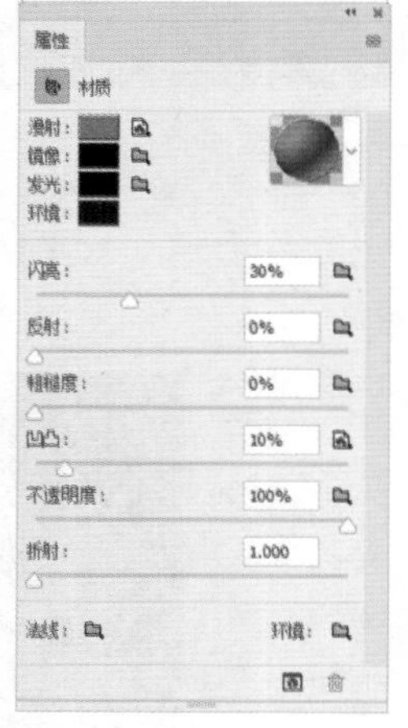

图11-86　　图11-87

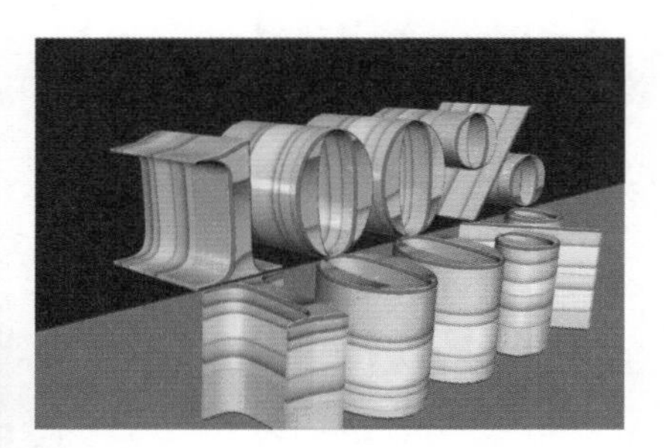

图11-88

14 在“100% 拷贝”图层上单击鼠标右键，在弹出的快捷菜单中执行“栅格化3D”命令，如图11-89所示。将3D图层转换为普通图层，如图11-90所示。

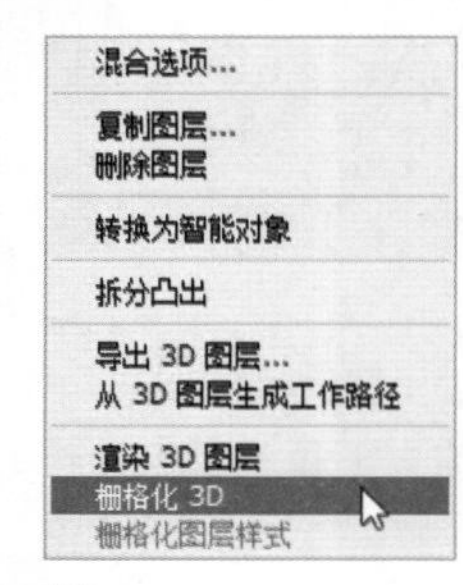

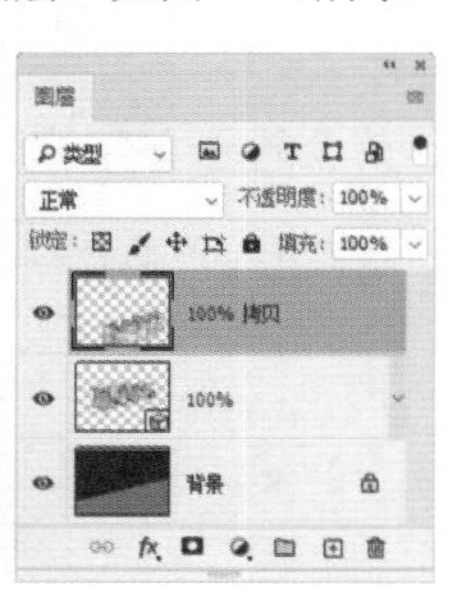

图11-89　　图11-90

15 按Ctrl+[快捷键将“100% 拷贝”图层移至100%图层下方，如图11-91所示。按Ctrl+T快捷键显示定界框，按住Alt键拖动右侧定界框，拉伸投影，使其与立体字的底边对齐，按Enter键确认，如图11-92所示。

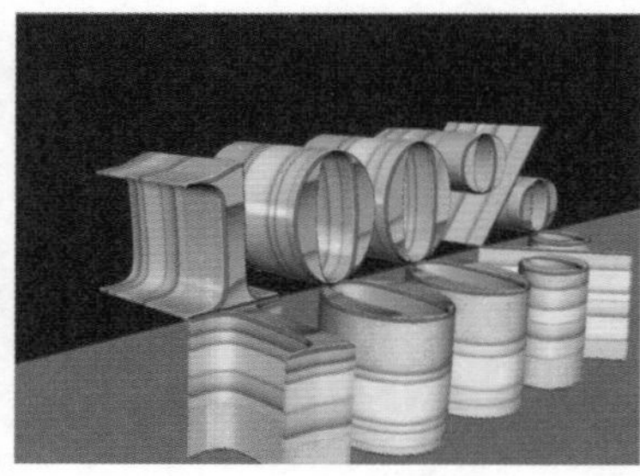

图11-91　　图11-92

16 单击“图层”面板底部的 按钮，创建蒙版。选择画笔工具 （柔角400像素），在画面下方涂抹黑色，使投影形成渐隐效果，如图11-93和图11-94所示。

图11-93　　图11-94

⑰ 设置该图层的“不透明度”为40%，如图11-95和图11-96所示。

图 11-95

图 11-96

⑱ 单击“调整”面板中的按钮，创建“色相/饱和度”调整图层，调整画面颜色并增加饱和度，如图11-97和图11-98所示。

图 11-97

图 11-98

11.6　应用案例：易拉罐包装设计

⑪ 按Ctrl+N快捷键，打开“新建文档”对话框，创建新文件，如图11-99所示。

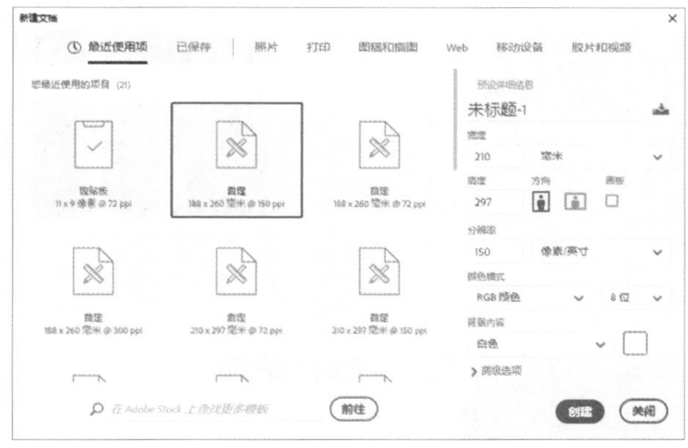

图 11-99

⑫ 选择渐变工具，在工具选项栏中单击“径向渐变”按钮，在画布上填充渐变颜色，如图11-100所示。新建图层，如图11-101所示。

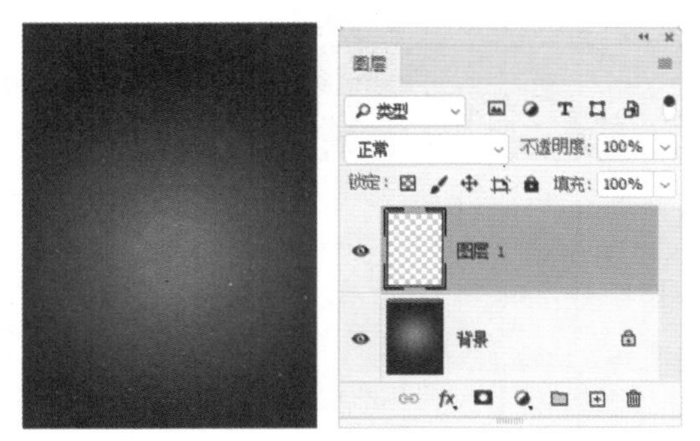

图 11-100　　图 11-101

⑬ 执行“3D”|“从图层新建网格”|“网格预设”|“汽水”命令，在该图层中创建一个3D易拉罐，并切换到3D工作区，如图11-102所示。

图 11-102

⑭ 单击“3D”面板中的“标签材质”选项，如图11-103所示，弹出“属性”面板，设置“闪亮”为56%，设置“粗糙度”为49%、凹凸为1%，如图11-104和图11-105所示。

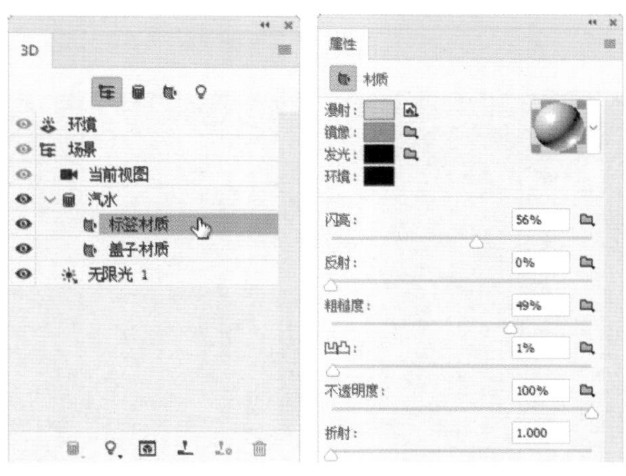

图 11-103　　图 11-104

图 11-105

tip 选择一个图层（可以是空白图层），执行“3D”|“从图层新建网格”|“网格预设”菜单中的命令，可以生成立方体、球体、金字塔等3D对象。

05 单击“漫射”选项右侧的按钮，打开下拉菜单，执行“替换纹理”命令，如图11-106所示。在弹出的对话框中选择易拉罐贴图素材，如图11-107所示，贴图后的效果如图11-108所示。

06 选择缩放3D对象工具，在窗口中单击并向下拖动鼠标，将易拉罐缩小。再用旋转3D对象工具旋转罐体，显示商标。接着用拖动3D对象工具将它移到画面下方，如图11-109~图11-111所示。

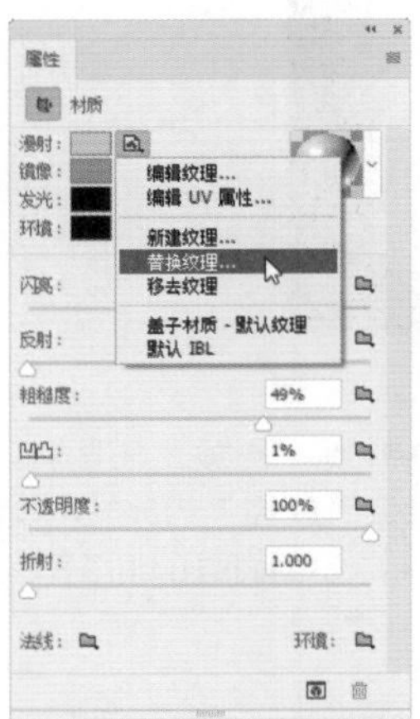

图 11-106

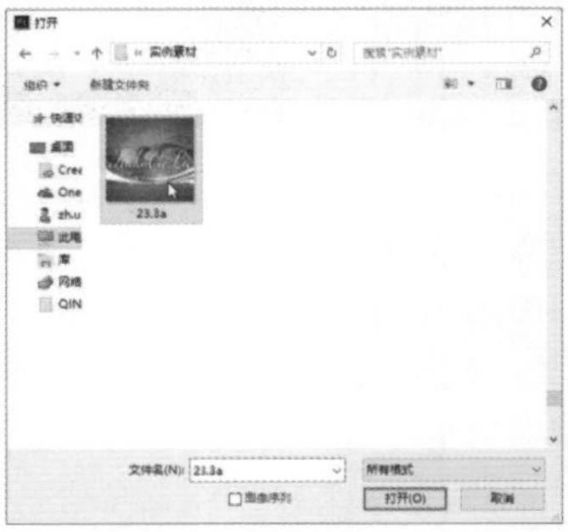

图 11-107

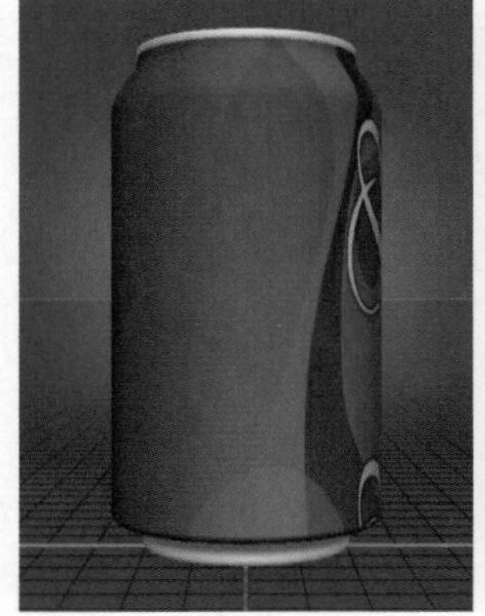

图 11-108

图 11-109

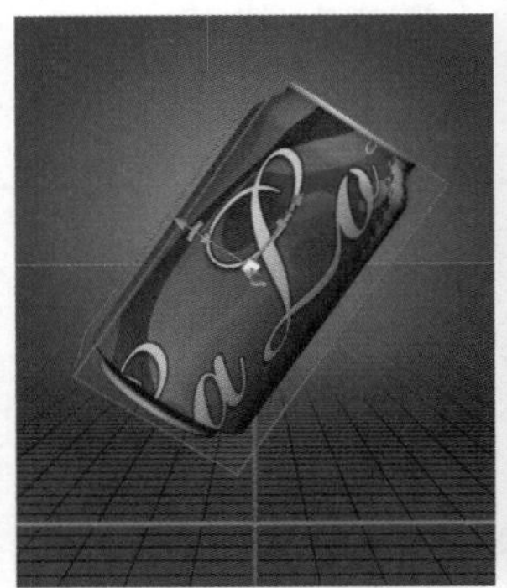

图 11-110

图 11-111

07 打开“漫射”菜单，执行“编辑UV属性”命令，如图11-112所示，在打开的“纹理属性”对话框中设置参数，调整纹理的位置，使贴图能够正确地覆盖在易拉罐上，如图11-113和图11-114所示。

图 11-112

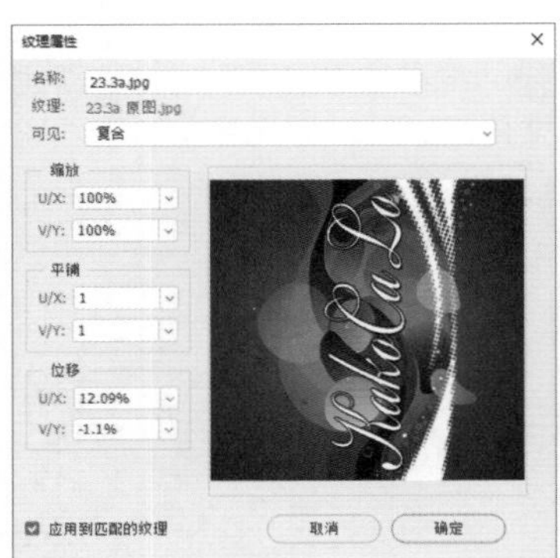

图 11-113

图 11-114

08 按住Ctrl键单击“图层1”的缩览图，将易拉罐载入选区，如图11-115和图11-116所示。

09 按Shift+Ctrl+I快捷键反选。单击“调整”面板中的按钮，创建“曲线”调整图层。用这个图层来表现易拉罐边缘的金属质感，增加图像的亮度，产生金属光泽，如图11-117所示。单击面板底部的按钮，创建剪贴蒙版，使调整只对易拉罐有效，不会影响背景，如图11-118和图11-119所示。

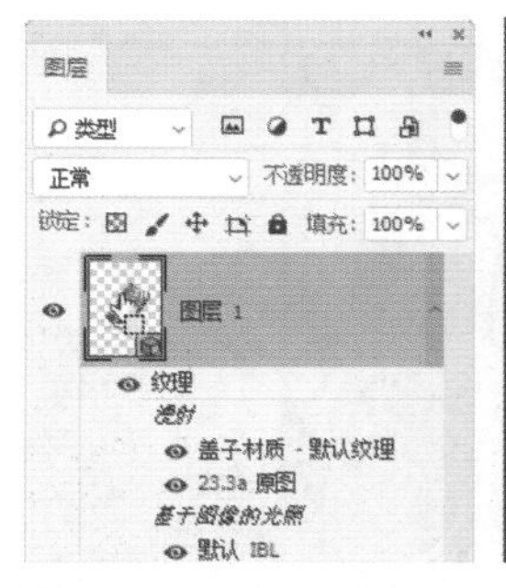

图 11-115

图 11-116

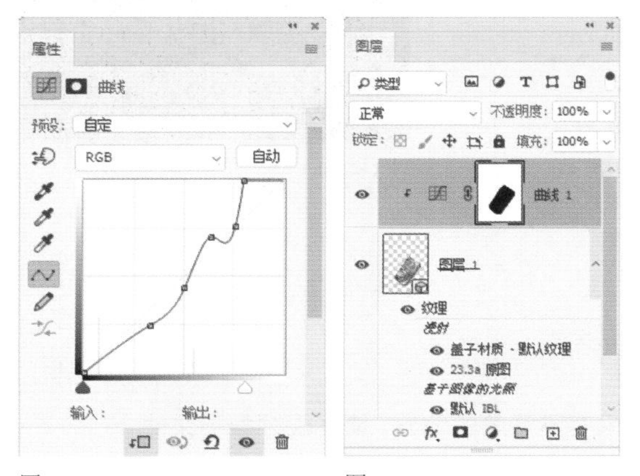

图 11-117　　图 11-118

图 11-119

10 选择“图层1”，如图11-120所示，下面调整易拉罐的光线。单击“3D”面板中的“无限光 1”，如图11-121所示。在“属性”面板中设置颜色强度为93%，如图11-122和图11-123所示。

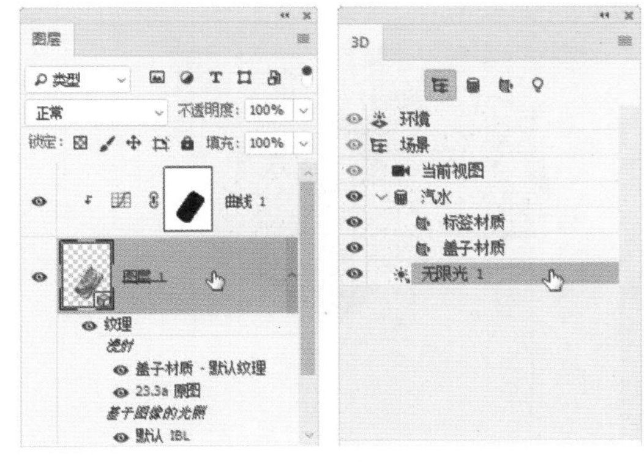

图 11-120　　图 11-121

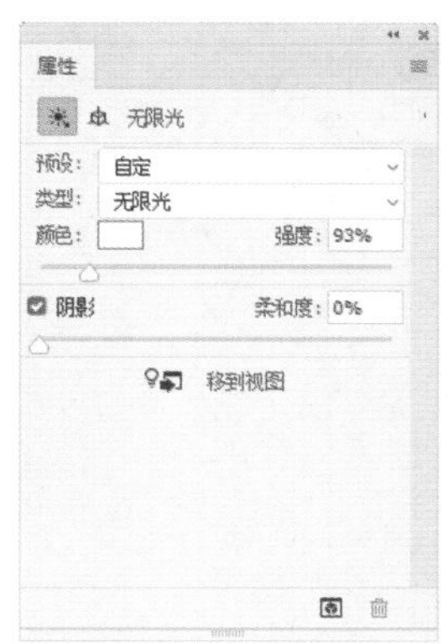

图 11-122

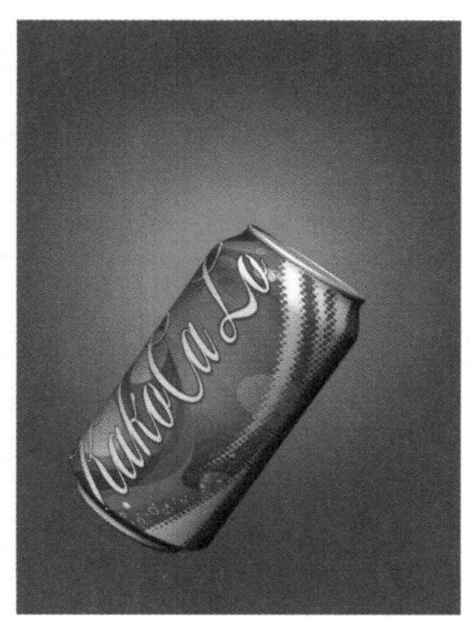

图 11-123

11 单击“图层”面板底部的 ⊞ 按钮，新建图层。将前景色设置为黑色。选择渐变工具 ，单击“径向渐变”按钮 ，在“渐变”下拉面板中选择“前景色到透明渐变”，在画面中心填充径向渐变，如图11-124和图11-125所示。

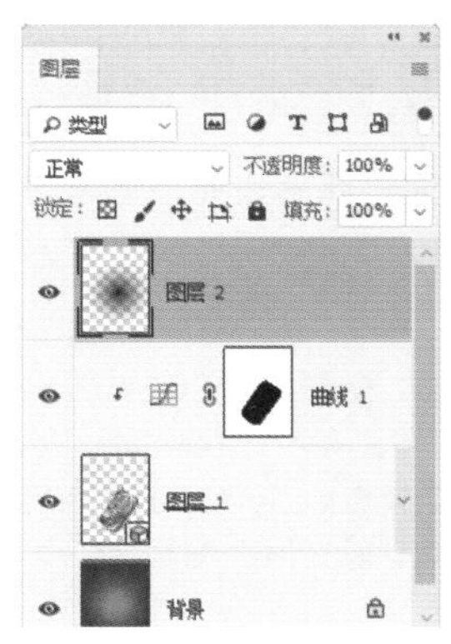

图 11-124

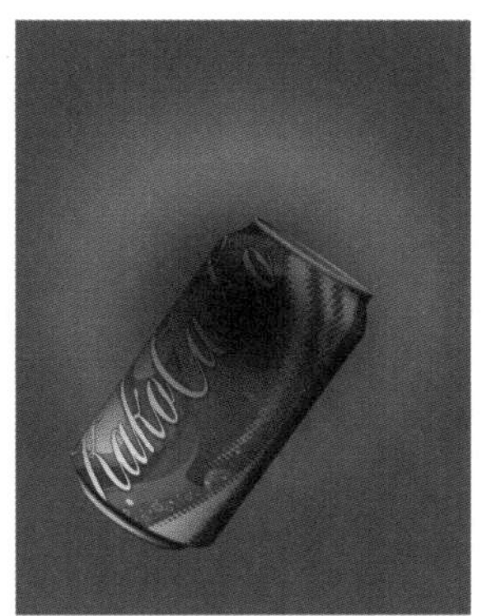

图 11-125

12 将“图层2”图层拖曳到“图层 1”下方。按Ctrl+T快捷键显示定界框，调整图形高度，使之成为易拉罐的投影，如图11-126和图11-127所示。

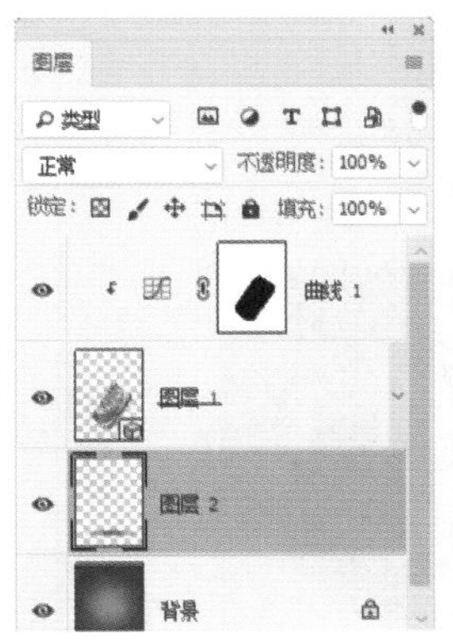

图 11-126

图 11-127

13 按Ctrl+O快捷键，打开文件，如图11-128和图11-129所示。

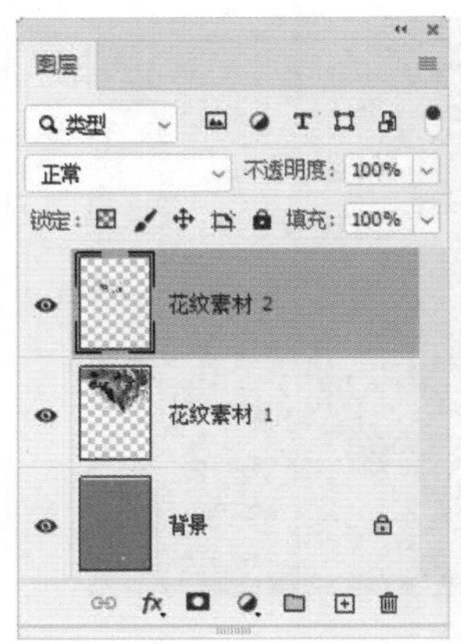

图 11-128

图 11-129

14 将素材拖曳至易拉罐文档中，调整素材的前后位置，如图11-130和图11-131所示。

图 11-130

图 11-131

11.7 课后作业：从路径中创建 3D 模型

本章学习了 3D 功能。下面通过课后作业强化学习效果。如果有不清楚的地方，请看视频教学文件。

选择路径、形状图层、文字图层、图像图层，或通过选区选取局部图像后，使用3D菜单中的命令，可以将其创建为3D模型。下面使用本书提供的素材文件，从路径中创建3D对象。打开“路径”面板，单击老爷车路径，然后执行“3D”|“从所选路径新建3D模型”命令。创建模型后，使用旋转3D对象工具调整模型角度；使用3D材质吸管工具在模型正面取样，然后在“属性”面板中选择“石砖”材质。

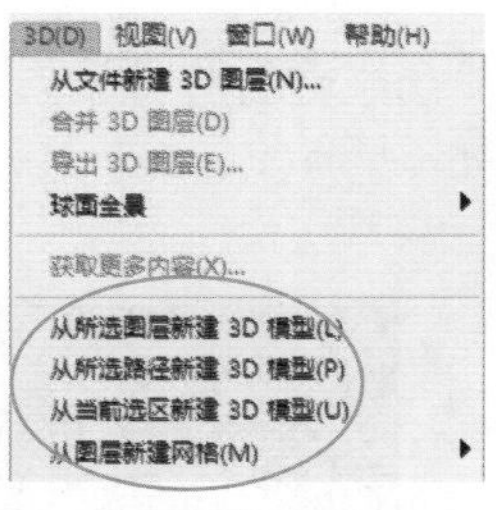

可以创建 3D 模型的命令

单击路径

在画面中显示路径

创建为 3D 模型

选择“石砖”材质

最终效果

11.8　课后作业：使用材质吸管工具

下面练习使用3D材质吸管工具和“属性”面板为3D模型贴上材质。使用3D材质吸管工具单击椅子靠背，从3D模型上取样，然后在“属性”面板中选择“棉织物”材质；再用3D材质吸管工具单击椅子腿或把手，贴上“软木”材质。

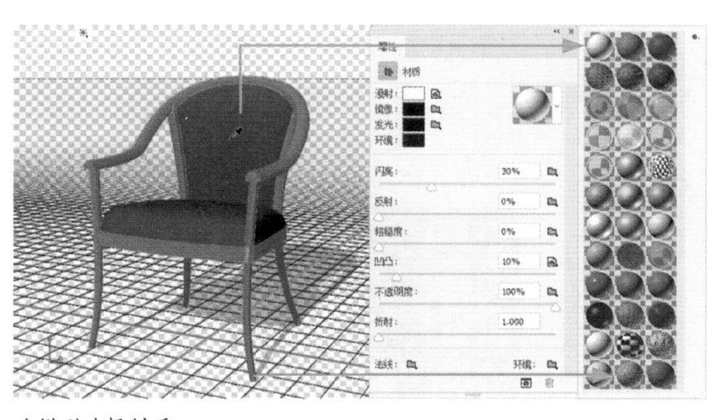

为模型选择材质

最终效果

11.9　课后作业：拆分3D对象

在默认情况下，使用“凸出”命令从图层、路径和选区中创建的3D对象，将作为整体的3D模型出现。打开素材，用旋转3D对象工具旋转对象时，所有文字是一个整体。执行“3D”|“拆分凸出”命令，拆分3D对象，这样可以选择任意一个字母进行调整。

素材文件

旋转对象时文字是一个整体

拆分3D对象

拆分后可单独旋转和调整每一个字母

11.10　复习题

1. Photoshop能编辑3D模型的多边形网格吗?

2. 在3D场景中添加灯光后，怎样开启阴影功能?

3. 编辑3D文件后，如果要保留文件中的3D内容，包括位置、光源、渲染模式和横截面，应该选择哪种文件格式?

第12章

跨界设计 综合实例

Photoshop是一个功能非常强大的软件，掌握Photoshop的使用方法确实具有一定的难度，但难度不是体现在功能多，而在于功能间的横向联系十分紧密、交集多。因此，只掌握各个工具、命令和面板的使用方法，而不了解各个功能之间如何协作，就没有办法真正学会Photoshop。也许能完成书本中的实例，但独立面对图像编辑、照片处理、3D、动画等任务时，会无所适从。Photoshop的学习秘诀在于多做练习，只有通过实践才能真正将各种功能融会贯通。本章安排的20个不同类型的实例，就展现了Photoshop的高级应用技巧，突出了多种功能协作的特点。

12.1 制作3D西游记角色

01 打开素材，如图12-1所示，选择“唐僧”图层，如图12-2所示。执行“3D”|“从所选图层新建3D模型”命令，生成3D对象，如图12-3所示。

图12-1

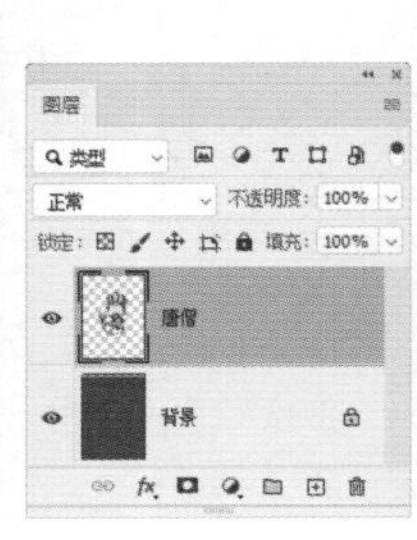

图12-2

图12-3

02 单击“3D”面板顶部的“网格”按钮 ，显示网格组件。在“属性”面板中选择凸出样式，设置“凸出深度”为10厘米，如图12-4和图12-5所示。

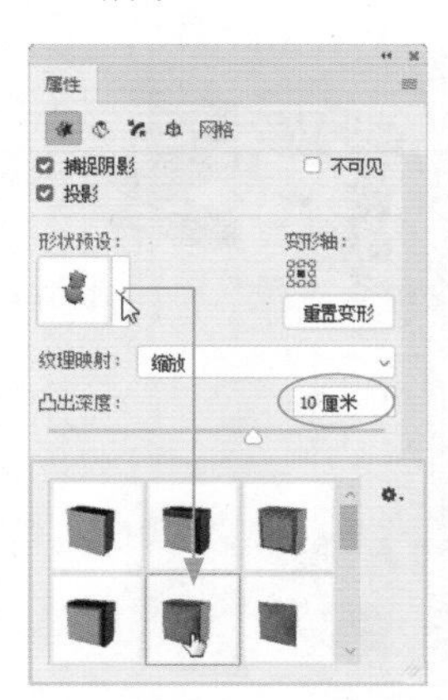

图12-4

图12-5

03 采用同样的方法可以制作出《西游记》中的其他3D形象，如图12-6所示。

图12-6

学习重点
- 制作超炫气球字
- 制作毛皮特效字
- 标志设计
- 名片设计
- 动漫形象设计
- 制作冰手特效

12.2　制作搞怪表情涂鸦

01 打开素材，如图12-7所示。单击“图层”面板底部的 ⊞ 按钮，新建图层，如图12-8所示。

图 12-7

图 12-8

02 选择画笔工具，在“画笔”下拉面板中选择“硬边圆”笔尖，设置“大小”为15像素，如图12-9所示。在嘴上面画出眼睛、鼻子、帽子和脸的轮廓，如图12-10所示。

图 12-9

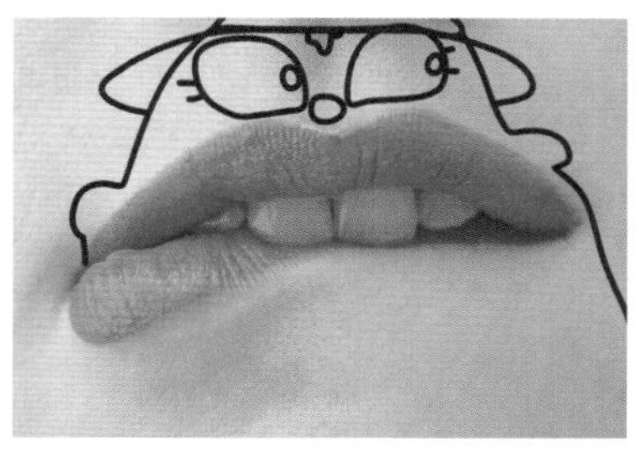
图 12-10

03 给人物画一个带有花边的领结，在画面左下角画一个台词框，如图12-11所示，轮廓就画完了。选择魔棒工具，在工具选项栏中单击“添加到选区”按钮，设置“容差”为30，不要勾选“对所有图层取样”复选框，以保证仅对当前图层进行选取。在眼睛上单击，选取眼睛和眼珠内部的区域，如图12-12所示。

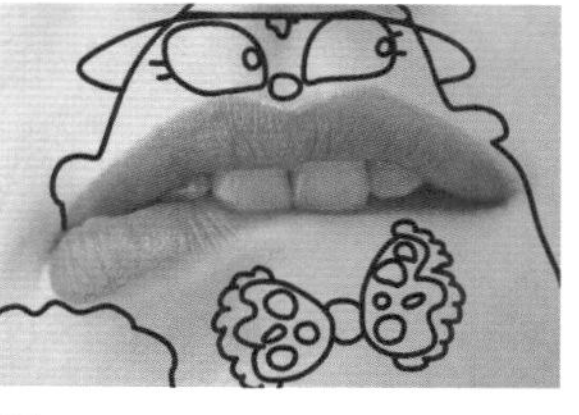
图 12-11

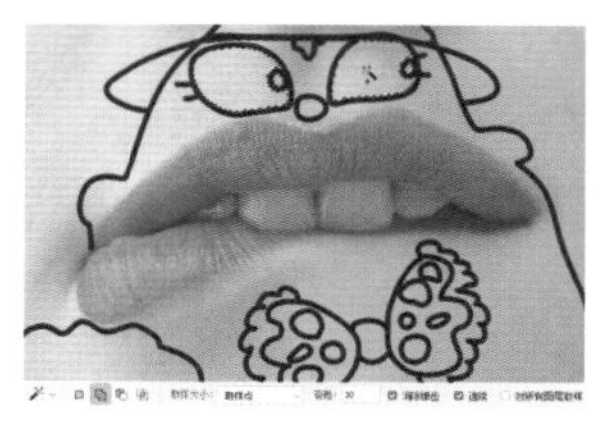
图 12-12

04 在选区内填充白色，按Ctrl+D快捷键取消选择，如图12-13所示。依次选取鼻子、帽子和领结，填充不同的颜色，如图12-14和图12-15所示。按] 键将笔尖调大，给人物画出两个红脸蛋。在台词框内涂上紫色，用白色写出文字，一幅生动有趣的表情涂鸦作品就制作完成了，如图12-16所示。

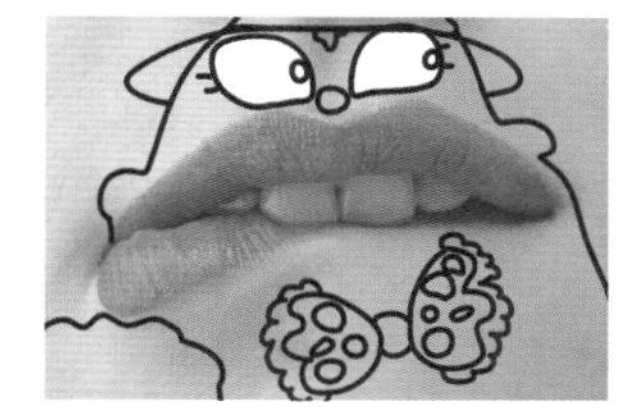
图 12-13

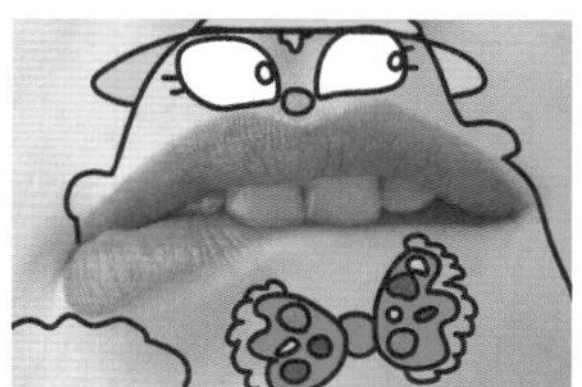
图 12-14

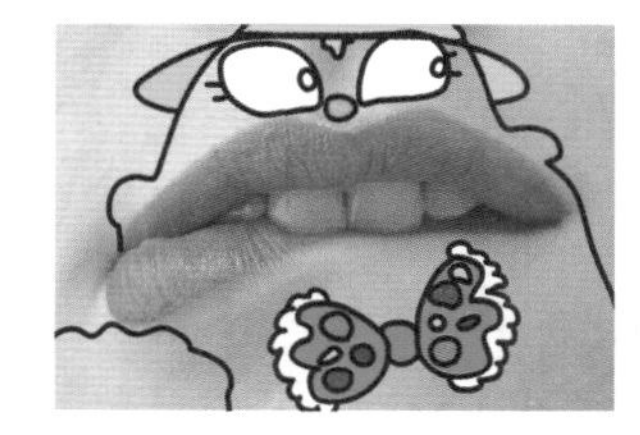
图 12-15

图 12-16

12.3　制作超炫气球字

01 打开背景素材。单击“图层”面板底部的 ⊞ 按钮，新建图层。选择椭圆选框工具，按住Shift键拖动鼠标，创建圆形选区，如图12-17所示（观察光标旁边的提示，圆形的直径在15毫米左右即可）。

02 选择渐变工具，单击工具选项栏中的 按钮。单击渐变颜色条，如图12-18所示，打开“渐变编辑器”。单击渐变色标，打开“拾色器”调整渐变颜色。两个色标分别设置为天蓝色（R31，G210，B255）和紫色（R217，G38，B255），如图12-19所示。

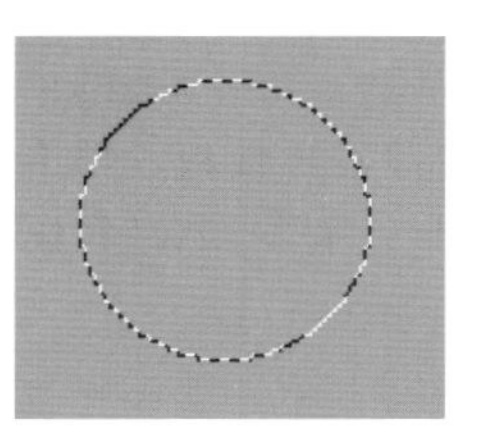
图 12-17

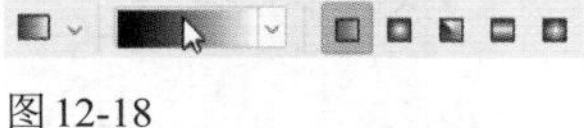

图 12-18

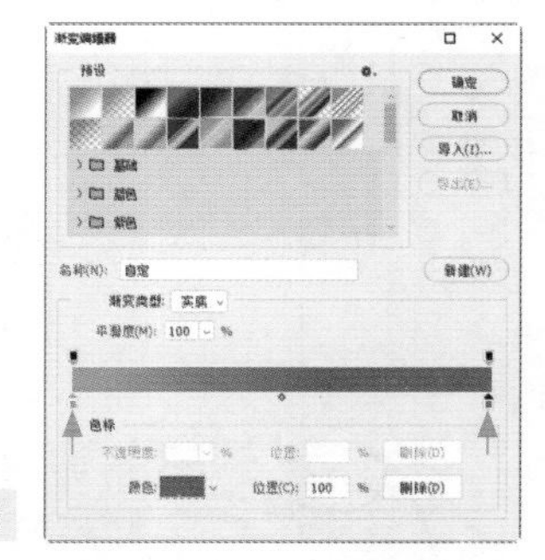

图 12-19

03 在选区内填充渐变，如图12-20所示。选择椭圆选框工具◯，将光标放在选区内，单击并拖动，将选区向右移动，如图12-21所示。

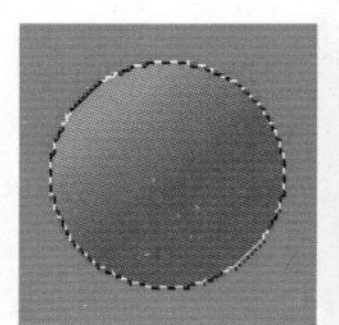

图 12-20

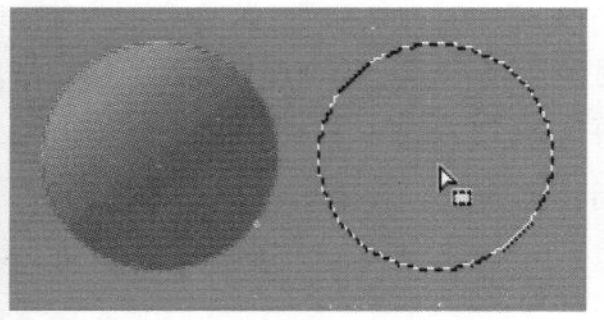

图 12-21

04 再次打开“渐变编辑器”。在渐变条下方单击，添加一个色标，然后单击3个色标，重新调整它们的颜色，即黄色（R255，G239，B151）、橘黄色（R255，G84，B0）和橘红色（R255，G104，B101），如图12-22所示。在选区内填充渐变，如图12-23所示。双击当前图层的名称，修改为“渐变球”。

图 12-22

图 12-23

05 选择混合器画笔工具和硬边圆笔尖（“大小”为160像素）并单击按钮，选择“干燥，深描”预设及其他参数，如图12-24所示。在“画笔设置”面板中，将“间距”设置为1%，如图12-25所示。将光标放在蓝色球体上，如图12-26所示。光标不要超出球体，如果超出了，可以按[键，将笔尖调小一些。按住Alt键单击，进行取样。新建图层。打开“路径”面板，单击“路径2”，画面中会显示心形图形，如图12-27和图12-28所示。

图 12-24

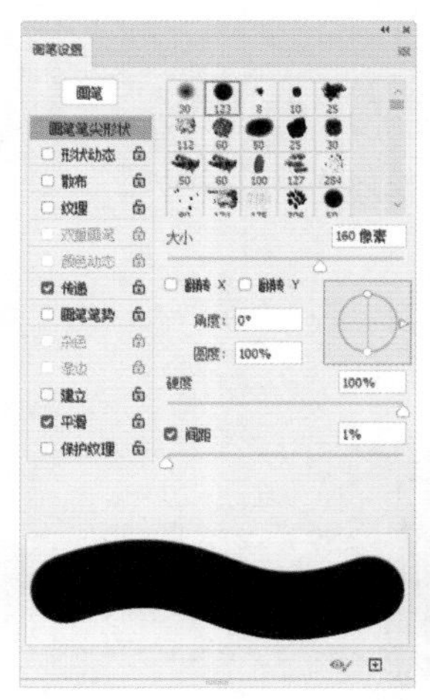

图 12-25

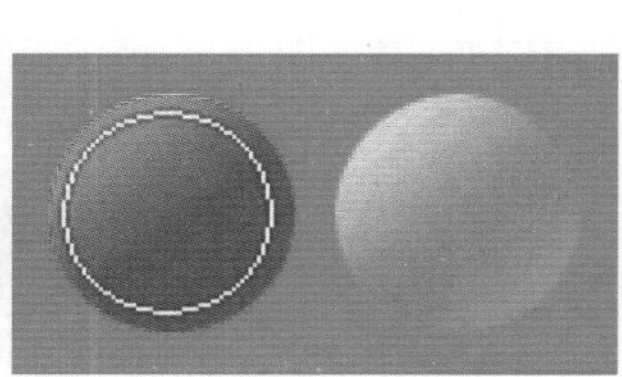

图 12-26

图 12-27

图 12-28

06 按住Alt键单击“路径”面板底部的 ○ 按钮，打开“描边路径”对话框，选择“混合器画笔工具”，如图12-29所示，单击“确定”按钮，用该工具描边路径，如图12-30所示。

图 12-29

图 12-30

07 在“图层”面板中双击当前图层的空白处，打开“图层样式”对话框，添加“外发光”和“投影”效果，如图12-31~图12-33所示。

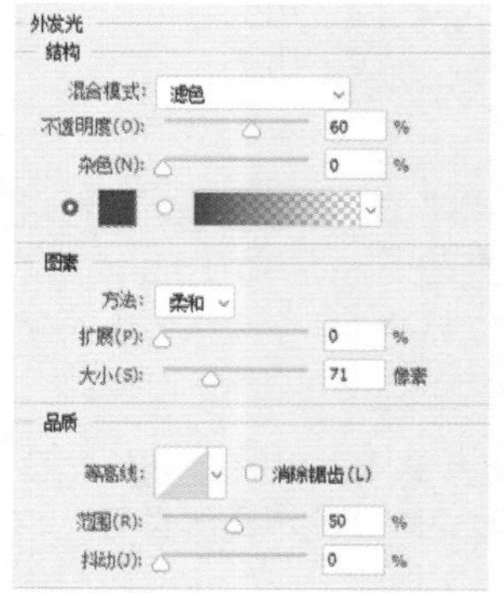

图 12-31

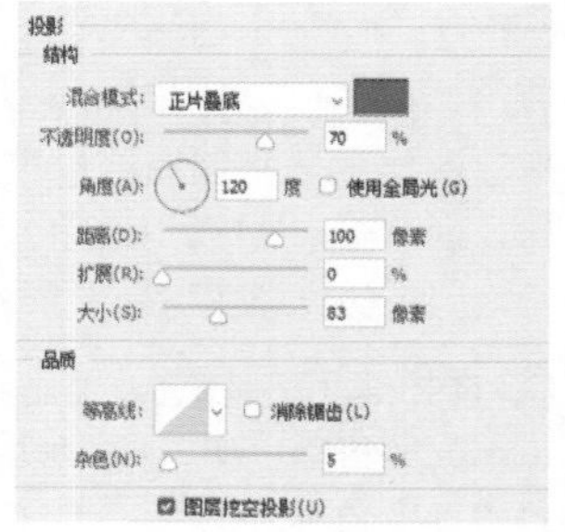

图 12-32

图12-33

08 选择“渐变球”图层。将光标放在橙色球体上，按[键将画笔调小，使笔触范围位于球体内部，如图12-34所示。按住Alt键单击，进行取样。将“大小”设置为45像素，如图12-35所示。

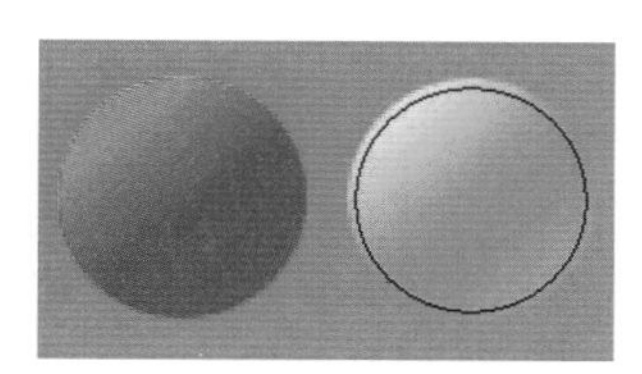

图12-34　图12-35

09 新建图层，按Ctrl+]快捷键，移动到最顶层。单击“路径1”，如图12-36所示，再单击 ○ 按钮，描边路径，如图12-37所示。将“渐变球”图层隐藏，按Ctrl+H快捷键隐藏路径。

图12-36　图12-37

10 在“图层”面板中双击当前图层的空白处，打开“图层样式”对话框，添加“外发光”和“投影”效果，如图12-38~图12-40所示。

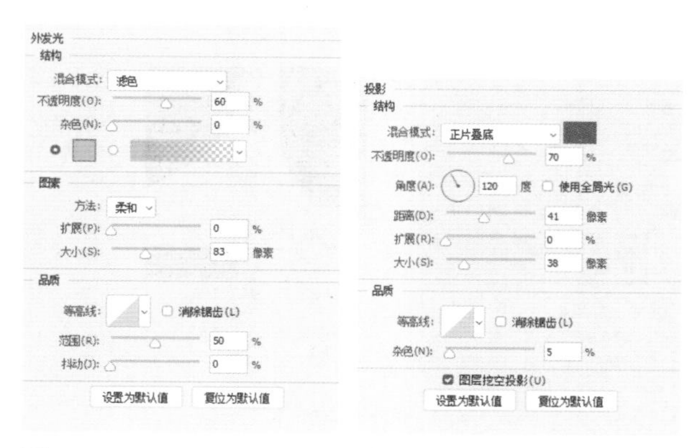

图12-38　图12-39

图12-40

12.4　制作毛皮特效字

01 按Ctrl+N快捷键，打开“新建文档”对话框，创建大小为297毫米×210毫米、分辨率为96像素/英寸的RGB模式文件。分别调整前景色与背景色，如图12-41所示。选择渐变工具，在工具选项栏中单击“径向渐变”按钮，在画面中填充径向渐变，如图12-42所示。

图12-41　图12-42

02 使用横排文字工具 T 在画面中输入文字，在“字符”面板中设置字体为Impact，设置“大小”为450点，设置“水平缩放”为130%，如图12-43和图12-44所示。

图12-43　图12-44

03 执行“图层”|“智能对象”|“转换为智能对象”命令，将文字转换为智能对象，如图12-45所示。执行“滤

镜”|“杂色”|“中间值”命令，设置“半径”为15像素，如图12-46所示，使文字边角变得柔和，如图12-47所示。

图 12-45

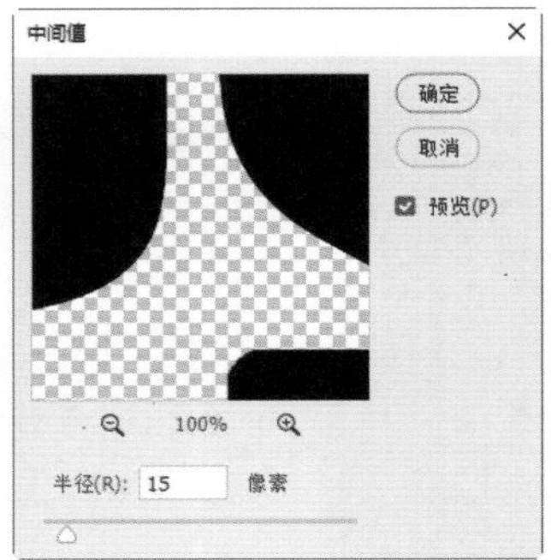

图 12-46

图 12-47

04 打开毛皮素材，使用移动工具将素材拖入文字文档中。按住Ctrl键，单击PS图层的缩览图，如图12-48所示，将文字载入选区，如图12-49所示。

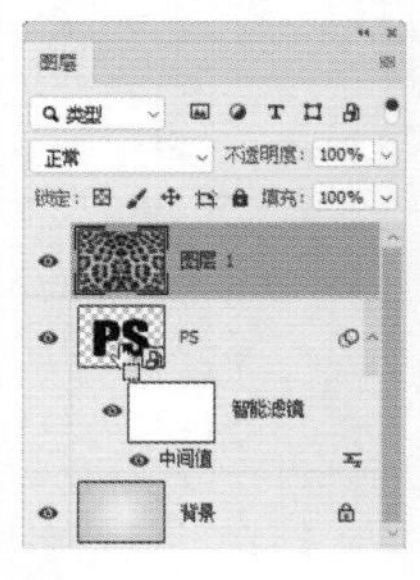

图 12-48

图 12-49

05 单击“图层”面板底部的按钮，基于选区创建蒙版，将选区外的图像隐藏，如图12-50和图12-51所示。

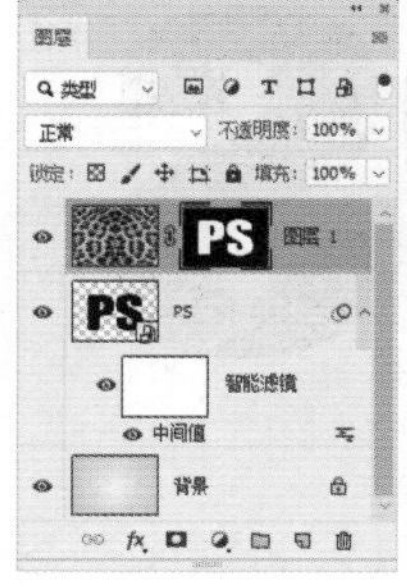

图 12-50

图 12-51

06 再次将文字载入选区，单击“路径”面板底部的按钮，将选区转换为路径，如图12-52和图12-53所示，就可以通过画笔描边路径来表现文字边缘的毛发效果了。

图 12-52

图 12-53

07 选择画笔工具，按F5键打开“画笔设置”面板，在“画笔笔尖形状”中选择“沙丘草”，设置“大小”为30像素，设置“间距”为14%，如图12-54所示，再分别勾选“形状动态”和“散布”复选框，参数设置如图12-55和图12-56所示。

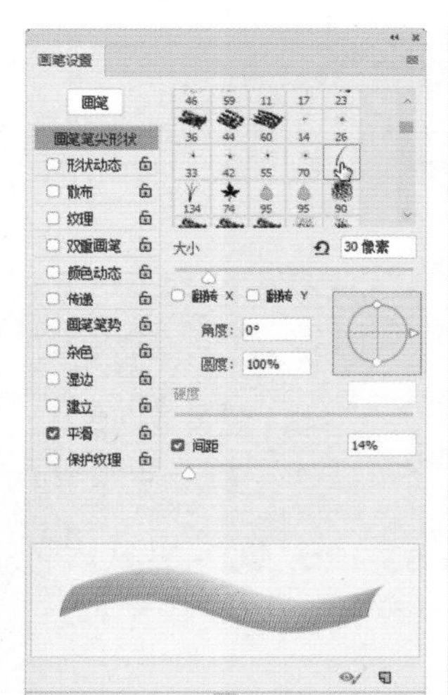

图 12-54

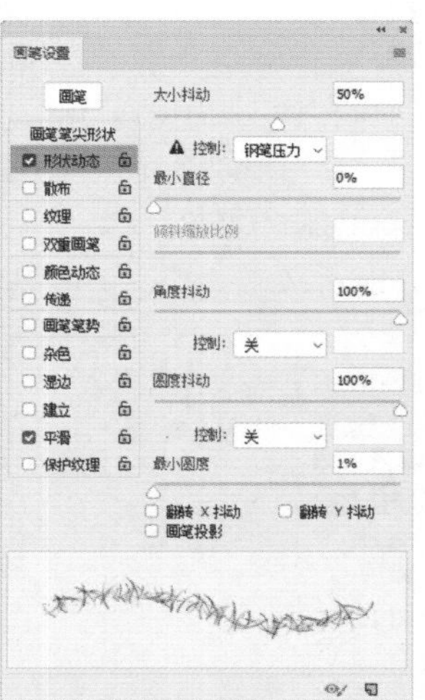

图 12-55

图 12-56

08 按住Alt键，单击“路径”面板底部的 ○ 按钮，打开“描边路径”对话框，在“工具”下拉列表中选择“画笔”，如图12-57所示，单击“确定”按钮，用画笔描边路径，如图12-58所示。重复该操作5次，使毛发变密集，效果如图12-59所示。在“路径”面板的空白处单击，可隐藏路径。

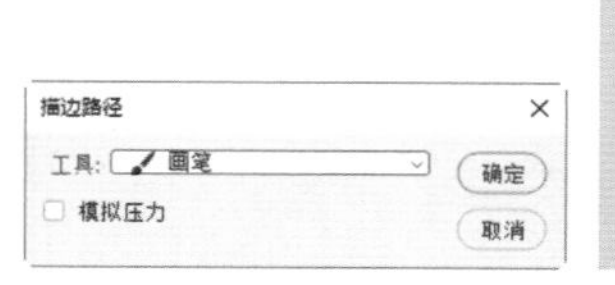

图12-57

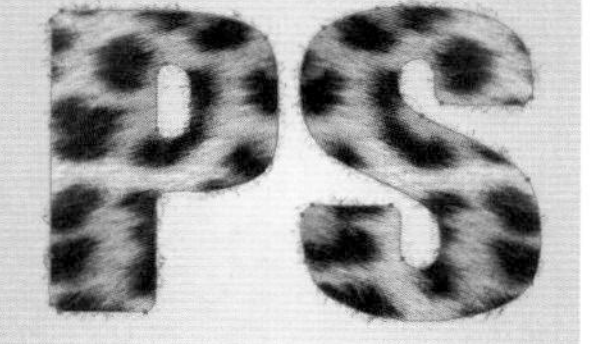

图12-58

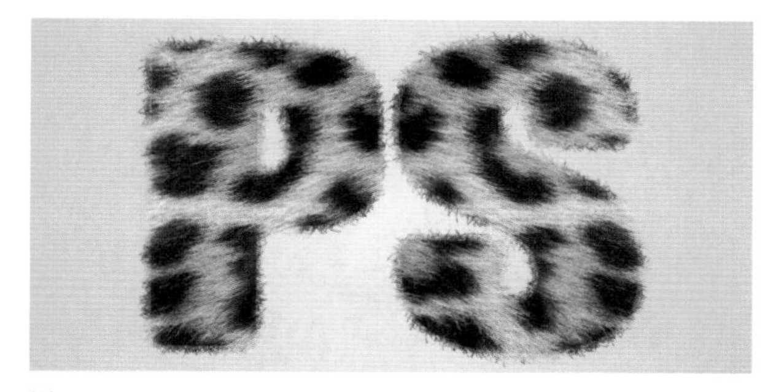

图12-59

09 双击“图层1”的空白处，打开“图层样式”对话框，分别选择 “斜面和浮雕”“外发光”和“投影”效果，设置参数，为文字添加立体效果，如图12-60~图12-63所示。

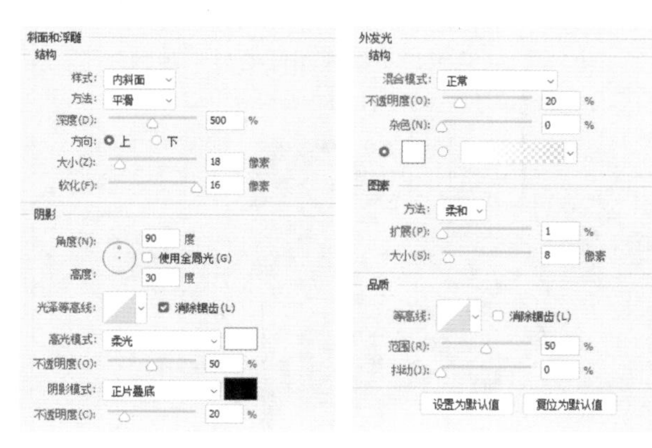

图12-60　　图12-61

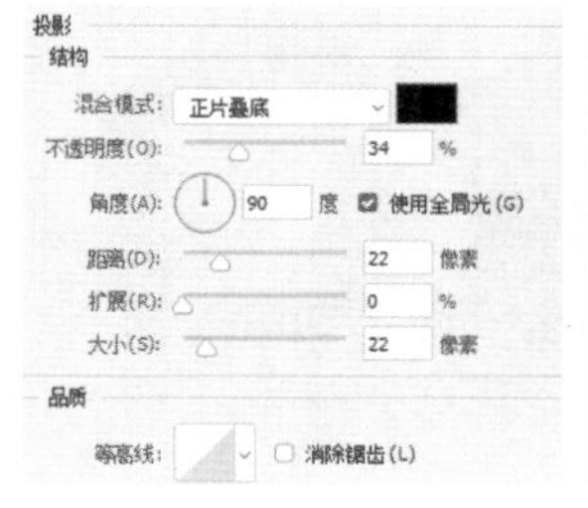

图12-62

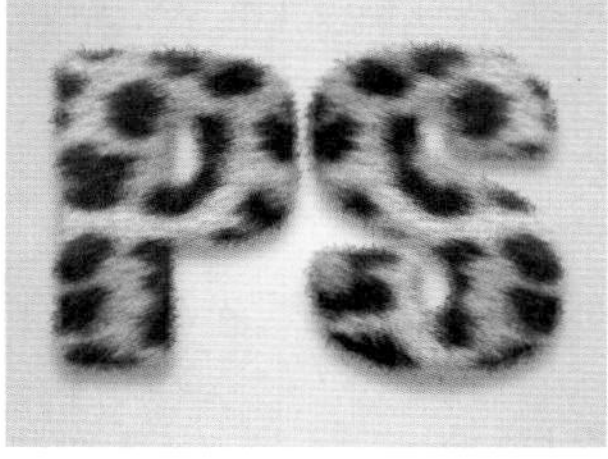

图12-63

10 按Alt+Shift+Ctrl+E快捷键，将当前效果盖印到新的图层中，重新命名为“锐化效果”，设置“混合模式”为“柔光”，如图12-64所示。锐化可以使毛发更加清晰，富有质感。执行“滤镜”|“其他”|“高反差保留”命令，设置“半径”为1像素，如图12-65和图12-66所示。连续按3次Ctrl+J快捷键，复制“锐化效果”图层，以增强锐化效果，如图12-67和图12-68所示。

图12-64

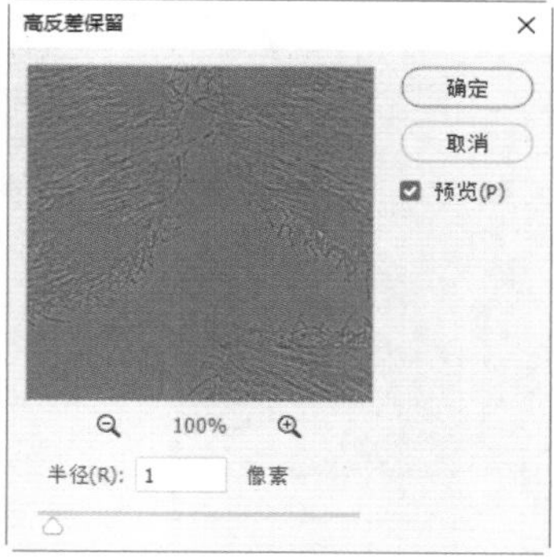

图12-65

图12-66

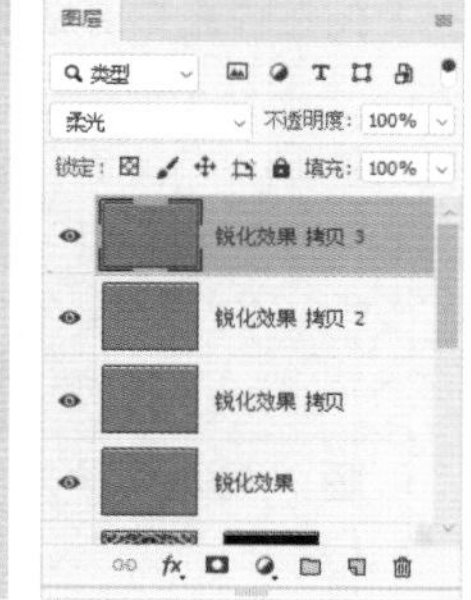

图12-67

图12-68

tip 锐化不是提高分辨率，只是加强了影像边缘的像素反差。不是所有图像都需要锐化，比如照片中虚化的背景，经过锐化容易产生大量噪点，影响照片质量。从材质来看，图像中包括毛发、布料、皮革、木料、石头等质感和细节适合锐化。有时候，可针对图像的局部进行锐化。

12.5 制作金属特效字

01 打开素材，使用横排文字工具 T 在画面中输入文字，在工具选项栏中设置字体及大小，如图12-69所示。

图 12-69

02 在“图层”面板中双击文字所在图层的空白处，打开“图层样式”对话框，在左侧列表中分别选择“内发光”“渐变叠加”“投影”效果，并设置参数，如图12-70~图12-73所示。

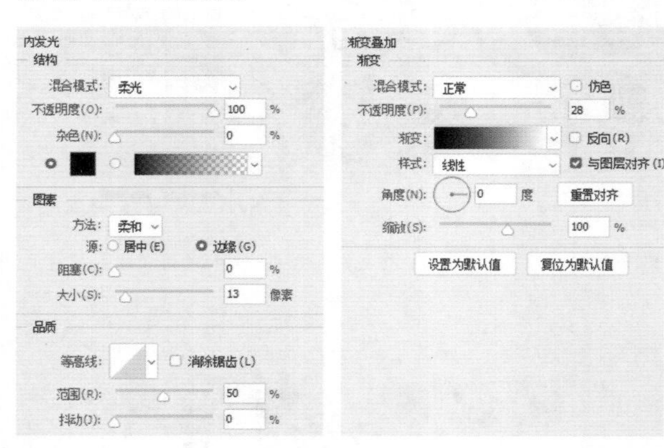

图 12-70　　图 12-71

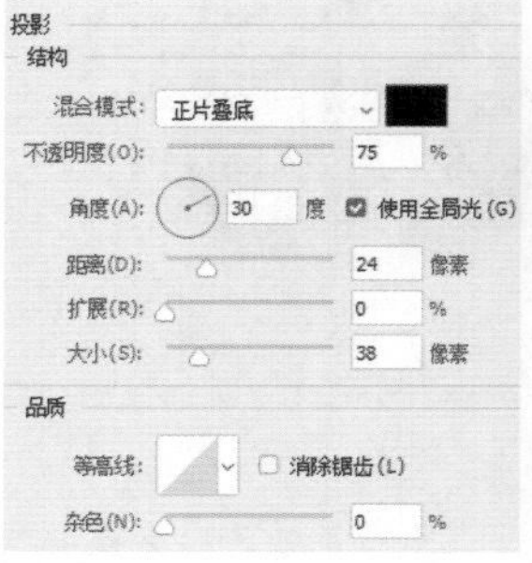

图 12-72　　图 12-73

03 继续添加“斜面和浮雕”与“等高线”效果，使文字呈现立体效果，并具有一定的光泽感，如图12-74~图12-76所示。

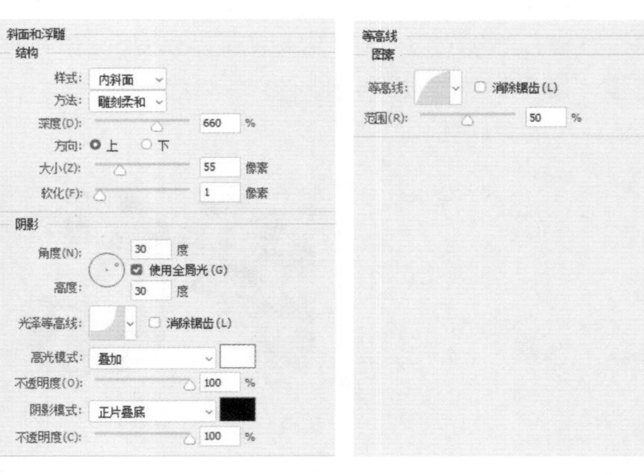

图 12-74　　图 12-75

图 12-76

04 打开纹理素材，如图12-77所示。使用移动工具 将素材拖曳至文字文档中，如图12-78所示。按Alt+Ctrl+G快捷键创建剪贴蒙版，将纹理图像的显示范围限定在文字区域内，如图12-79和图12-80所示。

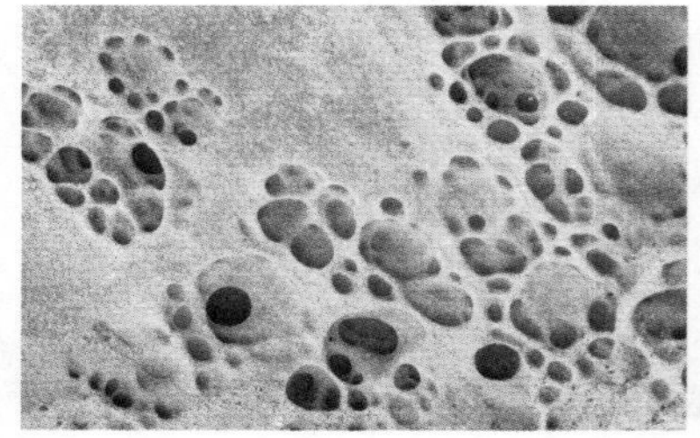

图 12-77　　图 12-78

图 12-79　　图 12-80

05 在“图层”面板中双击“图层1”的空白处，打开“图层样式”对话框，按住Alt键拖动“本图层”选项中的白色滑块，将滑块分开，拖动时观察渐变条上方的数值，到202释放鼠标，如图12-81所示。此时纹理素材中色阶高于202的亮调图像会被隐藏起来，只留下深色图像，使金属字呈现斑驳的质感，如图12-82所示。

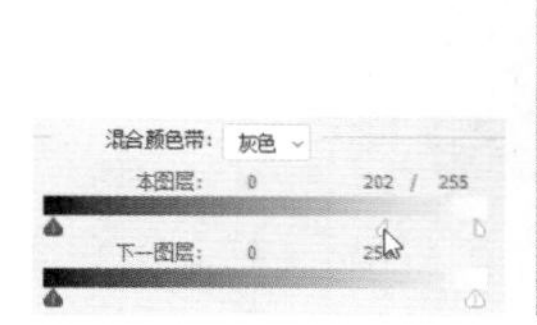

图12-81

图12-82

06 使用横排文字工具 T 输入文字，如图12-83所示。

图12-83

07 按住Alt键，将GO图层的效果图标 fx 拖动到当前文字图层上，为当前图层复制效果，如图12-84和图12-85所示。

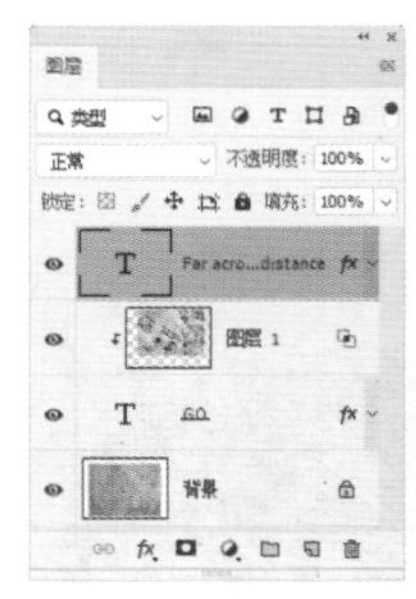

图12-84

图12-85

08 执行“图层”|“图层样式”|“缩放效果”命令，对效果单独进行缩放，使其与文字大小相匹配，如图12-86和图12-87所示。

09 按住Alt键，将“图层1”拖动到当前文字层的上方，复制纹理图层，按Alt+Ctrl+G快捷键，创建剪贴蒙版，为当前文字也应用纹理贴图，如图12-88和图12-89所示。

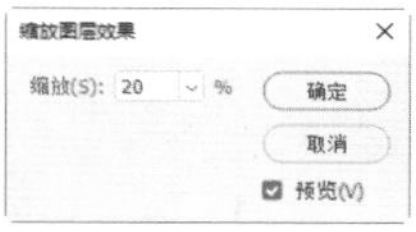

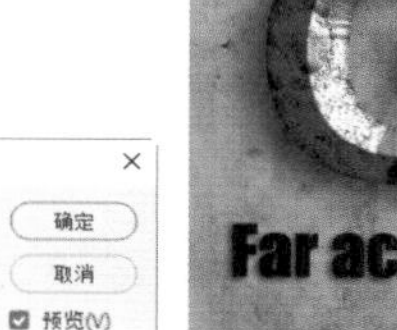

图12-86

图12-87

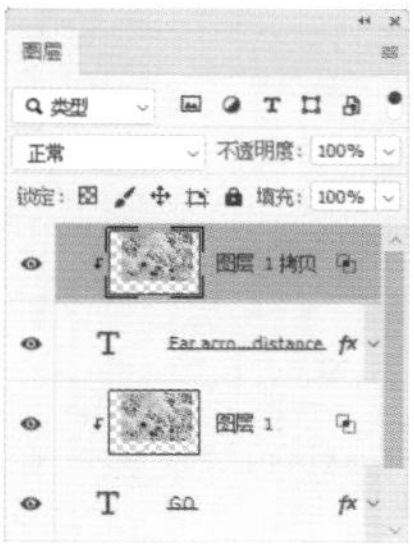

图12-88

图12-89

10 单击“调整”面板中的 按钮，创建“色阶”调整图层，拖动阴影滑块，增加图像色调的对比度，如图12-90和图12-91所示，使金属质感更强。再输入其他文字，效果如图12-92所示。

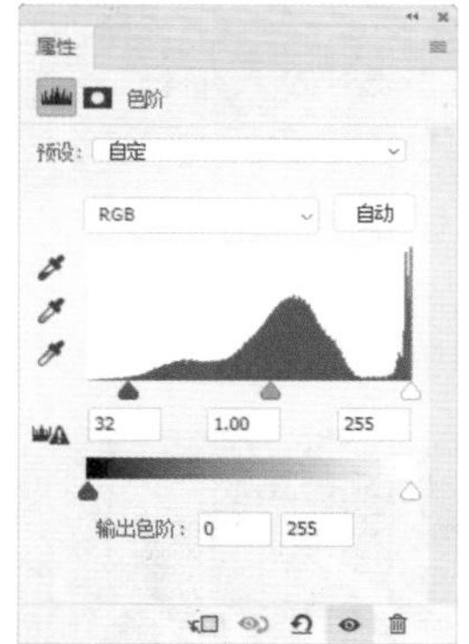

图12-90

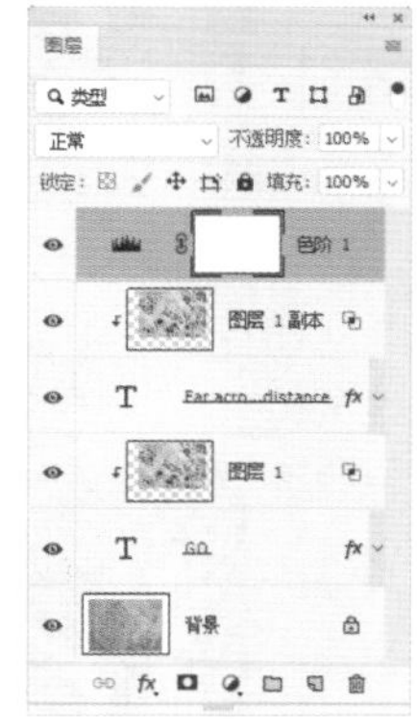

图12-91

图12-92

12.6 制作玻璃字

01 打开素材，如图12-93和图12-94所示。要以这款文字为原形，制作缕空的玻璃效果。

图 12-93

图 12-94

tip 图层样式在这里负责表现玻璃的厚度和光滑质感，玻璃透明属性的表现方法则会在“图层”面板中完成。

02 选择“背景”图层，按Alt+Shift+Ctrl+N快捷键，在“背景”图层上方新建图层。选择椭圆工具，在工具选项栏中选择“像素”选项，绘制一个略大于文字的椭圆形，如图12-95和图12-96所示。

图 12-95

图 12-96

03 按住Ctrl键，单击Glass图层的缩览图，如图12-97所示，将文字载入选区，如图12-98所示。

图 12-97

图 12-98

04 按住Alt键单击“图层”面板底部的按钮，基于选区创建反相的蒙版，如图12-99所示，将选区内的文字隐藏，在椭圆上形成镂空效果。单击Glass图层左侧的眼睛图标，将图层隐藏，如图12-100和图12-101所示。

图 12-99

图 12-100

图 12-101

05 在“图层”面板中双击“图层1”的空白处，打开“图层样式”对话框，取消对“将剪贴图层混合成组”复选框的勾选，再勾选“将内部效果混合成组”复选框，如图12-102所示。选择“斜面和浮雕”选项，设置参数，如图12-103所示。选择“等高线”选项，单击等高线缩览图，打开“等高线编辑器”，单击左下角的控制点，设置“输出”为71%，如图12-104和图12-105所示。

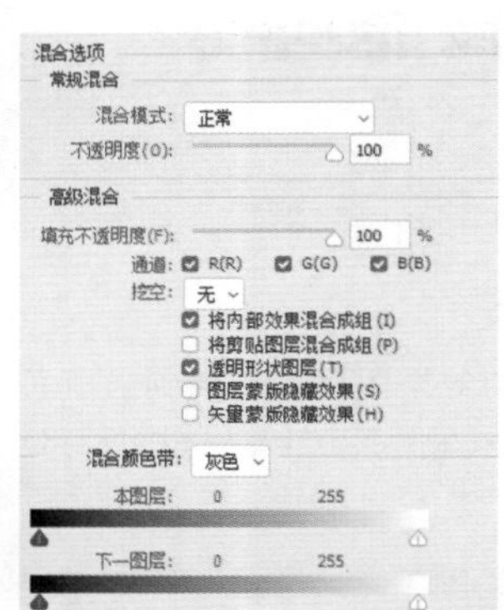

图 12-102

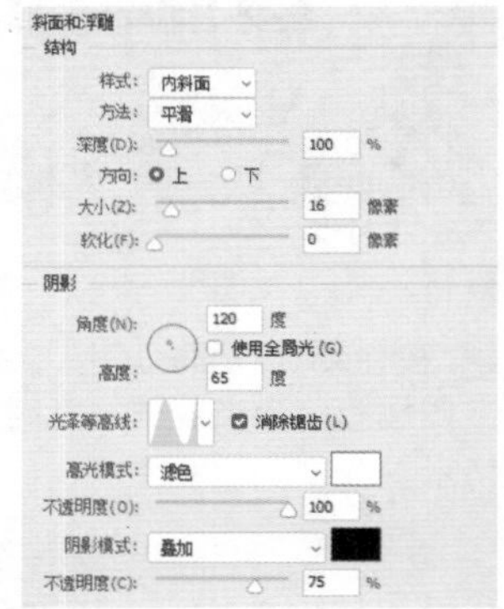

图 12-103

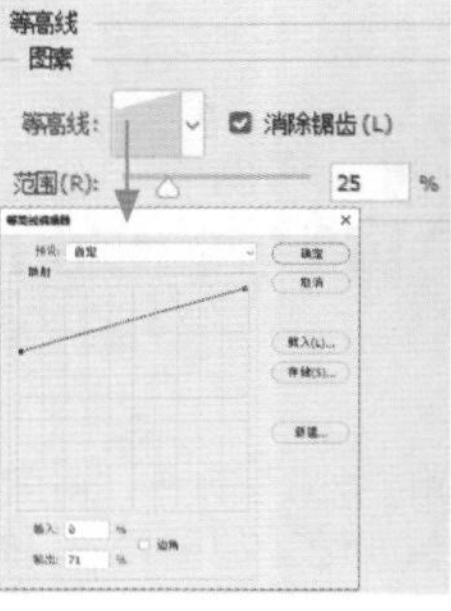

图 12-104

图 12-105

06 分别添加“光泽”“内阴影”和“内发光”效果，如图12-106~图12-108所示，制作平滑的、光亮的玻璃质感效果，如图12-109所示。

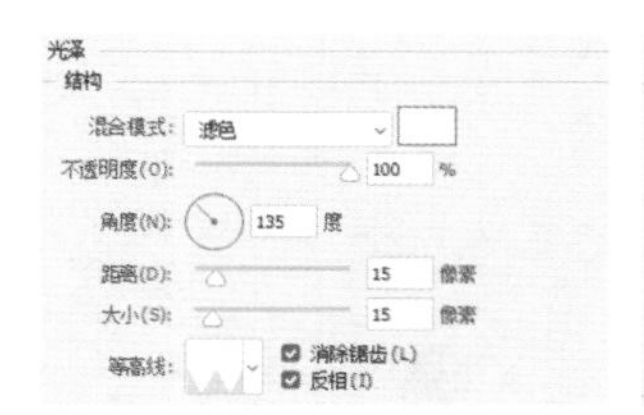

图 12-106

图 12-107

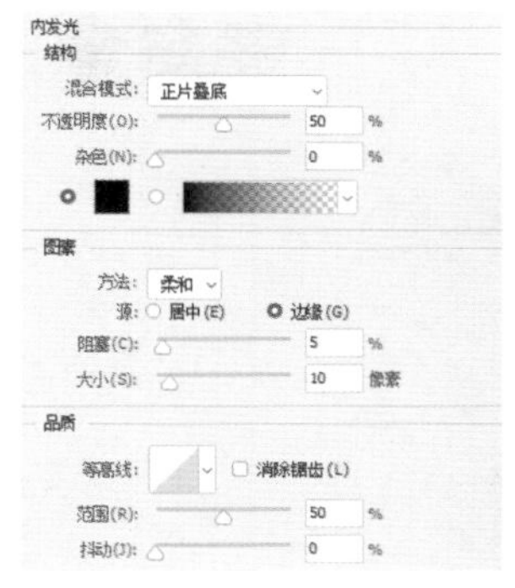

图 12-108

图 12-109

07 分别添加“外发光”和“投影”效果，进一步强化玻璃的立体感与光泽度，如图12-110~图12-112所示。

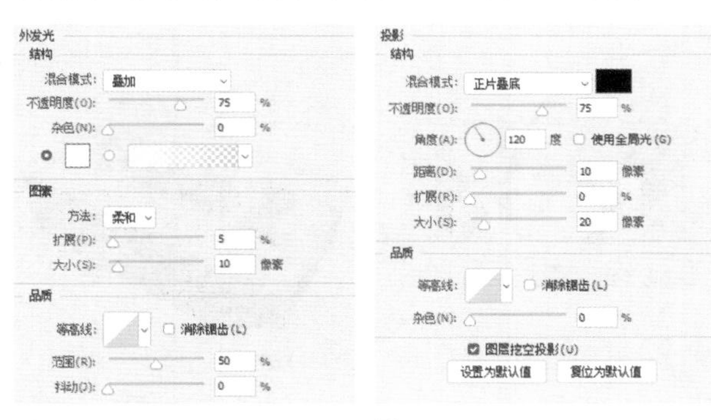

图 12-110　　图 12-111

图 12-112

08 选择“背景”图层，如图12-113所示，按Ctrl+J快捷键复制，按Ctrl+] 快捷键，将“背景 拷贝”图层移至Glass图层上方，如图12-114所示。设置“背景 拷贝”图层的“不透明度”为70%，按Alt+Ctrl+G快捷键创建剪贴蒙版，将木板的显示范围限定在椭圆图形以内，如图12-115和图12-116所示。

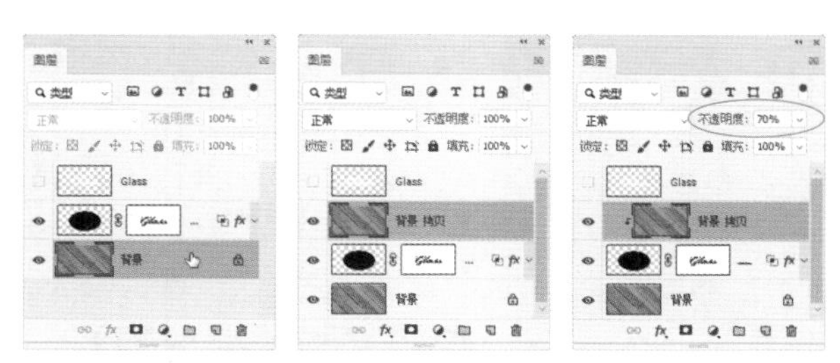

图 12-113　　图 12-114　　图 12-115

图 12-116

09 新建图层。选择画笔工具，设置笔尖“大小”为柔角500像素，设置“不透明度”为30%。在图像的四角涂抹深褐色，制作暗影效果。靠近边角的位置可以反复多涂几次，以加深颜色的显示，如图12-117和图12-118所示。

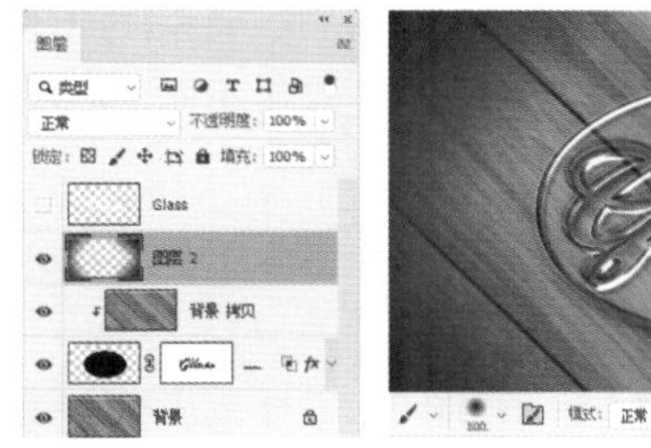

图 12-117　　图 12-118

10 设置“图层2”的混合模式为“正片叠底”，使木板的纹路能够显示出来，如图12-119所示。

图 12-119

12.7 制作镂空立体字

01 打开素材，这是一组镂空的文字，如图12-120和图12-121所示。

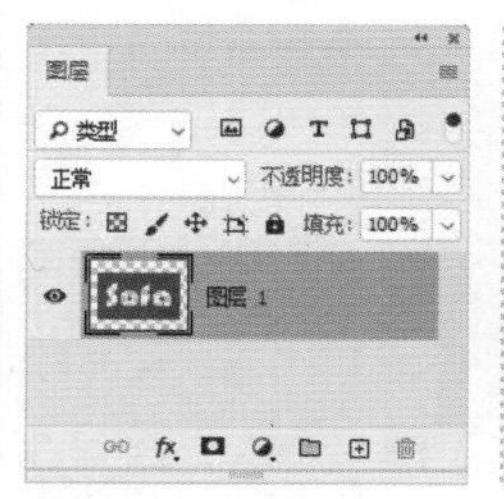

图 12-120

图 12-121

02 执行“3D”|“从所选图层新建3D模型”命令，制作立体效果，如图12-122所示。

图 12-122

03 打开“属性”面板，单击“形状预览”右侧的按钮，在打开的下拉面板中选择“膨胀”形状，如图12-123所示，设置“凸出深度”为12厘米，增加立体字的厚度，效果如图12-124所示。

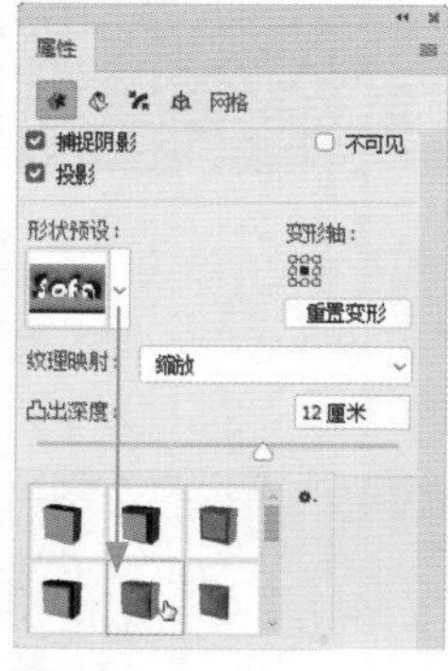

图 12-123

图 12-124

04 单击“3D”面板中的“图层1凸出材质”选项，如图12-125所示，对凸出材质进行编辑。先在“属性”面板中选择“木纹”材质，再设置“闪亮”为48%，设置“凹凸”为10%，如图12-126所示，效果如图12-127所示。

05 选择移动工具，在立体字上双击，显示3D轴，如图12-128所示。将光标放在3D轴的控件上，单击并拖动鼠标，调整立体字的角度，效果如图12-129所示。

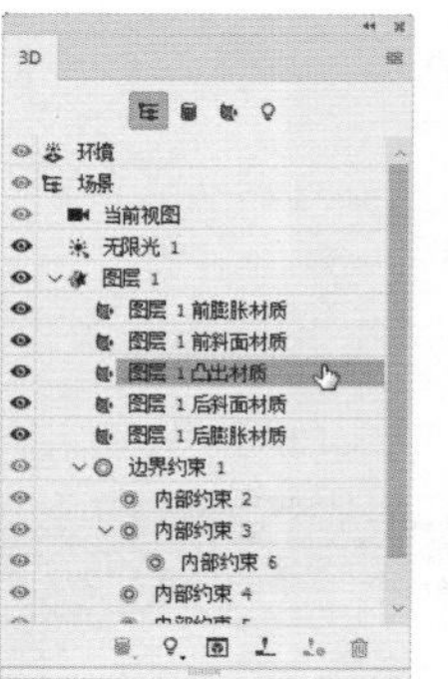

图 12-125

图 12-126

图 12-127

图 12-128

图 12-129

06 在“属性”面板中，取消“阴影”复选框的勾选，如图12-130所示。单击“3D”面板中的“无限光1”属性，如图12-131所示。调整光源角度，使其从右上方照射下来，效果如图12-132所示。

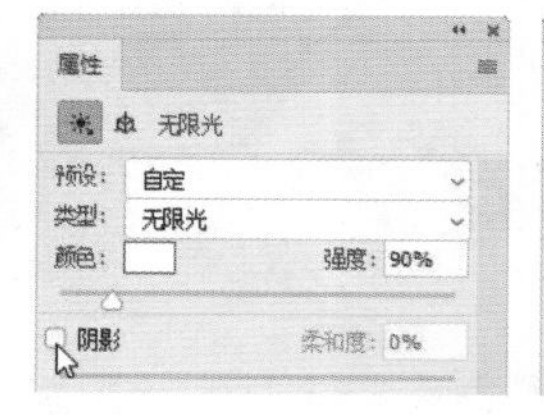

图 12-130

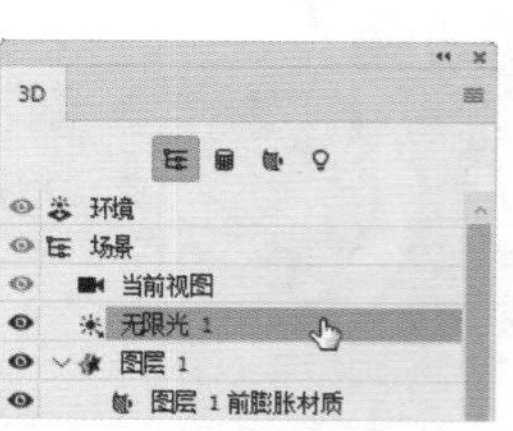

图 12-131

图 12-132

07 按住Ctrl键单击“图层”面板底部的 按钮，在“图层1”下方新建图层。将前景色设置为深灰色，按Alt+Delete快捷键填充前景色，如图12-133和图12-134所示。

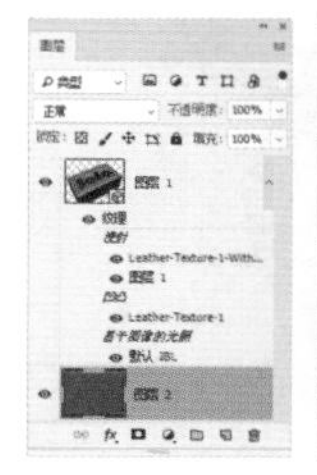

图12-133　　图12-134

08 选择“图层1”。单击“图层”面板底部的 按钮，在打开的菜单中执行“色阶”命令，在“图层1”上方创建“色阶”调整图层。向左拖曳白色滑块，将图像调亮，如图12-135和图12-136所示。

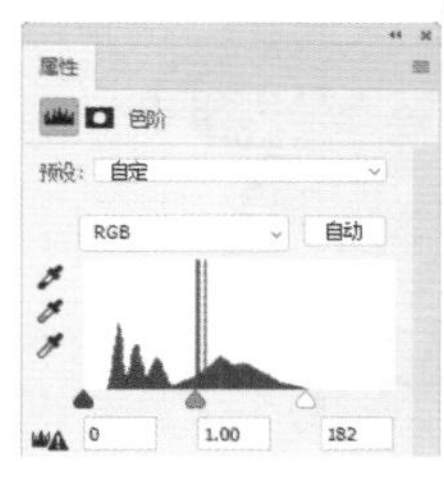

图12-135　　图12-136

09 打开素材，如图12-137所示，使用移动工具 将素材拖曳至立体字文档中，如图12-138和图12-139所示。

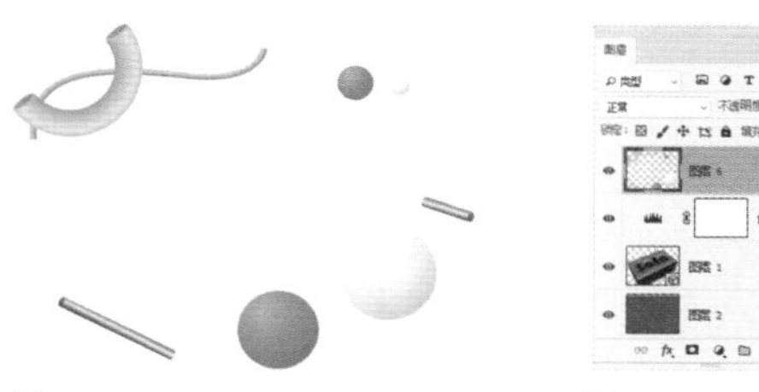

图12-137　　图12-138

图12-139

12.8　动画形象设计

01 按Ctrl+N快捷键，打开“新建文档”对话框，创建大小为210毫米×297毫米、分辨率为72像素/英寸的RGB模式文件。

02 选择钢笔工具 ，在工具选项栏中选择“形状”选项，绘制小猪的身体，如图12-140所示。选择椭圆工具 ，在工具选项栏中单击“减去顶层形状”按钮 ，在图形中绘制一个圆形，它会与原来的形状相减，形成一个孔洞，如图12-141和图12-142所示。

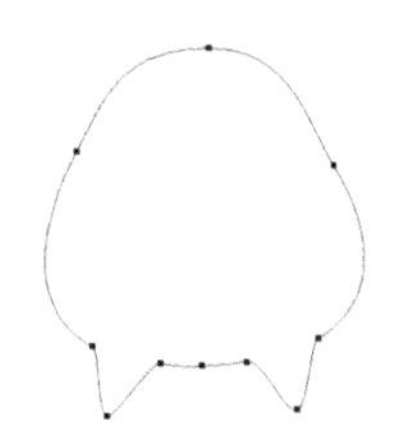

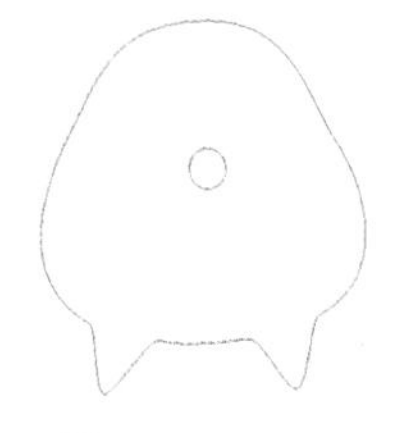

图12-140　　图12-141　　图12-142

03 在“图层”面板中双击“形状1”图层的空白处，在打开的“图层样式”对话框中添加“斜面和浮雕”“等高线”“内阴影”效果，设置参数，如图12-143~图12-145所示，效果如图12-146所示。

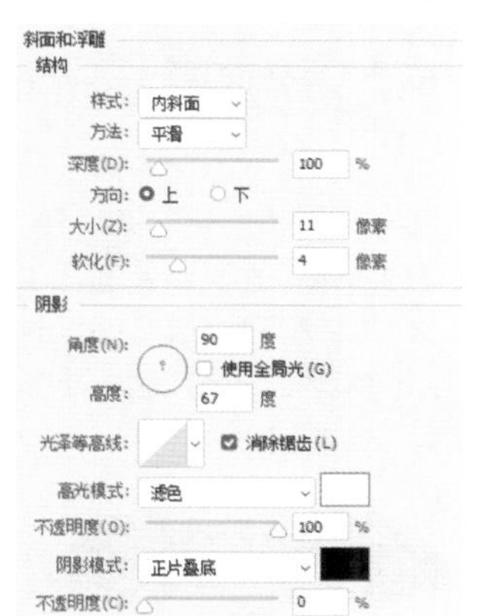

图12-143　　图12-144

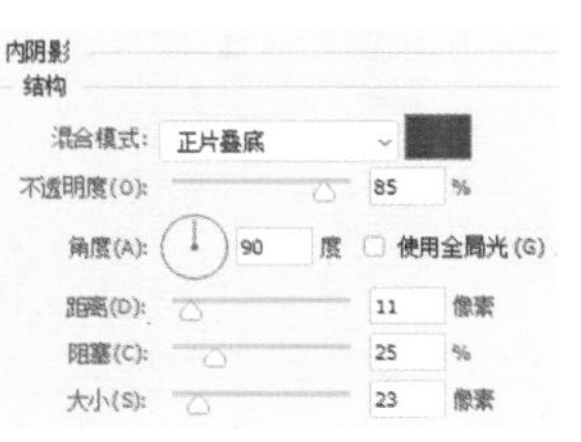

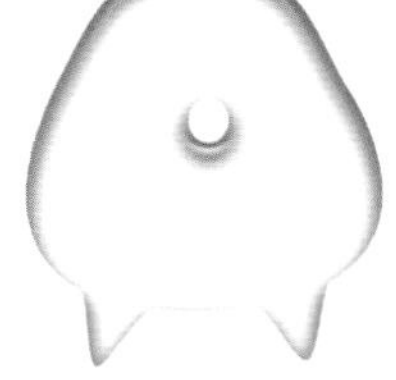

图12-145　　图12-146

04 添加“内发光”“渐变叠加”“外发光”效果，为小猪的身上增添色彩，如图12-147~图12-150所示。

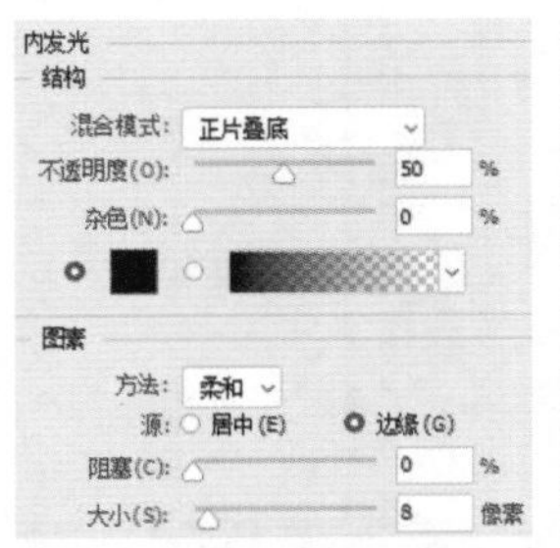

图 12-147

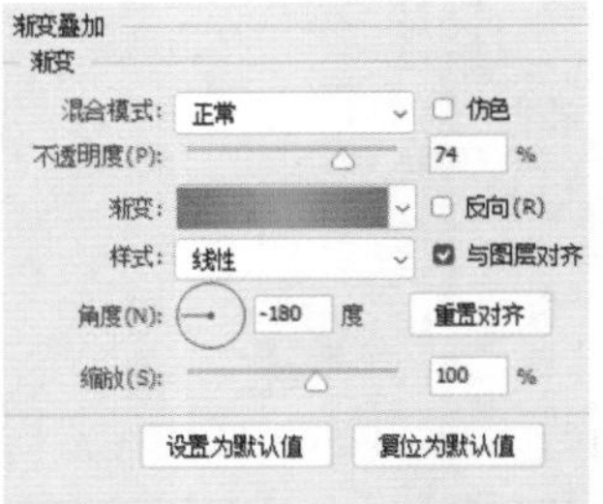

图 12-148

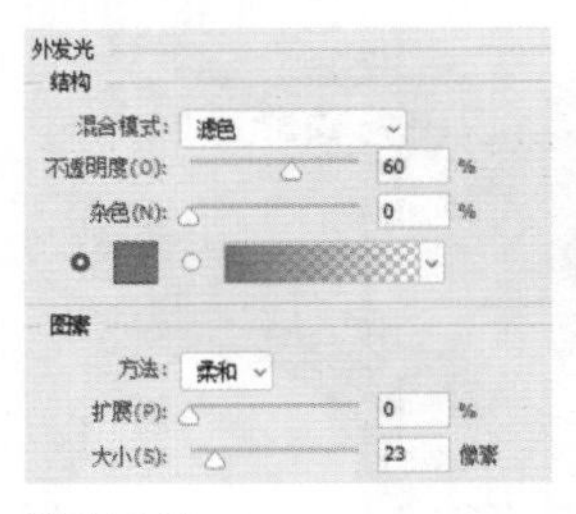

图 12-149

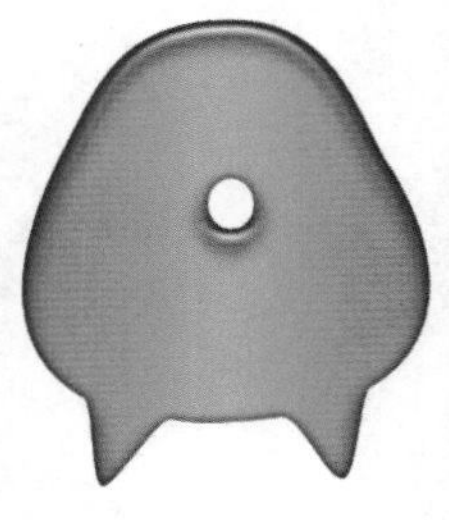

图 12-150

05 添加“投影”效果，通过投影增强图形的立体感，如图12-151和图12-152所示。

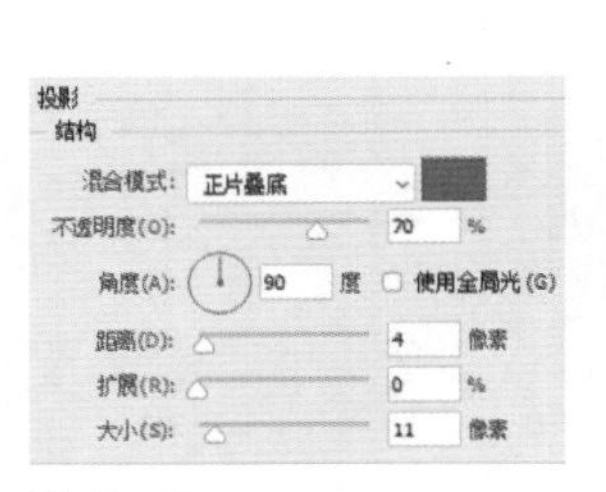

图 12-151

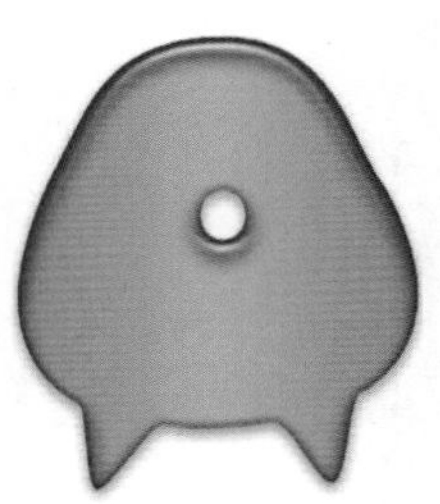

图 12-152

06 绘制小猪的耳朵，如图12-153所示。选择路径选择工具，按住Alt键拖动耳朵，将其复制到画面右侧，执行“编辑”|“变换路径”|“水平翻转”命令，制作小猪右侧的耳朵，如图12-154所示。

图 12-153

图 12-154

07 按Ctrl+[快捷键，将“形状2”向下移动。按住Alt键，将“形状1”图层的效果图标 fx 拖动到“形状2”，为耳朵复制效果，如图12-155和图12-156所示。

图 12-155

图 12-156

08 给小猪绘制一个像兔子一样的耳朵，再复制图层样式到耳朵上，如图12-157和图12-158所示。

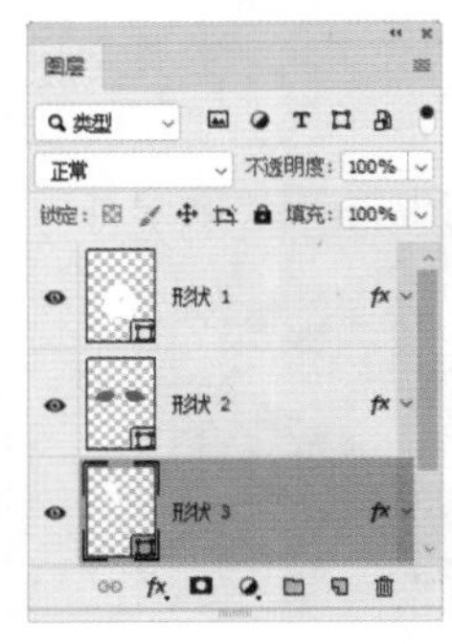

图 12-157

图 12-158

09 将前景色设置为黄色。在“图层”面板中双击“形状3”图层的空白处，打开“图层样式”对话框，添加“内阴影”效果，调整参数，如图12-159所示。继续添加“渐变叠加”效果，单击“渐变”右侧的 按钮，打开“渐变”下拉列表，选择“透明条纹渐变”选项，由于前景色设置了黄色，透明条纹渐变也会呈现为黄色，将角度设置为113度，如图12-160和图12-161所示。

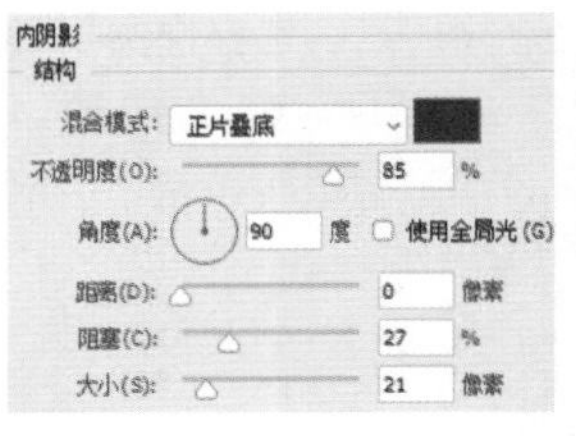

图 12-159

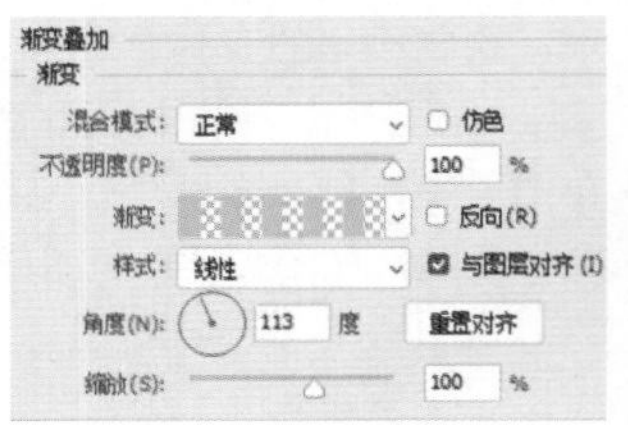

图 12-160

图 12-161

10 按Ctrl+J快捷键，复制耳朵图层，再将其水平翻转到另一侧，如图12-162所示。在“图层”面板中双击该图层的空白处，打开“图层样式”对话框，在“渐变叠加”选项中调整“角度”参数为65°，如图12-163和图12-164所示。

11 绘制小猪的眼睛、鼻子、舌头和脸上的红点，它们位于不同的图层中，注意图层的前后位置，如图12-165所示。绘制眼睛时，可以先画一个黑色的圆形，再画一个小一点的圆形选区，按Delete键删除选区内的图像，即可得到月牙图形。

图12-162

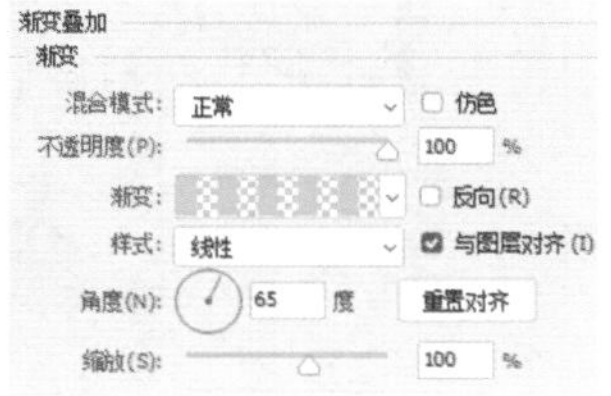

图12-163

图12-164

图12-165

12 选择自定形状工具，在“形状”下拉面板中选择“圆形边框”，在小猪的左眼上绘制眼镜框，如图12-166所示。按住Alt键，将耳朵所在图层的效果图标 fx 拖动到眼镜框图层，为眼镜框添加条纹效果，如图12-167所示。

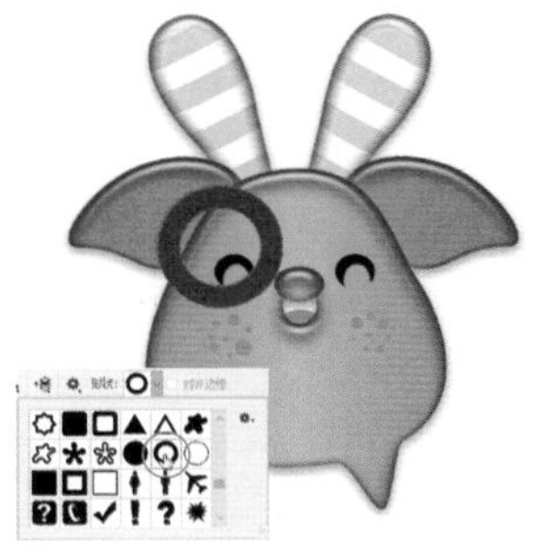
图12-166

图12-167

13 在“图层”面板中双击眼镜框所在的图层的空白处，调整“渐变叠加”的参数，设置“样式”为“对称的”，设置角度为180°，如图12-168和图12-169所示。

图12-168

图12-169

14 按Ctrl+J快捷键复制眼镜框图层，使用移动工具将其拖到右侧眼睛上。绘制一个圆角矩形，连接两个眼镜框，如图12-170所示。

图12-170

15 将前景色设置为紫色。在眼镜框所在图层下方新建图层。选择椭圆工具，在工具选项栏中选择“像素”选项，绘制眼镜片，设置图层的“不透明度”为63%，如图12-171和图12-172所示。

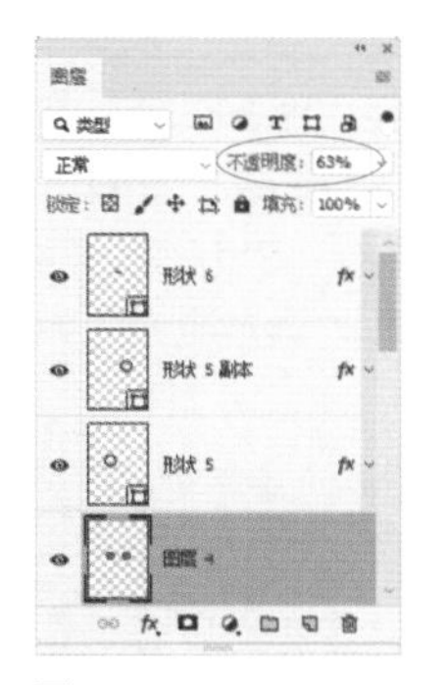

图12-171

图12-172

16 新建图层，用制作眼睛的方法，制作两个白色的月牙儿图形，设置图层的“不透明度”为80%，如图12-173和图12-174所示。

图12-173

图12-174

17 选择画笔工具（柔角），参数设置如图12-175所示。将前景色设置为深棕色。选择“背景”图层，单击按钮，在其上方新建图层，在小猪的脚下单击，绘制投影效果，如图12-176所示。

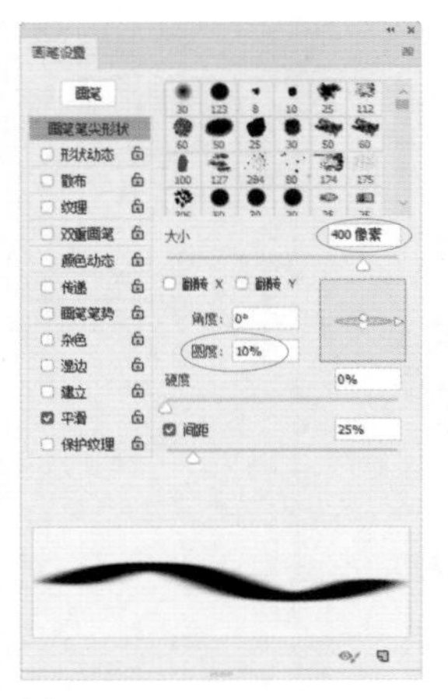

图 12-175

图 12-176

图 12-177

18 为小猪绘制黄色的背景，在画面下方输入文字，效果如图12-177所示。

12.9 UI设计——纽扣图标

01 打开素材，如图12-178所示。将前景色设置为浅绿色（R177，G222，B32），背景色设置为深绿色（R42，G138，B20）。使用椭圆选框工具，按住Shift键创建圆形选区。新建图层，选择渐变工具，填充渐变，如图12-179所示。

图 12-178

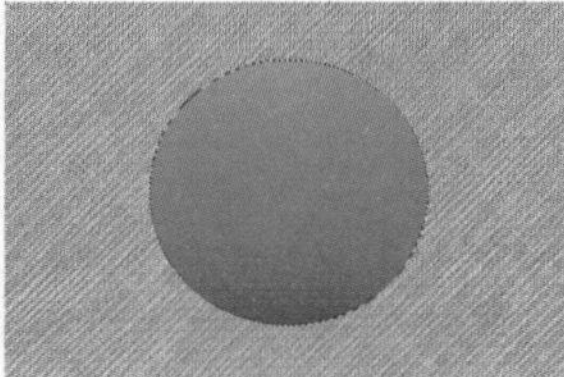

图 12-179

02 在“图层”面板中双击图形所在的图层的空白处，打开“图层样式”对话框，添加“投影”和“外发光”效果，如图12-180和图12-181所示。

图 12-180

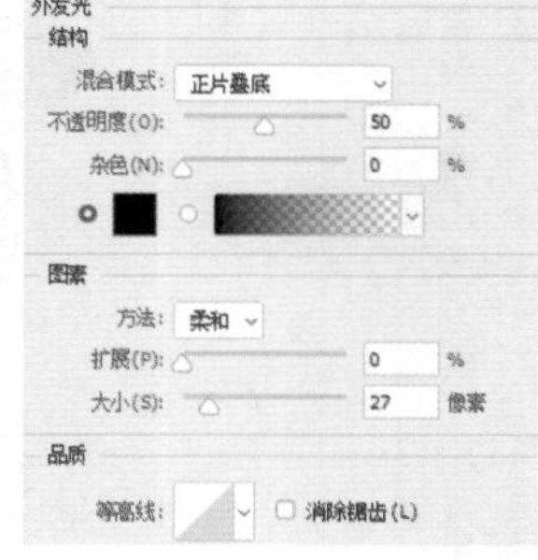

图 12-181

03 继续添加“内发光”“斜面和浮雕”“纹理”效果，在对话框中设置参数，制作带有纹理的立体效果，如图12-182~图12-185所示。

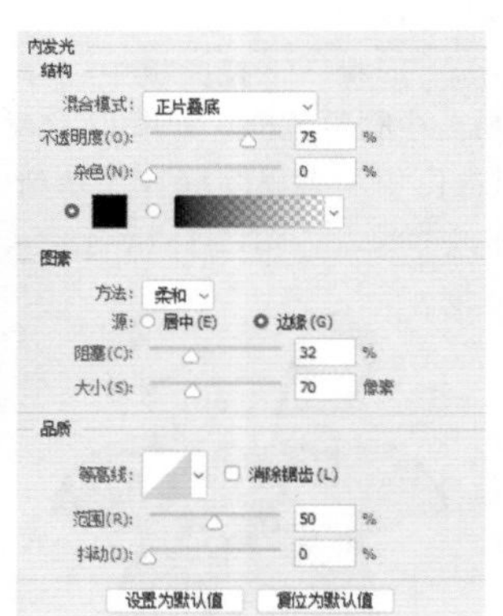

图 12-182

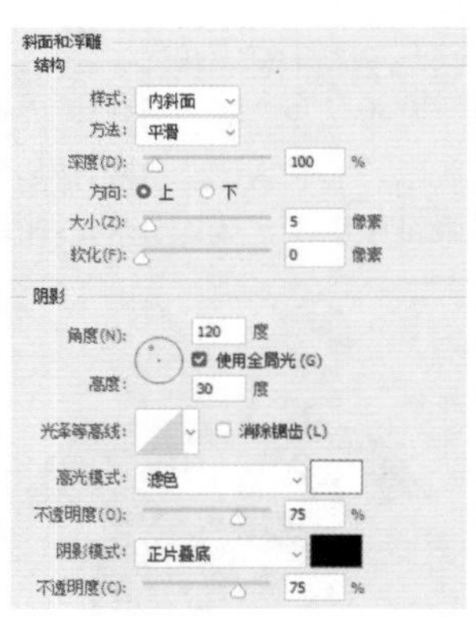

图 12-183

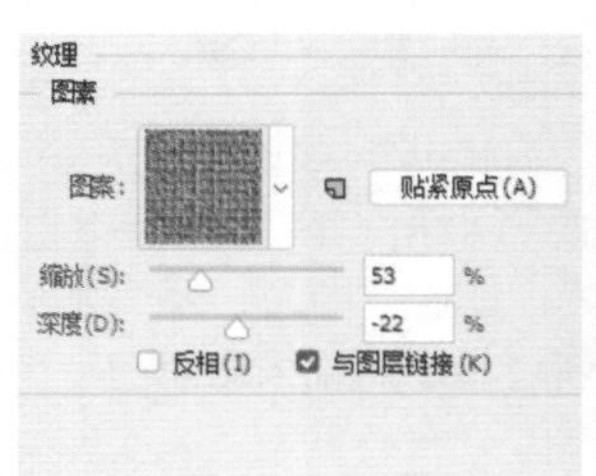

图 12-184

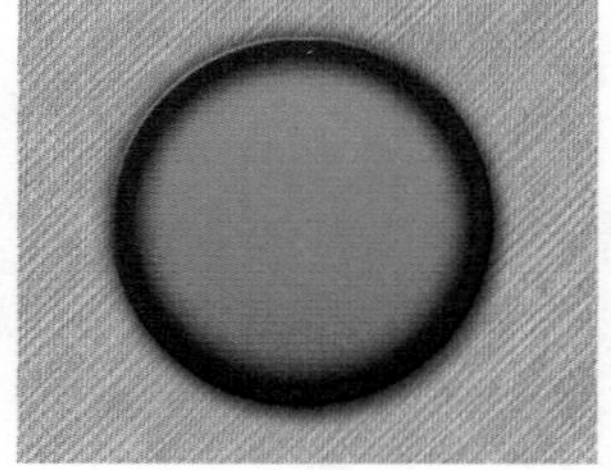

图 12-185

04 新建图层。使用椭圆选框工具绘制圆形选区，填充深绿色，如图12-186所示。

图12-186

05 执行“选择”|“变换选区”命令，在选区周围显示定界框，按住Alt+Shift快捷键拖曳定界框的一角，将选区成比例缩小，如图12-187所示。按Enter键确认操作。按Delete键删除选区内的图像，形成环形，如图12-188所示。按Ctrl+D快捷键取消选择。

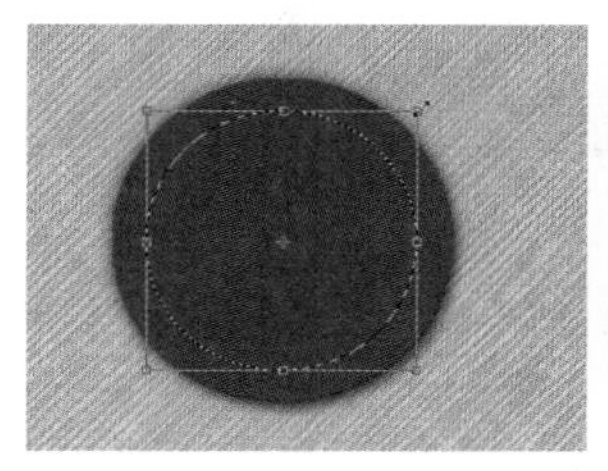

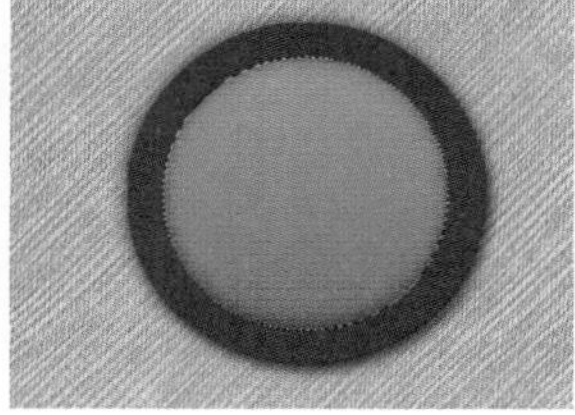

图12-187　　图12-188

06 在“图层”面板中双击环形所在的图层的空白处，打开“图层样式”对话框，添加“内发光”和“投影”效果，如图12-189~图12-191所示。

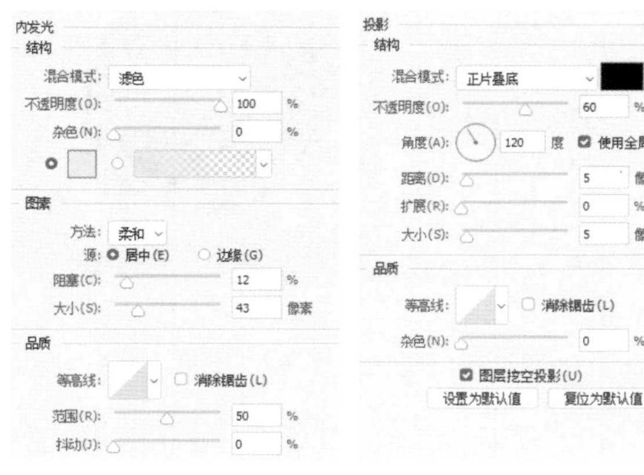

图12-189　　图12-190

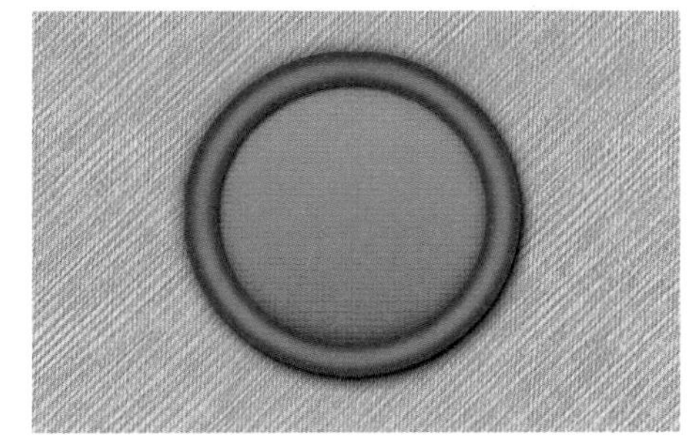

图12-191

07 选择椭圆工具，在工具选项栏中选择“路径”选项，按住Shift键创建一个比圆环稍小点的圆形路径，如图12-192所示。新建图层，如图12-193所示。要在该图层上制作缝纫线。

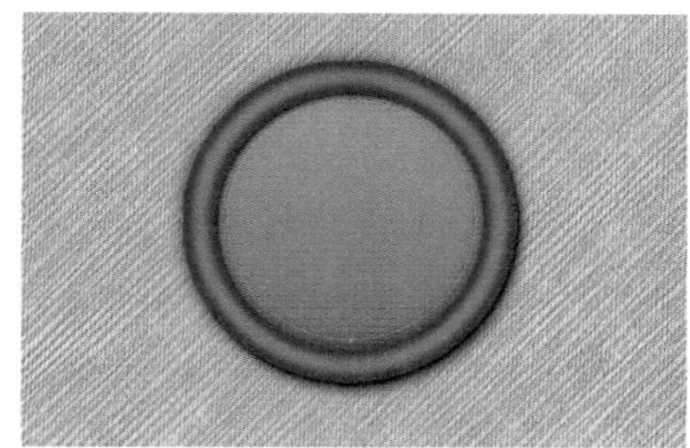

图12-192　　图12-193

08 选择画笔工具，在工具选项栏的“画笔”下拉面板菜单中，执行“旧版画笔”命令，加载该画笔库。打开“画笔设置”面板，选择一个方头画笔，设置画笔的大小、圆度和间距，如图12-194所示。勾选“形状动态”复选框，然后在“角度抖动”下方的“控制”下拉列表中选择“方向”选项，如图12-195所示。

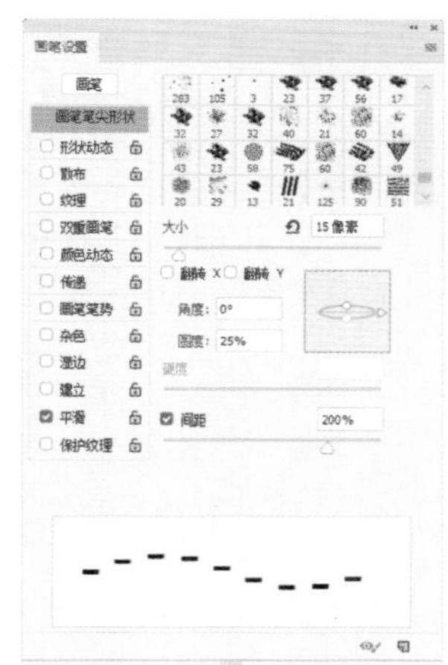

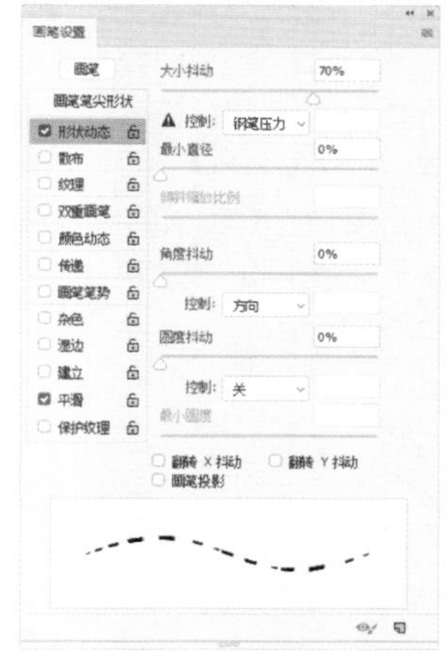

图12-194　　图12-195

09 将前景色设置为浅黄色（R204，G225，B152），单击“路径”面板底部的 按钮，用画笔描边路径，制作虚线，如图12-196所示。在“路径”面板的空白处单击，隐藏路径，如图12-197所示。

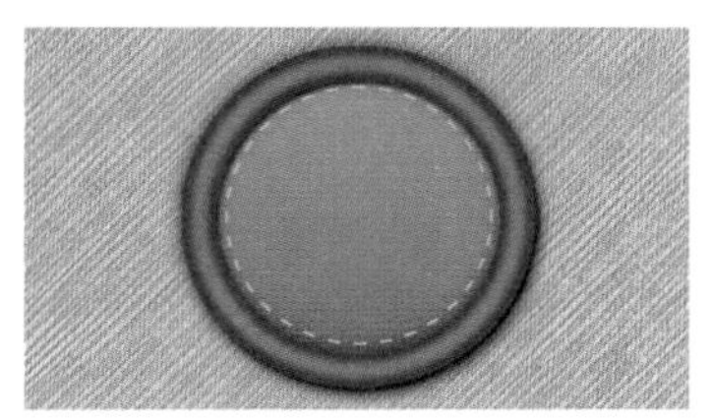

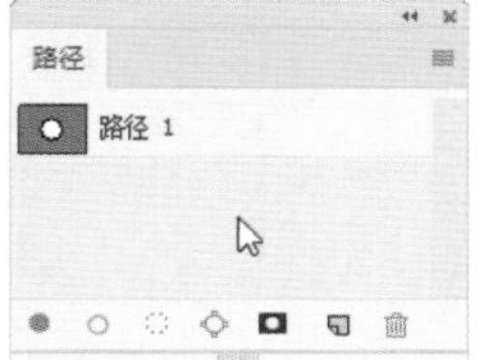

图12-196　　图12-197

10 在“图层”面板中双击虚线所在的图层的空白处，添加“斜面和浮雕”“投影”效果，如图12-198~图12-200所示。

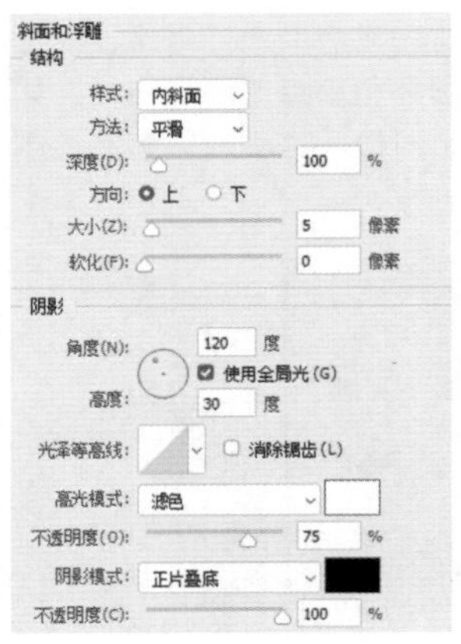

图 12-198

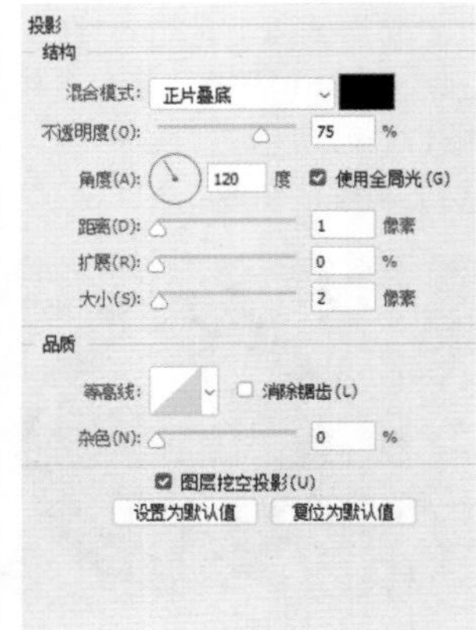

图 12-199

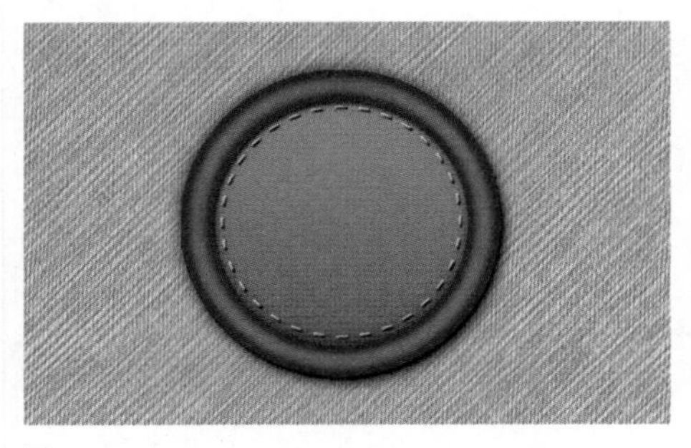

图 12-200

11 按Ctrl+O快捷键，打开配套资源中的AI素材文件，弹出图12-201所示的对话框，单击“确定”按钮，打开文件。使用矩形选框工具[ ]选取最左侧的图形，如图12-202所示。

图 12-201

图 12-202

12 使用移动工具✥将选区内的图形拖入图标文档中，按Shift+Ctrl+[快捷键将它移至底层，如图12-203所示。再选取素材文件中的第2个图形，拖入图标文档，放在深绿色曲线上面，如图12-204所示。依次将第3、第4个图形拖入图标文档中，放在图像的最上方，效果如图12-205所示。

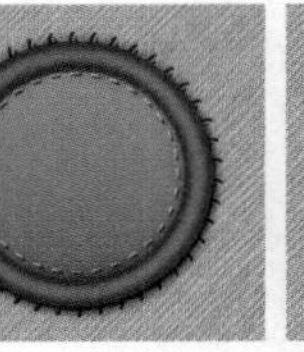

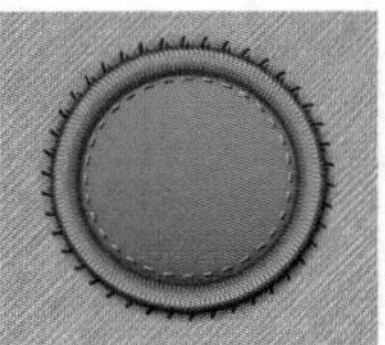

图 12-203　图 12-204　图 12-205

13 选择自定形状工具，在“形状”下拉面板菜单中执行Web选项，加载网页形状库，选择如图12-206所示的图形。新建图层，绘制图形，如图12-207所示。

图 12-206

图 12-207

14 设置图层的“混合模式”为“柔光”，使图形显示出底纹效果，如图12-208和图12-209所示。

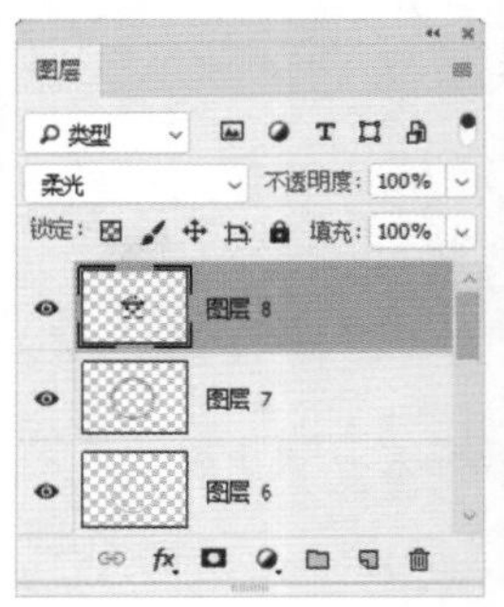

图 12-208

图 12-209

15 添加“内阴影”“外发光”“描边”效果，如图12-210~图12-213所示。

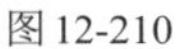

图 12-210

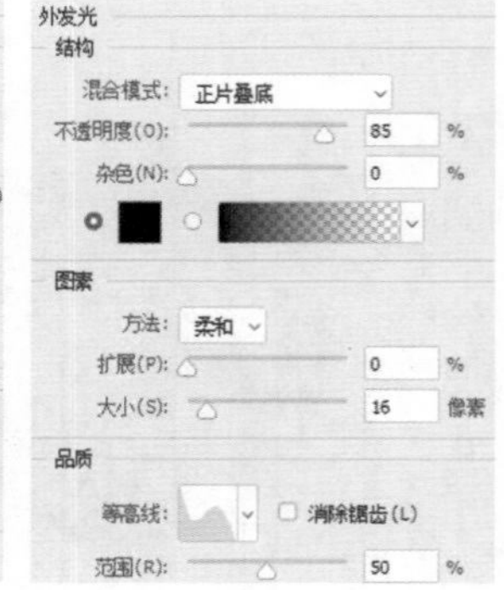

图 12-211

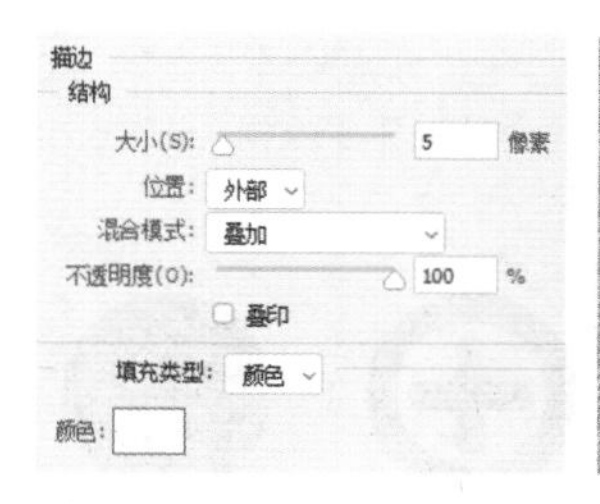

图 12-212

图 12-213

16 用相同的参数和方法，变换填充的颜色后，制作更多的图标效果，如图12-214所示。

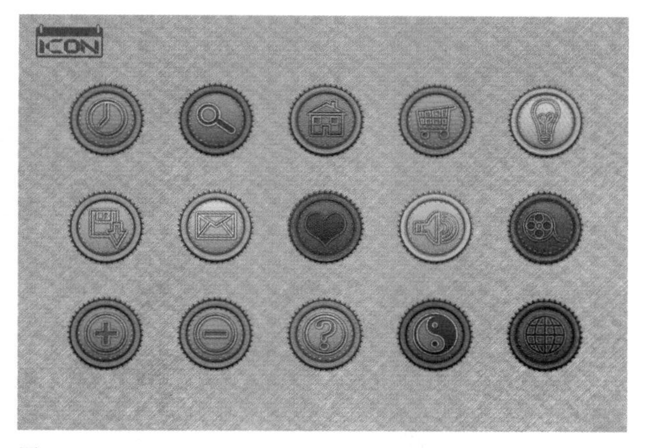

图 12-214

12.10　标志设计

01 按Ctrl+N快捷键，打开“新建文档”对话框，创建大小为297毫米×210毫米、分辨率为300像素/英寸的文件。

02 先制作部首“田”，再以它的笔画粗细、结构为参照，衍生一个网格系统，在此基础上制作的图形会更加规范化，具有美感，且便于应用。选择椭圆工具，在工具选项栏中选择“形状”选项，按住Shift键在画面中创建一个圆形。打开“属性”面板，单击按钮锁定长宽比，设置形状宽度、高度为337像素，设置描边宽度为50像素，设置颜色为黑色，描边对齐到路径内，如图12-215和图12-216所示，洋红色外圈为圆形路径被选取时呈现的高亮显示色。

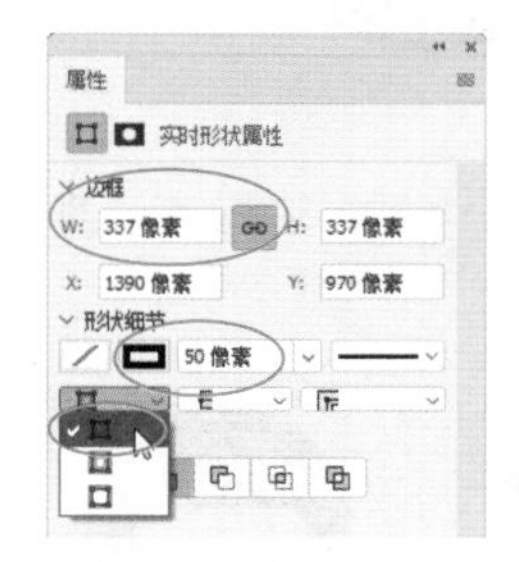

图 12-215

图 12-216

tip 路径、形状或其所在图层被选择时，会呈现高亮显示，所显示的颜色和线条粗细都是可以调整的。打开“首选项”对话框（按Ctrl+K快捷键），单击左侧列表的“参考线、网格和切片”，在对话框下方有“路径选项”的参数设置。本实例中路径显示为洋红色、宽度为2像素。

03 使用圆角矩形工具（选取“形状”选项）创建圆角矩形。在“属性”面板中设置宽度为203像素、高度为50像素（与圆形的描边宽度一致）、圆角半径为25像素、填充黑色、无描边，如图12-217~图12-219所示。按Ctrl键在“图层”面板中单击“椭圆1”形状图层，将其一同选取，选择移动工具，在工具选项栏中分别单击“垂直居中对齐”按钮和“水平居中对齐”按钮，将这两个图形对齐。

图 12-217　图 12-218　图 12-219

04 按Ctrl+C快捷键复制圆角矩形，按Ctrl+V快捷键粘贴，按Ctrl+T快捷键显示定界框，如图12-220所示。在工具选项栏中设置旋转角度为90°，按Enter键确认操作，“田”字制作完成，如图12-221所示。

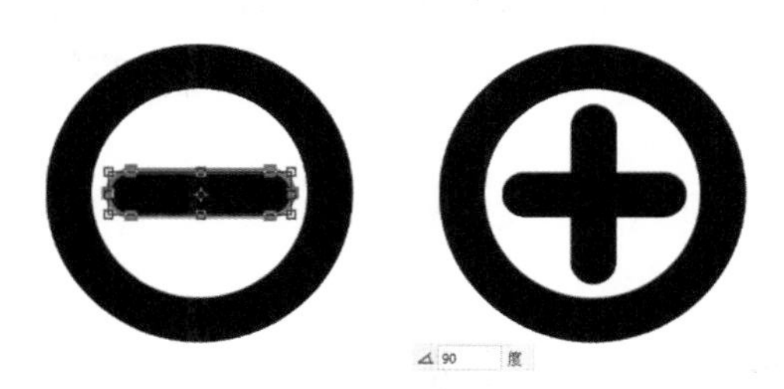

图 12-220　图 12-221

tip 在制作前，应先对标志设计的规范要求有所了解。标志设计注重内涵的把握和独特视觉个性的表现，力求做到凝练、清晰、简洁、生动，易于辨识和记忆。

tip 标志设计的网格源于小方格，类似网格纸。标志种类的复杂和结构的多样，使网格不再局限于方格，出现了圆形网格系统及设计师自定义网格等。根据这个案例标志的结构，创建一个自定义的、以圆形为主的网格系统，或称之为结构辅助线。

05 选择椭圆工具 ，在文字上创建形状，宽度和高度为50像素的圆形，描边宽度为1像素，无填充，如图12-222所示。这个圆形的大小与笔画的粗细是一致的，都是50像素。将该图层命名为“辅助线”。使用路径选择工具 选取这个圆形，按住快捷键Alt（光标显示为 状）+Shift向右拖动，复制圆形，如图12-223所示。

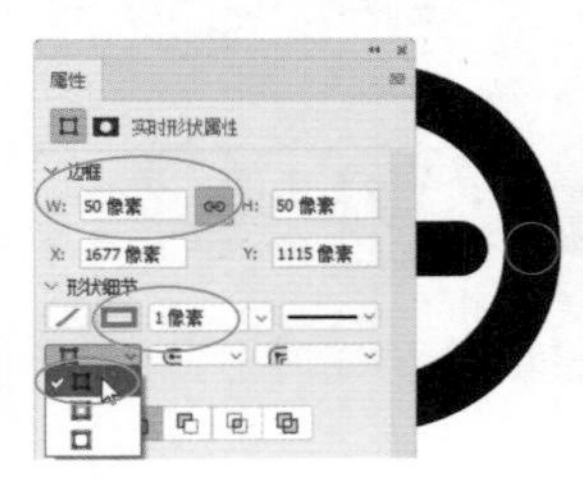
图 12-222

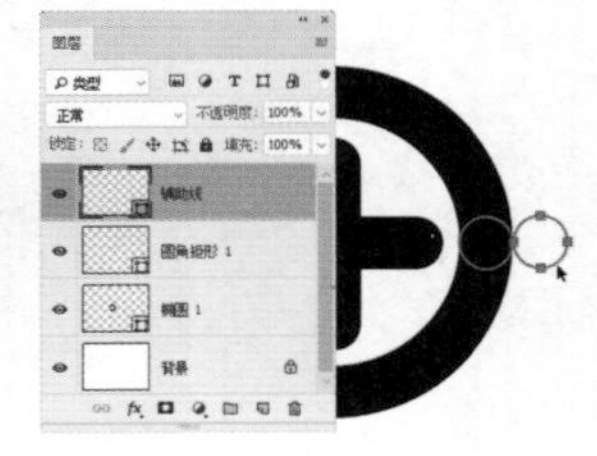
图 12-223

06 再复制得到两个圆形，依次向右排列，如图12-224所示，这便是文字的字间距。选择“椭圆 1”图层，按Ctrl+J快捷键复制该图层，如图12-225所示。使用路径选择工具 选取椭圆（田字的外框圆形），按住Shift键向右拖动，直至圆形辅助线的边缘处，释放鼠标，如图12-226所示。根据辅助线作图，有助于建立系统性，合理规划空间，对空白区域进行规范，打造标志元素间的协调感。

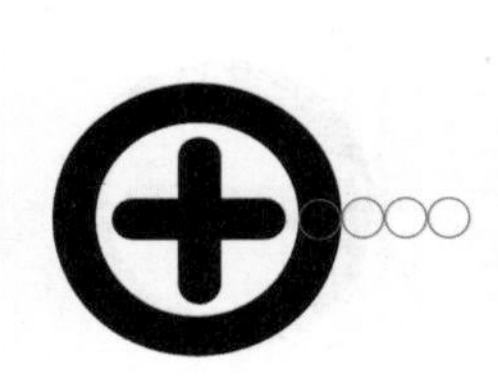
图 12-224

tip 在“辅助线”图层缩览图上单击鼠标右键，在弹出的快捷菜单中执行“红色”命令，可将该图层的颜色设置为红色，使它区别于其他图层，在图层越建越多的情况下，更便于查找。

图 12-225

图 12-226

07 将复制得到的圆形填充为黑色，无描边，用它来制作“香”字，如图12-227所示。

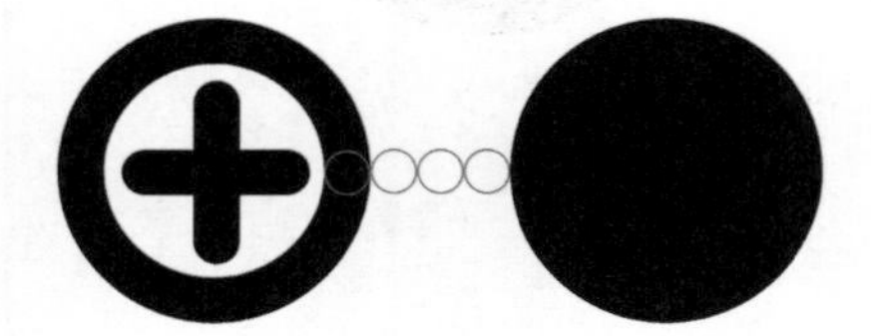
图12-227

08 创建圆角矩形，如图12-228所示。使用路径选择工具 ，按住Shift键单击圆形，将其一同选取，如图12-229所示。单击工具选项栏中的 按钮，在打开的下拉列表中选择“ 排除重叠形状”选项，通过图形运算，将两个图形整合，实现挖空效果，如图12-230和图12-231所示。

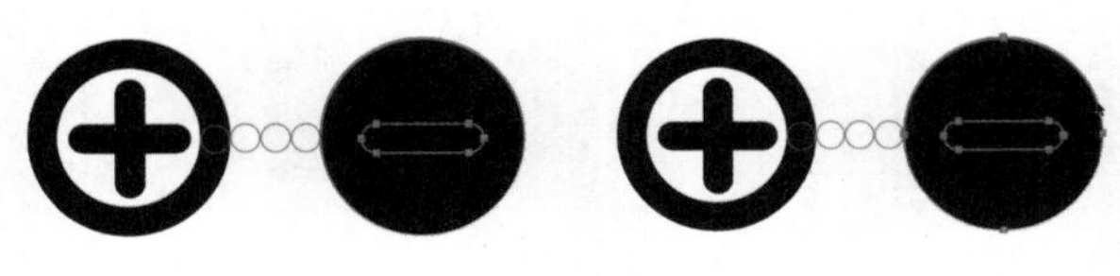
图12-228

图12-229

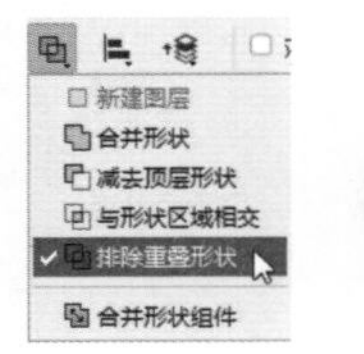

图 12-230

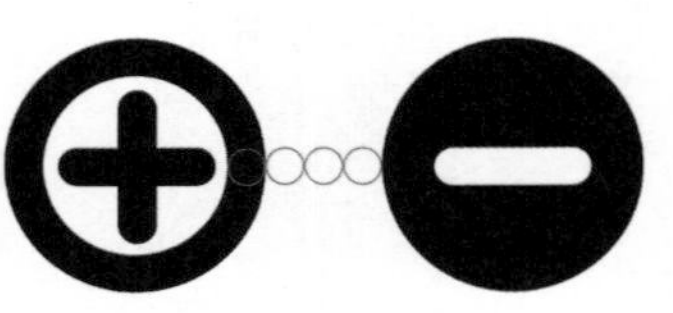
图 12-231

09 “田”字与“日”字并置时，以线为主的“田”字会显得小、弱、轻，而笔画间填满颜色的“日”字显得沉重，更有分量，为了达到视觉上的平衡，要将“日”字的圆形缩小一些。选择“辅助线”图层。按照“田”字笔画间距创建圆形，它的形状宽度、高度是17像素。将其复制到“日”字上，找到它的居中位置，如图12-232所示。按Ctrl+R快捷键显示标尺，创建纵向参考线，定位在文字的居中位置。或者使用图形居中对齐方式。

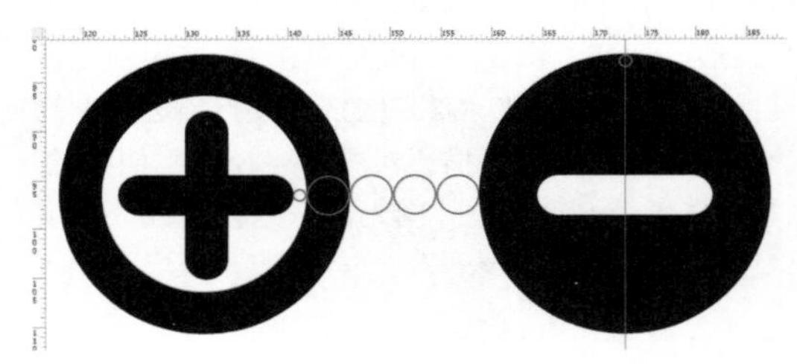
图 12-232

10 选择黑色圆形，设置形状宽度、高度为320像素，将它与“田”字底边对齐，如图12-233和图12-234所示。

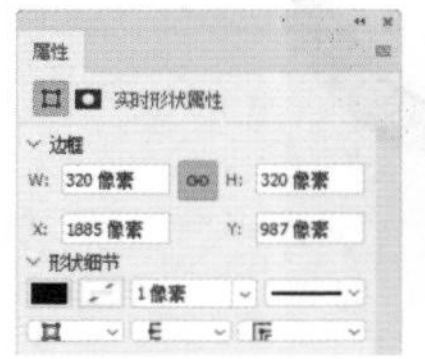
图 12-233

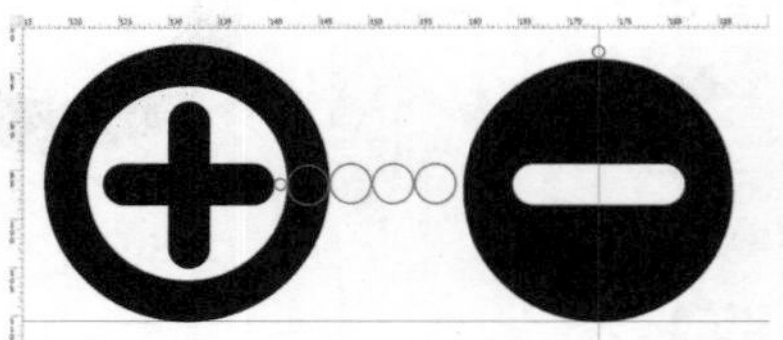
图 12-234

11 用钢笔工具 （选取“形状”选项）绘制一条鱼，鱼眼用椭圆工具 来画，两图形之间进行排除重叠形状运算。三点水用圆形和雨滴形状来表现（选择自定形状工具 后，在工具选项栏中选择），如图12-235所示。以之前创建的笔画大小为规范，制作文字的其他部分，“渔”字下面的一横用波浪线来表现，有海水之意，如图12-236所示。

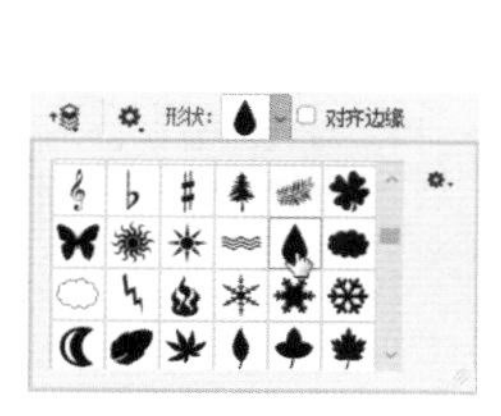

图 12-235

图 12-236

⑫ 对尺寸进行标注，为使结构更清晰，可将文字和参考线的颜色进行调整，最终呈现的效果如图12-237所示。

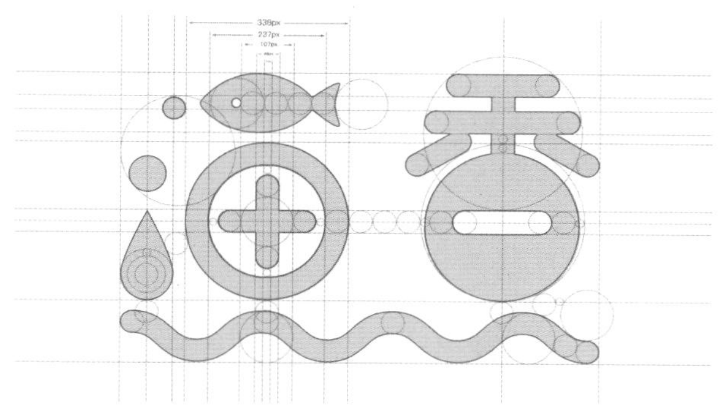

图 12-237

⑬ 使用路径选择工具 选取波浪线，单击工具选项栏中的“填充”选项，在打开的下拉面板中单击 按钮，打开“拾色器”，将颜色调整为蓝色（C100，M0，Y0，K0），如图12-238和图12-239所示。

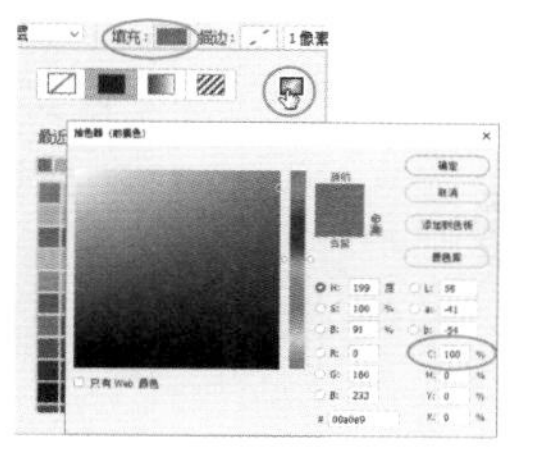

图 12-238

图 12-239

⑭ 使用矩形工具 创建一个矩形，在“属性”面板中设置形状宽度、高度，以同样的蓝色进行填充，如图12-240所示。选择横排文字工具 T ，在工具选项栏中设置字体及大小，在画面中输入色值，用同样的方法制作黑色块及色值，如图12-241所示。

图 12-240

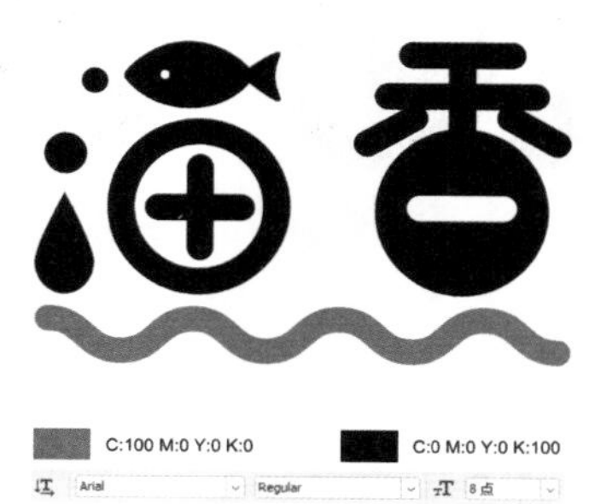

图 12-241

tip 标准色是建立统一形象的基本视觉要素之一，是象征公司或产品特性的指定颜色，也是标志、标准字体及宣传媒介专用的色彩。当视觉受到一定距离的影响时，对文字的识别度会降低，却可以清晰地辨识颜色，可见色彩在视觉传达中的活跃性和敏感度。标准色分单色与复色，单色虽清晰明了，但在同行业中易发生雷同。复色是指两种以上的颜色，数量不宜过多，避免产生繁复感。

12.11　名片设计

01 按Ctrl+N快捷键，打开“新建文档”对话框，设置名片大小，如图12-242所示，单击“创建”按钮，新建名片文件。

02 为了便于查找和使用标志图，将包含标志的所有图层归纳为3个图层组（选取图层后，按Ctrl+G快捷键即可编组），分别是标志、标准色和辅助线。单击“标志”图层组，按Shift+Alt+Ctrl+E快捷键盖印图层，得到的标志效果如图12-243所示。使用移动工具 将标志拖入名片文档中。按Ctrl+T快捷键显示定界框，按住Shift键拖曳定界框的一角，将标志等比缩小，按Enter键确认操作，如图12-244所示。

tip 成品名片的尺寸通常为9厘米×5.5厘米。名片制作好之后，要用于印刷并进行裁切，所以颜色应设置为CMYK模式，为使裁切后不出现白边，在设计时上、下、左、右四边都各留出1~3毫米的剩余量（即“出血”）。

图 12-242

图 12-243

图 12-244

03 选择横排文字工具 T ，在工具选项栏中设置字体及大小，在标志下方输入文字，如图12-245所示。

图 12-245

04 选择直线工具 ／，创建粗细为3像素的蓝色竖线（创建时按住Shift键）。打开素材，使用移动工具 ✥ 将图标拖入文档中，在其右侧输入文字，如图12-246所示。完成名片正面的制作。将名片中的营业时间、地址和电话等字样用图标代替，名片风格简洁、时尚，所有信息都一目了然。按住Shift键选取除“背景”以外的所有图层，按Ctrl+G快捷键编组并重新命名，如图12-247所示。

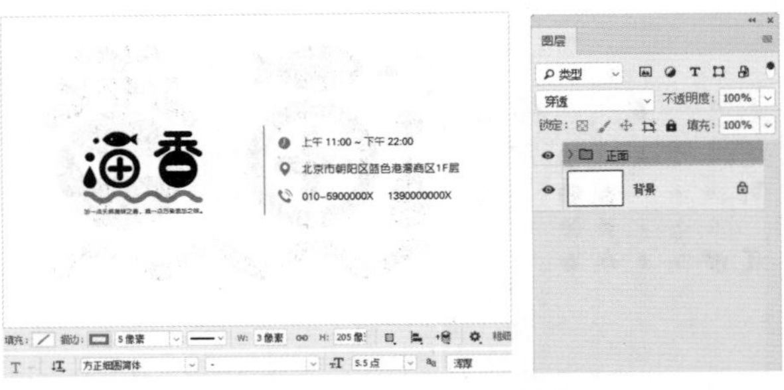

图 12-246　　图 12-247

05 名片背面的设计比较简单，这里提供了一个由标志组成的图案素材，用作底色，中间放上二维码就可以了，如图12-248所示。可以找一些木纹素材作为背景，将名片进行透视调整，合成到一个空间里，看起来有接近实物的真实效果，如图12-249所示。

图 12-248

图 12-249

12.12　应用系统设计

01 按Ctrl+N快捷键打开“新建文档”对话框，单击“打印”标签，切换到“打印”选项，可以看到模板的缩览图，如图12-250所示。单击对话框右侧的“查看预览”按钮，可以查看模板预览图，如图12-251所示。单击“下载”按钮，弹出Adobe Stock对话框，如图12-252所示，链接到下载文件后，单击“下载”按钮即可下载模板。

tip 不同行业有不同的应用设计系统，如餐饮业、服装业、百货业、旅游业等，各有特定的形象载体，设计时应根据主体对象，制定相应的应用项目。在进行应用系统设计前，可先在“新建文档”对话框中查看一下Photoshop提供的免费模板文件，它们是Adobe Stock的免费模板，这些模板都是分层文件，可以在其基础上进行编辑整合、修改大小或另外保存。

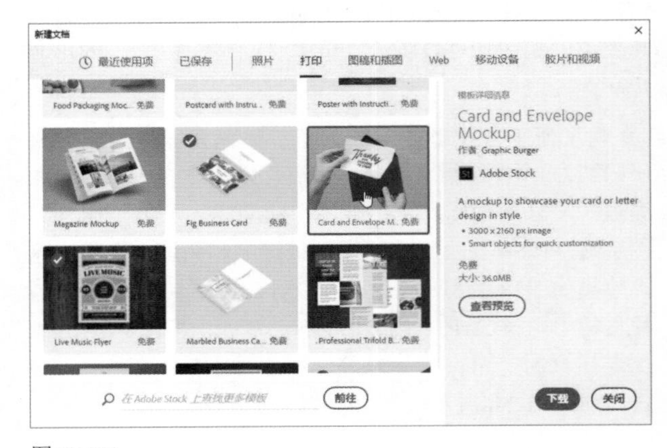

图 12-250

图12-251

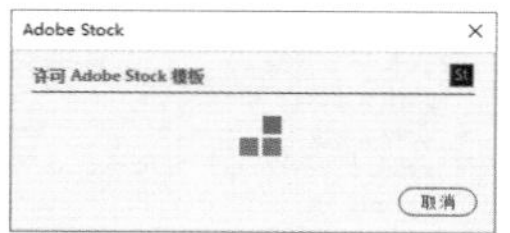

图12-252

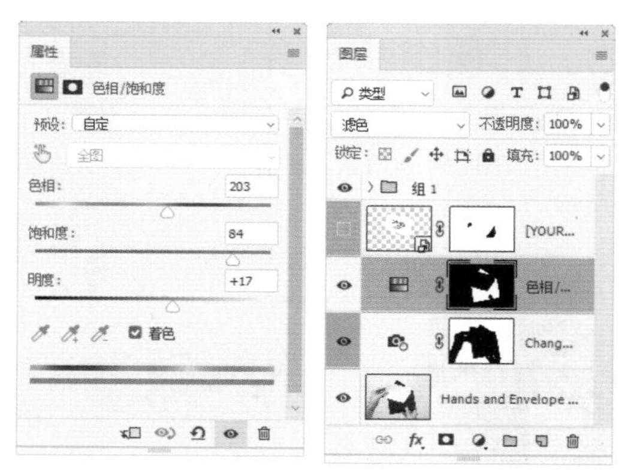
图 12-255　　图 12-256

02 模板下载完成后，对话框右下方会显示“打开”按钮，单击该按钮打开文档，就可以编辑了。在文字图层左侧的眼睛图标 上单击，将文字隐藏，如图12-253所示。将制作好的标志和文字拖曳到卡片上，按照卡片的倾斜度进行旋转，图12-254所示。如果对信封的颜色不太满意，可以单独进行调整。使用快速选择工具 选取信封，基于选区创建“色相/饱和度”调整图层就可以了，如图12-255~图12-257所示。

图 12-253

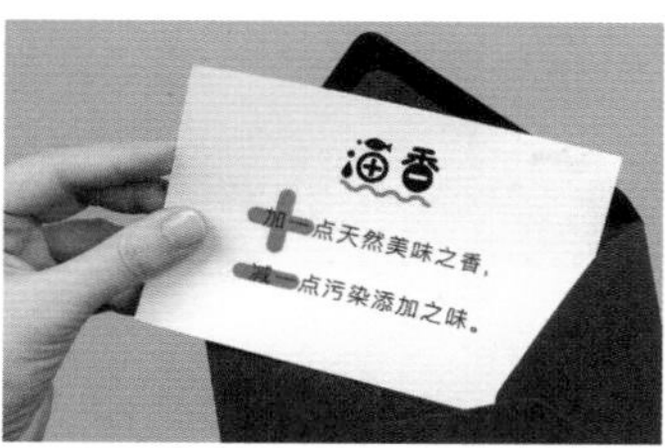
图 12-254

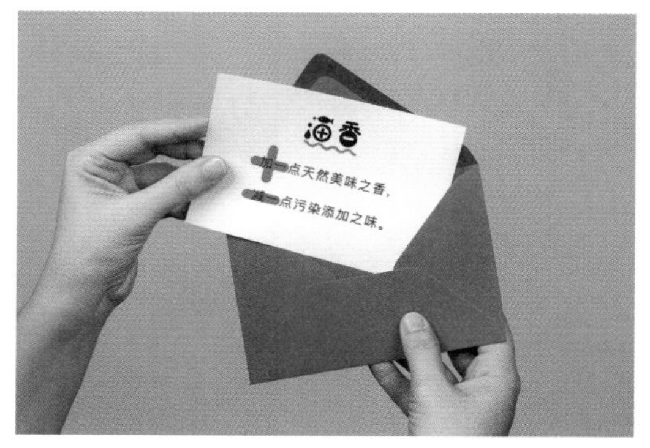
图 12-257

以下为产品形象系列、包装系列应用系统设计。

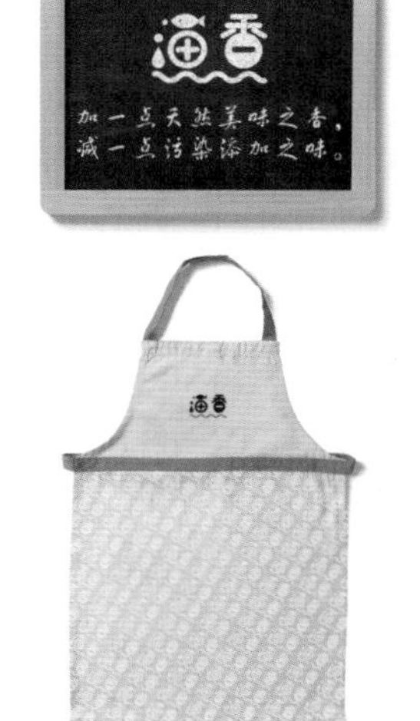

12.13 环保海报设计

01 打开素材，如图12-258所示，选择“大象”图层，如图12-259所示。

图 12-258

图 12-259

02 单击“图层”面板底部的 按钮，创建蒙版。使用画笔工具 在大象的腿上涂抹黑色，将象腿隐藏，如图12-260和图12-261所示。

图 12-260

图 12-261

03 选择钢笔工具 ，在工具选项栏中选择“形状”选项，将填充颜色设置为深褐色。单击“背景”图层（使绘制的图形位于“大象”图层的下方），根据大象的位置，在其下方绘制图形，如图12-262和图12-263所示。

图 12-262

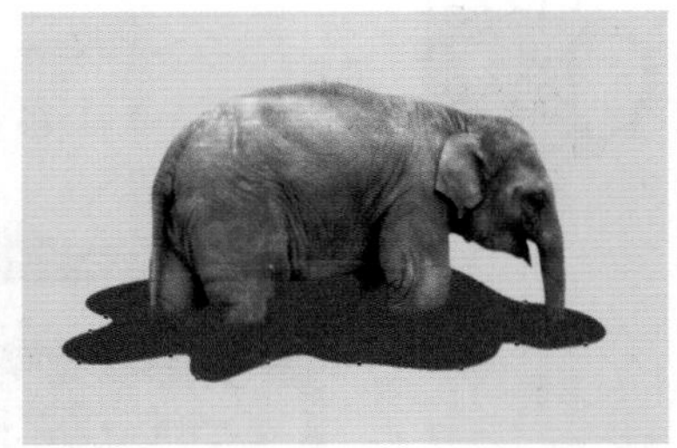

图 12-263

04 在“图层”面板中双击“形状1”图层的空白处，打开“图层样式”对话框，添加“斜面和浮雕”效果，使图形有一定的厚度，如图12-264和图12-265所示。

05 单击“图层”面板底部的 按钮，新建图层。按Alt+Ctrl+G快捷键创建剪贴蒙版。使用画笔工具 绘制明暗，如图12-266和图12-267所示。

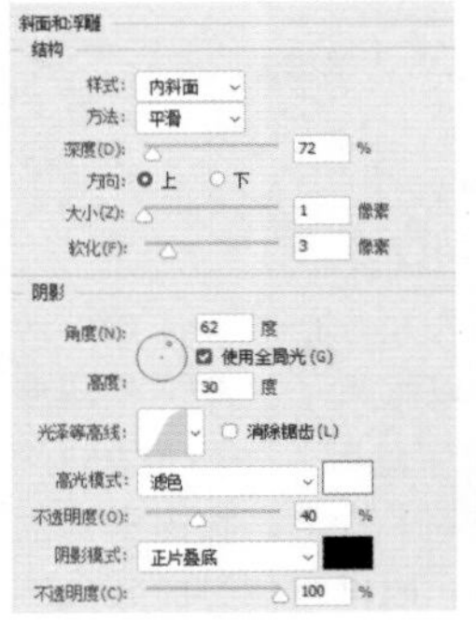

图 12-264

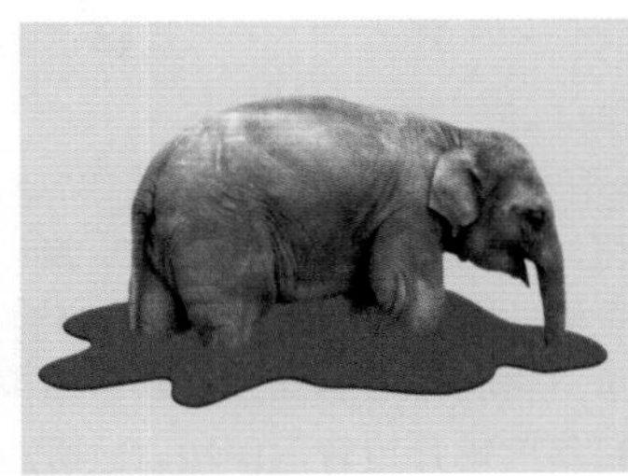

图 12-265

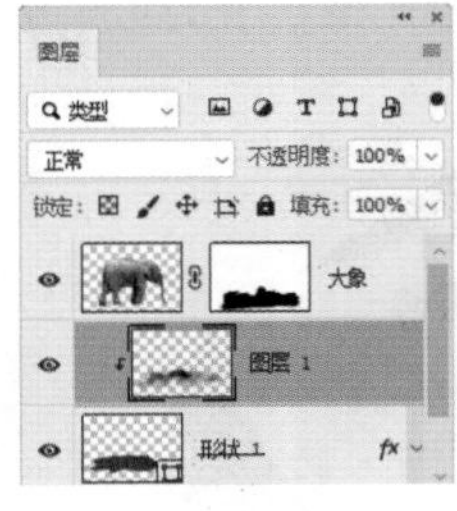

图 12-266

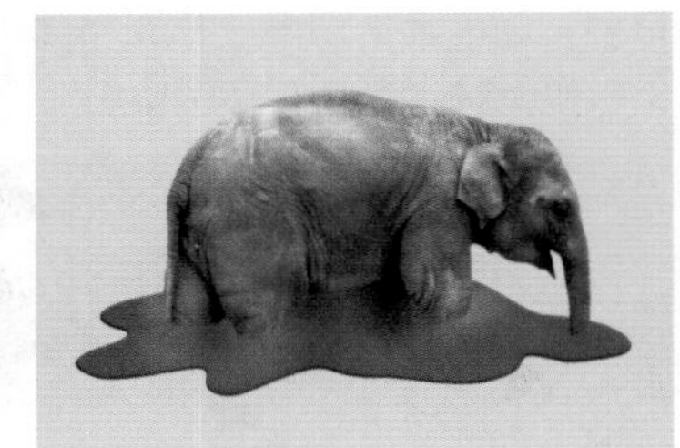

图 12-267

06 选择“大象”图层，按住Alt键向下拖动进行复制，如图12-268所示，按Alt+Ctrl+G快捷键，将该图层加入到剪贴蒙版组中，如图12-269所示。

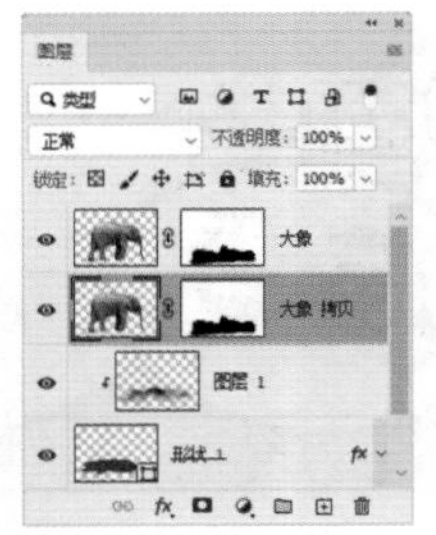

图 12-268

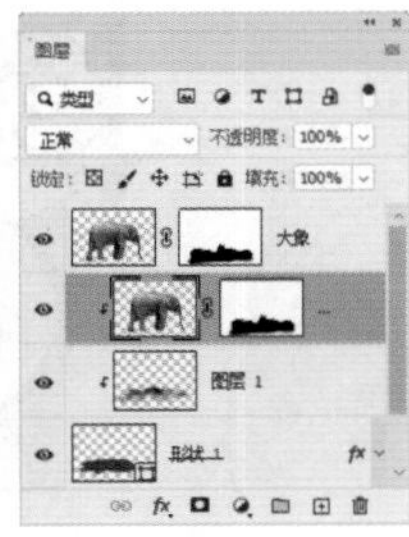

图 12-269

07 按住Alt键，拖动图层蒙版缩览图到 按钮上，删除蒙版，如图12-270所示。按Ctrl+T快捷键显示定界框，单击鼠标右键，在弹出的快捷菜单中执行“垂直翻转”命令，拖动定界框，将图像放大以填满形状图层，如图12-271所示，按Enter键确认操作。

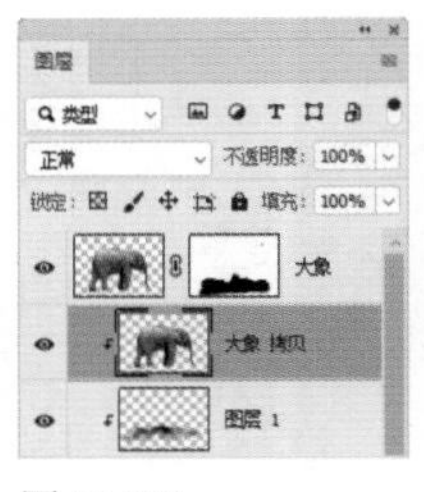

图 12-270

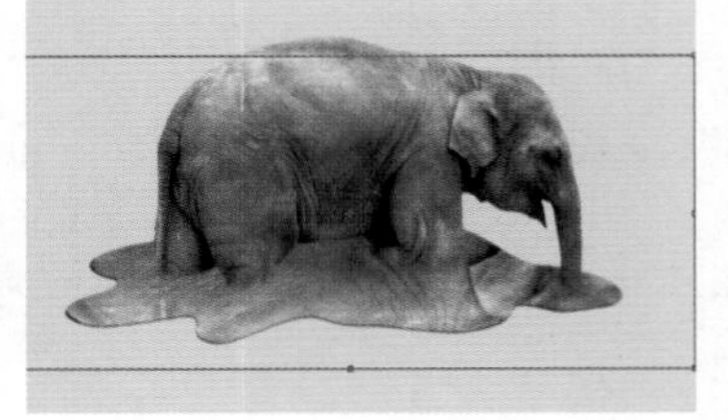

图 12-271

08 设置混合模式为“叠加”，设置“不透明度”为40%，体现反光效果，如图12-272和图12-273所示。

图12-272

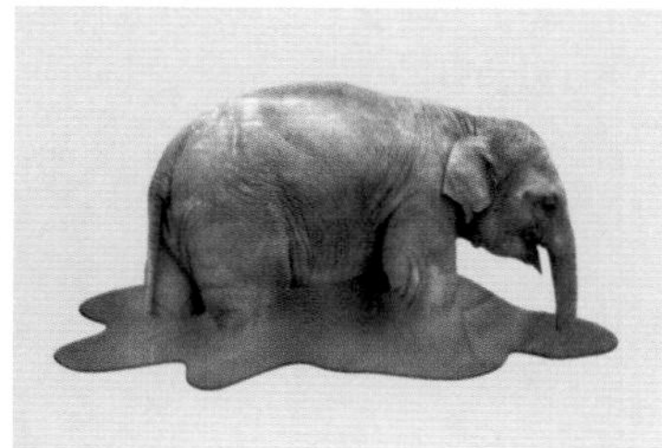

图12-273

09 新建图层，加入到剪贴蒙版组中。设置混合模式为“正片叠底”，设置“不透明度”为60%。选择渐变工具，在工具选项栏中选择“前景色到透明渐变”，在图形上方填充线性渐变，使图形的颜色上深下浅，如图12-274和图12-275所示。

图12-274

图12-275

10 选择“形状1”图层，按住Alt键向下拖曳进行复制，如图12-276所示。将图形的填充颜色调暗，接近于黑色。在“图层”面板中双击“形状1 拷贝”图层的空白处，打开“图层样式”对话框，调整“斜面和浮雕”参数，并添加“投影”效果，如图12-277和图12-278所示。选择移动工具，按↓键，将图形略向下移动，如图12-279所示。

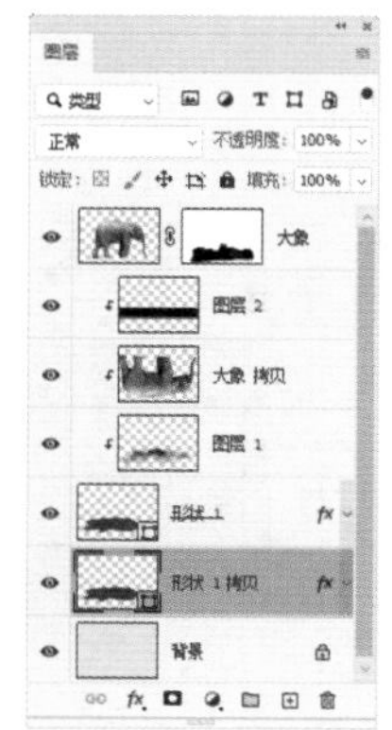

图12-276

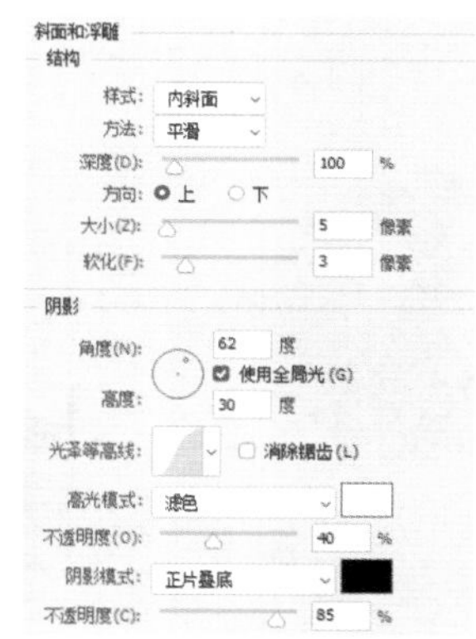

图12-277

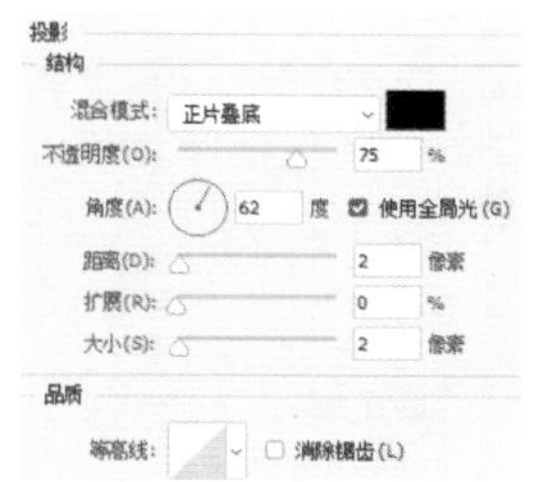

图12-278

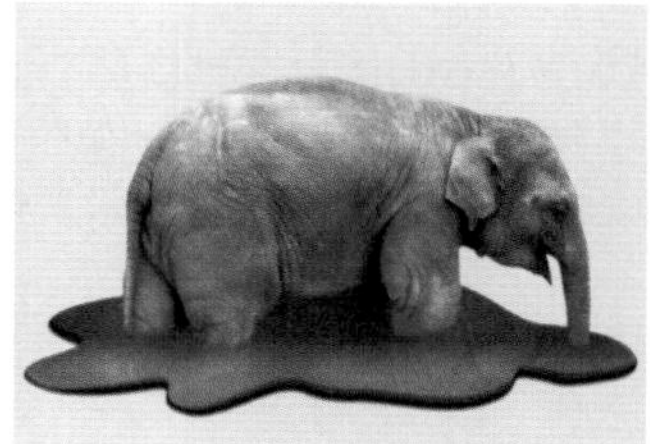

图12-279

11 使用钢笔工具绘制图形的高光和象腿旁边的波纹，如图12-280所示。

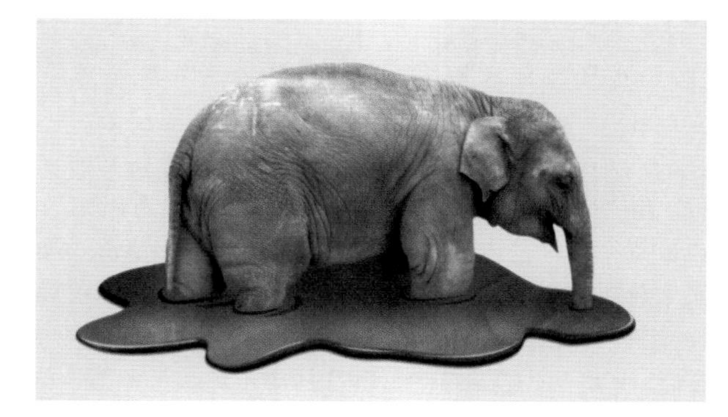

图12-280

12.14　艺术海报设计

01 打开素材，如图12-281所示。选择“树叶”图层，如图12-282所示。单击“路径”面板中的路径，如图12-283所示。

02 执行“图层”|“矢量蒙版”|“当前路径”命令，或按住Ctrl键单击“图层”面板底部的按钮，基于当前路径创建矢量蒙版，路径以外的图像会被矢量蒙版遮盖，如图12-284和图12-285所示。

图12-281

图12-282

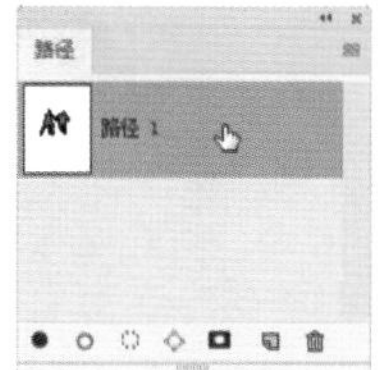

图12-283

图 12-284

图 12-285

03 按住Ctrl键单击“图层”面板中的 按钮，在“树叶”图层下方新建图层，如图12-286所示。按住Ctrl键，单击蒙版，如图12-287所示，将人物载入选区。

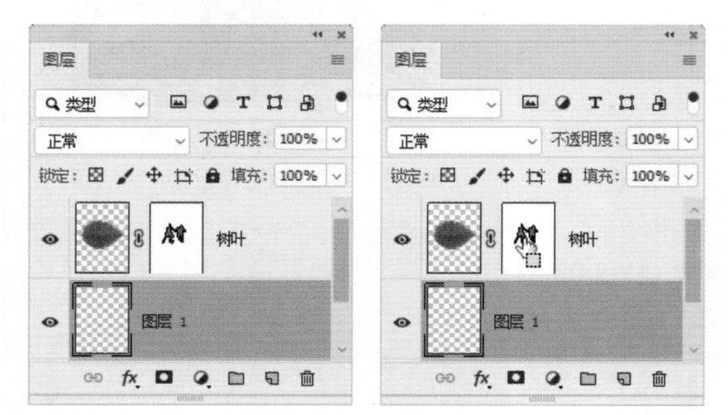

图 12-286　　图 12-287

04 执行“编辑”|“描边”命令，打开“描边”对话框，将“颜色”设置为深绿色，“宽度”设置为4像素，“位置”选择“内部”，如图12-288所示，单击“确定”按钮，对选区进行描边。按Ctrl+D快捷键取消选择。选择移动工具，按几次→键和↓键，将描边图像向右下方轻微移动，效果如图12-289所示。

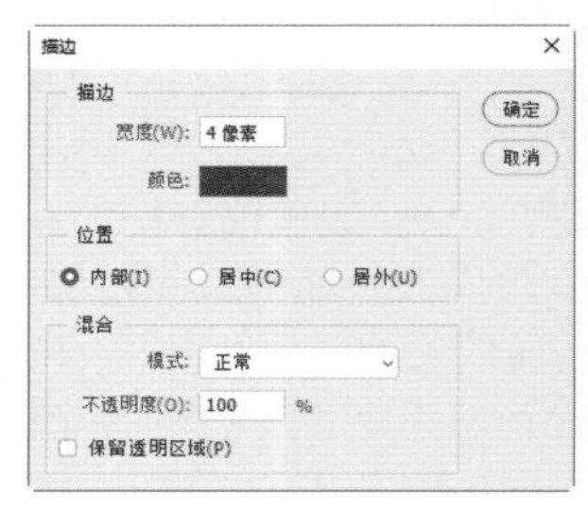

图 12-288

图 12-289

05 单击“图层”面板底部的 按钮，新建图层。选择柔角画笔工具，在运动员脚部绘制阴影，如图12-290和图12-291所示。

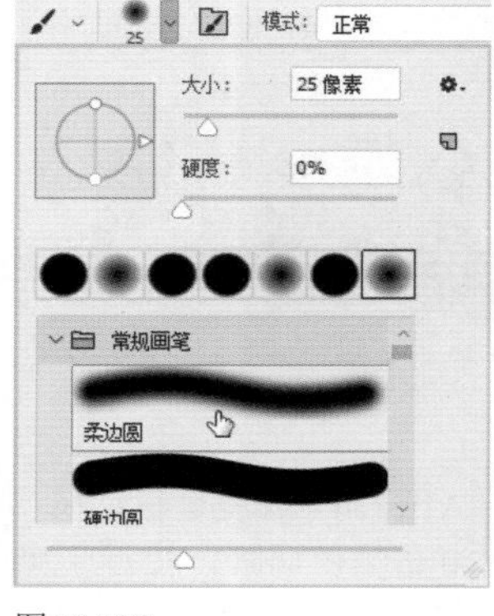

图 12-290

图 12-291

12.15 平面广告设计

01 打开素材，人物素材位于单独的图层中，如图12-292所示。用来合成的背景图像包括城市、大地与天空3个部分，如图12-293所示。

图 12-292

图 12-293

02 选择移动工具，将城市素材拖入人物文档中，按Ctrl+[快捷键，将其移至人物下方，如图12-294所示。按Ctrl+T快捷键，显示定界框，将光标放在定界框外并拖动鼠标，将图像朝顺时针方向旋转，如图12-295所示，按Enter键确认操作。

图 12-294

图 12-295

03 单击 按钮创建蒙版，使用画笔工具（柔角）在图像的边缘涂抹，将边缘隐藏，如图12-296和图12-297所示。

图 12-296

图 12-297

04 按Ctrl+F6快捷键，切换到素材文档。单击“大地”图层，如图12-298所示，使用移动工具将素材拖入人物文档中，通过自由变换将图像朝逆时针方向旋转，如图12-299所示。

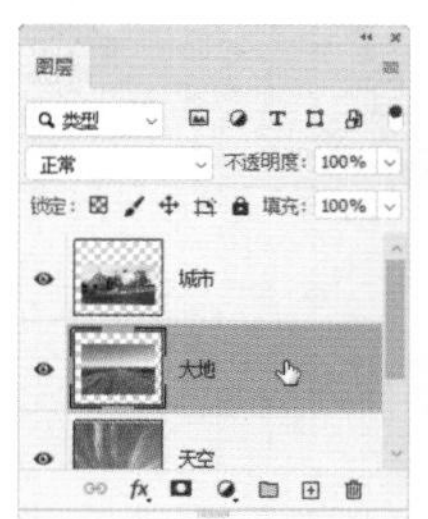

图 12-298

图 12-299

05 为“大地”图层添加蒙版，用渐变工具填充“黑色到白色”的线性渐变，以隐藏蓝天部分，如图12-300和图12-301所示。

图 12-300

图 12-301

06 将天空素材拖入文档中，放在“城市”图层下方，如图12-302所示，朝逆时针方向旋转，如图12-303所示。

图 12-302

图 12-303

07 在“人物”图层下方新建图层，使用多边形套索工具在运动鞋下方创建投影选区，如图12-304所示，填充深棕色，如图12-305所示。按Ctrl+D快捷键，取消选择。用橡皮擦工具（柔角，不透明度为20%）擦出深浅变化，如图12-306所示。用同样的方法制作另一只鞋子的投影，如图12-307所示。

图 12-304

图 12-305

图 12-306

图 12-307

08 单击“调整”面板中的 按钮，创建“可选颜色”调整图层，分别对图像中的白色和中性色进行调整。按Alt+Ctrl+G快捷键创建剪贴蒙版，使调整图层只对人物产生影响，如图12-308~图12-311所示。

图 12-308

图 12-309

图 12-310

图 12-311

09 将前景色设置为白色。选择渐变工具，单击"径向渐变"按钮，在"渐变"下拉面板中选择"前景色到透明渐变"，如图12-312所示。新建图层，在画面左上方创建径向渐变，营造光效，如图12-313和图12-314所示。

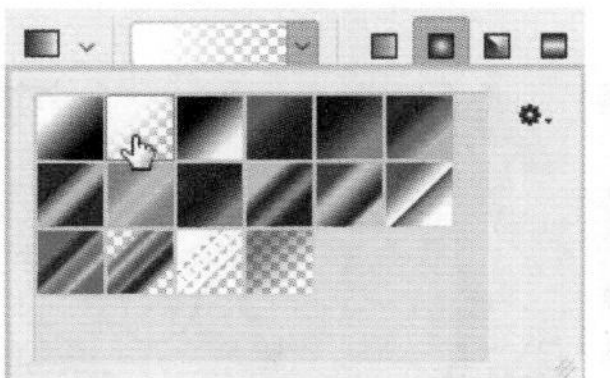

图 12-312

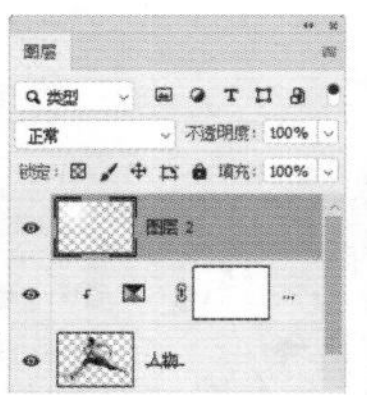

图 12-313

图 12-314

10 单击"调整"面板中的按钮，创建"色彩平衡"调整图层，对全图的色彩进行调整（选取"保留明度"选项），使画面的合成效果更加统一，如图12-315~图12-317所示。最后，在人物手臂、地平线等位置添加光效，如图12-318所示。

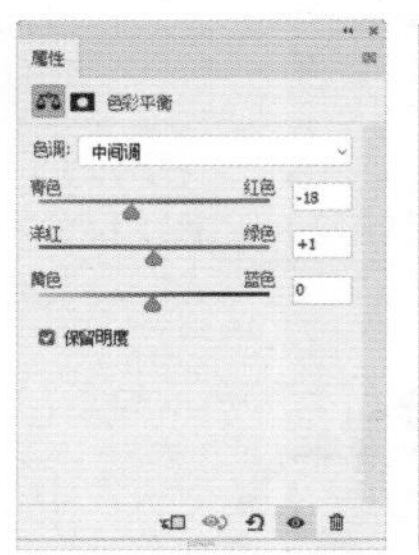

图 12-315

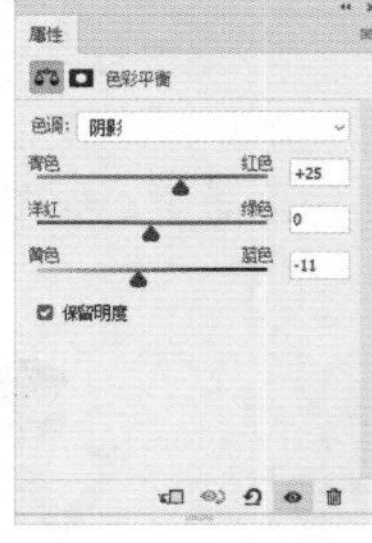

图 12-316

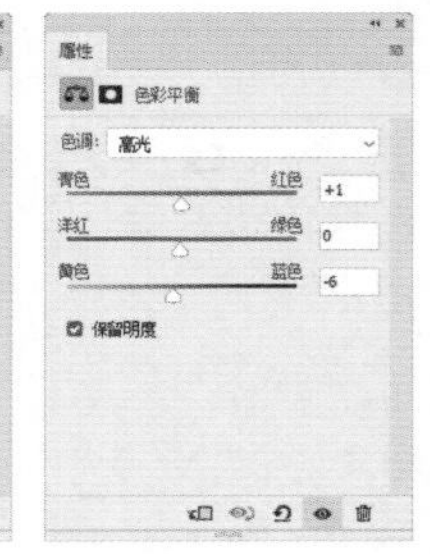

图 12-317

图 12-318

12.16 产品精修

01 打开素材，如图12-319和图12-320所示。下面通过拆分口红结构的方法，将每一部分重新绘制并上色，使口红看起来更加高级。

图 12-319

图 12-320

02 选择圆角矩形工具，在工具选项栏中选择"形状"选项，根据口红的外形绘制圆角矩形，在"属性"面板中设置圆角为15像素，如图12-321和图12-322所示。

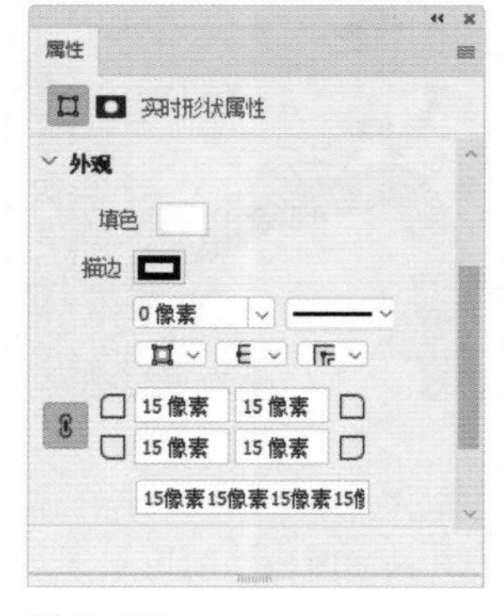

图 12-321

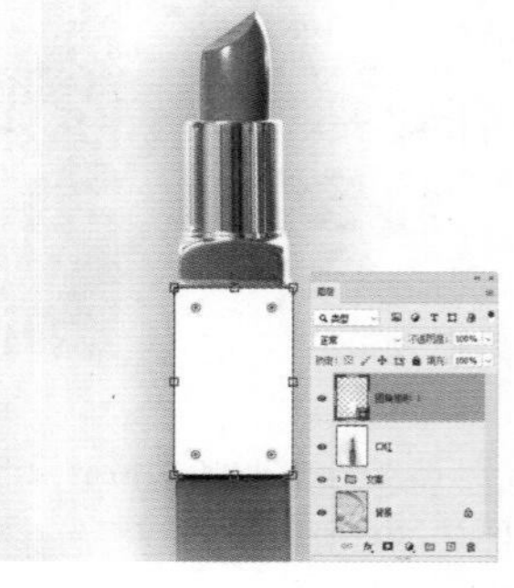

图 12-322

03 单击“图层”面板底部的 fx 按钮，在打开的菜单中执行“渐变叠加”命令，打开“图层样式”对话框，单击渐变按钮，打开“渐变编辑器”，将渐变颜色调整为红色，如图12-323和图12-324所示。

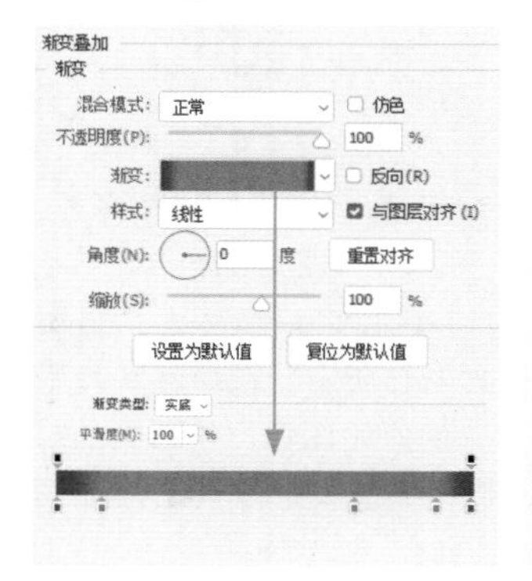

图12-323

图12-324

04 再绘制一个圆角矩形，采用同样的方法，添加灰色的渐变，如图12-325和图12-326所示。

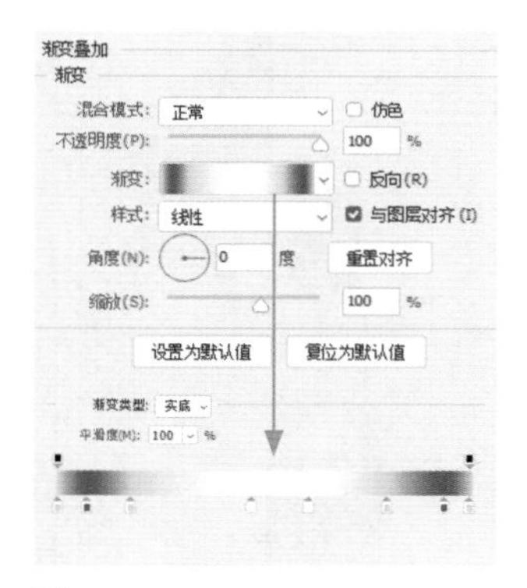

图12-325

图12-326

05 在这两个图形之间绘制一个小的圆角矩形。将光标放在“圆角矩形2”图层右侧的 fx 图标上，按住Alt键拖至“圆角矩形3”图层，将效果复制到该图层，如图12-327所示。在“图层”面板中双击“圆角矩形3”图层的空白处，打开“图层样式”对话框，将“角度”设置为90°，再调整渐变滑块的颜色，如图12-328和图12-329所示。

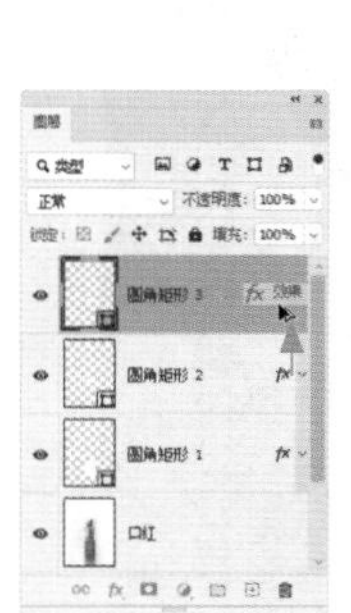

图12-327

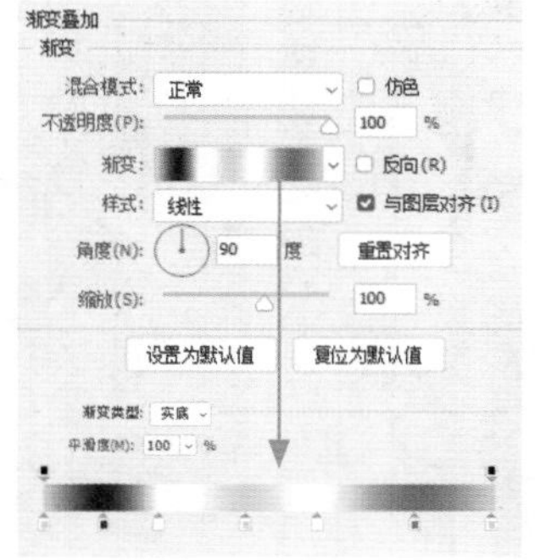

图12-328

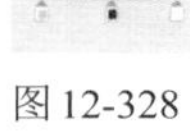

图12-329

06 再绘制一个圆角矩形，并复制“渐变叠加”效果到该图层。单击“图层”面板底部的 fx 按钮，在打开的菜单中执行“内发光”命令，参数设置如图12-330所示。再调整渐变的颜色，如图12-331和图12-332所示。

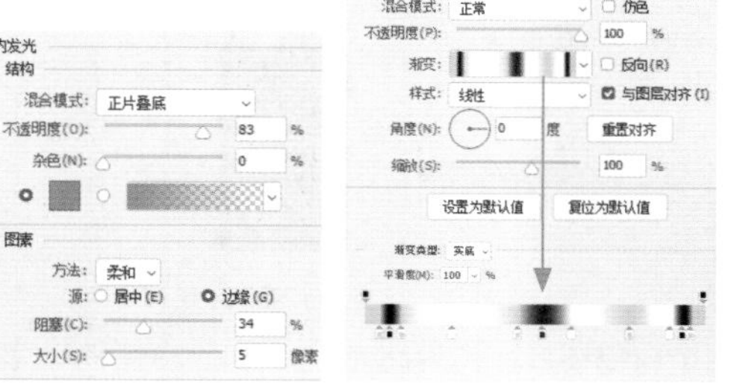

图12-330　图12-331　图12-332

07 选择钢笔工具，根据口红的外形绘制图形，复制“圆角矩形4”的效果到该图层，使其具有相同的渐变填充颜色，如图12-333和图12-334所示。

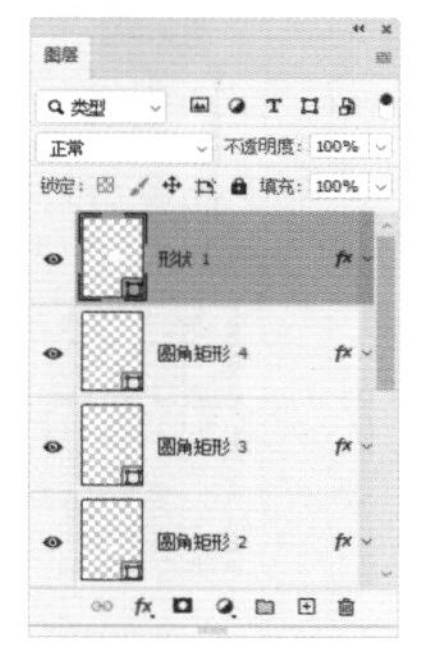

图12-333

图12-334

08 用钢笔工具绘制口红，如图12-335所示。再绘制口红的斜面，如图12-336所示。

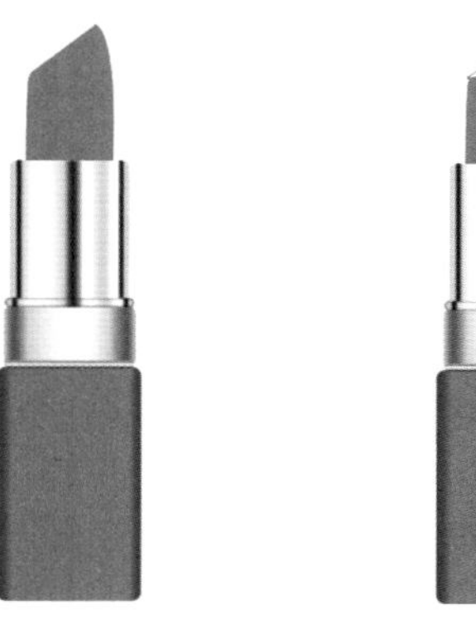

图12-335　图12-336

tip 按住Ctrl键单击各形状图层，将包含口红各部分的图层全部选取，选择移动工具，单击工具选项栏中的水平居中对齐按钮，将图形对齐。

09 为口红斜面添加一个“渐变叠加”效果，设置渐变颜色为粉色到红色，如图12-337和图12-338所示。

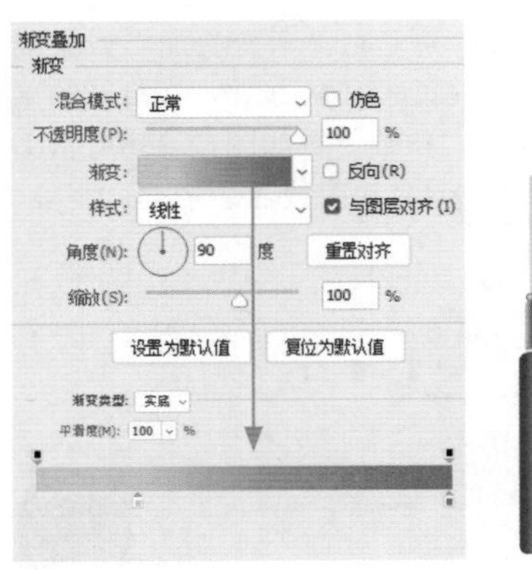

图12-337

图12-338

⑩ 绘制两个白色图形，作为高光，如图12-339所示。添加“渐变叠加”效果，单击渐变条右上方的不透明度色标，设置参数为0%，如图12-340和图12-341所示。

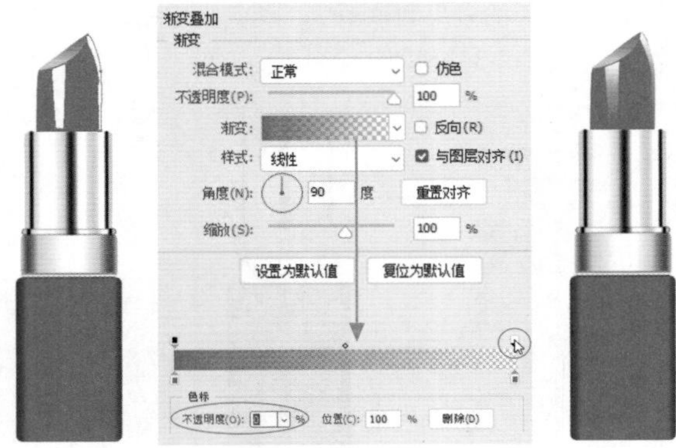

图12-339　　图12-340　　图12-341

⑪ 选择“口红”图层，如图12-342所示。按Shift+Ctrl+]快捷键将其移至顶层，如图12-343所示。按住Alt键的同时单击“图层”面板底部的 按钮，添加反相蒙版，如图12-344所示。

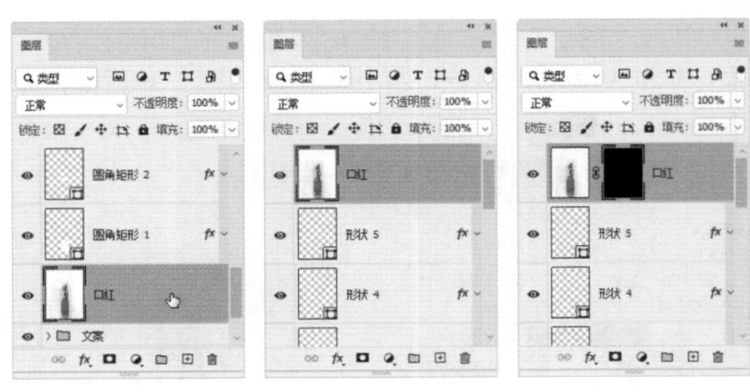

图12-342　　图12-343　　图12-344

⑫ 选择画笔工具，设置“大小”为72像素，设置“不透明度”为10%，如图12-345所示。在口红和投影上涂抹白色，适当恢复这部分的原始图像，使绘制的口红有真实的光影质感，注意不要涂抹在背景上，如图12-346和图12-347所示。

图12-345

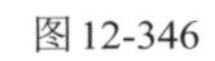

图12-346　　图12-347

12.17　制作隐形人特效

⑪ 打开素材，如图12-348所示。要给人物穿上“隐身衣”，使她“消失”在周围的环境里。对背景进行色调调整，使其与花卉素材混合时，效果能够明亮一些。选择快速选择工具，单击工具选项栏中的“选择主体”按钮，系统会自动创建选区，将人物选取，虽然这个选区在细节上还不够精细，但已经很智能化了，如图12-349所示。

图12-348　　图12-349

02 处理选区的细节。单击工具选项栏中的“选择并遮住”按钮，视图自动以“叠加”模式显示，人物在红色的映衬下，边缘细节清晰可见。在选择视图模式时，以能更好地衬托对象为佳，比如对象是以红色为主调的，则适合选用黑底或白底的视图模式。在“属性”面板中分别勾选“智能半径”和“净化颜色”复选框，设置参数，使选区更加精确，如图12-350~图12-352所示。

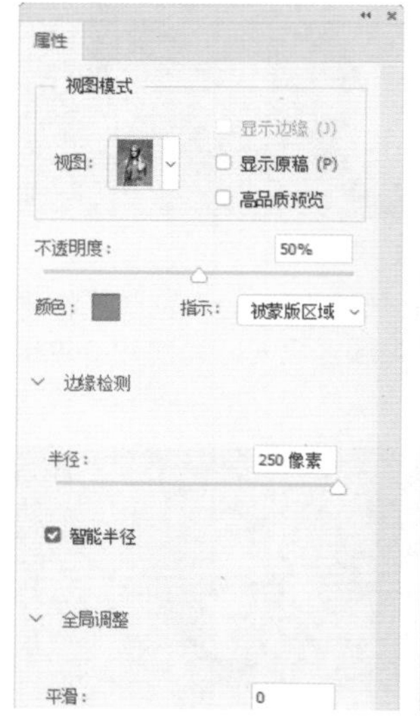

图 12-350

图 12-351

图 12-352

03 再仔细检查选区的边缘，看是否有多选或漏选的区域。可以看到，在人物的发梢部分，还残留一些背景图像，如图12-353所示。选择调整边缘画笔工具，在发梢上涂抹，将这部分图像处理干净，如图12-354所示。

图 12-353

图 12-354

04 在“输出到”下拉列表中选择“选区”选项，单击“确定”按钮，完成人物选区的制作，如图12-355和图12-356所示。

图 12-355

图 12-356

05 按Shift+Ctrl+I快捷键反选，将背景选中。单击“图层”面板底部的按钮，执行“纯色”命令，用白色填充图层，设置不透明度为55%，如图12-357和图12-358所示。

图 12-357

图 12-358

06 打开一个图案素材，如图12-359所示。使用移动工具将图案拖入人物文档中，设置混合模式为“颜色加深”，如图12-360和图12-361所示。

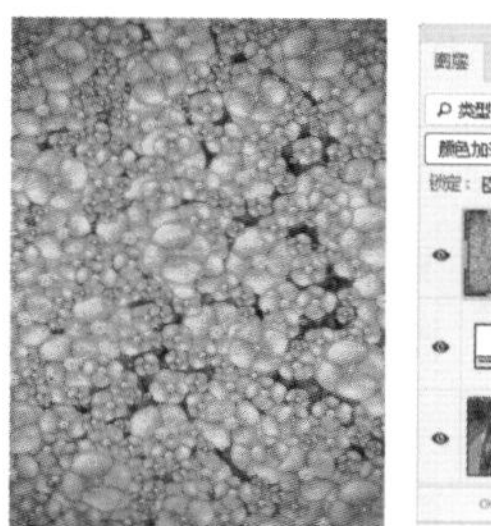
图 12-359

图 12-360

图 12-361

07 将光标放在“颜色填充1”图层的蒙版缩览图上，按住Alt键，将其拖动到“图层1”，复制蒙版到该图层，人物就能完全显示出来了，如图12-362和图12-363所示。

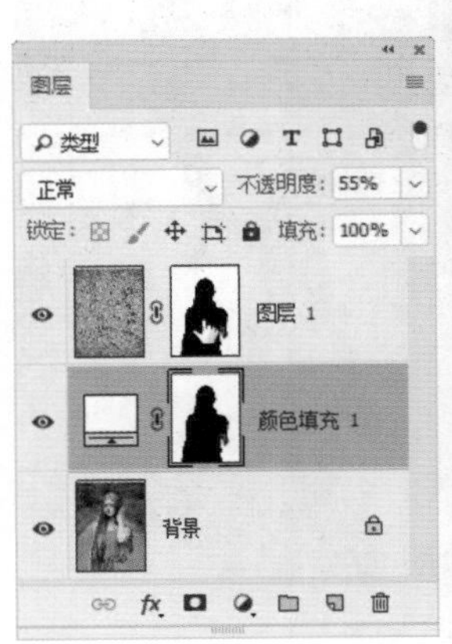

图 12-362　　图 12-363

08 选择画笔工具，在人物的身上涂抹白色（蒙版中的白色为图像的显示区域），这样就形成了视觉反差，人物面部和头发都是真实的，而身体却被隐藏在图案中，如图12-364和图12-365所示。只是这种隐藏效果太过明显，而似有还无才是这幅作品真正要表达的意境。

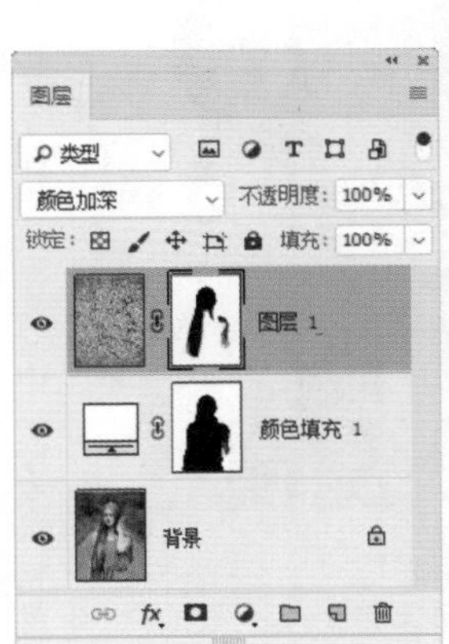

图 12-364　　图 12-365

09 在工具选项栏中设置画笔工具的“不透明度”为60%，如图12-366所示。单击“填充图层1”的蒙版缩览图，用画笔工具在人物的手臂和衣服（这部分在蒙版中显示为黑色）上涂抹白色，由于调整了不透明度，此时涂抹显示的颜色为浅灰色，弱化了这部分图像，同时能若隐若现地看出身体的轮廓，如图12-367和图12-368所示。

图 12-366

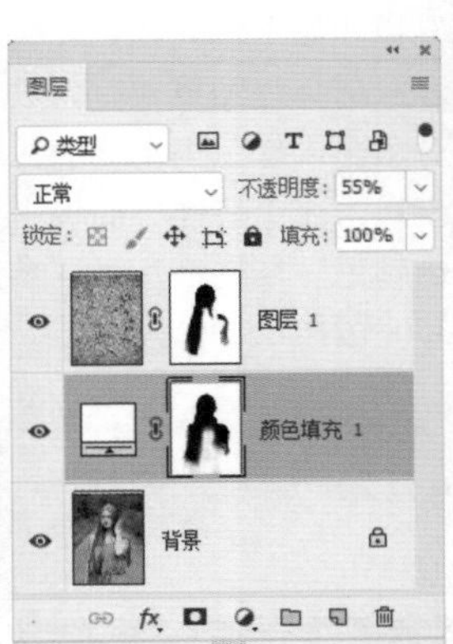

图 12-367　　图 12-368

10 按住Ctrl键单击“颜色填充1”图层的缩览图，将蒙版中的白色区域（背景）作为选区载入，如图12-369和图12-370所示。

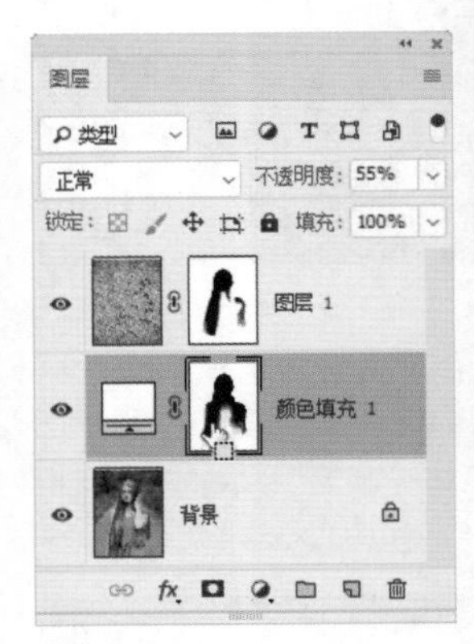

图 12-369　　图 12-370

11 单击“图层”面板底部的按钮，新建图层，设置“不透明度”为40%，将前景色设置为深棕色，用画笔工具在头部两侧绘制投影，使头部与图案产生一些距离感，如图12-371和图12-372所示。

图 12-371　　图 12-372

⑫ 单击“调整”面板中的按钮，创建“色阶”调整图层，向左侧拖动中间调滑块，增加图像的亮部区域，以减少暗调的范围，使画面明亮一些，如图12-373~图12-375所示。

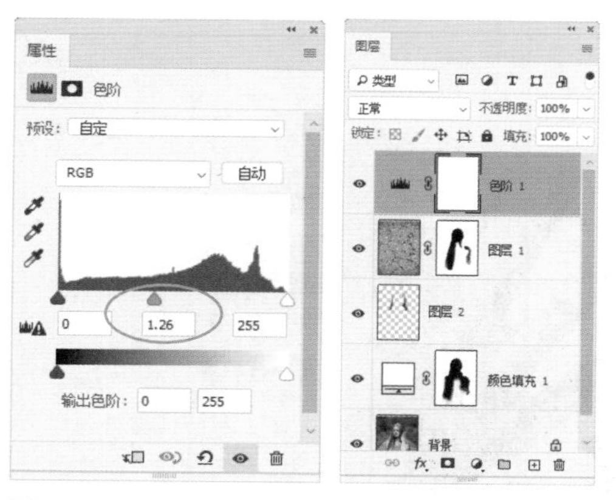

图 12-373　　图 12-374

图 12-375

⑬ 单击“调整”面板中的按钮，创建“可选颜色”调整图层，分别对“红色”“黄色”和“绿色”进行调整，如图12-376~图12-379所示，以减少画面中青色和黄色的含量，使整体颜色趋向粉橙色，风格更加浪漫柔美。

图 12-376　　图 12-377

图 12-378　　图 12-379

⑭ 单击“调整”面板中的按钮，创建“亮度/对比度”调整图层，增加亮度和对比度，使画面色调清新明朗，如图12-380和图12-381所示。

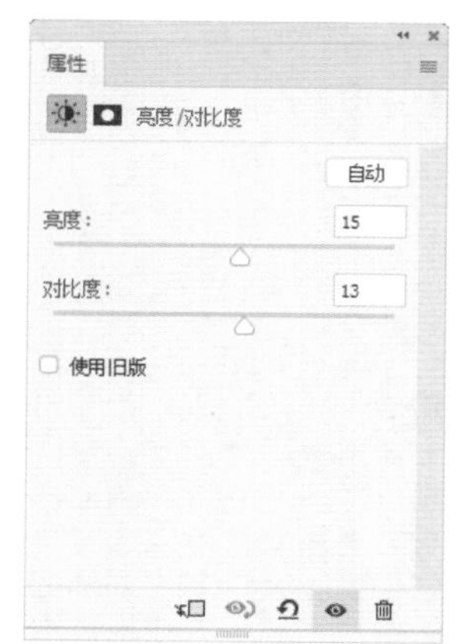

图 12-380

图 12-381

⑮ 整理画面下方略显发白的图案背景。根据个人感觉，喜欢浅淡色调的可以忽略这一步操作。在“颜色填充1”图层的蒙版中，用浅灰色涂抹图案背景部分，可适当恢复色调，使图案变得清晰一些，如图12-382和图12-383所示。

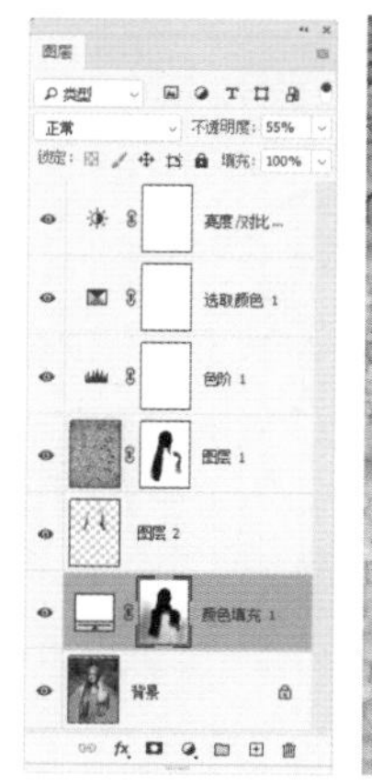

图 12-382

图 12-383

12.18 制作冰手特效

01 打开素材文件，如图12-384所示。选择快速选择工具，在工具选项栏中设置工具参数，如图12-385所示，将手选中，如图12-386所示。

图 12-384

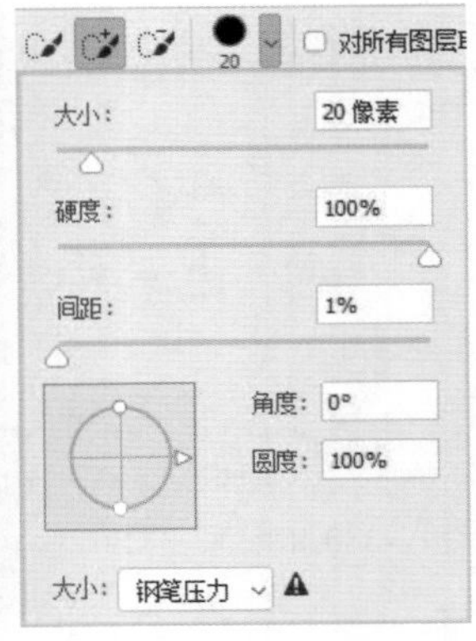

图 12-385

图 12-386

tip 创建选区时，一次不能完全选中两只手，按住Alt键在多选的部分拖动鼠标，可将其排除到选区之外；按住Shift键在漏选的区域拖动鼠标，可将其添加到选区中。

02 连续按4次Ctrl+J快捷键，将选中的手复制到4个图层中，如图12-387所示。分别在图层的名称上双击，为图层输入新的名称。 选择“质感”图层，在其他3个图层的眼睛图标上单击，将它们隐藏，如图12-388所示。

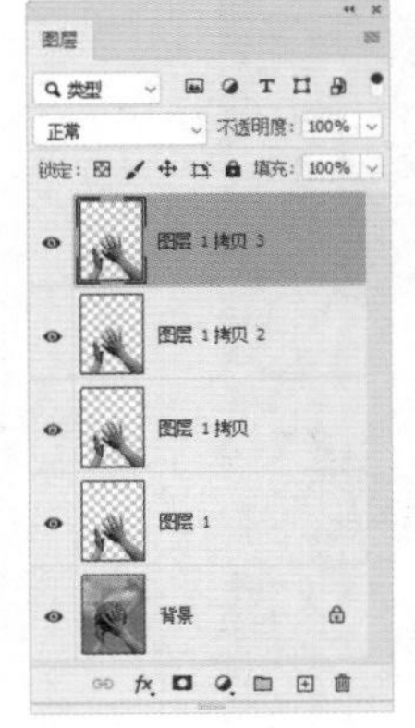

图 12-387

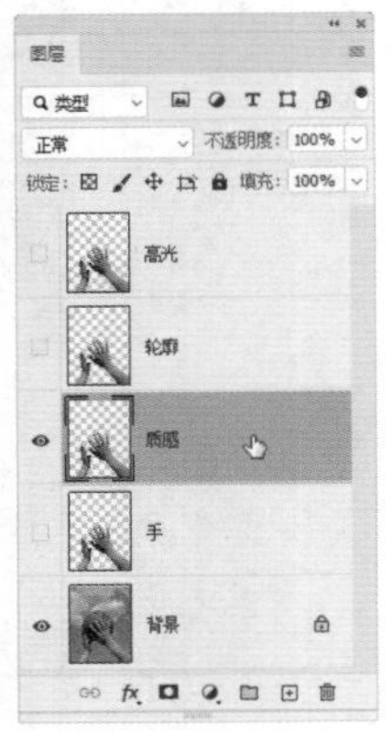

图 12-388

03 执行“滤镜”|“滤镜库”命令，打开“滤镜库”，在“艺术效果”滤镜组中选择“水彩”滤镜，设置相关参数，如图12-389所示。

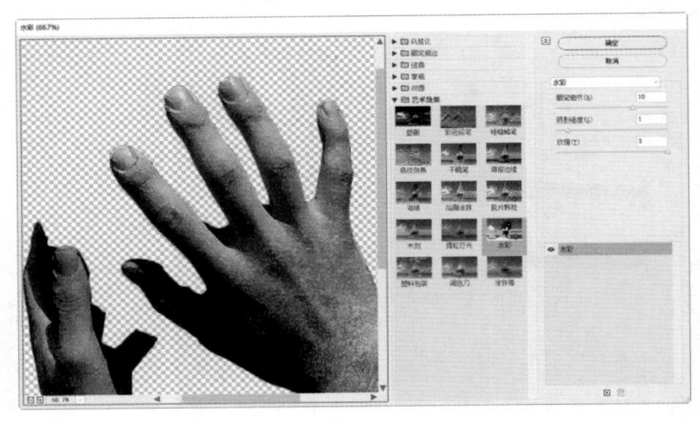

图 12-389

04 在“图层”面板中双击“质感”图层的空白处，打开“图层样式”对话框，按住Alt键向右侧拖动“本图层”选项组中的黑色滑块，将它分为两个部分，然后将右半部滑块定位在色阶237处，如图12-390所示。这样可以将该图层中色阶值低于237的暗色调像素隐藏，只保留由滤镜生成的淡淡的纹理，而将黑色边线隐藏，如图12-391所示。

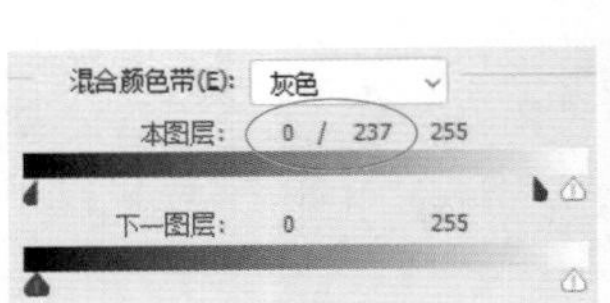

图 12-390

图 12-391

tip 按住Alt键，拖动“本图层”中的滑块，可以将其分为两个部分。这样可以在隐藏的像素与显示的像素之间，创建半透明的过渡区域，使隐藏效果的过渡更加柔和自然。

05 选择并显示“轮廓”图层，如图12-392所示。执行“滤镜”|“滤镜库”命令，打开“滤镜库”，在“风格化”滤镜组中选择“照亮边缘”滤镜，参数设置如图12-393所示。将该图层的混合模式设置为“滤色”，生成类似于冰雪般的透明轮廓，如图12-394所示。

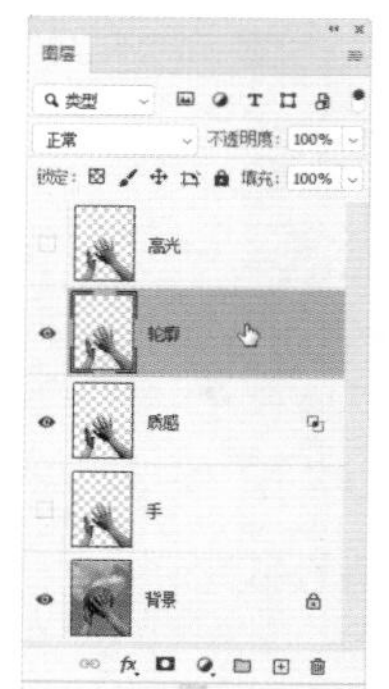
图12-392

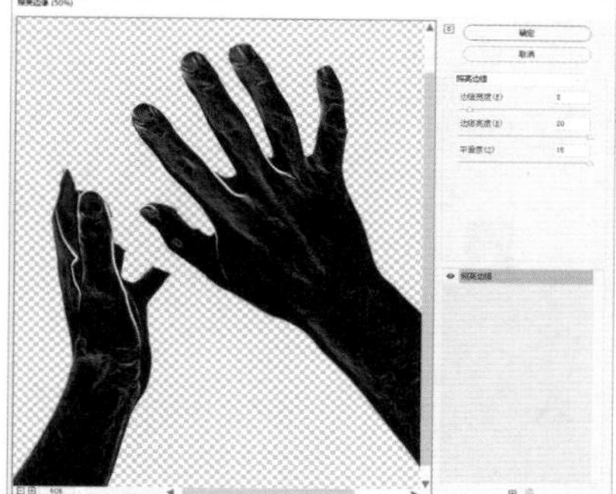
图12-393

图12-394

06 按Ctrl+T快捷键显示定界框，拖动两侧的控制点将图像拉宽，使轮廓线略超出手的范围。按住Ctrl键，将右上角的控制点向左移动一点，如图12-395和图12-396所示，按Enter键确认操作。

图12-395

图12-396

07 选择并显示“高光”图层，执行“滤镜”|“素描”|“铬黄”命令，应用该滤镜，如图12-397所示。将图层的混合模式设置为“滤色”，如图12-398和图12-399所示。

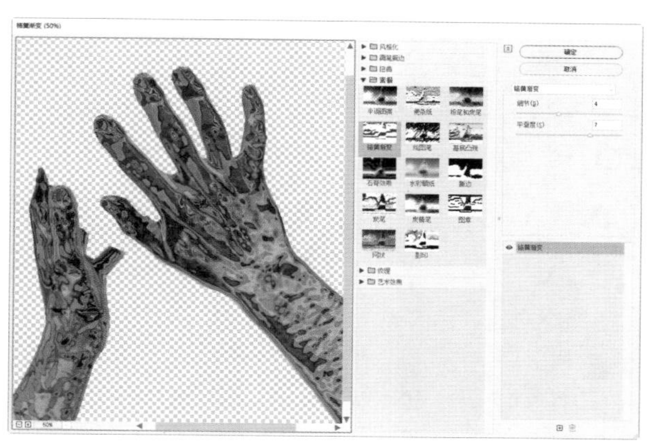
图12-397

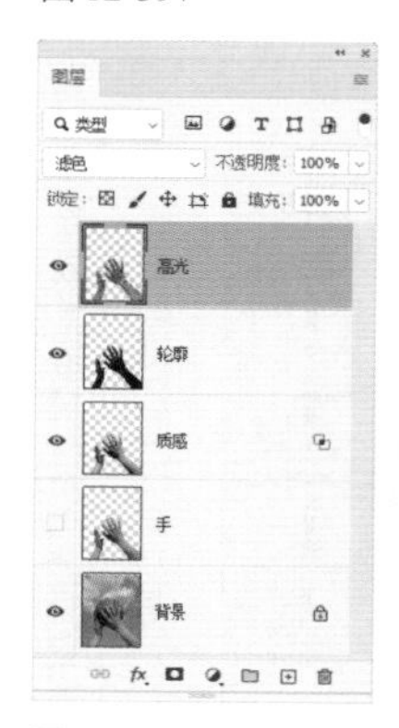
图12-398

图12-399

08 选择并显示“手”图层，单击“图层”面板顶部的 按钮，如图12-400所示，将该图层的透明区域锁定。按D键恢复默认的前景色和背景色，按Ctrl+Delete快捷键，填充背景色（白色），使手图像成为白色，如图12-401所示。由于锁定了图层的透明区域，因此颜色不会填充到手外边。

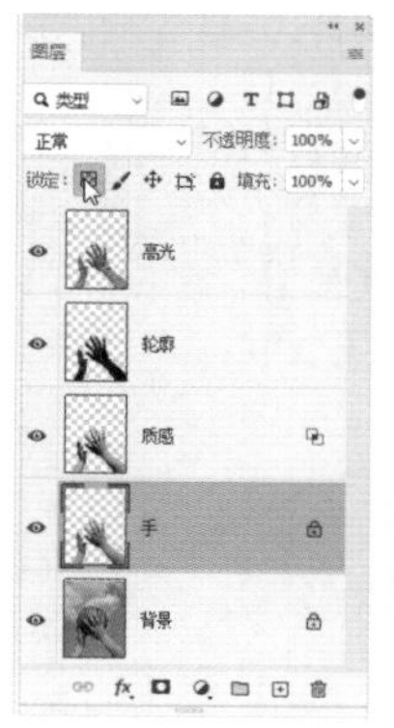
图12-400

图12-401

09 单击“图层”面板底部的 按钮，为图层添加蒙版。使用柔角画笔工具 在两只手内部涂抹灰色，颜色深浅应有一些变化，如图12-402和图12-403所示。

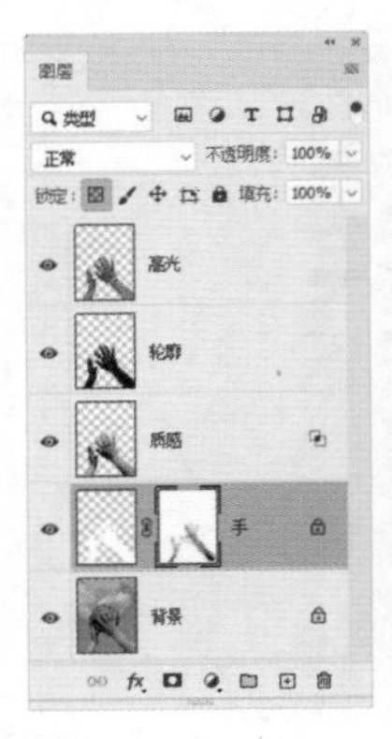

图 12-402

图 12-403

10 单击“高光”图层，按住Ctrl键单击该图层的缩览图，将手载入选区，如图12-404和图12-405所示。

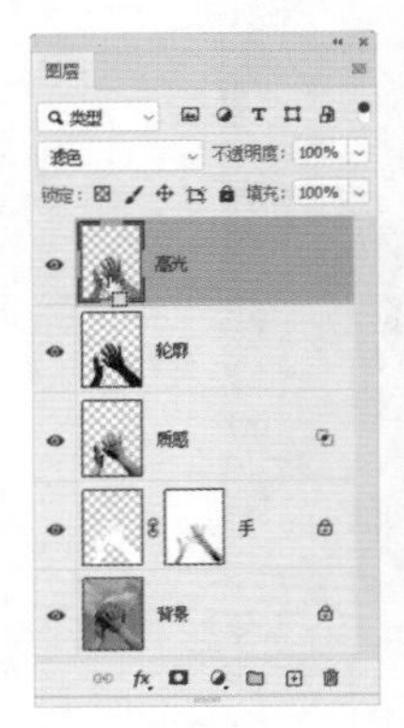

图 12-404

图 12-405

11 创建“色相/饱和度”调整图层，设置参数如图12-406所示，将手调整为冷色，如图12-407所示。选区会转化到调整图层的蒙版中，以限定调整范围。

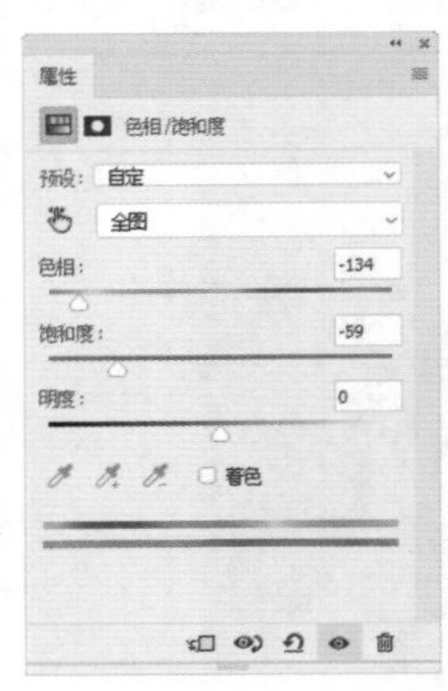

图 12-406

图 12-407

12 单击“图层”面板底部的 ⊞ 按钮，在调整图层上面新建图层，如图12-408所示。选择柔角画笔工具 ，按住Alt键（可切换为吸管工具 ）在蓝天上单击，拾取蓝色作为前景色，然后释放Alt键，在手臂内部涂抹蓝色，让手臂看上去更加透明，如图12-409所示。

图 12-408

图 12-409

13 使用椭圆选框工具 选中篮球。选择“背景”图层，按Ctrl+J快捷键将篮球复制到新的图层中，如图12-410所示。按Shift+Ctrl+] 快捷键，将该图层调整到最顶层，如图12-411所示。

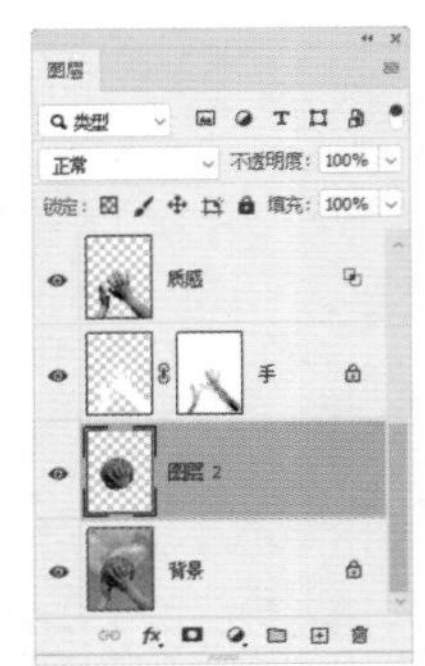

图 12-410

图 12-411

14 按Ctrl+T快捷键显示定界框。单击鼠标右键，在弹出的快捷菜单中执行“水平翻转”命令，翻转图像；将光标放在控制点外侧，拖动鼠标旋转图像，如图12-412所示，按Enter键确认操作。单击“图层”面板底部的 按钮，为图层添加蒙版。使用柔角画笔工具 在左上角的篮球上涂抹黑色，将其隐藏。按数字键3，将画笔的“不透明度”设置为30%，在篮球右下角涂抹浅灰色，使手掌内的篮球呈现若隐若现的效果，如图12-413和图12-414所示。

图 12-412

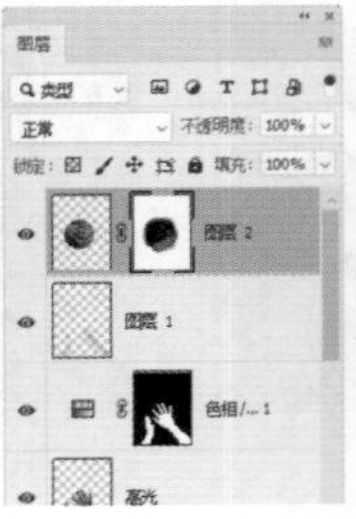

图 12-413

图 12-414

15 按住Ctrl键单击“手”图层的缩览图，将手载入选区，如图12-415所示。选择椭圆选框工具 ，按住Shift键，单击并拖动鼠标将篮球选中，将其添加到选区中，如图12-416所示。

图12-415

图12-416

⑯ 执行“编辑”|“合并拷贝”命令，复制选中的图像，按Ctrl+V快捷键粘贴到新的图层中（“图层3”），如图12-417所示。按住Ctrl键，单击“轮廓”图层，将它与“图层3”同时选择，如图12-418所示。打开素材文件，如图12-419所示，使用移动工具 将选中的两个图层拖入该文档中，效果如图12-420所示。

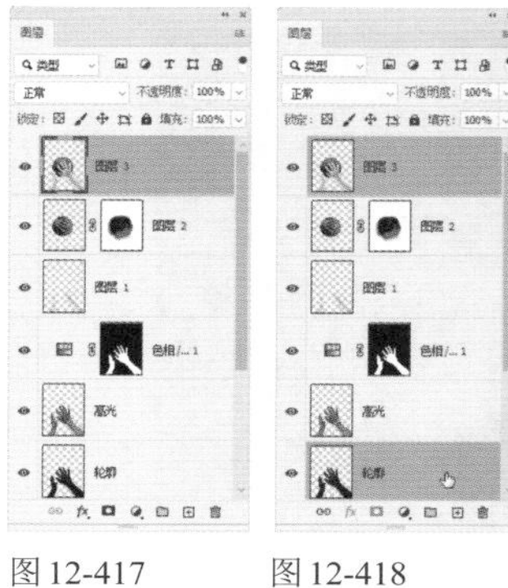

图12-417

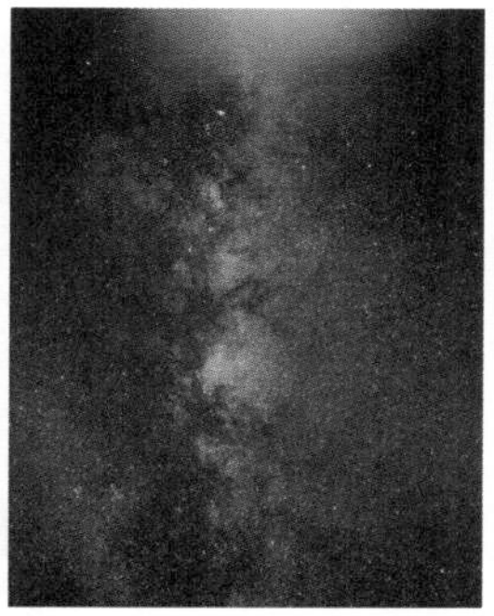

图12-418

图12-419

图12-420

12.19　制作碎片特效

01 打开素材，如图12-421所示。首先把人物从背景中分离出来。执行“选择”|“主体”命令，将人物大致选取，如图12-422所示。选择快速选择工具 并在漏选的裙角处拖动，将其添加到选区中，如图12-423所示。

图12-421

图12-422

图12-423

02 按Ctrl+J快捷键抠图，如图12-424所示。修改图层名称，然后再次按Ctrl+J快捷键复制该图层，并修改名称，如图12-425所示。

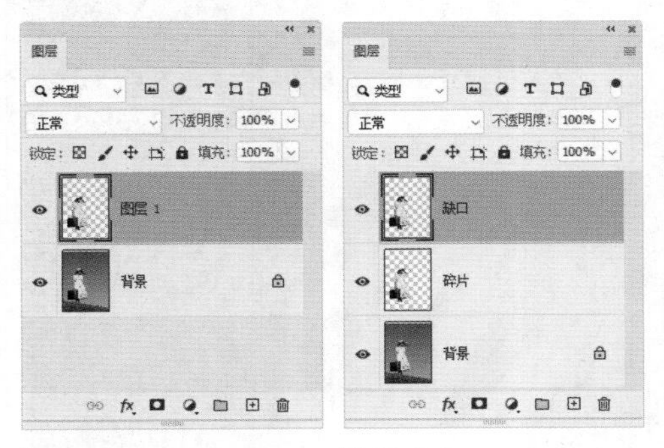

图 12-424　　图 12-425

03 下面制作背景。复制“背景”图层，如图12-426所示。使用套索工具在人物外侧创建选区，如图12-427所示。

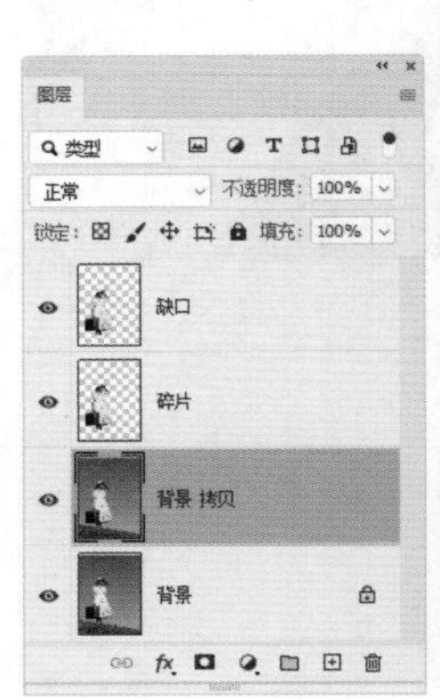

图 12-426　　图 12-427

04 执行“编辑”|“填充”命令，在“填充”对话框中选择“内容识别”选项，如图12-428所示，填充效果如图12-429所示（此图为上面两个图层隐藏后的效果）。按Ctrl+D快捷键取消选择。

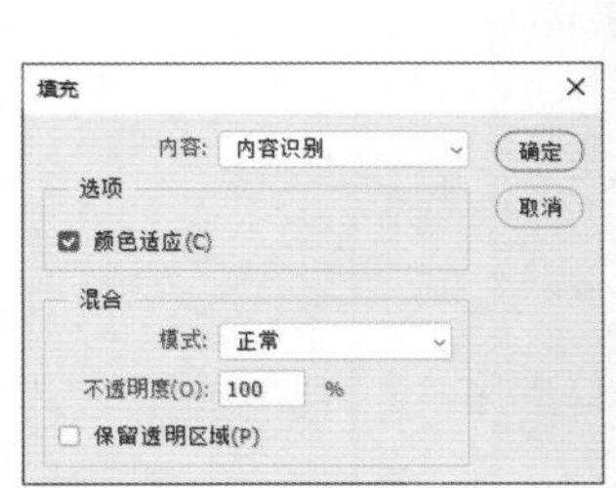

图 12-428　　图 12-429

05 隐藏“碎片”图层，选择“缺口”图层并为它添加蒙版，如图12-430所示。选择画笔工具，打开工具选项栏中的画笔下拉面板，在“特殊效果画笔”组中选择如图12-431所示的笔尖。用 [键和] 键调整画笔大小。沿人物身体边缘拖动鼠标，画出缺口效果，如图12-432和图12-433所示。

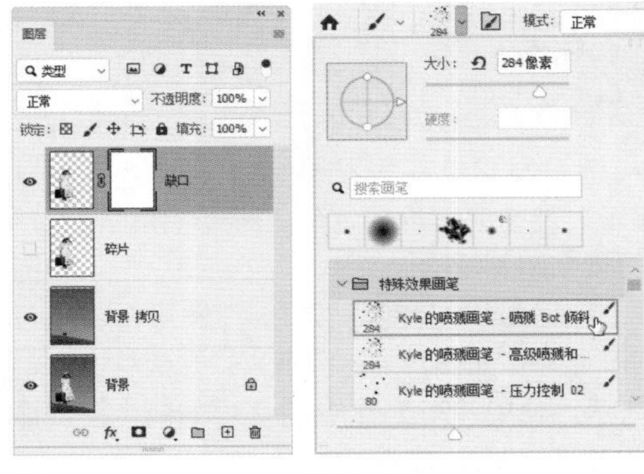

图 12-430　　图 12-431

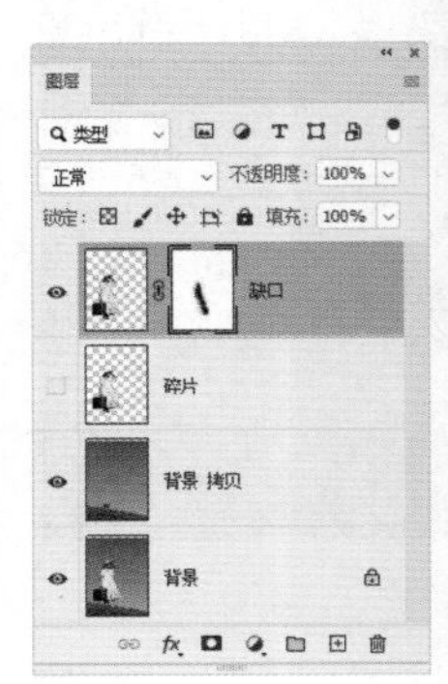

图 12-432　　图 12-433

06 将“缺口”图层隐藏。选择并显示“碎片”图层，执行“滤镜”|“转换为智能滤镜”命令，将它转换为智能对象。执行“滤镜”|“液化”命令，打开“液化”对话框，用向前变形工具在人物身体靠近右侧位置单击，然后向右拖动鼠标，将图像往右拉伸，处理成如图12-434所示的效果。关闭对话框。

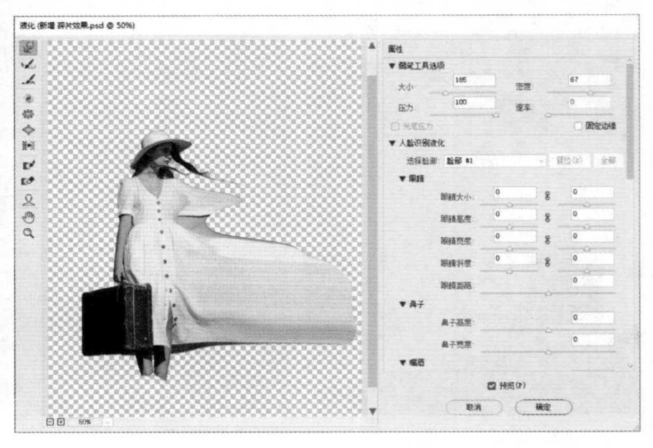

图 12-434

07 按Alt键单击 按钮，添加反相蒙版，即黑色蒙版，将当前液化效果遮盖住。用画笔工具修改蒙版，不用更换笔尖，但可适当调整画笔大小。从靠近缺口的位置开始，向画面右侧涂抹白色，让液化后的图像以碎片的形式显现，如图12-435和图12-436所示。为了衔接自然，可以显示“缺口”图层，再处理碎片效果。

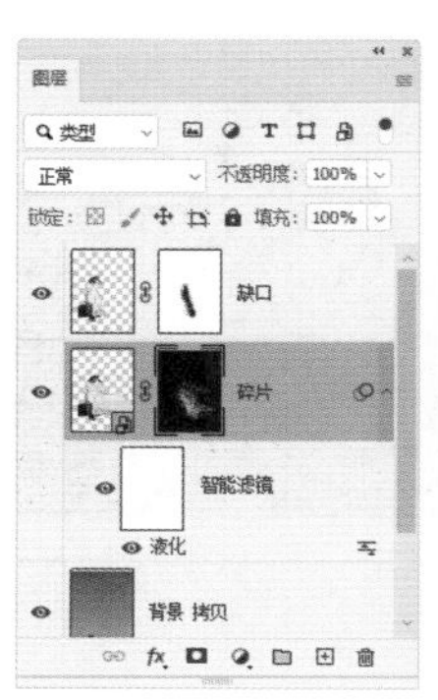

图12-435

图12-436

12.20　电影感场景合成

01 打开素材，如图12-437所示。

图12-437

02 单击“调整”面板中的 按钮，创建“曲线”调整图层，将曲线向下调整，使图像变暗，如图12-438和图12-439所示。

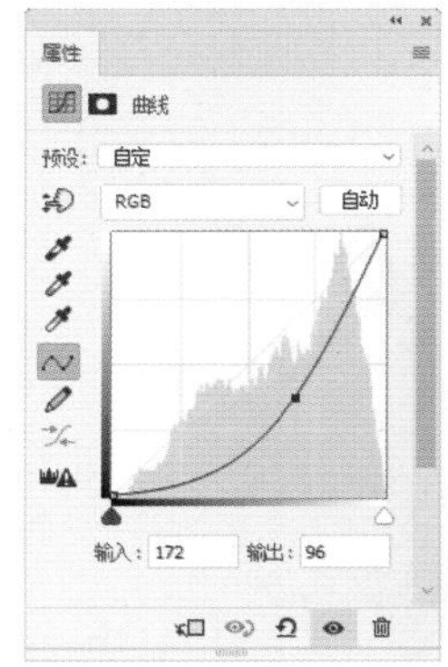

图12-438

图12-439

03 按Ctrl+I快捷键，执行“反相”命令，使“曲线”调整图层的蒙版变为黑色。选择画笔工具 ，设置“大小”为100像素，设置“硬度”为0%，如图12-440所示。在工具选项栏中设置“不透明度”为20%，在古堡两侧的景物上涂抹。由于降低了不透明度，在涂抹时会呈现灰色。将“不透明度”设置为100%，按Shift+X快捷键，转换前景色与背景色，用白色涂抹天空和云雾区域。按住Alt键单击蒙版缩览图，在文档窗口显示蒙版效果，如图12-441所示。单击曲线缩览图，如图12-442所示，显示图像效果，如图12-443所示。

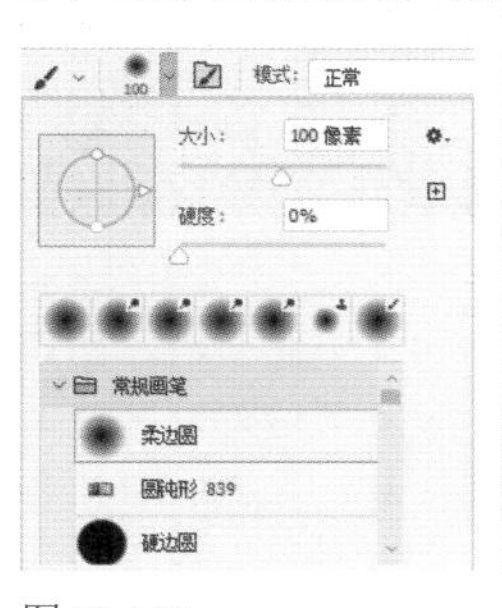

图12-440

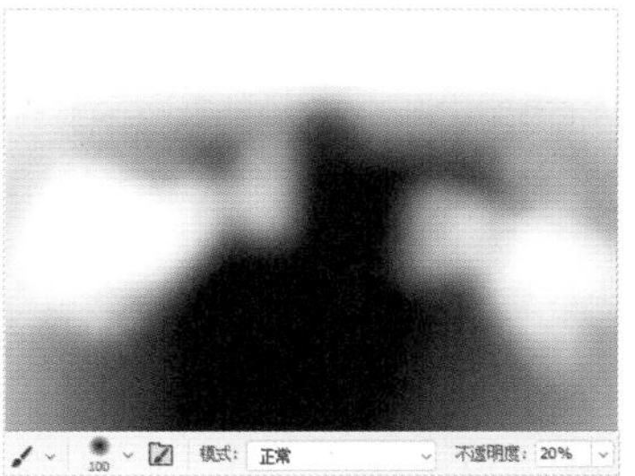

图12-441

图12-442

图12-443

04 单击“调整”面板中的 按钮，创建“亮度/对比度”调整图层，增加古堡的对比度，如图12-444所示。

按Ctrl+I快捷键，将蒙版反相为黑色。使用画笔工具在古堡上涂抹白色，增加这部分图像的对比度，其他景物不受影响。为了便于查看编辑的区域范围，这里将其用红色显示，如图12-445所示。如图12-446和图12-447所示为蒙版及图像的效果。

图 12-444

图 12-445

图 12-446

图 12-447

05 打开一幅天空素材，如图12-448所示。使用移动工具将图像拖曳至画面中，如图12-449所示。

图 12-448

图 12-449

06 单击“图层”面板底部的按钮，创建蒙版，使用画笔工具在图像底边涂抹黑色，以隐藏这部分区域，使其与古堡图像能够自然地合成在一起，如图12-450和图12-451所示。

图 12-450

图 12-451

07 打开人物素材，如图12-452所示。使用快速选择工具，在人物身上按住鼠标拖动，创建选区。按住Alt键在臂弯处的背景区域涂抹，可以将其从选区中减去，如图12-453所示。

图 12-452

图 12-453

08 单击工具选项栏中的“选择并遮住”按钮，通过设置参数进一步细化选区。设置“平滑”为2，设置“对比度”为6%，使选区变得平滑无杂色。在“输出到”下拉列表中选择“新建带有图层蒙版的图层”选项，如图12-454和图12-455所示。单击“确定”按钮，抠出图像，如图12-456和图12-457所示。

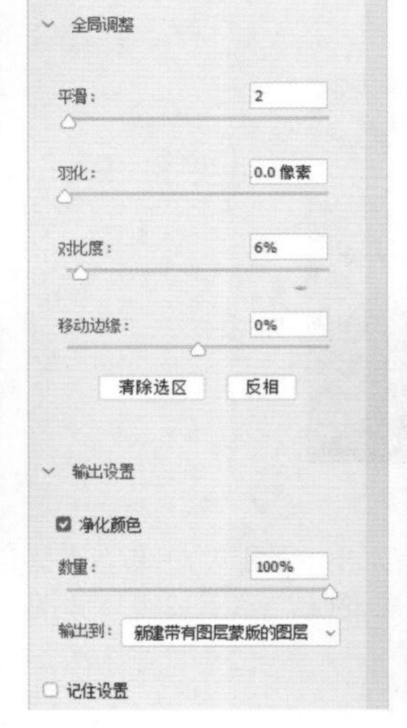

图 12-454

图 12-455

图 12-456

图 12-457

09 使用移动工具将人物拖曳至画面中，修改图层名称为“人物”，如图12-458和图12-459所示。

图12-458　　图12-459

10 这个场景的色调深沉神秘，裙子因太白太亮会有跳出画面的感觉，需要制作环境光影，合成效果才会更加自然。单击“图层”底部的⊞按钮，新建图层。选择画笔工具（“不透明度”为30%），在裙子下方涂抹黑色，设置该图层的混合模式为“正片叠底”，设置“不透明度”为53%，按Alt+Ctrl+G快捷键创建剪贴蒙版，将超出裙子区域的图像隐藏，如图12-460和图12-461所示。

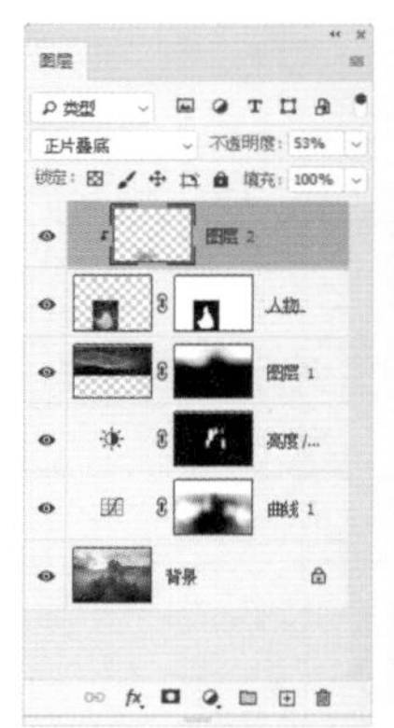

图12-460　　图12-461

11 调整前景色（R175、G144、B144）。新建图层，设置混合模式为“柔光”，使用画笔工具（“不透明度”为100%）在头发上涂抹，提亮头发的颜色，使其与背景有所区分，按Alt+Ctrl+G快捷键创建剪贴蒙版，如图12-462和图12-463所示。

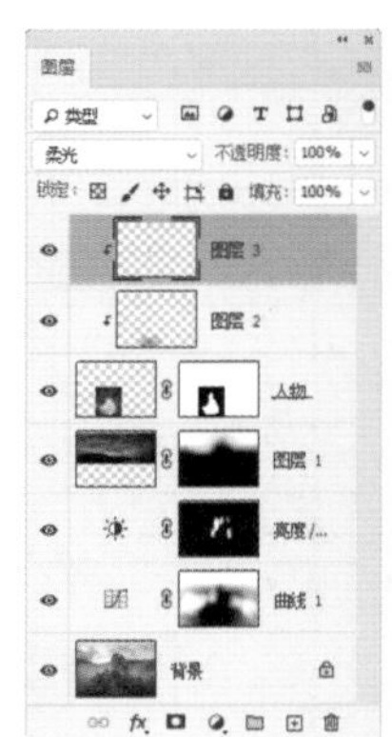

图12-462　　图12-463

12 将鹰和油灯素材拖曳至画面中，使画面内容更丰富，如图12-464所示。

图12-464

13 单击“调整”面板中的▦按钮，创建“颜色查找”调整图层，在“属性”面板的“3DLUT文件”下拉列表中选择DropBlues.3DL文件，如图12-465所示，使画面色调统一，效果如图12-466所示。

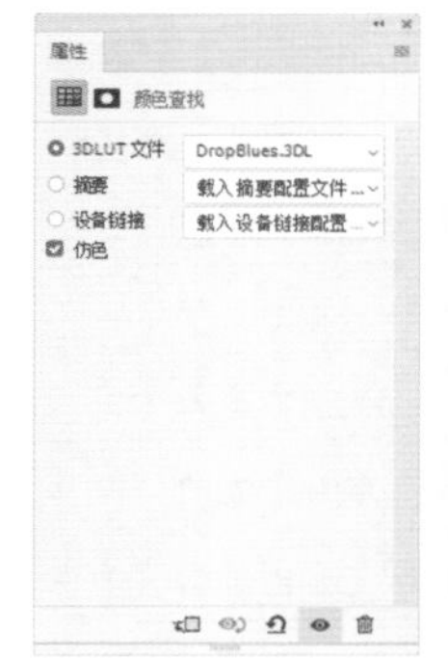

图12-465　　图12-466

14 单击“调整”面板中的按钮，创建“色阶”调整图层。在直方图中，山脉两端没有延伸到直方图的两个端点上，说明图像中最暗的不是黑色，最亮的也不是白色，调整滑块的位置，使其接近山脉两端，如图12-467所示，效果如图12-468所示。

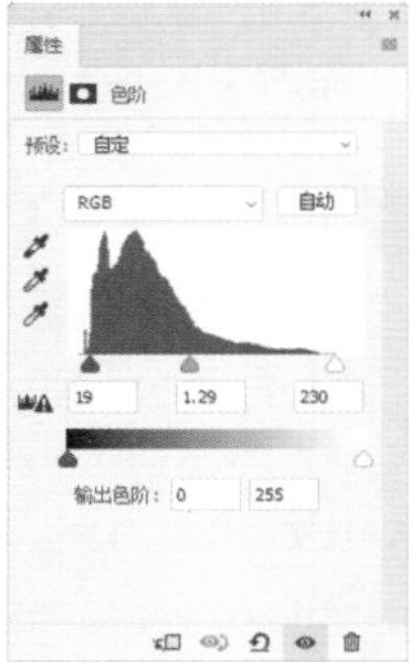

图12-467　　图12-468

附录

附录A Photoshop CC 2021 快捷键速查表

工具/（快捷键）	工具/（快捷键）	工具/（快捷键）
移动工具（V）	画板工具	矩形选框工具（M）
椭圆选框工具（M）	单行选框工具	单列选框工具
套索工具（L）	多边形套索工具（L）	磁性套索工具（L）
快速选择工具（W）	魔棒工具（W）	吸管工具（I）
3D材质吸管工具（I）	颜色取样器工具（I）	标尺工具（I）
注释工具（I）	计数工具（I）	裁剪工具（C）
透视裁剪工具（C）	切片工具（C）	切片选择工具（C）
污点修复画笔工具（J）	修复画笔工具（J）	修补工具（J）
内容感知移动工具（J）	红眼工具（J）	画笔工具（B）
铅笔工具（B）	颜色替换工具（B）	混合器画笔工具（B）
仿制图章工具（S）	图案图章工具（S）	历史记录画笔工具（Y）
历史记录艺术画笔工具（Y）	橡皮擦工具（E）	背景橡皮擦工具（E）
魔术橡皮擦工具（E）	渐变工具（G）	油漆桶工具（G）
3D材质拖放工具（G）	模糊工具	锐化工具
涂抹工具	减淡工具（O）	加深工具（O）
海绵工具（O）	钢笔工具（P）	自由钢笔工具（P）
弯度钢笔工具（P）	添加锚点工具	删除锚点工具
转换点工具	横排文字工具（T）	直排文字工具（T）
横排文字蒙版工具（T）	直排文字蒙版工具（T）	路径选择工具（A）
直接选择工具（A）	矩形工具（U）	圆角矩形工具（U）
椭圆工具（U）	多边形工具（U）	直线工具（U）
自定形状工具（U）	抓手工具（H）	旋转视图工具（R）
缩放工具（Z）	默认前景色/背景色（D）	前景色/背景色互换（X）
切换标准/快速蒙版模式（Q）	切换屏幕模式（F）	

"文件"菜单命令/（快捷键）	"文件"菜单命令/（快捷键）	"文件"菜单命令/（快捷键）
新建（Ctrl+N）	打开（Ctrl+O）	在 Bridge 中浏览（Alt+Ctrl+O）
打开为（Alt+Shift+Ctrl+O）	关闭（Ctrl+W）	关闭全部（Alt+Ctrl+W）
关闭其它（Alt+Ctrl+P）	关闭并转到 Bridge（Shift+Ctrl+W）	存储（Ctrl+S）
存储为（Shift+Ctrl+S）	恢复（F12）	导出 | 导出为（Alt+Shift+Ctrl+W）
存储为 Web 所用格式（Alt+Shift+Ctrl+S）	文件简介（Alt+Shift+Ctrl+I）	打印（Ctrl+P）
打印一份（Alt+Shift+Ctrl+P）	退出（Ctrl+Q）	

"编辑"菜单命令/（快捷键）	"编辑"菜单命令/（快捷键）	"编辑"菜单命令/（快捷键）
还原/重做（Ctrl+Z）	前进一步/后退一步（Shift+Ctrl+Z / Alt+Ctrl+Z）	渐隐（Shift+Ctrl+F）
剪切（Ctrl+X）	拷贝（Ctrl+C）	合并拷贝（Shift+Ctrl+C）
粘贴（Ctrl+V）	选择性粘贴 | 原位粘贴（Shift+Ctrl+V）	选择性粘贴 | 贴入（Alt+Shift+Ctrl+V）
填充（Shift+F5）	内容识别比例（Alt+Shift+Ctrl+C）	自由变换（Ctrl+T）
变换 | 再次变换（Shift+Ctrl+T）	颜色设置（Shift+Ctrl+K）	键盘快捷键（Alt+Shift+Ctrl+K）
菜单（Alt+Shift+Ctrl+M）	首选项 | 常规（Ctrl+K）	

"图像"菜单命令/（快捷键）	"图像"菜单命令/（快捷键）	"图像"菜单命令/（快捷键）
调整 | 色阶（Ctrl+L）	调整 | 曲线（Ctrl+M）	调整 | 色相/饱和度（Ctrl+U）
调整 | 色彩平衡（Ctrl+B）	调整 | 黑白（Alt+Shift+Ctrl+B）	调整 | 反相（Ctrl+I）
调整 | 去色（Shift+Ctrl+U）	自动色调（Shift+Ctrl+L）	自动对比度（Alt+Shift+Ctrl+L）
自动颜色（Shift+Ctrl+B）	图像大小（Alt+Ctrl+I）	画布大小（Alt+Ctrl+C）

"图层"菜单命令/（快捷键）	"图层"菜单命令/（快捷键）	"图层"菜单命令（快捷键）
新建 | 图层（Shift+Ctrl+N）	新建 | 通过拷贝的图层（Ctrl+J）	新建 | 通过剪切的图层（Shift+Ctrl+J）
快速导出为PNG（Shift+Ctrl+'）	导出为（Alt+Shift+Ctrl+'）	创建剪贴蒙版（Alt+Ctrl+G）
图层编组（Ctrl+G）	取消图层编组（Shift+Ctrl+G）	隐藏图层（Ctrl+,）
锁定图层（Ctrl+/）	合并图层（Ctrl+E）	合并可见图层（Shift+Ctrl+E）

"选择"菜单命令/（快捷键）	"选择"菜单命令/（快捷键）	"选择"菜单命令/（快捷键）
全部（Ctrl+A）	取消选择（Ctrl+D）	重新选择（Shift+Ctrl+D）
反选（Shift+Ctrl+I）	所有图层（Alt+Ctrl+A）	查找图层（Alt+Shift+Ctrl+F）
选择并遮住（Alt+Ctrl+R）	修改 | 羽化（Shift+F6）	

"滤镜"菜单命令/（快捷键）	"滤镜"菜单命令/（快捷键）	"滤镜"菜单命令/（快捷键）
上次滤镜操作（Alt+Ctrl+F）	自适应广角（Alt+Shift+Ctrl+A）	Camera Raw滤镜（Shift+Ctrl+A）
镜头校正（Shift+Ctrl+R）	液化（Shift+Ctrl+X）	消失点（Alt+Ctrl+V）

3D菜单命令/（快捷键）	3D菜单命令/（快捷键）	3D菜单命令/（快捷键）
渲染3D图层（Alt+Shift+Ctrl+R）		

"视图"菜单命令/（快捷键）	"视图"菜单命令/（快捷键）	"视图"菜单命令/（快捷键）
校样颜色（Ctrl+Y）	色域警告（Shift+Ctrl+Y）	放大（Ctrl++）
缩小（Ctrl+–）	按屏幕大小缩放（Ctrl+0）	100%（Ctrl+1）
显示额外内容（Ctrl+H）	显示 | 目标路径（Shift+Ctrl+H）	显示 | 网格（Ctrl+'）
显示 | 参考线（Ctrl+；）	标尺（Ctrl+R）	对齐（Shift+Ctrl+;）
锁定参考线（Alt+Ctrl+;）		

面板/（快捷键）	面板/（快捷键）	面板/（快捷键）
动作（Alt+F9）	画笔（F5）	图层（F7）
信息（F8）	颜色（F6）	

附录B 印刷基本常识

印刷的种类

印刷的种类	
凸版印刷	凸版印刷是把油墨涂在凸起的印刷图文上，然后通过压力，将油墨印在纸张和其他的承印物上。凸版印刷的机器有压盘型、平台型和滚筒型。凸版印刷组版灵活，方便校版，小批量印刷时成本较低，但不适合印刷幅面较大的印刷品
平版印刷	平版印刷也称为胶印，利用油墨与水的排斥原理进行印刷的，在有文字和图像的地方吸附油墨排斥水，在空白区域吸附水排斥油墨，在印刷时，印版的两个滚筒相接触，一个上水，另一个上油墨。平版印刷的拼版和制版比较灵活，适合印刷大幅面的海报、地图和包装材料，是使用最广泛的印刷工艺
凹版印刷	凹版印刷是通过线条图文在印版版面凹陷的深浅和宽窄程度来体现画面层次的，图文凹陷越深，填入的油墨越多，印刷出的色调也就越浓，而凸版和平版印刷，则是通过网点面积的大小和网线的粗细来体现画面的
孔版印刷	孔版印刷是印版图文可透过油墨漏印至承印物的印刷方法，它包括丝网印刷、打字蜡版印刷、镂空版喷刷和誊写版印刷等

印版

印版是传递油墨至印刷承印物的载体，印版上吸附油墨的部分为印刷部分，不吸附油墨的部分为非印刷部分，印版主要有凸版、平版、凹版和孔版。

印版	
凸版	图文部分明显高于空白部分的印版为凸版，它包括活字版、铅版、铜锌版和树脂版等
平版	图文部分与空白部分几乎处于同一平面的印版为平版，它包括锌版、铝版（PS版）等
凹版	图文部分明显低于空白部分的印版为凹版，它包括铜版、钢板等
孔版	图文部分由大小不同的孔洞或大小相同但数量不等的网眼组成，并且可透过油墨，它包括镂空版、喷花版、丝网印刷版和誊写版等

印后加工

印后加工是指在印刷后进行的加工工艺，包括装订、表面加工和包装加工。

印后加工	
装订	装订主要有平装、线装和精装等形式。平装的工艺简单，成本较低；线装做工精细，具有民族风格，适合古籍类书籍；精装制作精美，封面和封底采用皮革、漆布和丝织品，成本较高
表面加工	常见的印刷品表面加工，有上光、上蜡、压箔、覆膜、烫金和压凸等，表面加工可增加印刷品表面的光泽，提高印刷品耐水、耐折、耐磨等性能，在保护印刷品的同时可提高档次
包装加工	包装加工可保护商品，方便使用，包括商品的外包装盒、包装箱和纸容器等，多采用复合材料制成，如玻璃纸、尼龙、铝箔等薄膜物质

印刷用纸张的种类和用途

常用的印刷用纸包括新闻纸、胶版纸、铜版纸、凸版纸、字典纸、白卡纸、书皮纸等。

印刷用纸张的种类和用途	
新闻纸	新闻纸也叫白报纸，主要用于报纸和一些质量要求较低的期刊、书籍，新闻纸的纸质松软，具有良好的吸墨性
胶版纸	胶版纸主要用来印制较为高级的彩色印刷品，如彩色画报、画册、商标和宣传画等。胶版纸的伸缩性小，吸墨均匀，平滑度好，抗水性能较强。胶版纸有单面和双面之分，还有超级压光和普通压光两个等级
铜版纸	铜版纸又称印刷涂料纸，是在原纸的表面涂布一层白色的浆料，经压光制成的高级印刷用纸。铜版纸具有较好的弹性和较强的抗水性，纸张表面光洁、纸质纤维分布均匀，主要用于印刷精致的画册、彩色商标、明信片和产品样本等。铜版纸有单面铜和双面铜之分
凸版纸	凸版纸主要用于印刷书刊、课本和表册
字典纸	字典纸是一种高级的薄型凸版印刷纸，主要用于印刷字典、工具书和袖珍手册等
白卡纸	白卡纸的伸缩性较小，折叠时不易断裂，主要用于印刷名片、请柬和包装盒等
书皮纸	书皮纸是作为封皮的用纸，常用来印刷书籍和杂志的封面

不同纸张的重量和规格

纸张按照重量可划分为两类，250g/m² 以下的称为纸，250g/m² 以上的称为纸板。纸张的规格包括形式、尺寸和定量3个方面，其中形式主要是指平版纸和卷筒纸；尺寸分为两种，平版纸的尺寸是指纸张的长度和宽度，而卷筒纸的尺寸则是指纸张的幅宽；定量指的是单位面积的重量，一般以每平方米纸张的重量为多少克来表示，如60g胶版纸表示这种纸每平方米的重量为60g，克数越大，纸张越厚。

种类	质量	平版纸规格 /（mm×mm）	卷筒纸规格 /mm
新闻纸	（49～52）± 2g/m²	787×1092、850×1168、 880×1230	宽度：787、1092、1575 长度：6000～8000m
胶版纸	50、60、70、80、90、100、120、150、180g/m²	787×1092、850×1168、 880×1230	宽度：787、1092、850
铜版纸	70、80、100、105、115、120、128、150、157、180、200、210、240、250g/m²	648×953、787×970、 787×1092、889×1194	
凸版纸	（49～60）± 2g/m²	787×1092、850×1168、 880×1230	宽度：787、1092、1575 长度：6000～8000m
字典纸	25～40g/m²	787×1092	
白卡纸	220、240、250、280、300、350、400 g/m²	787×787、787×1092、1092×1092	
书皮纸	80、100、120 g/m²	690×960、787×1092	

印刷油墨的分类

印刷油墨按照不同的印刷工艺和干燥方式等有不同的分类，按照印刷工艺可分为凸版油墨、平版油墨、凹版油墨和孔版油墨；按照干燥方式，可分为渗透干燥油墨、挥发干燥油墨、氧化结膜油墨和热固型油墨等；按照承印物可分为印报油墨、书刊油墨、包装招贴油墨和玻璃陶瓷印刷油墨等；按照色泽可分为荧光油墨、显影油墨和金属粉印刷油墨等。

附录C VI视觉识别系统手册主要内容

应用设计系统	
事物用品类	名片、信纸、信封、便笺、文件袋、资料袋、薪金袋、卷宗袋、报价单、各类商业表格和单据、各类证卡、年历、月历、日历、工商日记、奖状、奖牌、茶具、办公用品等
包装产品类	包装箱、包装盒、包装纸（单色/双色/特别色）、包装袋、专用包装（指特定的礼品/活动宣传用的包装）、容器包装、手提袋、封口胶带、包装贴纸、包装用绳、产品吊牌、产品铭牌等
环境、标识类	室内外标识（室内外直式招牌/立地招牌/大楼屋顶招牌/楼层招牌/悬挂式招牌/柜台后招牌/路牌等）、室内外指示系统（表示禁止的指示/公共环境指示/机构/部门标示牌等）、主要建筑物外观风格、建筑内部空间装饰风格、大门入口设计风格、室内形象墙、环境色彩标志等
运输工具类	营业用工具（服务用轿车/客货两用车/吉普车/展销车/移动店铺/汽船等）、运输用工具（大巴/中巴/大小型货车/厢式货柜车/平板车/工具车/货运船/客运船/游艇/飞机等）、作业用工具（起重机车/升降机/推土车/清扫车/垃圾车/消防车/救护车/电视转播车等）、车身装饰设计
广告、公关类	报纸杂志广告、招贴、电视广告、年度报告、报表、企业出版物、直邮DM广告、POP促销广告、通知单、征订单、明信片等
店铺类	店铺平面图、立体图、施工图、材料规划、空间区域色彩风格、功能设备规划（水电/照明等）、环境设施规划（柜台/桌椅/盆栽/垃圾桶/烟灰缸等环境风格）
制服类	工作服、制服、徽章、名牌、领带、领带夹、领巾、皮带、衣扣、安全帽、工作帽、毛巾、雨具等
产品类	企业相关产品
展览展示类	展示会场设计、橱窗设计、展示台、商品展示架、展板造型、展示参观指示、舞台设计、照明规划等

基础设计系统	
标志	包括企业自身的标志和商品标志
企业、组织机构的名称	相关企业、组织机构的名称
标准字	包括企业名称、产品和商标名称的标准字
标准色	对标准色的使用应做出数值化的规范设定，如印刷色数值等
辅助图形	包括企业造型、象征图案和版面编排3个设计方面
象征造型	配合企业标志、标准字体用的辅助图形，如色带、图案、吉祥物等
宣传标语、口号	相关宣传标语、口号

附录D 复习题答案

第1章

1. 位图由像素组成，可以精确地表现颜色的细微过渡，也容易在各种软件之间交换；存储空间较大；受分辨率的制约，进行缩放时图像的清晰度会下降；主要用于Web、数码照片、扫描的图像。矢量图由数学对象定义的直线和曲线构成，占的存储空间小，与分辨率无关，任意旋转和缩放图形都会保持清晰、光滑。对于在各种输出媒体中按照不同大小使用的图稿（徽标和图标等）来说，矢量图形是最佳选择。

2. RGB模式、CMYK模式。

3. PSD格式。

第2章

1. 缩放工具 适合逐级放大或缩小窗口的显示比例。当图像尺寸较大，或者因放大窗口的显示比例而不能显示全部图像时，可以使用抓手工具 移动画面。如果要快速定位图像的显示区域，可以通过“导航器”面板来操作。

2. 单击“色板”面板右上角的 按钮，打开面板菜单，选择菜单中的PANTONE颜色库即可。

3. 单个图层、多个图层、图层蒙版、选区、路径、矢量形状、矢量蒙版和Alpha 通道，都可以进行变换和变形处理。

第3章

1. 图层承载了图像，如果没有图层，所有的图像将位于同一平面上，处理任何一部分图像时，都必须先选择图像。此外，图层样式、混合模式、蒙版、滤镜、文字等，都依托于图层而存在。

2. 在“图层”面板中，混合模式用于控制当前图层中的像素与它下面图层中的像素如何混合；在绘画和修饰工具的工具选项栏，以及“渐隐”“填充”“描边”命令和“图层样式”对话框中，混合模式只将所添加的内容与当前操作的图层混合，而不会影响其他图层；在“应用图像”和“计算”命令中，混合模式用来混合通道。

3. 矢量蒙版通过路径和矢量形状控制图像的显示区域，与分辨率无关；剪贴蒙版用一个图层中包含像素的区域限制它上层图像的显示范围，可通过一个图层来控制多个图层的可见内容；图层蒙版通过蒙版（灰度图像）控制图像的显示范围，还可以控制颜色调整范围和滤镜的有效范围。

4. 混合颜色带既可以隐藏当前图层中的图像，也可以让下面层中的图像穿透当前层显示出来，或者同时隐藏当前图层和下面层中的部分图像。

第4章

1. 选区分为两种，一种是普通选区，一种是羽化过的选区。

2. 保存选区、色彩信息和图像信息。

3. 单击“通道”面板底部的“将选区存储为通道”按钮 。

第5章

1. 增加对比度时，将“输入色阶”选项组中的阴影滑块和高光滑块向中间移动；降低对比度时，将“输出色阶”选项组中的两个滑块向中间移动。

2. 曲线左下角的“阴影”控制点相当于“色阶”的阴影滑块；右上角的“高光”控制点相当于“色阶”中的高光滑块；在曲线的中央（1/2处）添加的控制点，相当于“色阶”的中间调滑块。

3. 山峰整体向右偏移，说明照片曝光过度；山峰紧贴直方图右端，说明高光溢出。

第6章

1. 不能。因为Photoshop无法生成新的原始数据。

2. 降噪是通过模糊杂点实现的。锐化是通过提高图像中两种相邻颜色（或灰度层次）交界处的对比度实现的。

3. 抠汽车适合使用钢笔工具；抠毛发适合使用“选择并遮住”命令和通道；抠玻璃杯适合使用通道。

第7章

1. 滤镜是通过改变像素的位置或颜色来生成特效的。

2. 可以先执行“图像”|“模式”|“RGB颜色”命令，将图像转换为RGB模式，应用滤镜，之后再转换为CMYK模式（“图像”|“模式”|“CMYK颜色”命令）。

3. 智能滤镜应用于智能对象，智能滤镜可以随时修改参数、设置不透明度和混合模式。智能滤镜包含图层蒙版，删除智能滤镜不会破坏原始图像。

第8章

1. 全局光可以让“投影”“内阴影”“斜面和浮雕”效果使用相同角度的光源。

2. 使用“图层”|“图层样式”|“缩放效果”命令进行调整。

第9章

1. 在未栅格化以前。

2. 字距微调VA用来调整两个字符之间的间距；字距调整VA用来调整当前选取的所有字符的间距。

3. 移动方向点，可以改变方向线的长度和方向，从而改变曲线的形状。

第10章

1. 执行“文件”|“新建”命令，打开“新建文档”对话框，在“胶片和视频”选项卡中选择预设的文件，再单击“创建”按钮，可基于预设创建视频文件。

2. 执行“文件”|“导出”|“渲染视频”命令，可以将视频导出为QuickTime影片。

第11章

1. 使用Photoshop不能编辑3D模型本身的多边形网格，应该使用3D软件编辑。

2. 在文档窗口中选择灯光，在“属性”面板中勾选“阴影”选项，即可创建阴影，拖动“柔和度”滑块，可以模糊阴影边界。

3. 执行“文件”|“存储”命令，选择PSD、PDF或TIFF作为保存格式。

附录E 常见问题及解答

问题	解答
从事设计工作，用PC好还是用Mac好？	PC的优势是价格低，软件丰富，适合家庭和个人使用。Mac（苹果机）运行稳定，色彩还原准确，更接近于印刷色，大的广告和设计公司都用Mac，不过价格有点高。在软件的操作上，PC和Mac没有太大差别，只是按键的标识有些不同而已
数码摄影后期应重点关注哪些Photoshop功能？	Photoshop体系庞大，如果只用它做照片后期，有些功能是可以舍弃的。可重点关注色彩部分，即“图像”|“调整”菜单中的命令、调整图层、直方图，通道、图层蒙版、抠图等也必须掌握。此外，最好花些工夫研究一下Camera Raw，它能解决照片的多数问题
从事影楼修图工作，给人像照片磨皮，既烦琐也很枯燥，有没有好方法？	办法有两个。一是用Photoshop动作将磨皮过程录制下来，然后可以用这个动作对其他照片进行自动磨皮（如果照片数量多，可以用批处理）。另外一个方法是用磨皮插件，如Kodak、Neat Image、Imagenomic-Noiseware-Professional等，它们可以让磨皮变得非常简单
一个网店店主，想给商品换漂亮的背景，感觉抠图挺难的，怎么办？	如果短期内无法掌握抠图技术，可以先使用抠图插件过渡一下，如“抽出”滤镜、Knockout、Mask Pro等，操作方法简单，效果也很不错。但如果要对图像进行更加精细的处理，如制作服装杂志封面等，要用Photoshop的路径、通道等来抠图
为什么“滤镜”菜单里的滤镜数量变少了？	执行“编辑”|“首选项”|“增效工具”命令，打开对话框，勾选“显示滤镜库的所有组和名称”复选框，即可显示所有的滤镜
想在图层蒙版上绘画，为什么总是绘制到图像上？	可能是无意间把编辑状态从蒙版切换到了图像上。只要单击“图层”面板中的蒙版缩览图就可以切换
安装了外挂滤镜，可是在“滤镜”菜单里找不到？	安装位置有误。正确的位置应该是在“Adobe Photoshop CC 2021”安装程序文件夹的Plug-ins文件夹内
工具箱、面板被摆放得乱七八糟，怎样恢复到默认位置？	执行“窗口”|“工作区”|“基本功能（默认）”命令，再执行“窗口”|“工作区”|“复位”命令即可

附录F 推荐阅读

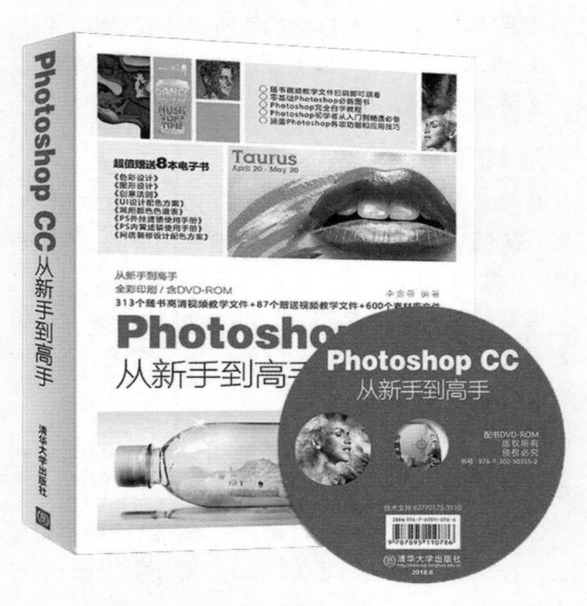

书名：《Photoshop CC 从新手到高手》
作者：李金蓉
313个随书高清视频教学文件，87个赠送视频教学文件，600个素材库文件。

- 随书视频教学文件扫码即可观看
- 零基础 Photoshop 必备用书
- Photoshop 完全自学教程
- Photoshop 初学者从入门到精通必备
- 涵盖 Photoshop 各项功能和应用技巧

书名：《突破平面 Illustrator CC 设计与制作深度剖析》
作者：李金蓉
92个视频教学，84个实例，超受欢迎的 Illustrator 自学宝典。

书名：《Illustrator CC 高手成长之路》
作者：李金蓉
172个典型实例，75个视频教学录像，引导你从新手迅速成长为设计高手。案例涵盖插画、平面广告、字体设计、包装、海报、产品造型、工业设计、UI、VI、动漫、动画等。

书名：《广告设计与实战》
作者：李金蓉
介绍了广告的历史沿革，广告设计的思想演进，分析、探讨了广告创意理论和创意方法，并从广告图形、色彩、版面编排与构成设计，以及广告媒体的选择和传播效果评价方法等方面入手，总结和归纳出广告的创意精髓、制作和表现技巧，阐述了广告设计与传播的基本原理和实践经验。